Funktionelle Anatomie der Gelenke
Band 2

Bücherei des Orthopäden

Beihefte zur Zeitschrift für Orthopädie
vereinigt mit »Aktuelle Orthopädie«

Herausgegeben von
P. Otte und K.-F. Schlegel

Band 47

I. A. Kapandji

Funktionelle Anatomie der Gelenke

Schematisierte und kommentierte Zeichnungen zur menschlichen Biomechanik

Übersetzt von Jürgen Koebke
690 Einzelabbildungen

Band 2
Untere Extremität

Ferdinand Enke Verlag Stuttgart 1985

Autor:
I. A. Kapandji
Ancien Chef de Clinique Chirurgicale
Assistant des Hôpitaux de Paris
Membre de la Société Française d'Orthopédie et de Traumatologie
Membre du Groupe d'Études de la Main (G.E.M.)

Übersetzer:
Professor Dr. Jürgen Koebke
Anatomisches Institut der Universität zu Köln
Joseph-Stelzmann-Straße 9
5000 Köln 41

Titel der Originalausgabe:
physiologie articulaire
5e édition

CIP-Kurztitelaufnahme der Deutschen Bibliothek

Kapandji, Ibrahim A.:
Funktionelle Anatomie der Gelenke : schematisierte
u. kommentierte Zeichn. zur menschl. Biomechanik /
I. A. Kapandji. Übers. von Jürgen Koebke. –
Stuttgart : Enke
Einheitssacht.: Physiologie articulaire ⟨dt.⟩
Bd. 2. Untere Extremität. – 1985.
(Bücherei des Orthopäden ; Bd. 47)
ISBN 3-432-94641-4
NE: GT

Medizin als Wissenschaft ist ständig im Fluß. Forschung und klinische Erfahrung erweitern unsere Kenntnisse, insbesondere was Behandlung und medikamentöse Therapie anbelangt. Soweit in diesem Werk eine Dosierung oder eine Applikation erwähnt wird, darf der Leser zwar darauf vertrauen, daß Autoren, Herausgeber und Verlag größte Mühe darauf verwandt haben, daß diese Angaben genau dem Wissensstand bei Fertigstellung des Werkes entspricht. Dennoch ist jeder Benutzer aufgefordert, die Beipackzettel der verwendeten Präparate zu prüfen, um in eigener Verantwortung festzustellen, ob die dort gegebene Empfehlung für Dosierungen oder die Beachtung von Kontraindikationen gegenüber der Angabe in diesem Buch abweicht. Das gilt nicht nur bei selten verwendeten oder neu auf den Markt gebrachten Präparaten, sondern auch bei denjenigen, die vom Bundesgesundheitsamt (BGA) in ihrer Anwendbarkeit eingeschränkt worden sind.

Satz und Druck: Druckerei Maisch + Queck, 7016 Gerlingen
Schrift: 8½/9 Punkt Times, System 3/202 Linotype 5 4 3 2 1

Meiner Frau

Vorwort

Das vorliegende Werk gliedert sich in die Reihe von drei Bänden ein, von denen der erste die obere Extremität abhandelt und sich großer Beliebtheit erfreut.
In diesem der unteren Extremität sich widmenden Band ist die Grundidee und die originelle Darstellungsweise beibehalten worden: Die funktionelle Anatomie wird anhand eines umfangreichen Bildmaterials (über 600 Schemazeichnungen) klar, präzise und treffend dargestellt. Der Text, der Gelenkmechanik und Muskelfunktionen beschreibt, ist knapp und konzentriert, stets aber gut verständlich.
Die originelle Darstellungsweise ermöglicht ein logisches, leichtes und schnelles Verstehen der funktionellen Gelenkanatomie.
Der Student, der Krankengymnast und selbst der Chrirug wird durch die Lektüre dieses Buches seinen Gewinn haben. Es ist Kapandji zu danken, daß er seine vorzüglichen didaktischen Fähigkeiten der Funktionellen Anatomie zugute kommen läßt; eine weite Verbreitung dieses zweiten Bandes ist nur wünschenswert.

Doyen Gaston Cordier (1965)

Vorwort zur fünften französischen Auflage

Die vergangenen 20 Jahre der Chirurgie des Bewegungsapparates können als die Ära der Prothesen bezeichnet werden. Weitgreifend hat die Endoprothetik das operative Vorgehen beeinflußt. Vor genau 20 Jahren erschien auch die erste Auflage dieses Buches; die vorliegende fünfte Auflage hat notwendigerweise viele, diesen Zeitraum prägende neue Behandlungskonzepte zu berücksichtigen.
Die fünfte Auflage ist, wie man zu sagen pflegt, „durchgesehen, verbessert, erweitert". Mehrere Textseiten und zahlreiche neue Abbildungen sind hinzugekommen. Alle Kapitel dieses Buches sind überarbeitet worden, insbesondere jedoch das Kapitel „Kniegelenk". Dank der die klinische Untersuchung verbessernden Arthroskopie und Tomographie sind neue Erkenntnisse bezüglich gelenkstabilisierender Faktoren gewonnen worden. Auf der Basis dieser Erkenntnisse haben sich neue Operationsverfahren entwickelt. Die Mechanik des Kniegelenks ist, wie sich gezeigt hat, sehr komplexer Natur, und wir sind weit davon entfernt, sie vollständig zu verstehen. Ein wesentliches Problem ist der künstliche Bandersatz. Techniker und Chirurg stehen vor der Aufgabe, widerstandsfähige Bandmaterialien zu entwickeln und diese korrekt und dauerhaft einzubringen. Ziel ist die Wiederherstellung der Gelenkstabilität. Eine weitere, sehr entscheidende Frage ist, ob Totalendoprothesen des Kniegelenks eine gleich lange „Lebensdauer" haben werden wie die des Hüftgelenks. Weitere Untersuchungen zur Biomechanik des Kniegelenks werden helfen, eine Antwort auf diese Frage zu finden.
Auch die übrigen Kapitel wurden nicht vernachlässigt. Das mechanisch einfachere Hüftgelenk kann mit Hilfe der Tomographie subtil untersucht werden. Die Vielzahl der zur Verfügung stehenden Prothesen haben eine „Lebensdauer" von gut 10–15 Jahren. Es wird sich zeigen, ob die neuen, zementfrei implantierten Prothesenmodelle diese Zeitspanne noch übertreffen werden. Die Prothetik des Hüftgelenks wird sicherlich noch eine Verbesserung erfahren, wenn die mechanische und biologische Beeinflussung körperfremden Materials auf das Knochengewebe weiter erforscht wird.
Für Sprung- und Fußgelenke schließlich sind neue Vorstellungen bezüglich Lage und Wanderung von Momentanachsen entwickelt worden. Der Gelenkkomplex des Rückfußes wird als atypisches Kardangelenk beschrieben. Dessen mechanische Eigenschaften weichen von denen eines technischen Kardangelenkes nicht unerheblich ab. Dies ist ohne Zweifel ein Grund dafür, daß es schwierig ist, für diese mechanisch hoch und sehr differenziert belastete Region eine entsprechende Prothese zu entwickeln.
Die vorliegende fünfte Auflage dürfte, indem sie die angesprochenen neuen Untersuchungen und Erkenntnisse berücksichtigt, alte und neu hinzukommende Leserschaft nicht enttäuschen.

Februar 1985 *I. A. Kapandji*

Inhalt

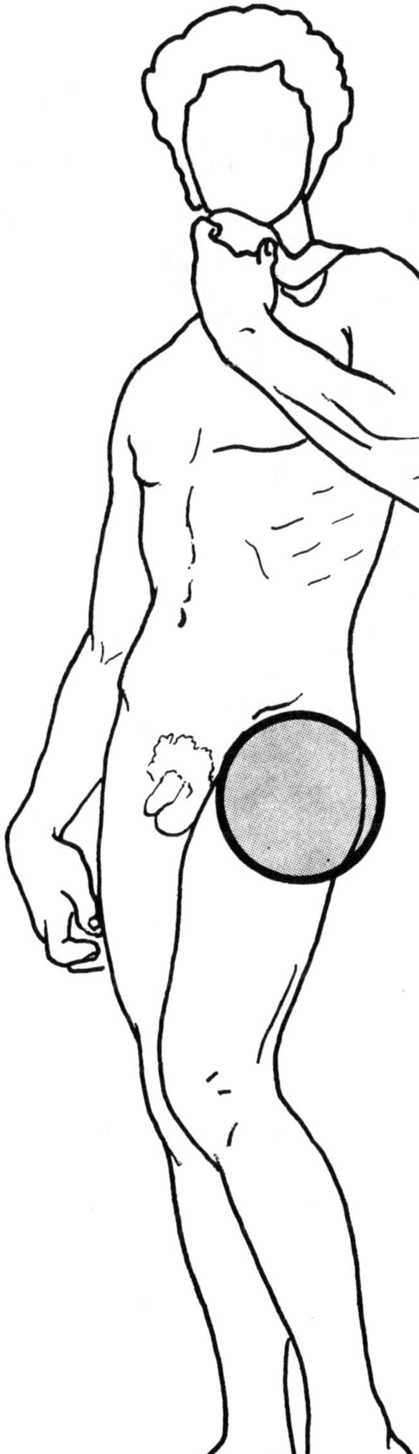

Hüftgelenk

Das Hüftgelenk als das proximale Gelenk der unteren Extremität liegt an der Wurzel des Beines; es ermöglicht, da es drei Achsen und drei Freiheitsgrade besitzt, eine Bewegung in alle Richtungen des Raumes (Abb. 1).
– Die transversale Achse XOX' liegt in der Frontalebene; um sie erfolgen Flexion und Extension.
– Um die sagittale, anterior-posteriore Achse YOY', die, wie die beiden übrigen Achsen, durch das Drehzentrum des Gelenkes verläuft, werden Ab- und Adduktion ausgeführt.
– Die vertikale Achse OZ ist bei gestrecktem Bein und Neutralnullstellung des Hüftgelenks mit der Beinachse OR identisch. Um diese Achse erfolgen Außen- und Innenrotation.
Das Hüftgelenk, Articulatio coxae, ist eine besondere Form des Kugelgelenkes; der Gelenkkopf wird von der Pfanne weitgehend umschlossen, es ist ein Nußgelenk. Das Schultergelenk hingegen entbehrt einer solchen Sicherung; es ist wesentlich beweglicher, aber auch weniger stabil. Das Hüftgelenk gestattet Bewegungen mit kleiner Amplitude, wobei dieses Defizit bis zu einem gewissen Grad durch die Lendenwirbelsäule ausgeglichen wird. Es ist ein sehr sicheres, von allen Gelenken des Körpers das am wenigsten luxationsanfällige Gelenk. Die spezifischen Eigenschaften des Hüftgelenkes leiten sich von den Funktionen der unteren Extremität ab, dem Tragen und Fortbewegen des Körpers.
Mit dem künstlichen Ersatz des Hüftgelenks begann die die Chirurgie des Bewegungsapparates wesentlich beeinflussende Ära der Endoprothetik. Es schien, daß gerade dieses Gelenk relativ einfach zu modellieren sei, da die femorale Gelenkfläche annähernd einer Kugel entspricht. Bis heute jedoch birgt das Gelenk noch zahlreiche Probleme betreffs der Größe des Prothesenkopfes, sowie der Kontaktflächenbeschaffenheit und dem damit gegebenen Reibungskoeffizienten. Ein weiteres Problem ist der Abrieb und dessen mögliche Toxizität. Ungelöst ist letztlich auch die Frage, ob die Verbindung zwischen Prothese und Knochen mittels Knochenzement oder zementlos hergestellt werden soll. Zahlreiche experimentelle Untersuchungen setzen sich mit der Endoprothetik des Hüftgelenks auseinander. Die große Zahl der zur Verfügung stehenden Gelenkmodelle spiegelt letztlich die in vielerlei Hinsicht noch bestehenden, ungelösten Probleme wider.

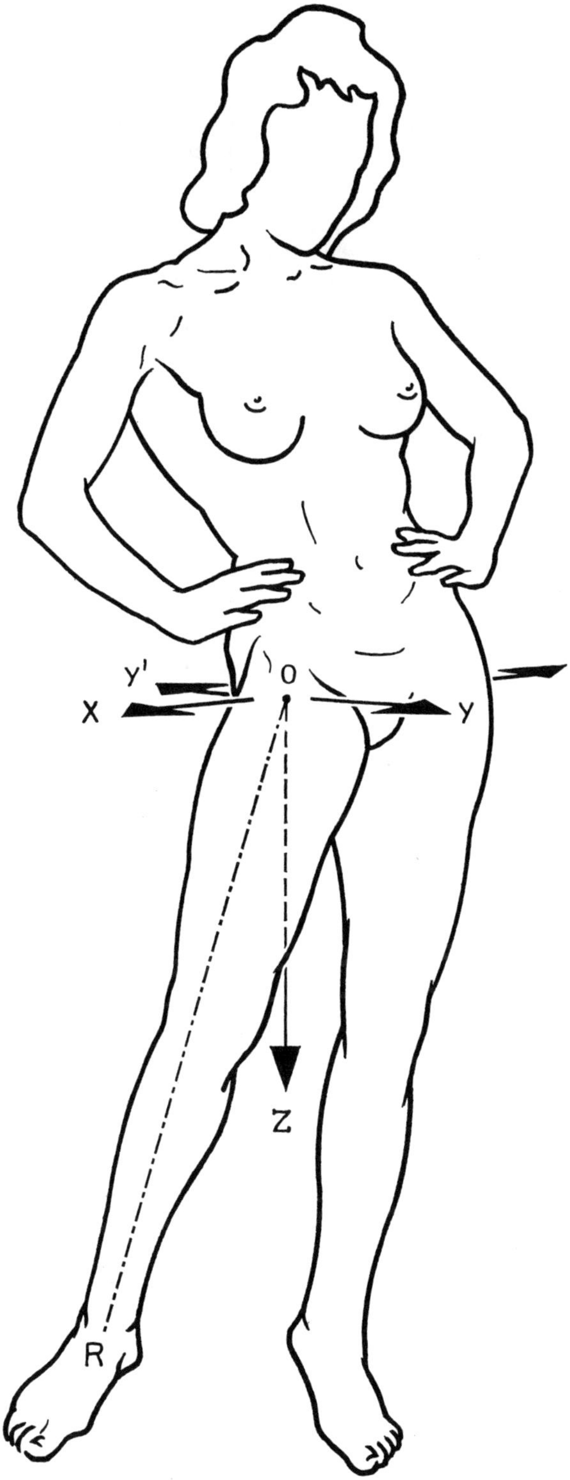

1

Beugung im Hüftgelenk

Die Flexion im Hüftgelenk führt zu einer Annäherung der Vorderfläche des Oberschenkels an den Rumpf. Oberschenkel und Bein werden aus der frontalen Gelenkebene nach vorne gebracht. Das Ausmaß der Flexion hängt von verschiedenen Faktoren ab: Grundsätzlich ist die aktive Beugung im Hüftgelenk kleiner als die passive. Die Stellung des Kniegelenks beeinflußt das Beugemaß; ist das Knie gestreckt (Abb. 2), so kann nur bis auf 90° gebeugt werden. Bei gebeugtem Knie (Abb. 3) erreicht die Flexion im Hüftgelenk 120° oder mehr.

Die passive Beugung geht immer über 120° hinaus, die Stellung des Kniegelenks hat auch jetzt Bedeutung: bei gestrecktem Knie (Abb. 4) ist die Beugung weniger groß als bei Kniebeugung (Abb. 5). Im letzteren Fall ist die Flexionsmöglichkeit größer als 140°, der Oberschenkel berührt fast den Thorax. Es wird später noch gezeigt werden (s. S. 140), auf welche Weise eine Kniebeugung, die zu einer Entspannung der ischiocruralen Muskeln führt, eine Erweiterung der Hüftflexionsmöglichkeit mit sich bringt.

Werden passiv beide Hüftgelenke gleichzeitig gebeugt, und sind dabei gleichzeitig auch die Kniegelenke flektiert (Abb. 6), dann berühren die Oberschenkel den Rumpf breitflächig; denn zusätzlich zur Beugung in den Hüftgelenken wird durch Aufheben der Lendenlordose (Pfeil) das Becken nach hinten gekippt.

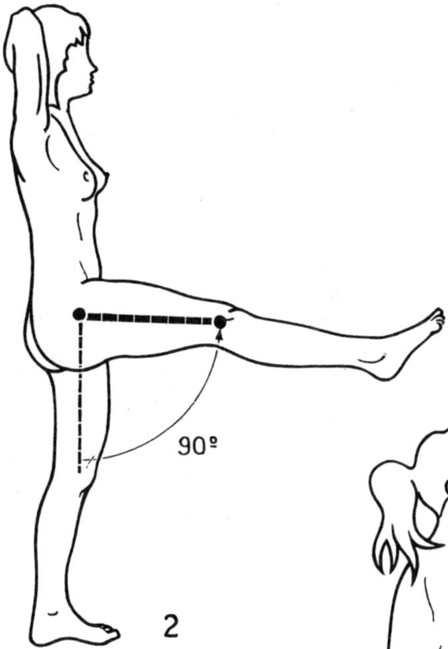

2

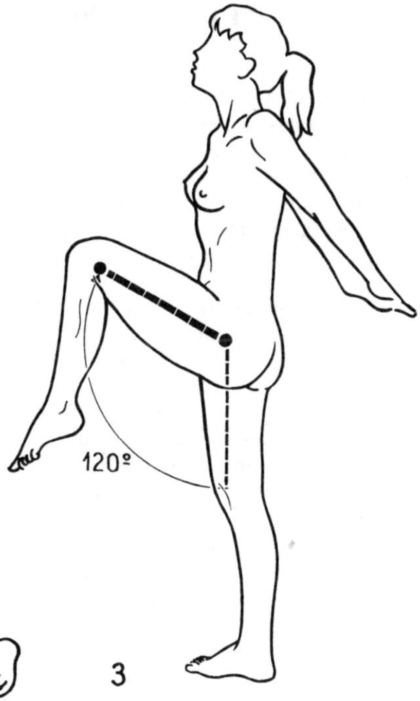

3

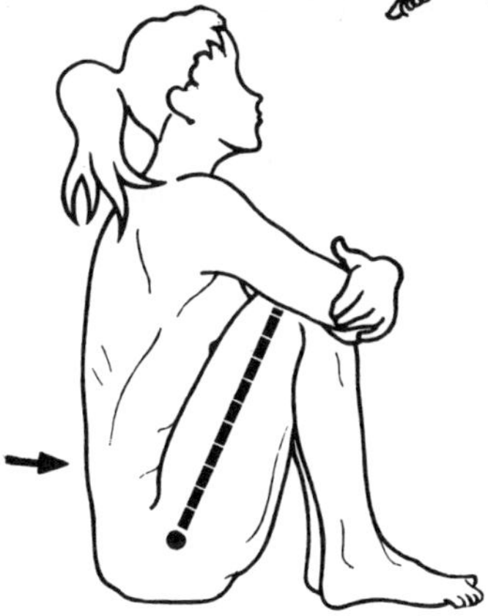

6

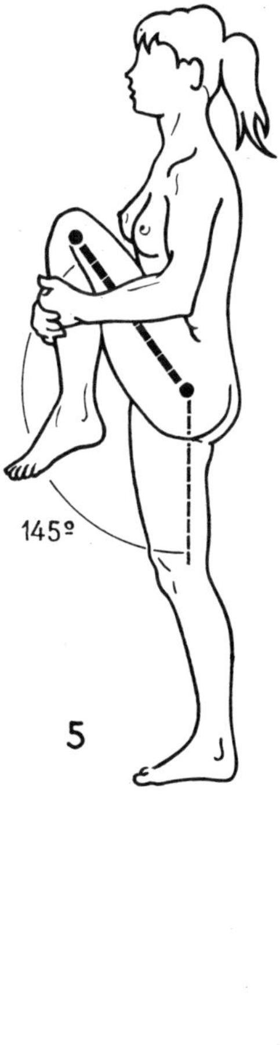

5

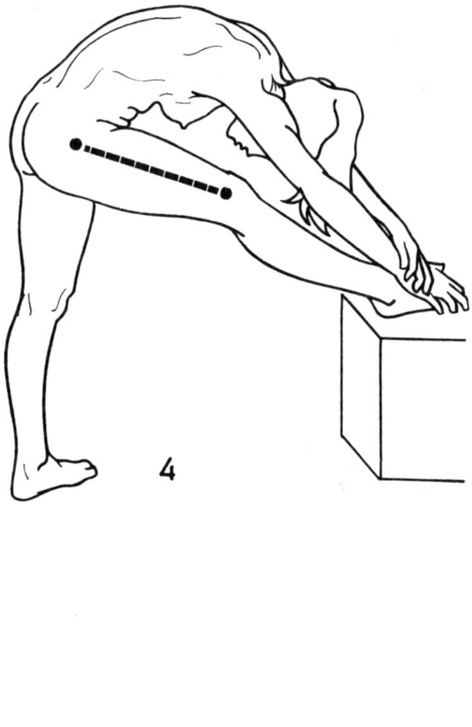

4

Streckung im Hüftgelenk

Die Extension verlagert die untere Extremität hinter die Frontalebene.
Das Ausmaß der Streckung im Hüftgelenk ist wesentlich kleiner als das der Beugung. Die Streckung wird durch das sich spannende Ligamentum iliofemorale (s. S. 28) begrenzt.
Die aktive Streckung ist geringer als die passive. Bei gestrecktem Kniegelenk (Abb. 7) ist die Streckung größer (20°) als bei gebeugtem Knie (Abb. 8). Die Ursache hierfür ist, daß die ischiocruralen Muskeln ihre Wirkung als Hüftgelenksstrecker verlieren, je mehr sie gleichzeitig als Kniegelenksbeuger in Anspruch genommen werden (s. S. 140).
Die passive Streckung beträgt bei einem Ausfallschritt nach vorne (Abb. 9) etwa 20°; zieht man das Bein kräftig nach hinten (Abb. 10), werden 30° erreicht.
Die Streckung des Hüftgelenks wird durch ein Kippen des Beckens nach vorn beträchtlich vergrößert; die Lendenwirbelsäule wird hierbei hyperlordosiert. Die Mitbeteiligung der Lendenwirbelsäule kann in den Abb. 7 und 8 durch den Winkel zwischen der Vertikalen (dünne Strichlinie) und der Neutralnullstellung (mittelstarke Strichlinie) erfaßt werden.
Die Neutralnullstellung ist mit Hilfe des stets gleichbleibenden Winkels festlegbar, den sie mit einer das Drehzentrum des Hüftgelenks und der Spina iliaca anterior superior verbindenden Linie bildet. Der Winkel ist allerdings individuell unterschiedlich, bedingt durch die statische Position des Beckens, d. h. vom Grad einer vor- oder rückwärtigen Kippstellung. Die angegebenen Bewegungsamplituden gelten für einen normalen, untrainierten Menschen. Durch Übung und gezieltes Training können sie beträchtlich vergrößert werden. Tänzerinnen, z. B., können extreme Spreizsprünge ausführen (Abb. 11), was ihnen nur durch eine besondere Nachgiebigkeit des Ligamentum iliofemorale möglich ist. Zu erwähnen ist, daß sie darüberhinaus die relative Streckinsuffizienz durch eine beträchtliche Kippung des Beckens nach vorne kompensieren.

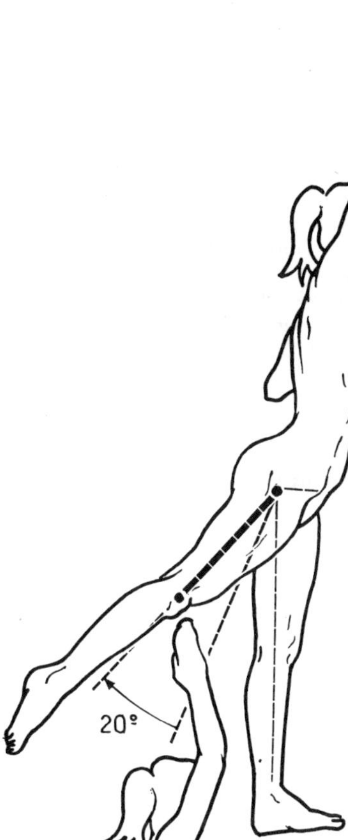

7

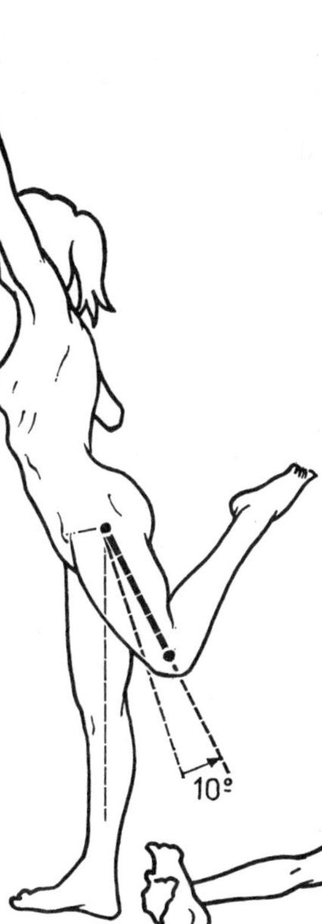

8

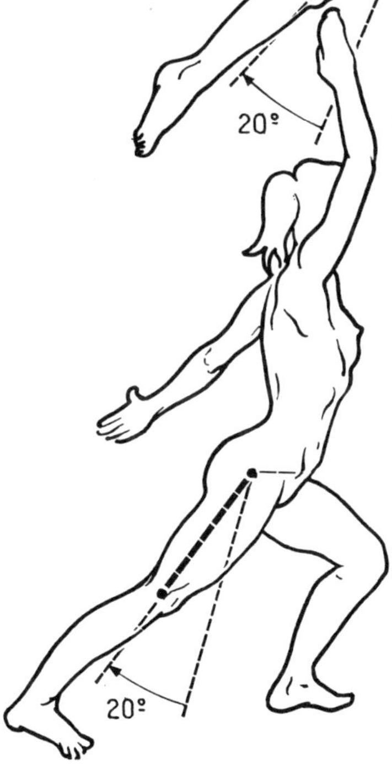

9

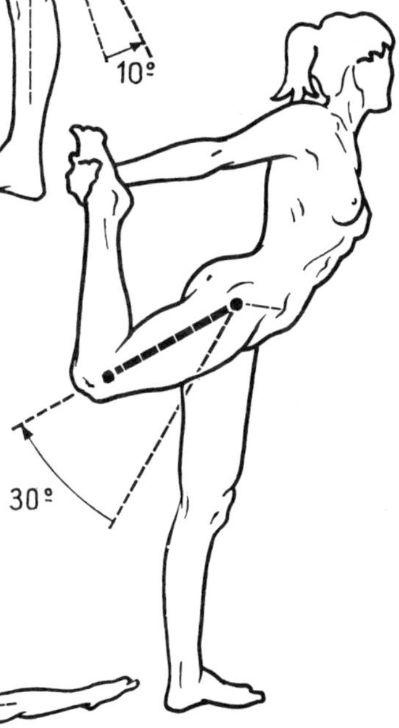

10

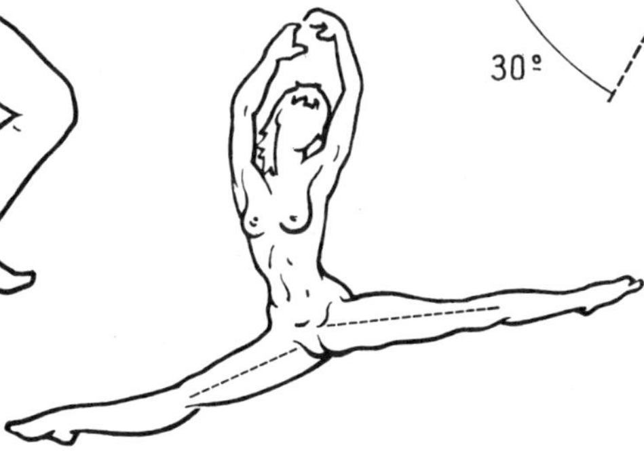

11

Abduktion im Hüftgelenk

Die Abduktion bringt die untere Extremität nach lateral; sie entfernt sie von der Symmetrieebene des Körpers. Auch wenn es theoretisch durchaus möglich ist, eine Abduktion nur in einem Hüftgelenk auszuführen, so zeigt sich in der Praxis, daß eine Abduktionsbewegung in einem Hüftgelenk automatisch von einer gleich großen Abduktion im kontralateralen Gelenk begleitet wird. Dies wird erstmals deutlich bei etwa 30° (Abb. 12), wo man beginnt, die Kippung des Beckens mit Hilfe der Neigung einer Linie zu messen, die die beiden Hautgrübchen über den Spinae iliacae posteriores superiores miteinander verbindet. Verlängert man die Beinachsen, so ist festzustellen, daß sie sich in der Symmetrieebene des Beckens schneiden. Folglich befindet sich jedes der beiden Hüftgelenke in einer Abduktionsstellung von 15°.
Bei maximaler Abduktion (Abb. 13) beträgt der Winkel zwischen den beiden Beinen 90°. Auch jetzt liegt eine symmetrische Abduktion vor, es kann gesagt werden, daß die maximale Abduktionsfähigkeit in einem Hüftgelenk exakt 45° beträgt. In dieser Stellung ist das Becken zur Standbeinseite um 45° gegen die Horizontale geneigt. Die gesamte Wirbelsäule kompensiert die Beckenneigung durch eine zur Standbeinseite gerichtete Konvexkrümmung. Auch dies ist wieder ein Beispiel für die Mitbeteiligung der Wirbelsäule bei Hüftgelenksbewegungen.
Die Abduktion wird theoretisch durch das Anschlagen des Femurhalses an den Pfannenrand (s. S. 24) limitiert. Bereits früher kommt es jedoch zur Bremsung durch die Adduktoren und die Ligamenta ilio- und pubofemorale (s. S. 32).
Auch die Abduktionsfähigkeit kann durch Übung und gezieltes Training beträchtlich gesteigert werden. Dies ist bei Tänzern und Tänzerinnen der Fall, die 120° (Abb. 14) bis 130° (Abb. 15) aktive Abduktion erreichen können. Die passive Abduktion kann 180° betragen, z. B. bei einem Spagat in der frontalen Ebene (Abb. 16a). Genaugenommen liegt hier keine reine Abduktion vor, da zur Entlastung des Ligamentum iliofemorale das Becken nach vorne gekippt (Abb. 16b) und die Lendenwirbelsäule hyperlordosiert wird (Pfeil). Das Hüftgelenk befindet sich folglich in einer Abduktions- und Flexionsstellung.

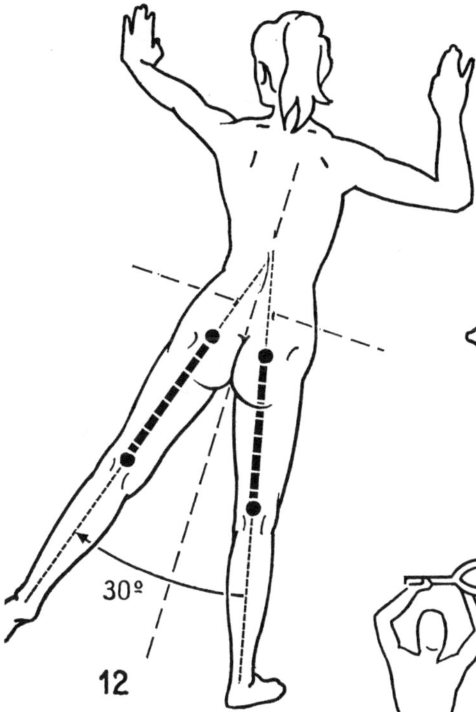

12

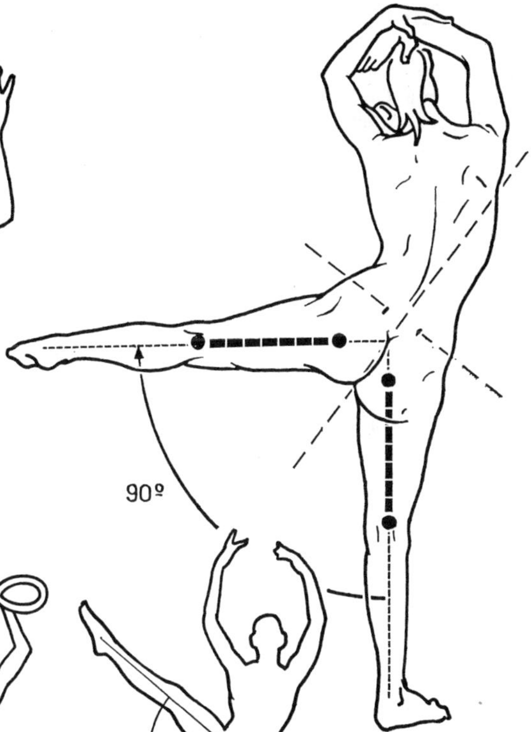

13

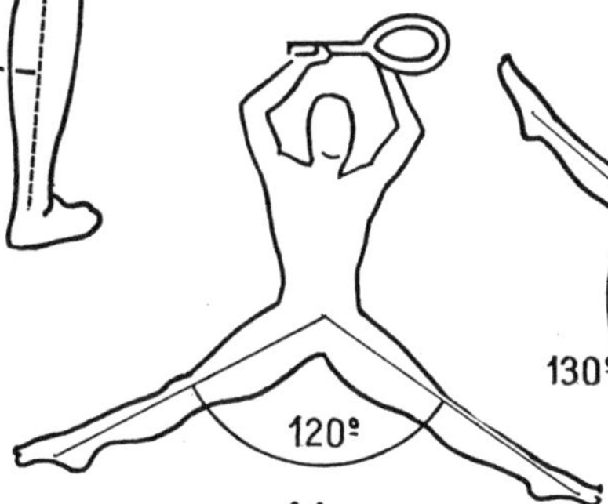

14

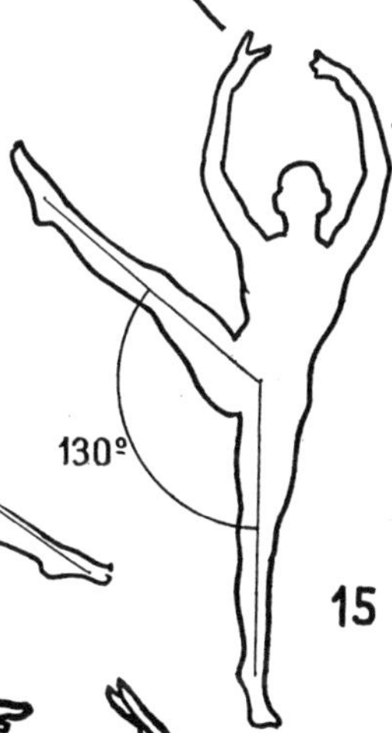

15

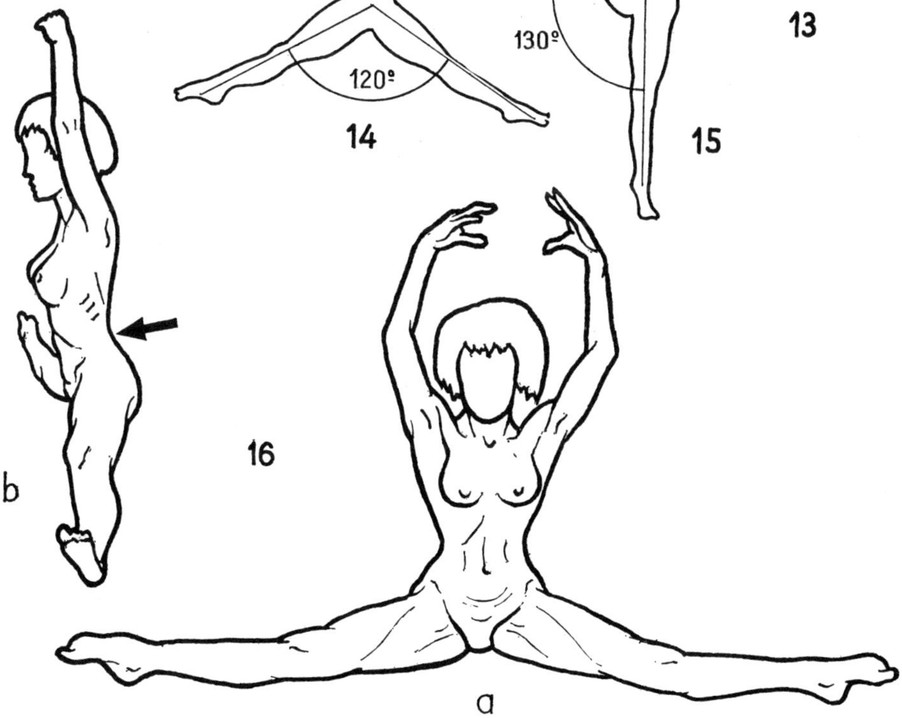

16

Adduktion im Hüftgelenk

Die Adduktion führt die untere Extremität nach medial; sie wird der Symmetrieebene des Körpers angenähert. Da in der Referenzposition (Neutralnullstellung) sich die beiden Beine berühren, gibt es keine „reine“, absolute Adduktion. Es ist allerdings eine relative Adduktion möglich (Abb. 17), indem das Bein aus einer Abduktionsstellung herangeführt wird.
Weiterhin kann eine Adduktion kombiniert mit einer Streckung (Abb. 18) oder einer Beugung des Hüftgelenks (Abb. 19) erfolgen.
Schließlich ist die Adduktion in einem Hüftgelenk zusammen mit der Abduktion im anderen Hüftgelenk möglich (Abb. 20); hierbei kommt es zur Neigung des Beckens und zur Seitbewegung der Wirbelsäule. Werden – was zur Aufrechterhaltung des Körpergleichgewichts notwendig ist – die Füße etwas voneinander entfernt aufgesetzt, dann ist der Adduktionswinkel auf der einen Seite nicht gleich dem Abduktionswinkel auf der anderen Seite (Abb. 21). Die Differenz entspricht dem Winkel, den die beiden Beinachsen in der symmetrischen Ausgangsstellung bilden. Das Maximum der in Kombination mit anderen Bewegungen möglichen Adduktion liegt bei 30°.
Unter den zahlreichen kombiniert auftretenden Adduktionsbewegungen ist eine sehr häufige und alltägliche (Abb. 22). Sie wird in sitzender Position ausgeführt, um die Beine übereinander zu schlagen. Es erfolgt eine Adduktion gemeinsam mit einer Beugung und einer Außenrotation. In dieser Stellung ist das Hüftgelenk am wenigsten stabil (s. S. 36).

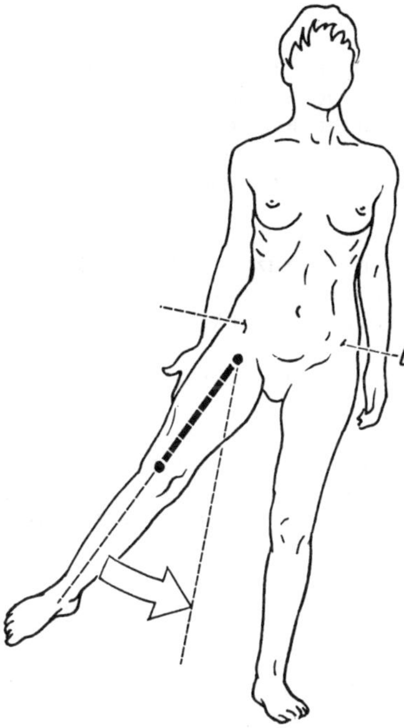

17

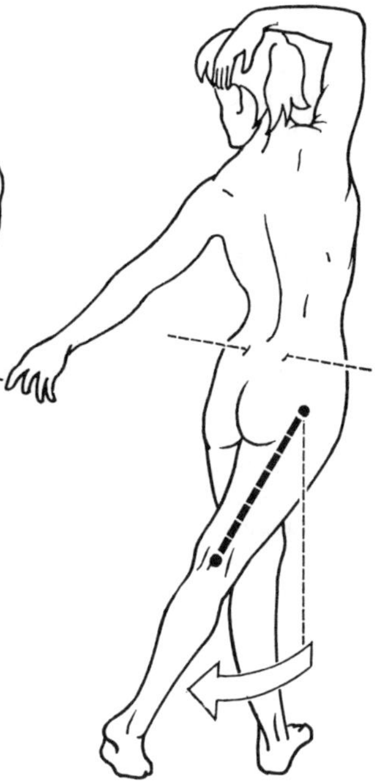

18

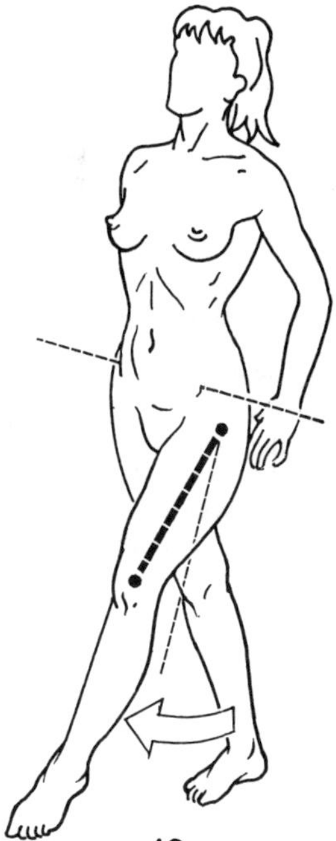

19

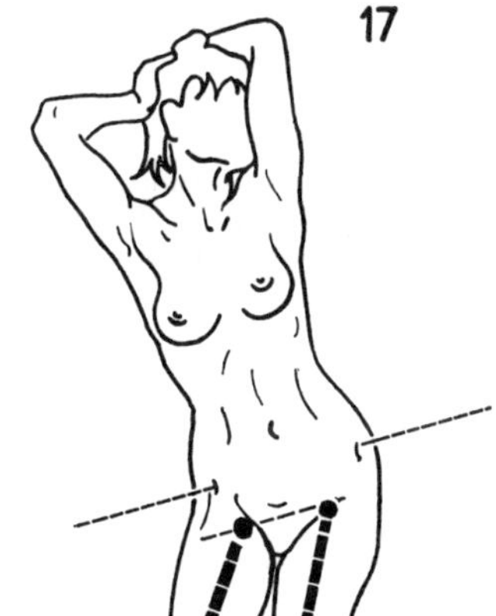

20

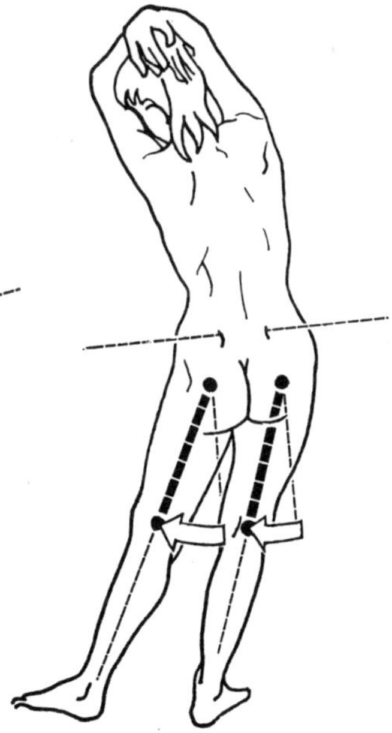

21

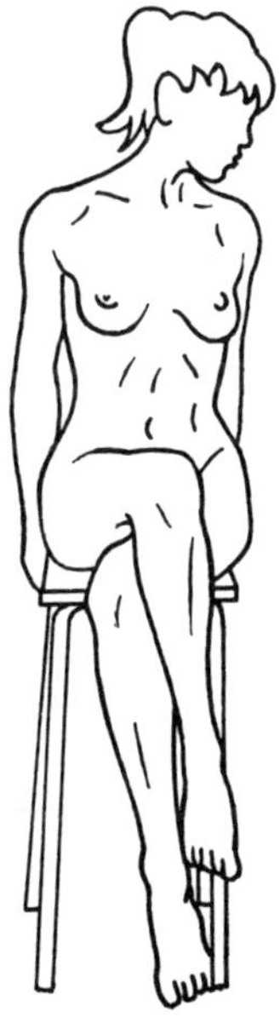

22

Längsrotation im Hüftgelenk

Drehbewegungen im Hüftgelenk werden um die mechanische Längsachse (Achse OR in Abb. 1) des Beins ausgeführt. Bei gestrecktem Bein ist diese Achse identisch mit der Vertikalachse des Hüftgelenks (Achse OZ, Abb. 1). Unter dieser Voraussetzung bringt die Außenrotation die Fußspitze nach außen, während die Innenrotation die Spitze des Fußes nach innen dreht. Bei vollständig gestrecktem Kniegelenk finden in diesem keinerlei Drehbewegungen statt (s. S. 126); die Rotationsausschläge sind ausschließlich auf Bewegungen im Hüftgelenk zurückzuführen.
Die beschriebene Stellung wird allerdings nicht benutzt, um das Ausmaß der Drehbewegungen zu erfassen. Eine Messung erfolgt vorzugsweise in der Bauchlage oder beim Sitzen auf der Tischkante; das Kniegelenk wird rechtwinklig gebeugt. Liegt der Proband auf dem Bauch, so ist die Neutralnullstellung (Abb. 23) eingenommen, wenn der um 90° abgewinkelte Unterschenkel vertikal zum Oberschenkel steht. Schwenkt man aus dieser Stellung heraus den Unterschenkel nach außen, dann mißt man die Innenrotation (Abb. 24), die 30° bis 40° erreichen kann. Neigt sich der Unterschenkel nach innen, mißt man die Außenrotation (Abb. 25), deren Amplitude etwa 60° umfaßt.
Sitzt der Proband mit rechtwinklig gebeugtem Hüft- und Kniegelenk auf der Tischkante, so mißt man in gleicher Weise die Außenrotation durch Schwenken des Unterschenkels nach innen (Abb. 26), die Innenrotation durch Schwenken nach außen (Abb. 27). In dieser Sitzposition ist das Maß der Außenrotation oftmals wesentlich größer als in der Liegeposition, da durch das gebeugte Hüftgelenk die Ligamenta ilio- und pubofemorale, die die wesentlichen Hemmer der Außenrotation sind (s. S. 30), entspannt werden.
Im Schneidersitz (Abb. 28) tritt zu der Außenrotation eine Beugung von mehr als 90° und eine Abduktion. Yogaschüler rotieren im Hüftgelenk so weit nach außen, daß die Unterschenkelachsen parallel zueinander in der Horizontalen verlaufen (sog. Lotussitz).
Die Rotationsamplitude hängt vom Anteversionswinkel des Femurhalses ab. Die beim kleinen Kind stark ausgeprägte Anteversion führt zu einer Innenrotationsstellung des gesamten Beinskelettes. Das Kind geht mit einwärts gedrehten Füßen und hat häufig beidseitig einen Pes planovalgus. Mit dem Wachstum wird der Anteversionswinkel rückläufig, um schließlich einen normalen Wert anzunehmen. Unter bestimmten Umständen kann jedoch eine übermäßige Anteversion bestehen bleiben oder sogar noch akzentuiert werden. Manche Kinder haben die Angewohnheit, sich auf ihre Fersen zu setzen. Die Knie sind gebeugt, das Femur wird innenrotiert. Dies kann aufgrund der noch vorhandenen, großen Plastizität des Skelettes zu einer übermäßigen Anteversion des Femurhalses führen. Eine Möglichkeit der Gegensteuerung besteht darin, daß der sog. Schneidersitz, oder besser noch die Yogastellung, eingenommen wird. Diese Positionen haben einen retrovertierenden Einfluß auf den Hals des Femurs.
Die Messung des Anteversionswinkels anhand normaler Röntgenaufnahmen ist mit Unsicherheiten behaftet. Mit Hilfe von Schichtaufnahmen kann die Messung einfach und exakt durchgeführt werden. Die Methode ist bei Torsionsfehlstellungen im Bereich der unteren Extremität anzuwenden, da die eigentliche Ursache der Fehlstellung im Hüftgelenk zu finden ist.

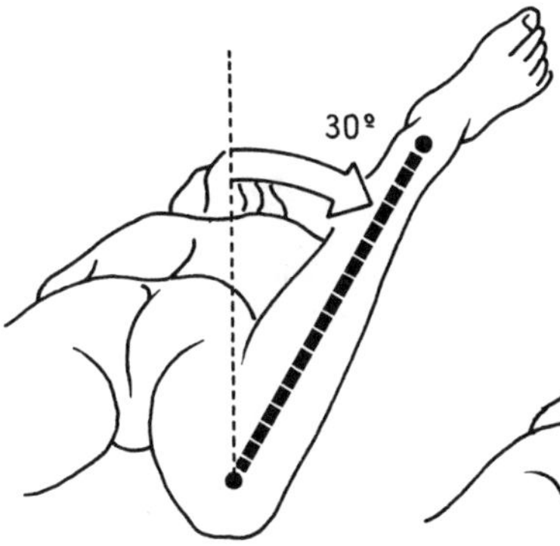

24

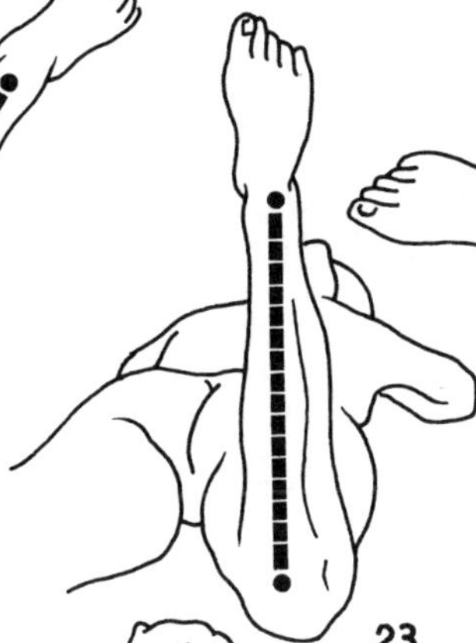

23

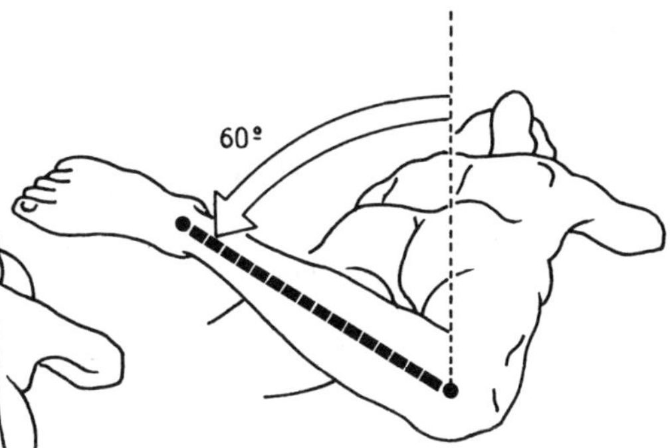

25

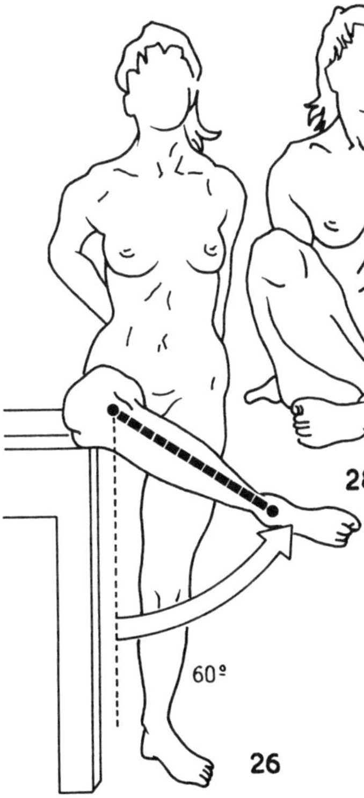

26

28

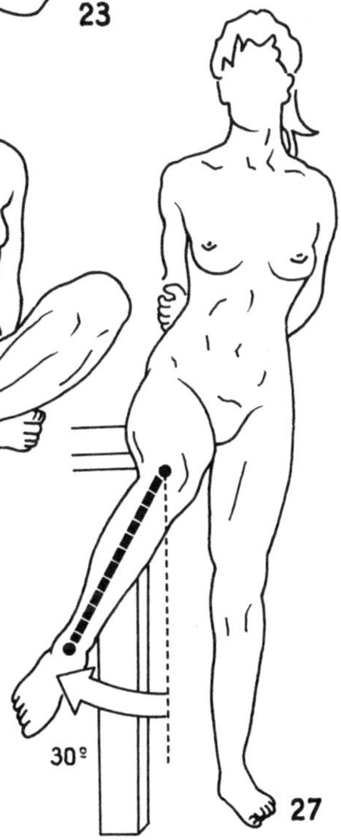

27

Zirkumduktion im Hüftgelenk

Wie bei allen Gelenken mit drei Freiheitsgraden, so setzt sich auch beim Hüftgelenk die Zirkumduktion aus um die drei Hauptachsen ausgeführten Hauptbewegungskomponenten zusammen. Bei maximaler Zirkumduktion beschreibt die Beinachse einen Kegel, den Zirkumduktionskegel (Abb. 29), dessen Spitze im Drehzentrum des Hüftgelenks liegt.
Der Kegel ist sehr unregelmäßig geformt, da die maximalen Bewegungsausschläge in die verschiedenen Richtungen des Raumes ungleich groß sind. Der Fuß beschreibt keinen Kreis, sondern eine geschlängelte Linie; diese durchläuft die unterschiedlichen, durch sich Schneiden der Bezugsebenen festgelegten Raumsektoren.
A. Sagittalebene, in ihr erfolgen Beugung und Streckung.
B. Frontalebene, in der Ab- und Adduktion ausgeführt werden.
C. Horizontalebene
Die acht Raumsektoren sind mit den Ziffern I–VIII versehen; man sieht, daß der Fuß nacheinander die Sektoren III, II, I, IV, V und VIII durchwandert. Die Linie wandert vorne und hinten über das Standbein nach lateral hinaus. Der Pfeil R, der in Verlängerung des sich in Sektor IV befindlichen Beines nach unten, vorne und leicht nach außen zeigt, stellt die Achse des Zirkumduktionskegels dar. Diese Beinstellung entspricht der Funktions- und Immobilisationsstellung des Hüftgelenks.
Strasser zieht es vor, diese Linie auf eine Kugel aufzuzeichnen (Abb. 30), wobei das Kugelzentrum 0 mit dem Drehzentrum des Hüftgelenkes identisch ist. Der Radius r ist durch die Länge des Femurs gegeben, die Polachse EI steht horizontal. Auf dieser Kugel können die Maximalausschläge mit Hilfe eines Systems von Meridianen und Parallelkreisen (nicht eingezeichnet) bestimmt werden.
Die gleiche Meßmethode schlägt Strasser auch für das Schultergelenk vor. Für dieses Gelenk ist sie durchaus wertvoll, da die Drehbarkeit um die Längsachse wesentlich größer als im Hüftgelenk ist. Ausgehend von einer definierten Stellung des Femurs OL kann entlang dem horizontalen Meridian (HM) entweder eine Abduktion (Pfeil Ab) oder eine Adduktion (Ad) ausgeführt werden. Durch Drehung um die Achse OL erfolgt die Innenrotation (Pfeil IR) oder die Außenrotation (ER). Bezüglich Beugung und Streckung ist zwischen zwei Formen zu unterscheiden. Erfolgt eine Beugung F 1 entlang dem Parallelkreis P, so spricht man von einer Zirkumpolarflexion. Erfolgt sie längs des Kreises C, so ist es eine Zirkumzentralflexion. Eine derartige Unterscheidung entbehrt eines besonderen praktischen Wertes.

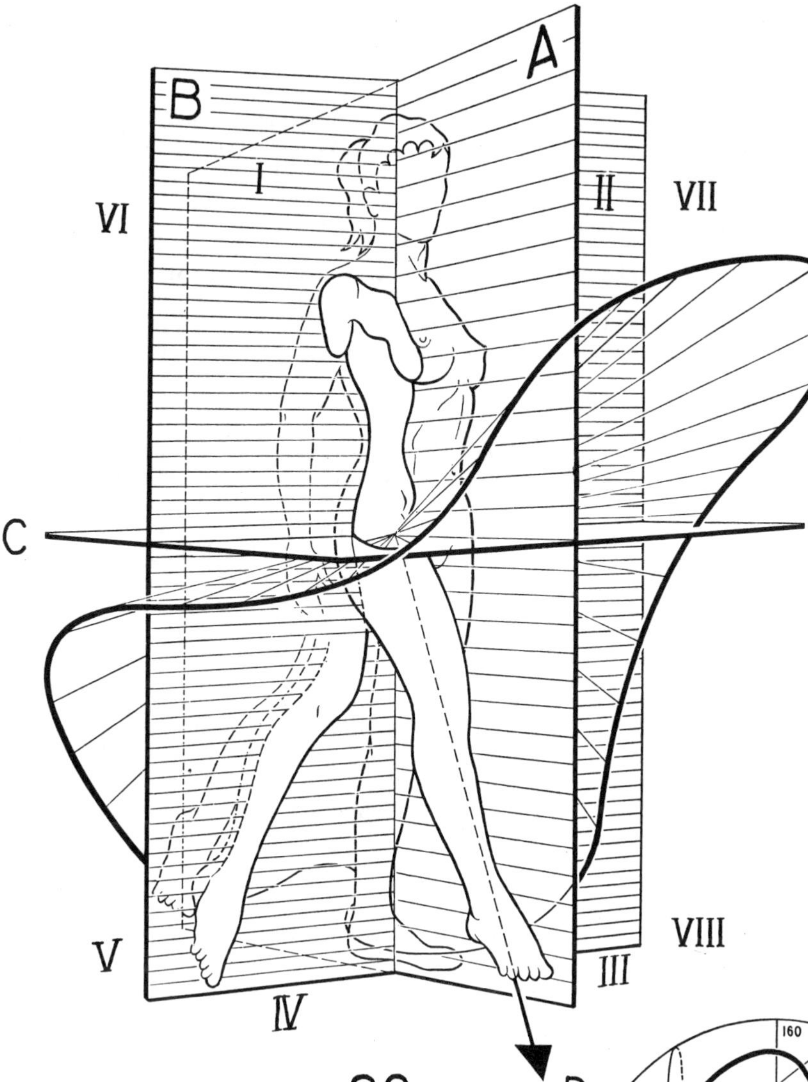

29

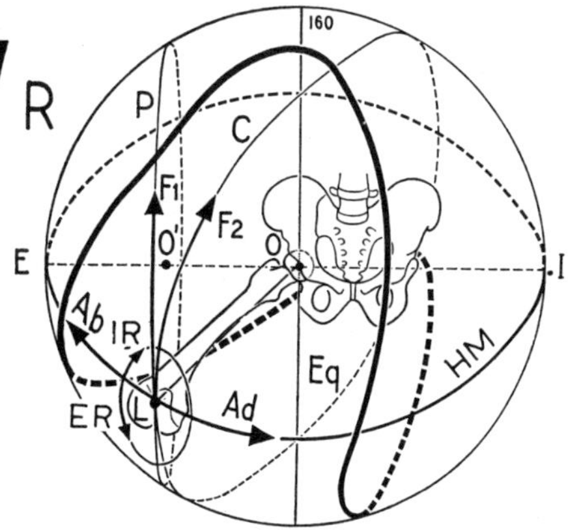

30

Ausrichtung von Femurkopf und Hüftpfanne

(In allen Abbildungen tragen gleiche Strukturen gleiche Hinweise)
Das Hüftgelenk ist ein Kugelgelenk, die Gelenkflächen sind sphärisch gekrümmt.
Der Femurkopf (Abb. 31, Ansicht von vorn) stellt zwei Drittel einer Kugel mit einem Durchmesser von 40–50 mm dar. Die drei Achsen des Gelenkes, die horizontale (1), vertikale (2) und die sagittale (3), verlaufen durch das geometrische Zentrum 0. Der Femurkopf wird vom Hals des Femurs getragen, er stellt die Verbindung mit der Diaphyse her. Die Halsachse (Pfeil C) ist schräg nach oben, innen und nach vorne gerichtet; sie bildet mit der Diaphysenachse (D) den sog. Collodiaphysenwinkel, der beim Erwachsenen etwa 125° beträgt. Mit der Frontalebene (Abb. 37, Ansicht von kranial) bildet er ebenfalls einen nach medial-vorne offenen Winkel von 10° bis 30°; dieser Winkel wird als Antetorsionswinkel bezeichnet. Eine frontale, in das Hüftkopfzentrum und die Kondylenachse gestellte Ebene P (Abb. 34, Ansicht von hinten und medial) läßt die Femurdiaphyse und proximales Ende nahezu vollständig hinter sich liegen; in der Ebene P verläuft die mechanische Beinachse MM', die mit der Diaphysenachse (D) einen Winkel von 5° bis 7° bildet (s. S. 66). Die Form von Femurkopf und -hals ist individuell sehr unterschiedlich, Anthropologen deuten dies als Zeichen einer funktionellen Anpassung. Es werden zwei extreme Formen unterschieden (Abb. 35, nach Bellugue):
– Beim „grazilen" Typ macht der Kopf mehr als Zweidrittel einer Kugel aus, Collodiaphysen- und Antetorsionswinkel sind maximal (125°, 25°). Die Femurdiaphyse ist schlank, das Becken klein und hoch. Derartige morphologische Eigenschaften begünstigen eine große Gelenkbeweglichkeit, sie sprechen für eine funktionelle Anpassung in Richtung Schnelligkeit der Fortbewegung (a, c in Abb. 35).
– Beim „plumpen" Typ ist der Kopf gerade eine Halbkugel, die beiden Winkel sind relativ klein (115° CCD-Winkel, 10° Antetorsionswinkel). Die Diaphyse ist sehr kräftig, das Becken massig und groß. Die Gelenkbeweglichkeit ist eingeschränkt, an Schnelligkeit wird eingebüßt, an Robustheit wird gewonnen (b, d in Abb. 35). Die morphologischen Charakteristika sprechen für Kraft.
Die Gelenkpfanne (Abb. 32, Ansicht von lateral) nimmt den Hüftkopf auf. Sie liegt an der Außenseite des Os coxae, dort, wo dessen drei Einzelknochen aufeinandertreffen. Die Hüftpfanne hat die Form einer halbkugeligen Aushöhlung, begrenzt wird sie durch den Randwulst, Limbus acetabuli (L). Nur ein randwärts gelegener Streifen, Facies lunata (F), ist überknorpelt. Am kaudalen Umfang ist die Gelenkfläche durch die tiefe Incisura acetabuli unterbrochen. Der zentrale Teil der Pfanne ist vertieft, er tritt mit dem Hüftkopf nicht in Kontakt; als Fossa acetabuli (FA) wird sie nur durch eine dünne Knochenlamelle von der Innenseite des Hüftbeins abgegrenzt (Abb. 33, Knochen durchsichtig dargestellt). Auf die Verankerung der Pfannenlippe, Labrum acetabulare (LA), mit dem Pfannenrand wird noch eingegangen werden (s. S. 22).
Die Hüftpfanne ist nicht rein nach lateral ausgerichtet, sie schaut auch nach vorne und unten (der Pfeil C stellt die Pfannenachse dar). Ein frontaler Schnitt durch die Hüftpfanne (Abb. 36) macht die nach unten gerichtete Kippung deutlich; die Pfannenachse bildet mit der Horizontalen einen Winkel von 30° bis 40°. Dies hat zur Folge, daß der kraniale Abschnitt der Pfanne den Kopf, nach lateral ausladend, umgreift. Das Ausmaß der kranialen Umgreifung wird durch den Winkel W, den sog. Wibergschen Winkel, gemessen; er beträgt etwa 30°. Im Bereich des Pfannendaches findet die maßgebliche Kraftübertragung statt, hier ist der Knorpel des Hüftkopfes und des Pfannendaches am dicksten. Ein Horizontalschnitt (Abb. 37) verdeutlicht die Ausrichtung der Pfanne nach vorne; die Pfannenachse (C') bildet mit der Frontalebene einen Winkel von 30° bis 40°. Man erkennt weiterhin die tiefe Fossa acetabuli (FA), die Facies lunata (F) und das Labrum acetabulare (LA), das dem Pfannenrand aufsitzt. Die an den Pfannenrand (Pr) angelegte Tangente zieht schräg nach vorne und medial.
In der Praxis kann mit Hilfe der Tomographie ein frontaler „Schnitt" angefertigt werden (ähnlich dem in Abbildung 36). Ein Horizontalschnitt, ähnlich dem der Abbildung 37, wird durch eine Schichtaufnahme möglich. An ihr kann die Anteversion von Pfanne und Femurhals gemessen werden (bedeutsam für die Diagnostik von Hüftgelenksdysplasien).

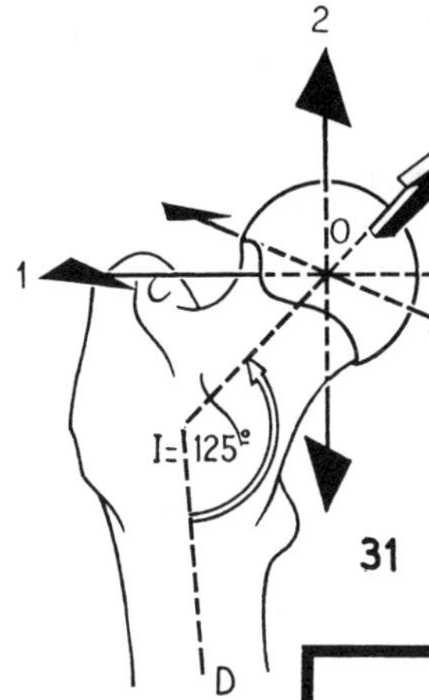

31

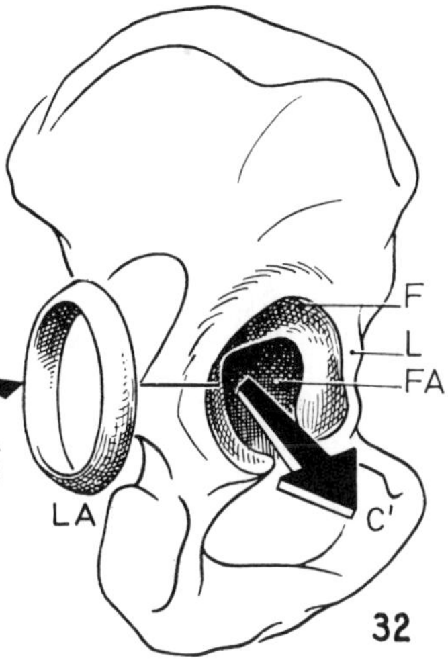

32

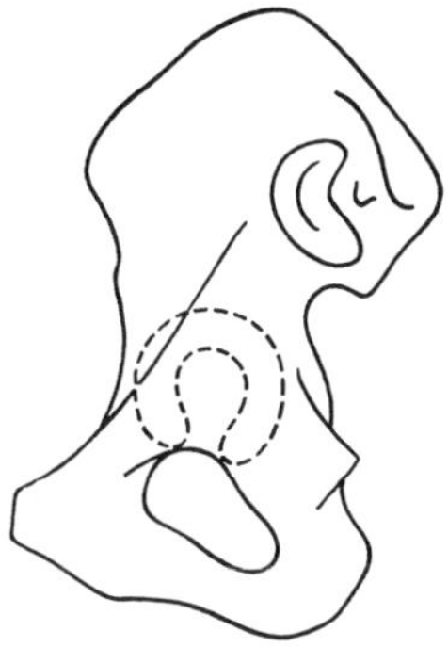

33

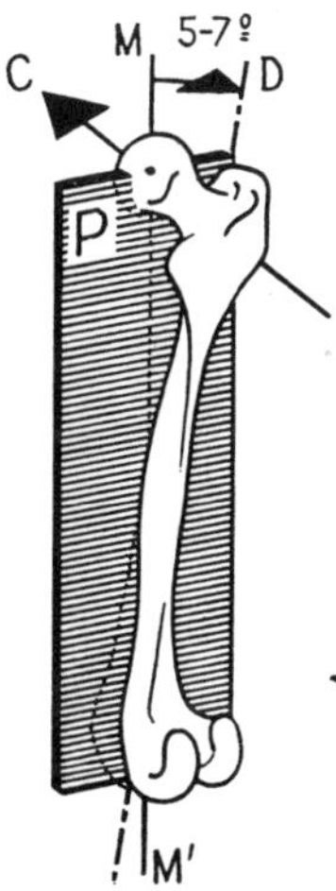

34

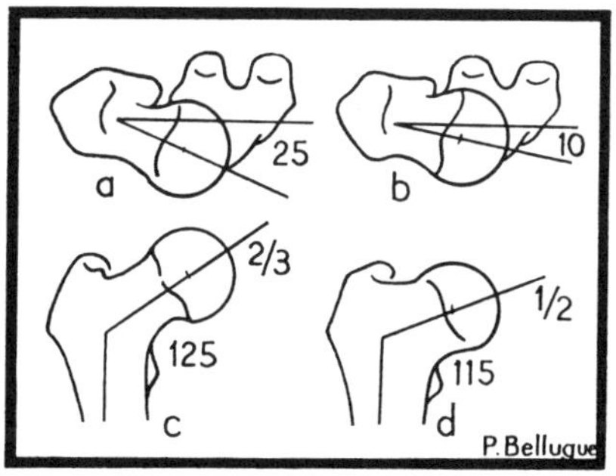

35

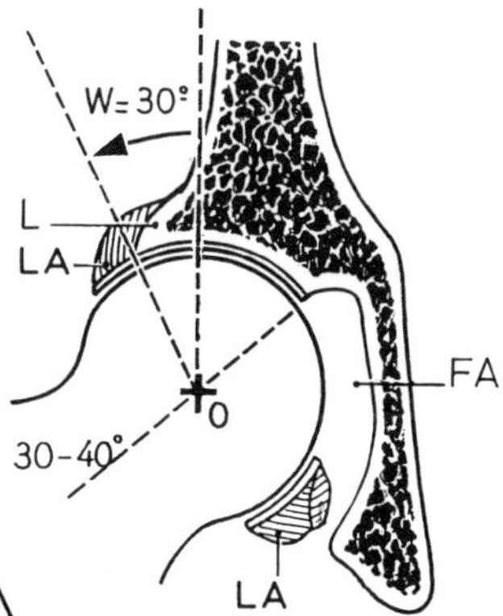

36

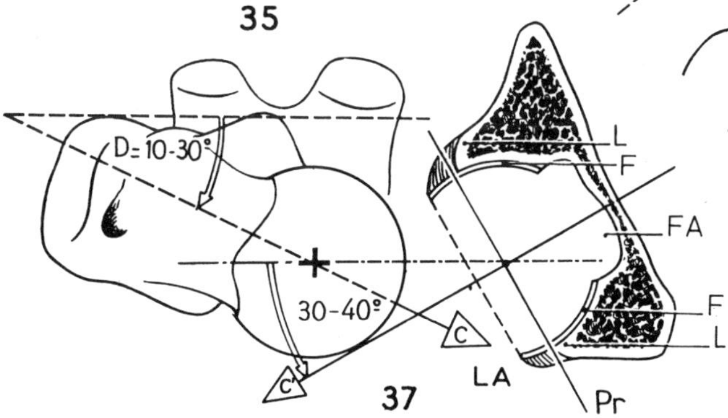

37

Flächenkontakt im Hüftgelenk

Beim aufgerichteten Stand (Abb. 39) befindet sich das Hüftgelenk in der Nullstellung (Abb. 38). Der Femurkopf wird von der Hüftpfanne nicht völlig bedeckt, seine überknorpelte vordere und obere Partie ist frei (Pfeil, Abb. 38). Bedingt ist dies dadurch (Abb. 44, perspektivische Darstellung der Hauptebenen des rechten Hüftgelenks), daß die schräg nach oben, vorne und medial gerichtete Halsachse (C) sich nicht in die schräg nach unten, vorne und außen ziehende Pfannenachse (C') fortsetzt. Mit Hilfe eines Hüftgelenkmodells (Abb. 40) können die Verhältnisse anschaulich dargestellt werden. Eine Kugel wird von einem dem CCD- und Antetorsionswinkel entsprechend gebogenen Stab getragen. In der Ebene D liegen die Diaphysenachse und die transversale Kondylenachse. Desweiteren ist eine Halbkugelschale in die sagittale Ebene S eingestellt. Die Ebene F als frontale Ebene schneidet die Halbkugelschale im Zentrum. Bei aufgerichteter Stellung bleibt die Kugel oben und vorne weitgehend unbedeckt; der schwarze Bereich repräsentiert die halbmondförmige, unbedeckte Knorpelfläche.
Durch Drehen der Halbkugelschale (= Pfanne) gegenüber der Kugel (= feststehender Femurkopf, Abb. 43), gelingt es, die Artikulationsflächen von Kopf und Pfanne voll zur Deckung zu bringen; der schwarze Halbmond ist verschwunden. Anhand der Lageveränderung der Ebenen S und F kann festgestellt werden, daß drei Bewegungskomponenten nötig sind, um eine Flächendeckung zu erzielen:

- eine Beugung von annähernd 90° (Pfeil 1)
- eine leichte Abduktion (Pfeil 2)
- eine leichte Außenrotation (Pfeil 3)

In dieser Stellung (Abb. 45) befindet sich die Pfannenachse C' in einer Linie mit der Halsachse C''.
Am Skelettpräparat (Abb. 41) wird die Gelenkflächendeckung genau durch diese Beuge-, Abduktions- und Außenrotationsbewegung erreicht. Der Kopf ist vollständig in die Pfanne „hineingedreht“. Diese Gelenkstellung entspricht der Quadrupedenhaltung (Abb. 42); sie ist demnach die eigentliche funktionelle Stellung im Hüftgelenk. Der Schritt in der Evolution, der den Menschen von der quadrupeden zur bipeden Fortbewegungsweise stimulierte, ist denkbarerweise für das sich nicht vollständige Decken der Gelenkflächen des Hüftgelenks verantwortlich zu machen. Umgekehrt kann dieses Phänomen als Argument für die Quadrupedenabstammung des Menschen ins Feld geführt werden.

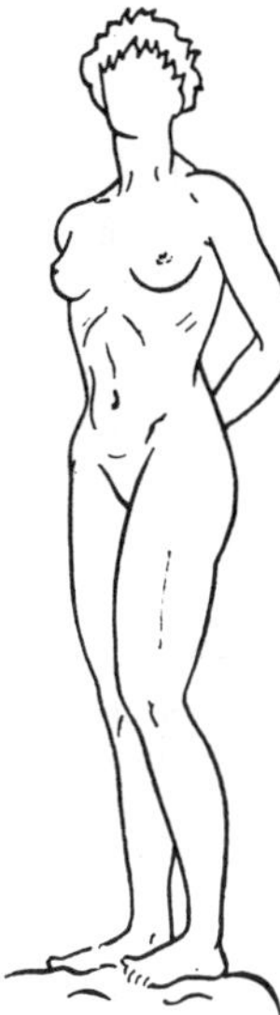

39

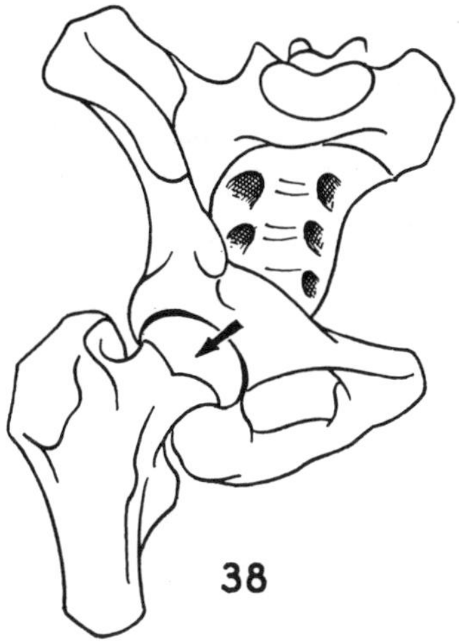

38

40

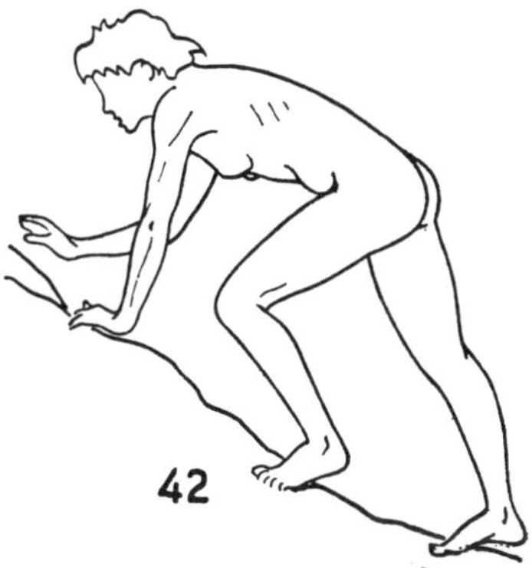

42

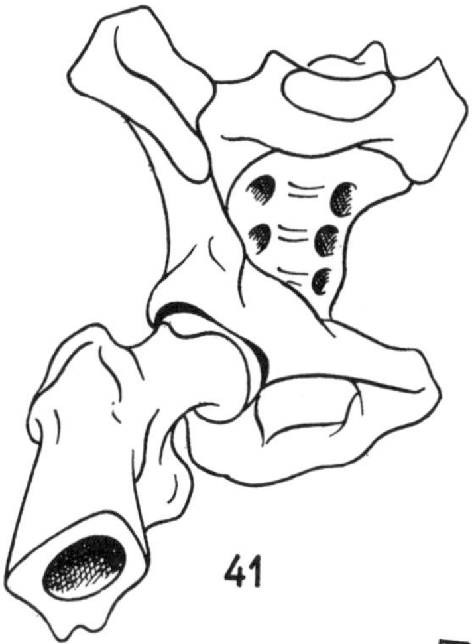

41

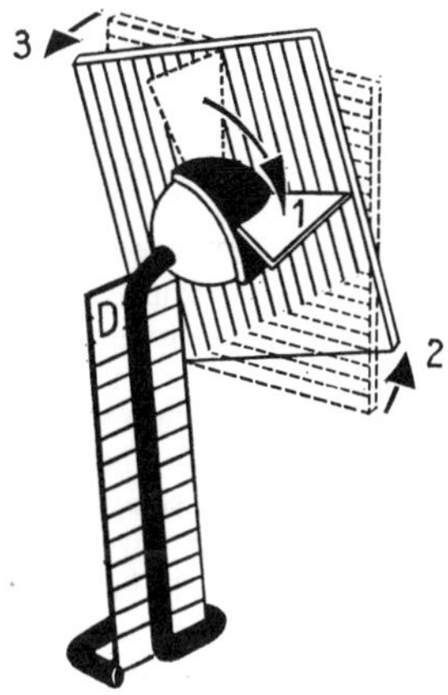

43

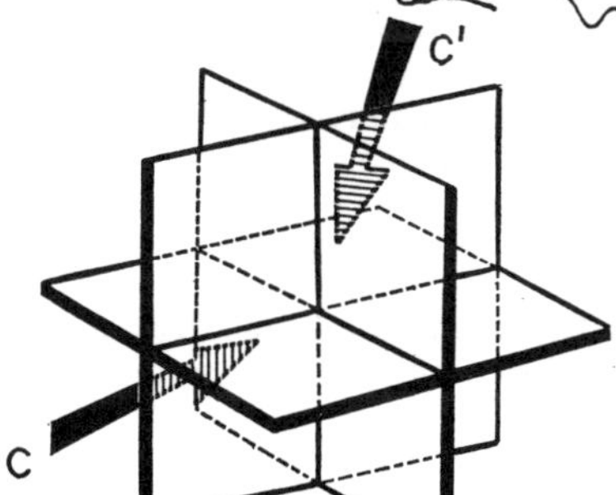

44

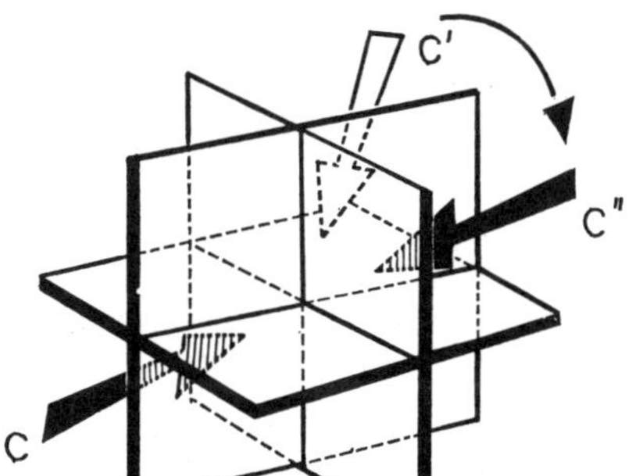

45

Architektur von Femur und Becken

Kopf, Hals und Diaphyse des Femurs sind mechanisch mit einer Krankonstruktion vergleichbar. Die auf den Femurkopf einwirkenden Kräfte werden über einen Hebelarm, den Femurhals, auf die Diaphyse des Knochens übertragen. Bei einem Kran (Abb. 50) hat die vertikal gerichtete Last die Tendenz, den horizontalen Träger an seiner Verbindungsstelle mit dem vertikalen Fußelement abzuknicken. Um dies zu verhindern, genügt die Anbringung eines schrägen, versteifenden Elementes. Der Femurhals entspricht dem horizontalen Ausleger des Krans; betrachtet man das Skelett der unteren Extremität (Abb. 48), so stellt man fest, daß die mechanische Achse (= Tragachse, dick gestrichelt), die die Zentren von Hüft-, Knie- und Sprunggelenk miteinander verbindet, medial des Femurhalses verläuft. Die mechanische Achse fällt nicht mit der Vertikalen zusammen (Strichpunktlinie), ein Tatbestand, auf den noch eingegangen werden wird (Abb. 128).
Um ein Abknicken des Femurhalses an seiner Basis (Abb. 51) zu verhindern, besitzt das coxale Femurende eine typische Architektur, die an einem aufgesägten Knochenpräparat sichtbar wird (Abb. 46). Die Spongiosabälkchen bilden ein trajektorielles Fachwerk. Als Trajektorien bezeichnet man in der Statik Linien, die an jeder Stelle eines Körpers die Richtungen der größten Kompression und der größten Dehnung angeben.
– Die Spongiosabälkchen bilden ein Hauptsystem, das aus zwei Bündeln besteht, die sich im Halsbereich kreuzen.
– Ein Bündel (1) entspringt an der lateralen Wand der Diaphyse und endet an der Corticalis der unteren Kopfhälfte (sog. bogenförmiges Bündel von Gallois und Bosquette).
– Ein zweites Bündel (2) hat seinen Ursprung an der medialen Diaphysencorticalis und an der Halsinnenseite. Es verläuft durch den Kopf und endet an der Corticalis der oberen Kopfhälfte.
Culmann hat gezeigt, daß bei exzentrischer Belastung eines kranähnlichen Krummstabes (Abb. 49) zwei Trajektorienzüge auftreten. Der eine, konvexe Zug stellt die Zugtrajektorien dar, es ist dem bogenförmigen Spongiosabündel homolog. Der zweite, vertikale Zug repräsentiert die Drucktrajektorien, es ist dem zweiten Spongiosabündel homolog (schräges, versteifendes Element).
– Ein Nebensystem von zwei Spongiosabälkchenbündeln läuft in den Trochanter major hinein.
– Ein Bündel (3) entspringt von der medialen Diaphysencorticalis.
– Ein zweites, schwächeres Bündel (4) verläuft im Trochanter major selbst parallel der lateralen Corticalis.
Auf drei Besonderheiten muß hingewiesen werden:
1. Im Trochantermassiv überkreuzen sich die Bündel 1 und 3 in Form gotischer Bögen. Die Überkreuzungszone ist deutlich verdichtet, sie stößt bis an die obere Corticalis des Halses. Das innere Bündel ist vergleichsweise schwächer und wird durch eine Altersosteoporose noch ausgedünnt.
2. In Hals und Kopf findet sich ein zweites System gotischer Bögen, hier überkreuzen sich Zug- (1) und Druckbündel (2). Die Überkreuzungszone ist dicht, sie bildet sozusagen den Kern des Kopfes. Das Trabekelsystem „ruht" auf der dicken medialen Corticalis, dem Adamschen Bogen (Ab).
3. Zwischen dem Bogensystem des Trochantermassivs und dem Zugbündel von Hals und Kopf liegt eine nur wenig röntgendichte Zone (+), die durch die Altersosteoporose noch zusätzlich geschwächt werden kann. In diesem Bereich treten typischerweise die Schenkelhalsfrakturen auf (Abb. 51).
Die Architektur des Beckengürtels (Abb. 46) kann in gleicher Weise analysiert werden. Über den allseits geschlossenen Ring werden die Kräfte von der Lendenwirbelsäule (gestreifter, sich aufzweigender Pfeil) auf die beiden Hüftgelenke übertragen.
Es gibt zwei Hauptzüge von Spongiosabälkchen, die die Kräfte vom Iliosakralgelenk in Richtung Acetabulum einerseits und Os ischii andererseits übertragen (Abb. 46 und 47): Die sacro-acetabularen Trabekel gliedern sich in zwei Züge:
1. Der erste Zug (5) entspringt von der oberen Hälfte der Facies auricularis, läuft entlang der Incisura ischiadica major (I m), deren Rand verdickend („Linea innominata").
2. Der zweite Zug (6) nimmt seinen Ursprung von der unteren Hälfte der Facies auricularis und biegt in Höhe der Linea glutaea superior um, dort ein „Tuberculum ilicum" (Ti) bildend. Von dort wenden sich die Spongiosabälkchen nach lateral in Richtung Acetabulum; sie enden im oberen Pfannenbereich.
Die ischio-sacralen Trabekel (7) beginnen, gemeinsam mit den zuvor erwähnten, an der Facies auricularis und ziehen in das Os ischii hinein. Sie kreuzen vom Pfannenrand kommende Spongiosabälkchen (8). Das spongiöse System des Os ischii wird vornehmlich beim Sitzen beansprucht. Schließlich strahlen vom Rand der Incisura ischiadica major und vom „Tuberculum ilicum" Spongiosazüge in den oberen Schambeinast.*

* Anm. des Übersetzers: Bezüglich einer detaillierten, exakten Analyse der Spongiosaarchitektur, insbesondere des coxalen Femurendes, sei auf die Untersuchungen von Pauwels und Kummer verwiesen.

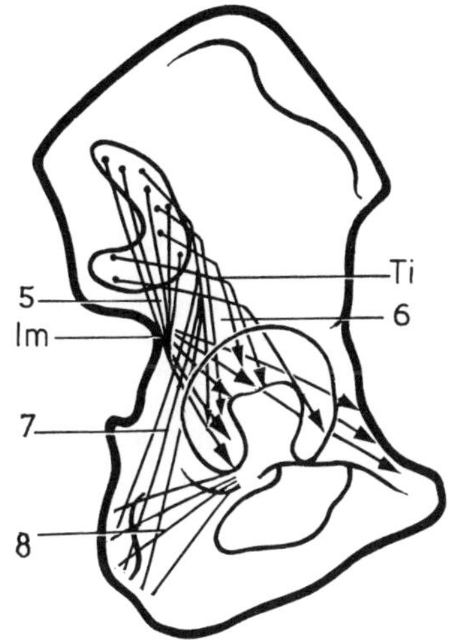

47

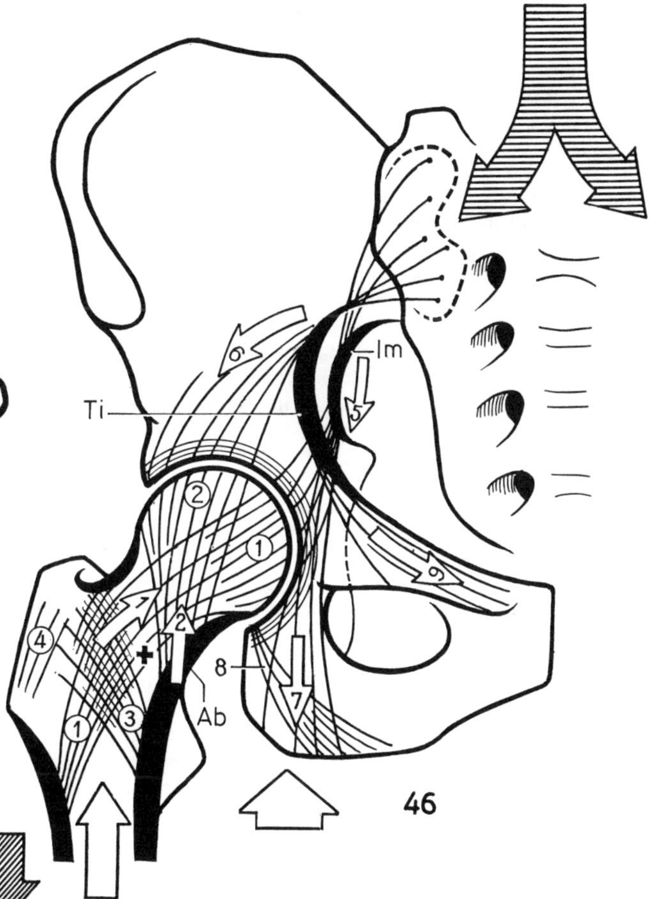

46

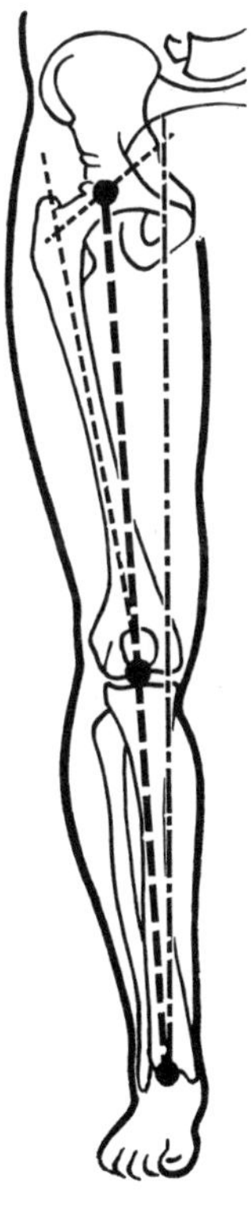

48

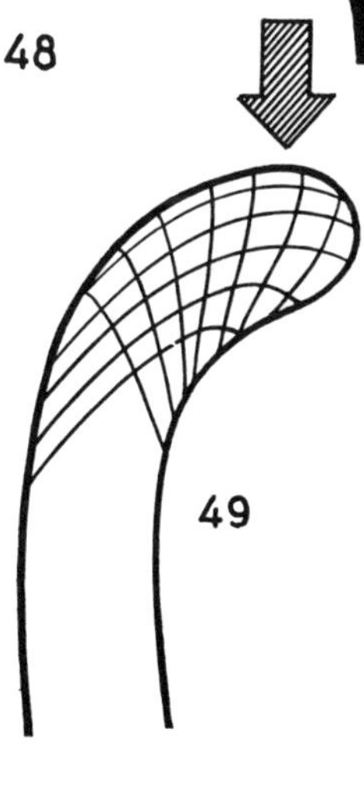

49

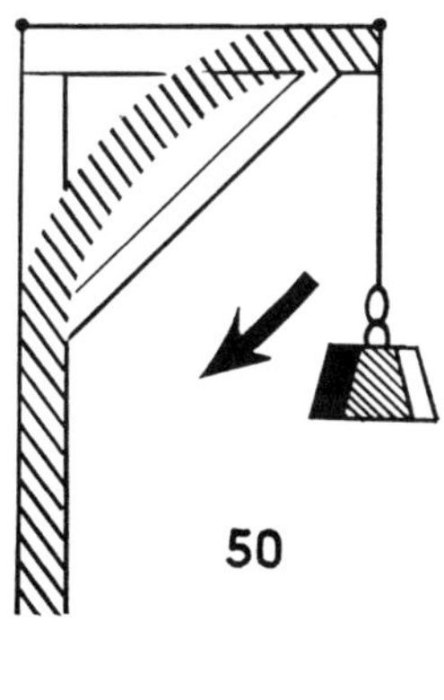

50

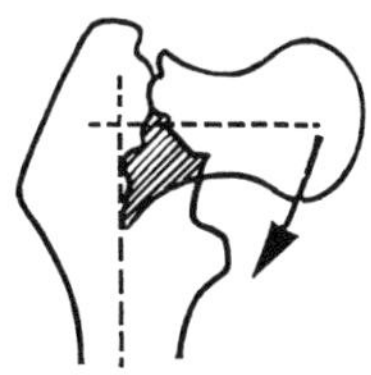

51

Labrum acetabulare und Ligamentum capitis femoris

Das Labrum acetabulare (LA) ist als faserknorpeliger Ring am Pfannenrand fixiert (Abb. 52); es vergrößert die Pfannenfläche beträchtlich (s. S. 36) und gleicht Unebenheiten des Randwulstes, Limbus acetabuli (L), aus. Der vordere, obere Anteil der Lippe ist abgehoben, so daß man auf die leicht eingekerbte Verbindungsnaht zwischen Os ilium und Os pubis (IP) schaut. An der Nahtstelle zwischen Os pubis und Os ischii (PI) findet sich eine tiefe Einkerbung (Incisura acetabuli), die von der Pfannenlippe überbrückt wird, indem sie sich am Ligamentum transversum acetabuli (LT) festheftet. Das Ligament ist an den Begrenzungen der Incisur fixiert; im Schema ist das Ligament mitsamt dem Lippenteil herausgenommen. Ein Schnitt durch das Hüftgelenk (Abb. 53) zeigt, daß die Pfannenlippe am knöchernen Rand der Pfanne und am Ligament fest verankert ist (s. auch Abb. 36).
Die Pfannenlippe ist im Schnitt dreieckig, sie hat drei Flächen. Die Innenfläche ist mit dem Pfannenrand und dem Ligament verbunden; die zentrale Seite (sie schaut in Richtung auf das Gelenkzentrum) geht kontinuierlich in die Knorpelfläche der Facies lunata über, sie hat direkten Kontakt mit dem Femurkopf. An der Außenseite setzt die Kapsel (C) an; die Kapselinsertion findet sich allerdings nicht unmittelbar an der äußersten Kante der Außenseite, sondern läßt die spitzzulaufende Kante des Labrum frei in den Gelenkraum hineinragen. Begrenzt von Labrum und Gelenkkapsel, findet sich ein ringförmiger Recessus (Abb. 54, nach Rouviere), der Recessus perilimbicus (R).
Das Ligamentum capitis femoris (LCF) ist ein abgeplattetes, kräftiges Band (Abb. 56) von 30–35 mm Länge; es verläuft von der Incisura acetabuli (Abb. 52) zum Femurkopf, eingebettet in die Fossa acetabuli (Abb. 53). Am Femurkopf (Abb. 55) inseriert es in der Fovea capitis, eine Vertiefung, die etwas unterhalb und etwas hinter dem Mittelpunkt der knorpelig-überzogenen Artikulationsfläche liegt. Das Band ist meist deutlich in drei Bündel geteilt.
– Ein hinteres Bündel (fp) zieht, als das längste, unterhalb des Ligamentum transversum acetabuli durch die Incisura acetabuli (Abb. 52), um an dem hinteren, unteren Rand des Cornu posterius der Facies lunata zu inserieren.
– Ein vorderes Bündel (fa) ist hinter dem Cornu anterius der Facies lunata unmittelbar an der Incisur selbst befestigt.
– Ein mittleres, dünnes Bündel (fm) ist am Oberrand des Ligamentum transversum fixiert (Abb. 52).
In der Fossa acetabuli (FA) ist das Ligamentum capitis femoris in Fettgewebe eingebettet. Hier ist es von Synovialmembran bedeckt (Abb. 54); die Membran ist zum einen an der zentralen Kante der Facies lunata und am oberen Rand des Ligamentum transversum, zum anderen am Femurkopf am Ende der Fovea capitis festgemacht. Der synoviale Überzug des Ligaments hat zylinderförmige Gestalt, man bezeichnet ihn demnach auch als „Zelt“ des Ligamentum capitis femoris (Ts).
Das Ligament hat keine mechanische Bedeutung, obwohl es recht widerstandsfähig ist (Zugfestigkeit von 45 kp); wichtig ist es hingegen für die Ernährung des Femurkopfes. Der Ramus posterior (Abb. 57, Ansicht von unten; nach Rouviere) der A. obturatoria (1) gibt einen Ast, den Ramus acetabularis (6), ab, der unter dem Ligamentum transversum verläuft und in das Ligamentum capitis femoris hineinzieht. Kopf und Hals des Femurs werden in erster Linie durch Kapselarterien (5) versorgt, Äste der AA. circumflexae femoris medialis (4) und lateralis (3); diese entspringen wiederum der A. profunda femoris (2).

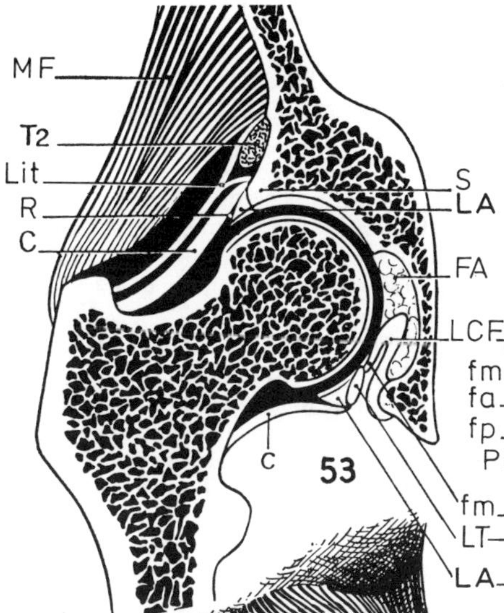

53

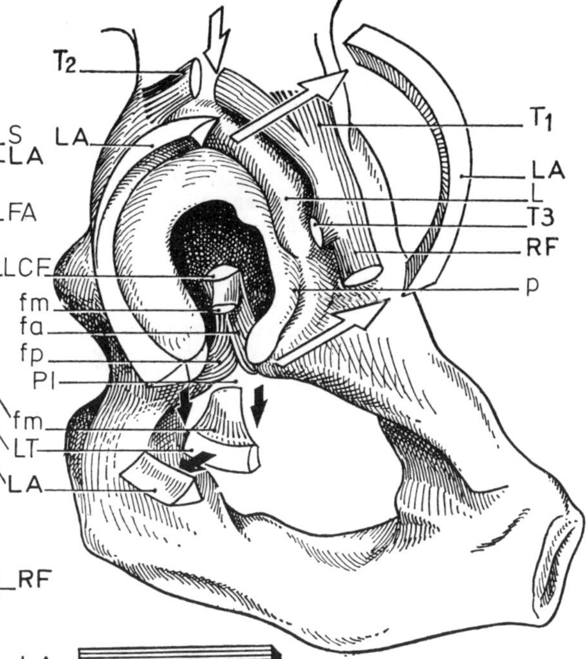

52

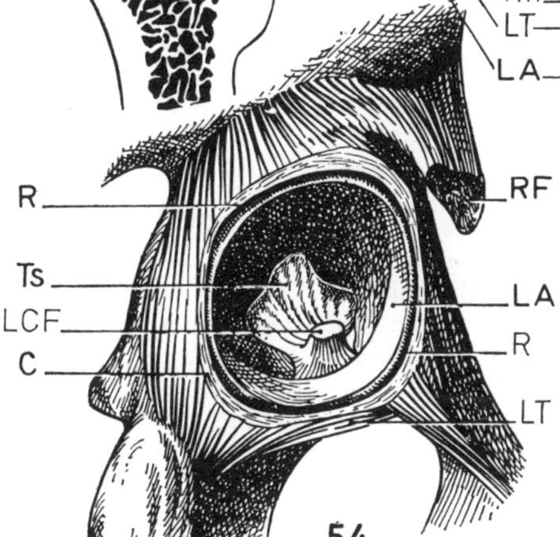

54

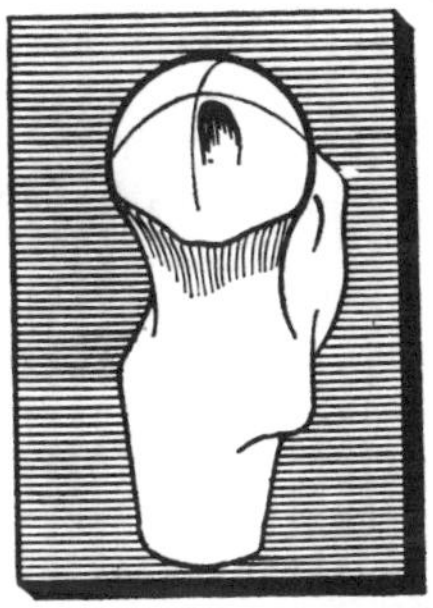

55

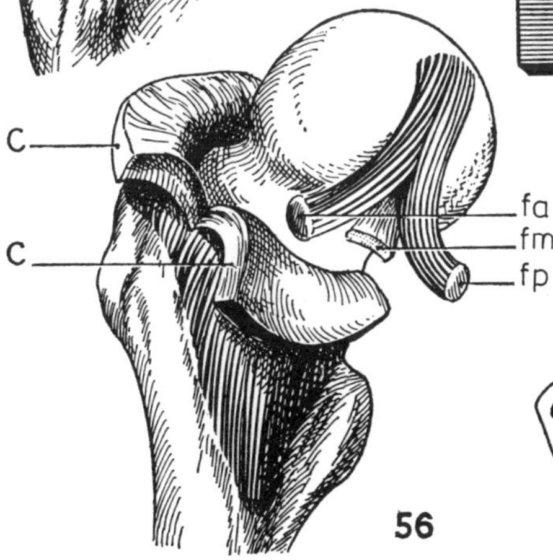

56

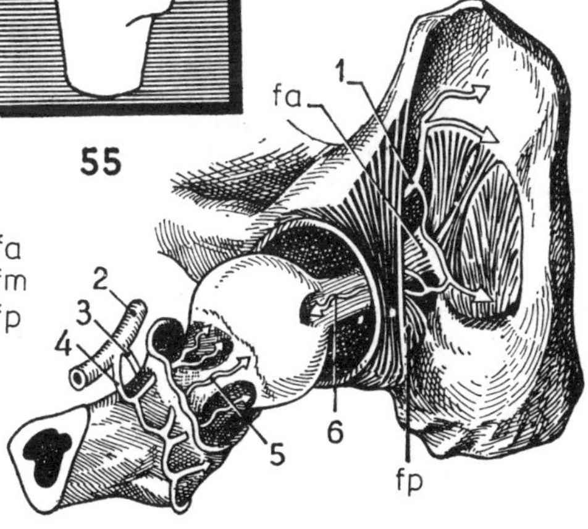

57

Kapsel des Hüftgelenks

Die Hüftgelenkskapsel hat die Form einer zylindrischen Hülse (Abb. 58), die vom Os coxae bis zum proximalen Ende des Femurs reicht. Die Fibrillenbündel der Kapsel haben unterschiedliche Ausrichtung:
- Fibrillenbündel laufen longitudinal (1), parallel zur Achse des Zylinders.
- schräge Bündel laufen spiralig um den Zylinder (2).
- bogenförmige Bündel (3) entspringen und inserieren am Hüftbein. Sie überkreuzen sich an ihrem Fußpunkt, dem knöchernen Pfannenrand. Die Scheitel der unterschiedlich hohen Bögen erreichen etwa die Mitte der Hülse. Sie umklammern den Hüftkopf regelrecht und tragen dazu bei, ihn in der Pfanne zu halten.
- zirkuläre Bündel (4) besitzen keine knöcherne Verankerung. Sie finden sich reichlich im mittleren Abschnitt der Kapsel; sie schnüren sie leicht ein. An der Innenseite der Kapsel springen sie deutlich hervor, sie bilden insgesamt die Zona orbicularis (WEBERscher Ring); sie umgreifen fest den Femurhals.

Medial ist die Kapsel am knöchernen Pfannenrand (5), am Ligamentum transversum acetabuli und an der peripheren Fläche des Labrum verankert (s. S. 22). Sie hat unmittelbare Beziehungen zur Sehne des M. rectus femoris (RF, Abb. 52): Die Hauptsehne (T 1) des Muskels entspringt an der Spina iliaca anterior inferior; ein weiteres Sehnenbündel (T 2) entspringt im hinteren Bereich des knöchernen Pfannenrandes und verläuft durch eine Art Scheide der dort inserierenden Kapsel (Abb. 53). Es unterkreuzt desweiteren einen Teilzug (Lit) des Ligamentum iliofemorale, der die obere Partie der Kapsel verstärkt (s. S. 26). Ein drittes Sehnenbündel (T 3) verstärkt den vorderen Kapselbereich.

Lateral ist die Kapsel nicht an der Knorpelknochengrenze des Femurkopfes, sondern an der Basis des Halses befestigt.

Die Insertionslinie verläuft
- vorne längs der Linea intertrochanterica (6).
- Hinten (Abb. 59) verfolgt sie nicht die Crista intertrochanterica (7), sondern sie läuft zwischen mittlerem und äußerem Drittel der Halshinterseite (8) gleich oberhalb einer Rinne (9), in der die in der Fossa trochanterica (Ft) entspringende Sehne des M. obturatorius externus eingebettet ist. Ober- und Unterfläche des Halses werden von der Kapselansatzlinie schräg gekreuzt. Vorne – unten verläuft sie dicht oberhalb einer dem Trochanter minor (Pt) naheliegenden, kleinen Grube (10). Vom Trochanter minor bleibt sie etwa 1,5 cm entfernt. Die innersten Fibrillenbündel steigen am Schenkelhals wieder auf, um an der Knorpelknochengrenze des Kopfes zu inserieren. Sie bilden hier, indem sie einige synoviale Falten aufwerfen, die sog. Frenula capsulae (11), von denen das hervorspringendste (12) nach AMANTINI besonders benannt werden kann.

Die Bedeutung der Frenula kommt bei der Abduktionsbewegung zum Ausdruck. In Adduktionsstellung (Abb. 60) ist die untere Kapselpartie (1) entspannt, die obere (2) gespannt. Eine Insuffizienz an Dehnungsfähigkeit der unteren Kapselpartie (1) bei der Abduktion (Abb. 61) wird durch ein Abrollen der Frenula (3) kompensiert. Der obere Kapselteil (2) faltet sich, bis daß der Femurhals an das Labrum acetabulare (4) anstößt. Die Pfannenlippe verformt sich, sie richtet sich auf: es wird nun verständlich, daß die Pfannenlippe einerseits die Gelenkfläche vergrößert, andererseits aber nicht die Bewegung einschränkt.

Bei extremer Beugung kann die vordere, obere Fläche des Halses an den Pfannenrand anschlagen; in manchen Fällen zeigt sich dies am Femurhals in Form einer Impression (Ei) gleich unterhalb des Knorpelrandes (Abb. 58).

Injiziert man ein Kontrastmittel in die Gelenkhöhle, so kann man radiologisch anhand der Arthrographie des Hüftgelenks (Abb. 62) Einzelheiten der Kapsel und der Pfannenlippe erkennen. Die Zona orbicularis (9) schnürt sich in der Mitte deutlich ein; sie teilt den Gelenkinnenraum quasi in eine äußere (1) und eine innere (2) Kammer. Die beiden Kammern buchten sich in je einen Recessus superior (3) und inferior (4) aus. Von der inneren Kammer zweigt sich nach oben ein spitzzulaufender, spornartiger Fortsatz (5) in Richtung Pfannenrand ab (vgl. mit Abb. 53). Nach unten sind zwei landzungenähnliche Recessus zu erkennen, der Recessus acetabularis (6) und ein einen Teil des Ligamentum capitis femoris begleitender Recessus (7). Zwischen Kopf und Pfanne zeichnet sich der Gelenkspalt (8) ab.

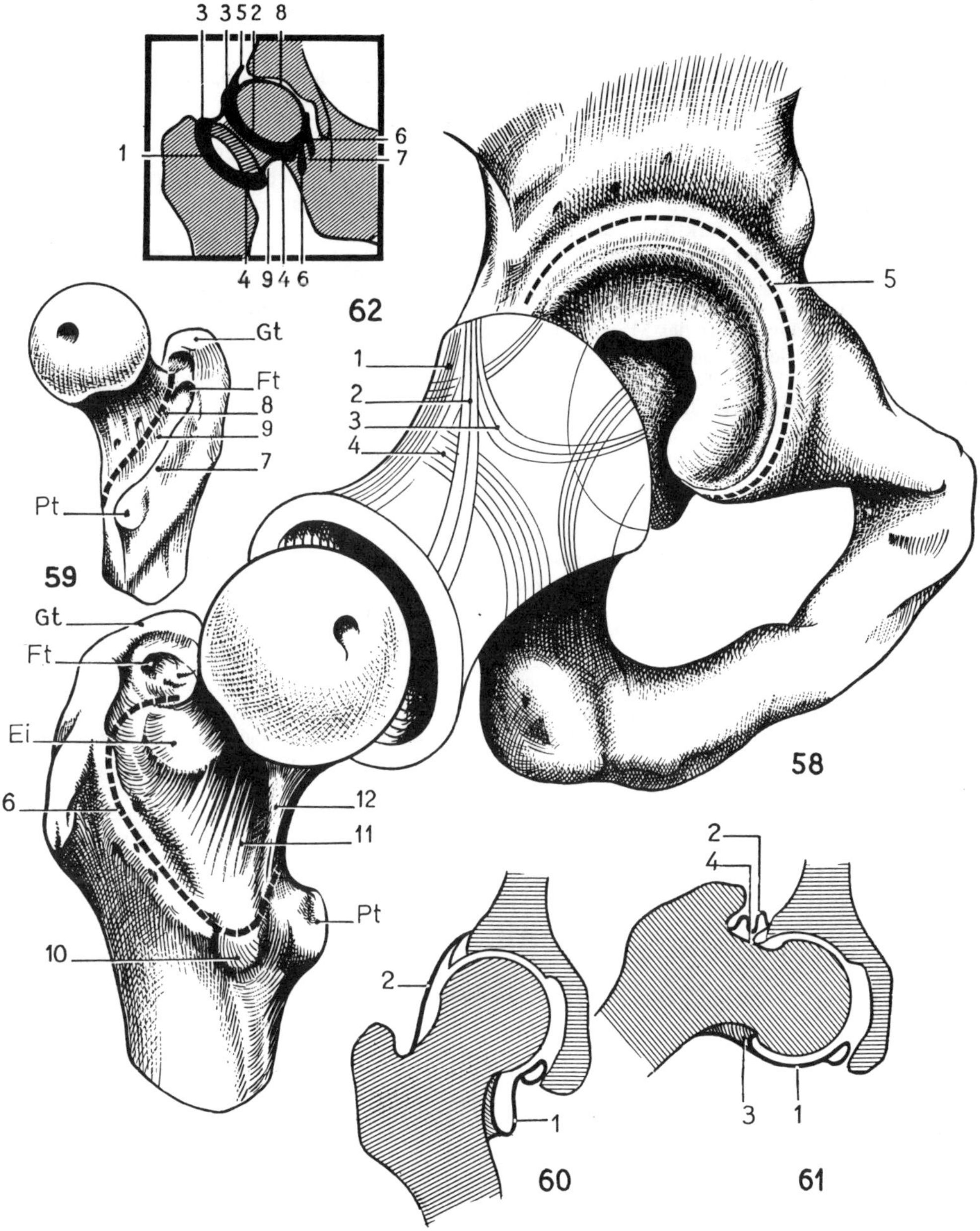

62

59

58

60

61

Bänder des Hüftgelenks

Die Kapsel des Hüftgelenks wird auf ihrer Vorder- und Hinterseite durch kräftige Bänder verstärkt. An der Vorderseite (Abb. 63) befinden sich zwei Ligamente:
– Das Ligamentum iliofemorale (Bertinisches Band, 1), ein fächerförmiges Band, entspringt mit seiner Spitze vorne am Darmbein unterhalb der Spina iliaca anterior inferior (wo der M. rectus femoris, RF, seinen Ursprung hat); seine Basis heftet sich an der gesamten Länge der Linea intertrochanterica an. Der Bandfächer ist im mittleren Teil dünn, die Randpartien sind jeweils verstärkt:
– Ein oberer Zug (a), stärkstes Element der Kapsel (8 bis 10 mm dick), setzt an einem stark ausgeprägten Höcker der Linea intertrochanterica und an deren oberen Hälfte an. Kranial gliedert sich diesem Bandzug ein besonderes Ligament (d) an, das nach Rouvière durch Verschmelzung eines Sehnenbündels (e) des M. rectus femoris mit einer vom Pfannenrand ausgehenden fibrösen Platte (f) entsteht. Von der Unterseite des M. glutaeus minimus (G mi) strahlt eine aponeurotische Sehne (g) in die obere Randpartie des Ligamentum iliofemorale ein.
– Ein unterer Zug (b), am Becken gemeinsam mit dem oberen entspringend, zieht an die untere Hälfte der Linea intertrochanterica heran.
– Das Ligamentum pubofemorale (2) zieht von der Eminentia iliopubica und der Crista obturatoria, wo es mit Sehnenfasern des M. pectineus verwoben ist, zur Linea intertrochanterica, teilweise in das Ligamentum iliofemorale einstrahlend.
Auf der Vorderseite der Kapsel (Abb. 64) bilden die beiden Ligamente zusammen ein liegendes N (Welcker) oder ein Z, dessen oberer Balken (a) nahezu horizontal, der mittlere Balken (b) fast vertikal, und der untere Balken, das Ligamentum pubofemorale (2), wieder horizontal ausgerichtet ist. Zwischen den Ligamenta ilio- und pubofemorale ist die Kapselwand dünn, hier liegt ihr die der Sehne des M. iliopsoas (PI) unterlagerte Bursa iliopectinea auf. Gelegentlich ist die Kapsel hier offen, so daß der Gelenkraum mit dem Schleimbeutel kommuniziert. Auf der Rückseite (Abb. 65) gibt es nur ein Band, das Ligamentum ischiofemorale (3). Es entspringt von dem hinteren Pfannenrand und von der Pfannenlippe, zieht nach außen und leicht nach oben, bedeckt die Hinterseite des Halses (h, Abb. 66), und inseriert an der Innenseite des Trochanter major und in der Fossa trochanterica. Hier setzt auch der M. obturatorius externus an; seine Sehne (weißer Pfeil) gleitet in einer Rinne unmittelbar am Kapselansatz. Einige Faserzüge (i) strahlen direkt in die Zona orbicularis (j) ein.
Die Aufrichtung aus der Quadrupedenstellung (s. S. 18) bedingt einen gleichsinnig spiraligen Verlauf aller Bänder um den Femurhals (Abb. 67). An einem rechten Hüftgelenk, Ansicht von lateral, wickeln sie sich im Uhrzeigersinn um den Hals; dies bedeutet, daß die Extension die Bänder spiralisiert, die Flexion sie entspiralisiert.

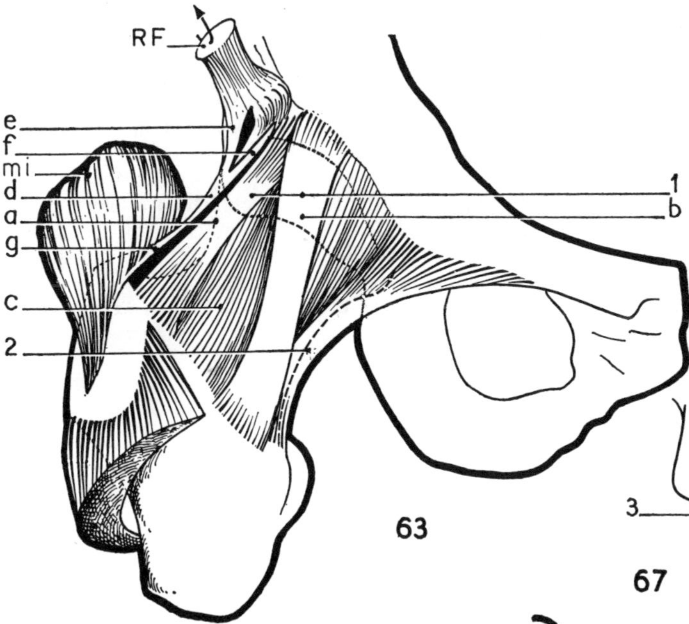

63

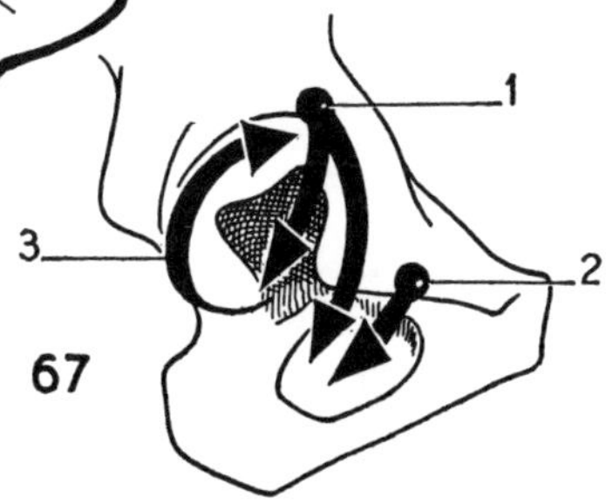

67

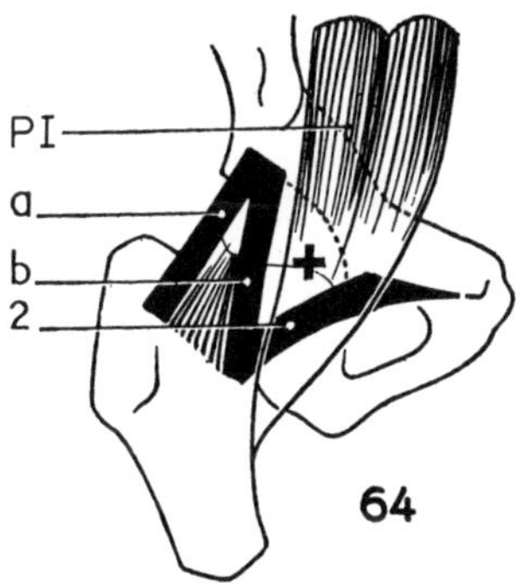

64

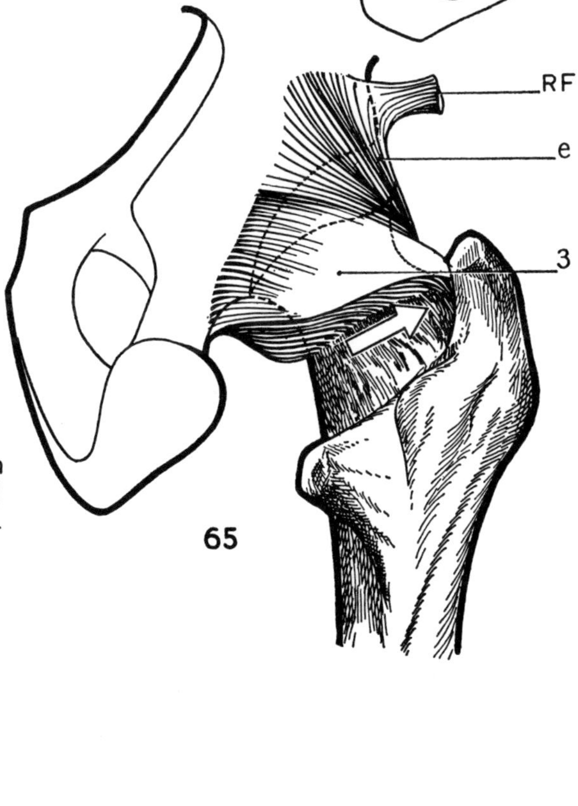

65

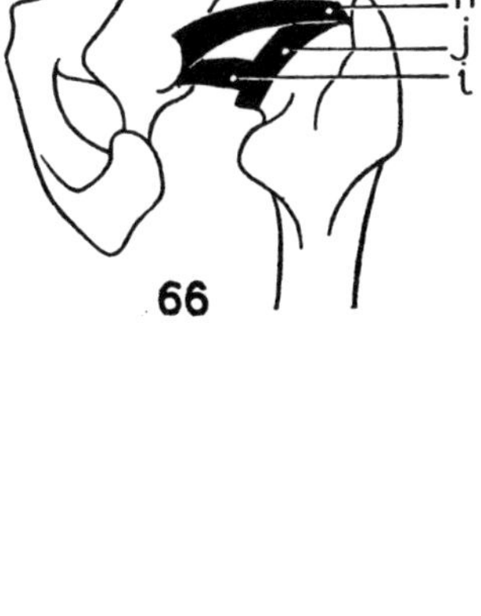

66

Funktion der Bänder bei Beugung und Streckung

In der Neutralstellung (Abb. 68) sind die Bänder mäßig angespannt. Im Schema (Abb. 69) stellt der äußere Ring die Pfanne, die zentrale Scheibe Kopf und Hals des Femurs dar. Die Bänder werden als Federn betrachtet, sie sind zwischen Ring und Scheibe gespannt. Berücksichtigt sind die Ligamenta iliofemorale (LI) und ischiofemorale (IF); das Ligamentum pubofemorale ist nicht eingezeichnet, um das Schema leichter verständlich zu machen.
Während der Streckung des Hüftgelenks (Abb. 70) werden die Bänder sämtlich angespannt (Abb. 71), da sie um den Femurhals gewickelt werden. Am stärksten gerät der untere, vordere Anteil des Ligamentum iliofemorale unter Spannung, da er fast vertikal verläuft (Abb. 70). Er ist es, der maßgeblich ein Kippen des Beckens nach hinten verhindert.
Bei der Hüftgelenksbeugung (Abb. 72) kehren sich die Verhältnisse um, alle Bänder werden entspannt (Abb. 73).

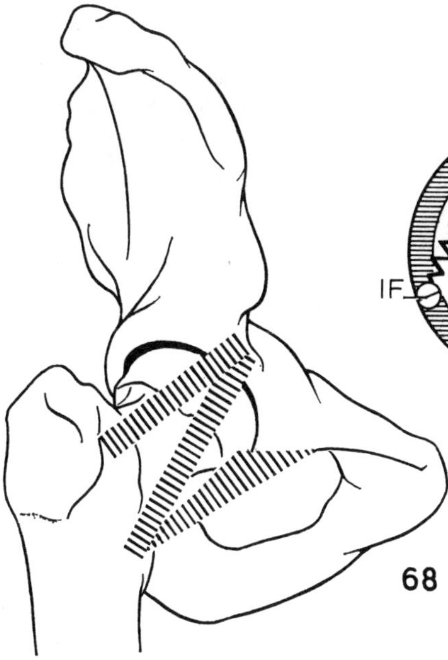

68

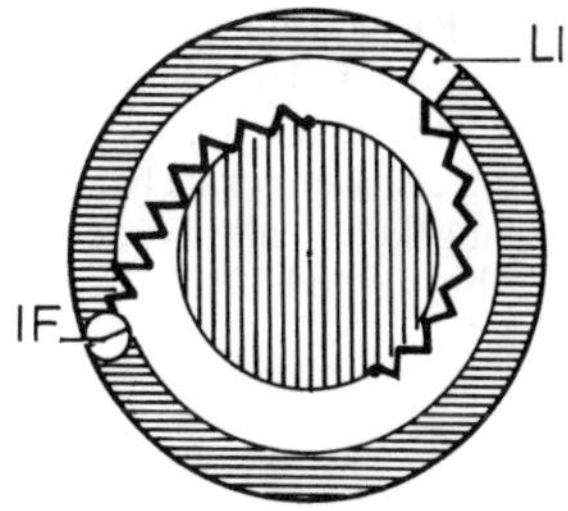

69

71

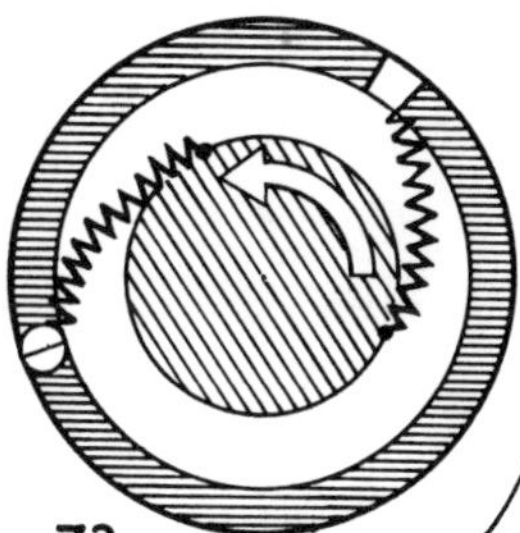

73

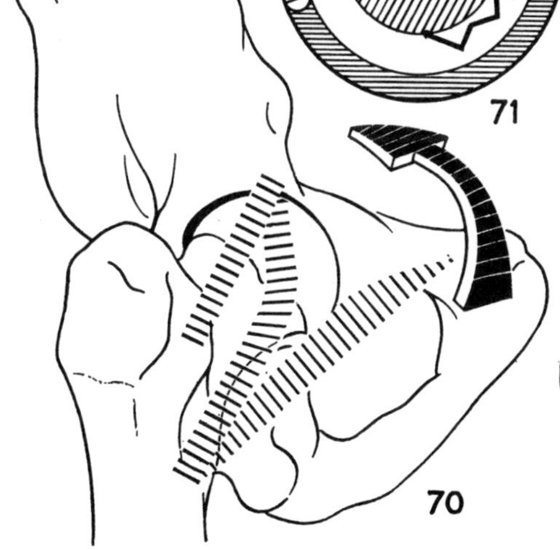

70

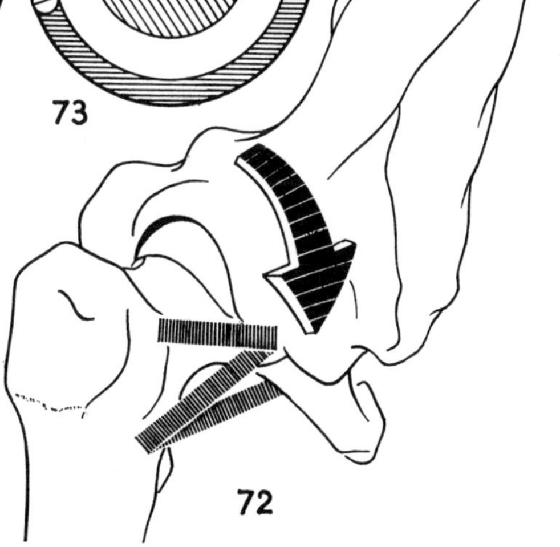

72

Funktion der Bänder bei Außen- und Innenrotation

Bei der Außenrotation (Abb. 74) entfernt sich die Linea intertrochanterica vom Pfannenrand. Folglich werden alle vorderen Bänder angespannt. Unter sehr hohe Spannung geraten die horizontalen Züge, d. h., die obere Partie des Ligamentum iliofemorale und das Ligamentum pubofemorale. Die Anspannung der vorderen Bänder kommt auf einem Horizontalschnitt (Abb. 75, Ansicht von oben) und bei Betrachtung des Gelenkes von hinten-oben (Abb. 76) klar zum Ausdruck. Desweiteren sieht man, daß das Ligamentum ischiofemorale bei Außenrotation entspannt wird. Bei Innenrotation (Abb. 77) sind die Verhältnisse umgekehrt; alle vorderen Bänder entspannen sich, das Ligamentum ischiofemorale wird angespannt (Abb. 78 und 79).

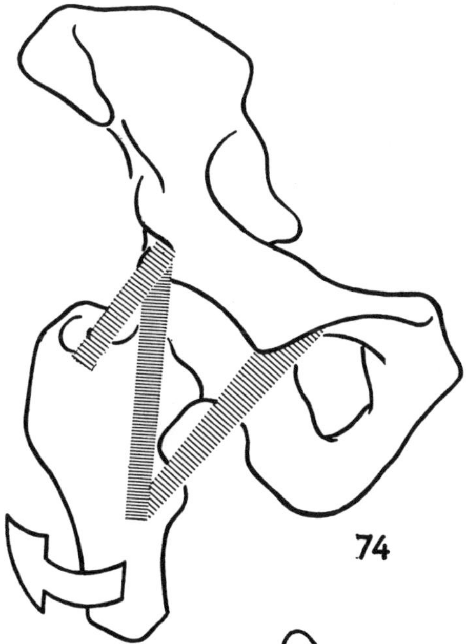

74

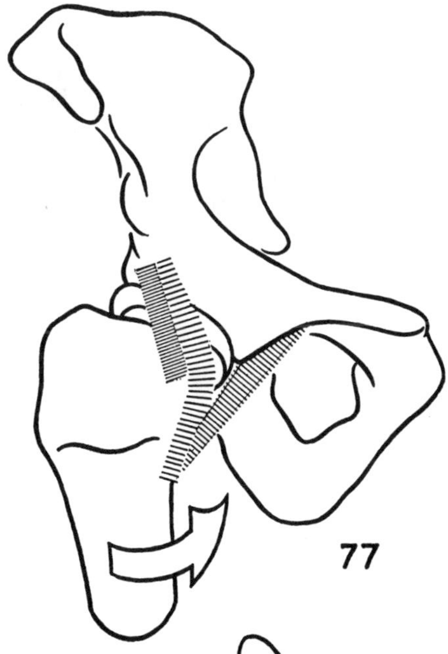

77

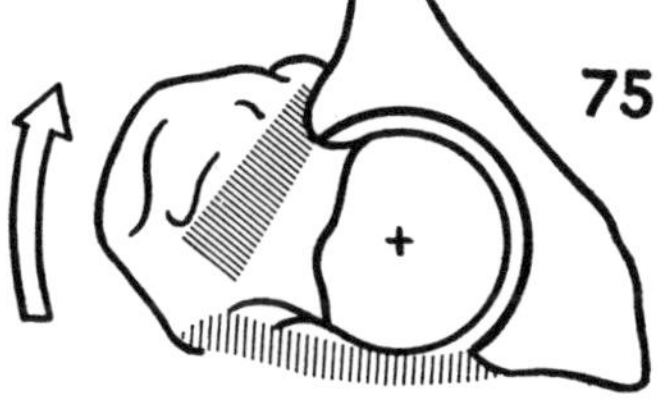

75

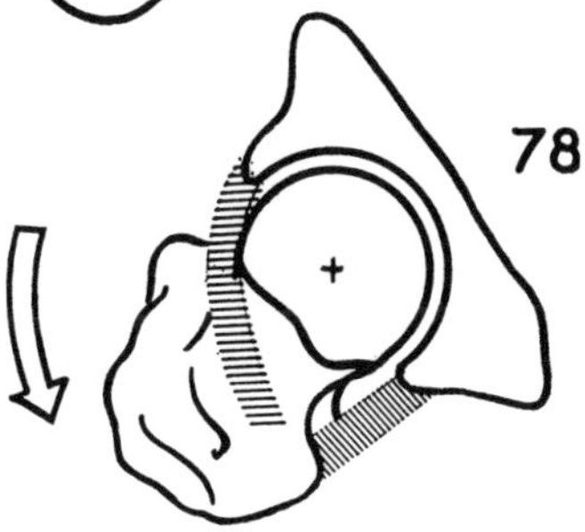

78

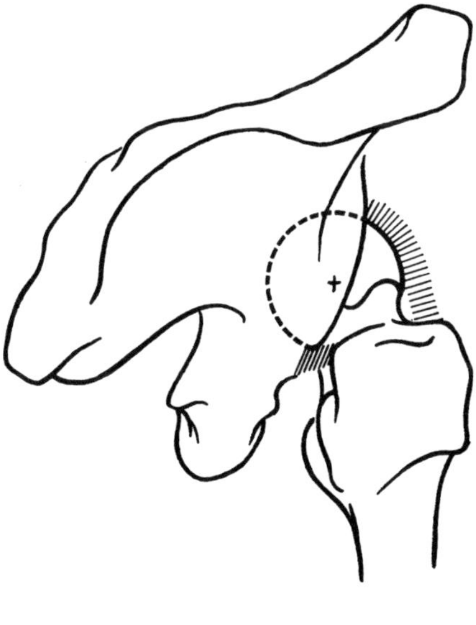

76

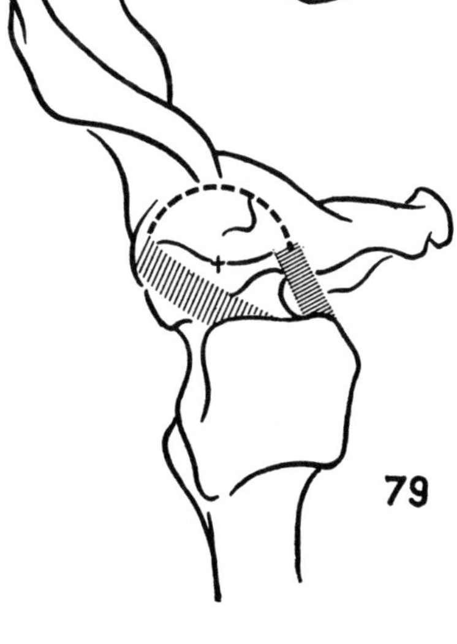

79

Funktion der Bänder bei Ab- und Adduktion

Ausgehend von der Neutralstellung (Abb. 80), bei der die vorderen Bänder mäßig gespannt sind, ist leicht festzustellen, daß bei der Adduktion (Abb. 81) der horizontale, obere Teil des Ligamentum iliofemorale angespannt und das Ligamentum pubofemorale entspannt wird. Der untere, vordere Teil des Ligamentum iliofemorale spannt sich gering. Während der Abduktion (Abb. 82) spannt sich umgekehrt das Ligamentum pubofemorale. Das Ligamentum iliofemorale wird in seinen beiden Partien entspannt. Das Ligamentum ischiofemorale, nur von hinten sichtbar, wird durch die Adduktion entspannt (Abb. 83), durch die Abduktion gespannt (Abb. 84).

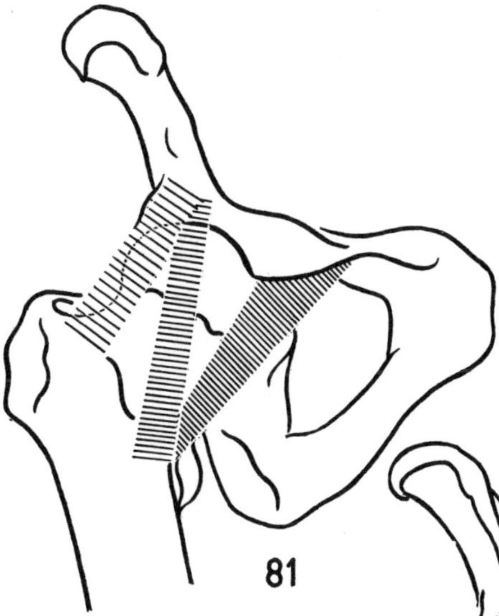

81

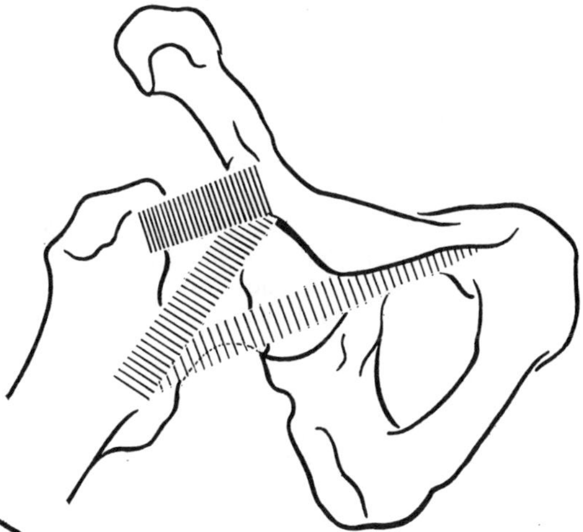

82

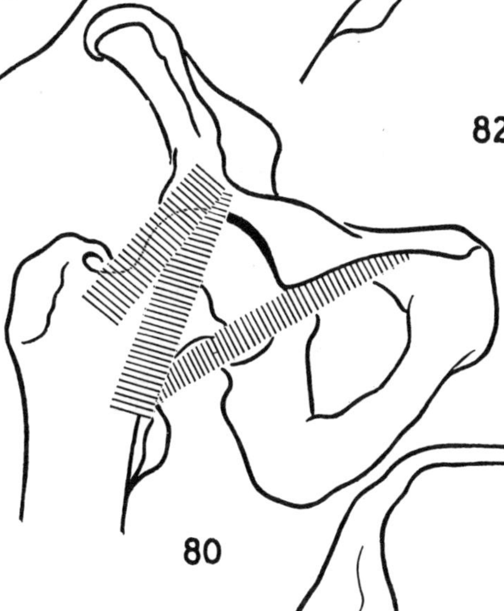

80

83

84

Verhalten des Ligamentum capitis femoris

Dem Ligamentum capitis femoris werden rudimentäre Eigenschaften zugeschrieben, für eine Bewegungseinschränkung im Hüftgelenk hat es praktisch keine Bedeutung.
In Neutralstellung (Abb. 85, Frontalschnitt) ist das Band leicht angespannt, die Fovea capitis projiziert sich auf einen mittleren Punkt der Fossa acetabuli (Abb. 86: Schema der Fossa acetabuli mit den verschiedenen Projektionen der Fovea capitis femoris), etwas unterhalb und hinter deren Zentrum (+).
Bei der Hüftbeugung (Abb. 87) wird das Band torquiert, die Fovea capitis projiziert sich auf einen Punkt der Fossa (Abb. 86), der etwas vor und oberhalb des Zentrums gelegen ist (2). Das Ligamentum capitis femoris hat keinen Einfluß im Sinne einer Beugehemmung.
Bei einer Rotation nach innen (Abb. 88, Horizontalschnitt, Ansicht von oben) verlagert sich die Fovea capitis nach hinten; das Band bekommt Kontakt mit dem hinteren Bereich der Facies lunata (3), wobei es leicht gespannt ist.
Wird nach außen rotiert (Abb. 89), dann wandert die Fovea nach vorn, das nur leicht gespannte Band berührt die anteriore Partie der Facies lunata (4). Die rückwärtige Fläche des Femurhalses drängt sich gegen die Pfannenlippe, die komprimiert und abgewinkelt wird.
Die Abduktion im Hüftgelenk (Abb. 90) hat die Wanderung der Fovea capitis in Richtung Incisura acetabuli zur Folge (5); das Ligament faltet sich. Die Pfannenlippe wird durch Anschlagen der Halsoberseite komprimiert.
Bei der Adduktion schließlich (Abb. 91) steigt die Fovea capitis nach oben (6) und projiziert sich auf die obere Begrenzung der Fossa acetabuli. Allein in dieser Stellung ist das Ligamentum capitis femoris nennenswert angespannt. Die Unterseite des Halses drückt leicht gegen die Pfannenlippe und das Ligamentum transversum acetabuli.
Sämtliche möglichen Positionen der Fovea capitis projizieren sich in den Bereich der Fossa acetabuli, eingeschlossen die noch nicht erwähnten Positionen im hinteren (7) und vorderen oberen Bereich (8). Diese werden eingenommen bei kombinierter Adduktion-Extension-Innenrotation (7) und Adduktion-Flexion-Außenrotation (8).
Zwischen den beiden Punkten springt der Knorpel buckelartig vor; hier ist die Adduktionsmöglichkeit begrenzt, das bewegte wird vom feststehenden Bein gebremst. Die innere Kante der Facies lunata scheint nicht zufällig konturiert; sie deckt sich mit der Linie, die die Extremstellungen der Fovea capitis verbindet.

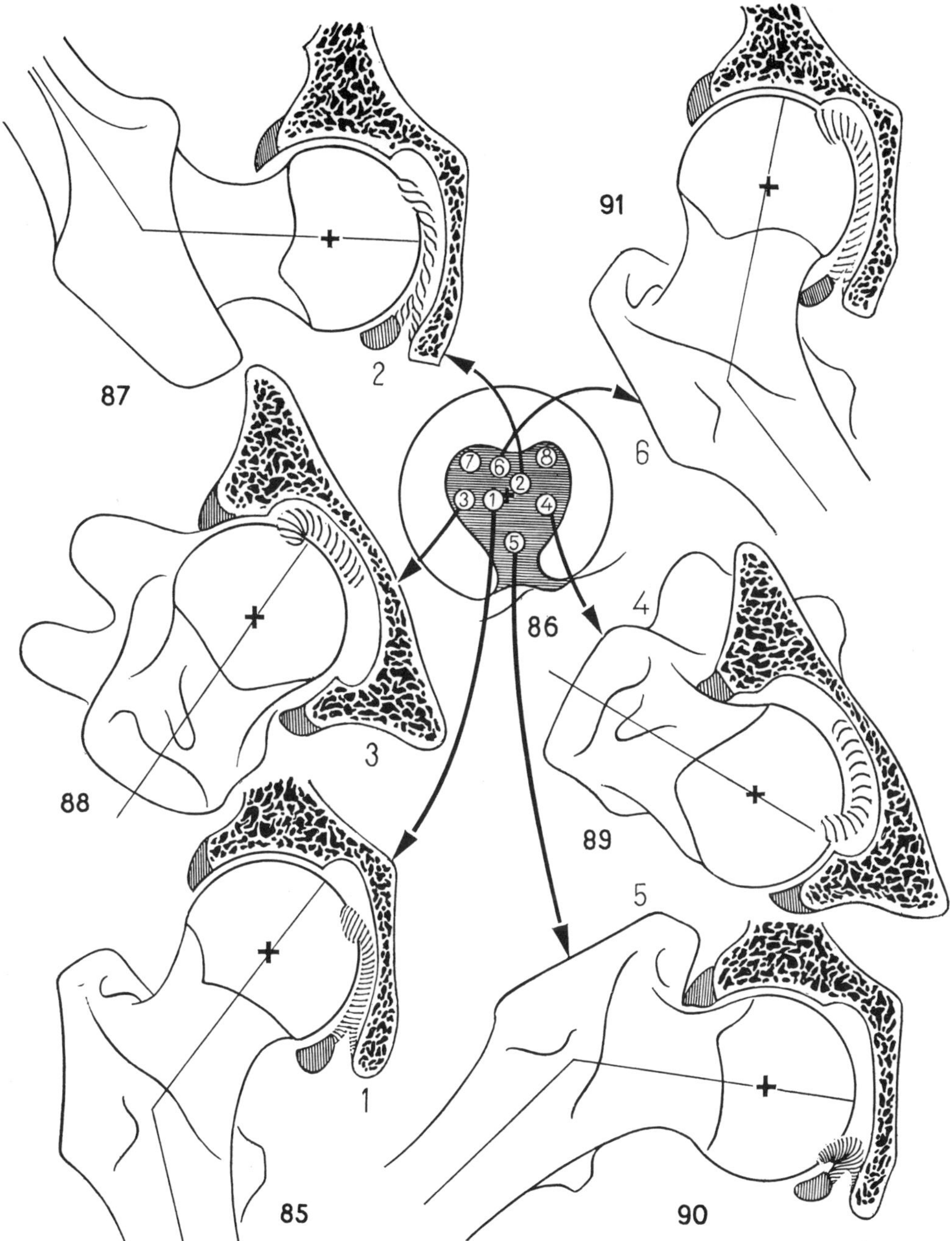
87
2
91
6
7
6
8
2
3
1
4
5
86
88
3
4
89
85
1
5
90

Gelenkschluß der Articulatio coxae

Während im Schultergelenk die Schwerkraft den Kopf zu dislozieren trachtet, ist sie für das Hüftgelenk ein Moment, das den Gelenkschluß fördert. Beim aufrechten, symmetrischen Stand auf beiden Beinen (Abb. 92) bedeckt das Pfannendach den Kopf weitflächig, der Auflagedruck des zu tragenden Körperteilgewichtes wirkt vertikal und preßt die Gelenkkörper gegeneinander (weiße Pfeile).
Die knöcherne Hüftpfanne stellt, wie bereits erwähnt, eine Halbkugelschale dar; der Kopf des Femurs wird demnach nicht vollständig von der knöchernden Pfanne umschlossen. Für einen sicheren Halt des Femurkopfes trägt allerdings die Pfannenlippe bei, die die Pfannenfläche vergrößert und vertieft. Der freie Rand des Labrum acetabulare (schwarze Pfeile) reicht beträchtlich über den Äquator des Kopfes hinaus und umfaßt ihn sicher. Die Zona orbicularis der Kapsel (kleine weiße Pfeile), die sich dem Hals anlegt, vervollständigt die Sicherung des Gelenkes.
Die Gebrüder Weber haben mit ihren Experimenten die Bedeutung des Luftdruckes für den Gelenkschluß nachzuweisen versucht. Durchtrennt man sämtliche, das Hüftbein mit dem Femur verbindende Weichteile (einschließlich Kapsel), so löst sich der Kopf dennoch nicht aus der Pfanne; es bedarf eines beträchtlichen Kraftaufwandes, um ihn aus der Pfanne zu luxieren (Abb. 93). Bohrt man jedoch die Pfanne von innen her an (Abb. 94), so gleitet der Kopf unter der Wirkung des Beingewichtes aus der Pfanne heraus. Verschließt man die kleine Öffnung wieder und bringt den Kopf erneut in die Pfanne, dann bleibt, wie zu Beginn, der Gelenkschluß erhalten. Diese Versuche basieren auf den physikalischen Gesetzen, die auch bei den bekannten Magdeburger Halbkugeln zum Tragen kommen. Zwei evakurierte Halbkugeln sind nicht voneinander trennbar (Abb. 95), erst wenn durch ein Ventil Luft hineingelassen wird, lassen sie sich leicht trennen (Abb. 96).
Bänder und Muskeln sind für den Gelenkflächenkontakt sehr wichtig. Ihre Wirkung ist vor und hinter dem Gelenk ausgeglichen (Abb. 97, Horizontalschnitt). Vorne sind die Muskeln weniger zahlreich (weißer Pfeil A), die Bänder aber dafür sehr kräftig (schwarzer Pfeil), während hinten hingegen die Muskeln (B) dominieren.
Zu beachten ist, daß die Wirkung der Bänder von der Gelenkstellung abhängig ist. In Neutral- und Streckstellung (Abb. 98) sind die Ligamente gespannt, ihre gelenksichernde Funktion kommt voll zum Tragen. Bei der Beugung hingegen (Abb. 99) sind die Bänder relaxiert (s. S. 28), so daß der Kopf vergleichsweise weniger effektvoll in die Pfanne gepreßt wird. Mit Hilfe eines Modells läßt sich dies gut verdeutlichen (Abb. 100): zwischen zwei Holzscheiben sind parallele Schnüre gespannt (a); dreht man eine der Scheiben gegen die andere (b), dann nähern sich die Scheiben zwangsläufig.
Die Beugestellung des Hüftgelenkes ist aufgrund des entspannten Zustandes der Bänder eine instabile Stellung. Wird nun noch adduziert, wie z. B. beim Sitzen mit übergeschlagenem Bein (Abb. 101), so genügt eine relativ geringe Kraft in Richtung Femurachse (Pfeil), um eine Luxatio posterior mit oder ohne Fraktur des Pfannenhinterrandes zu bewirken (Anprall gegen Armaturenbrett bei Verkehrsunfällen).

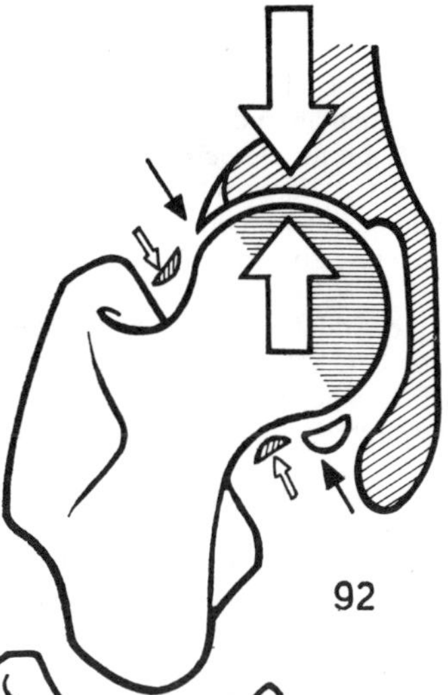

92

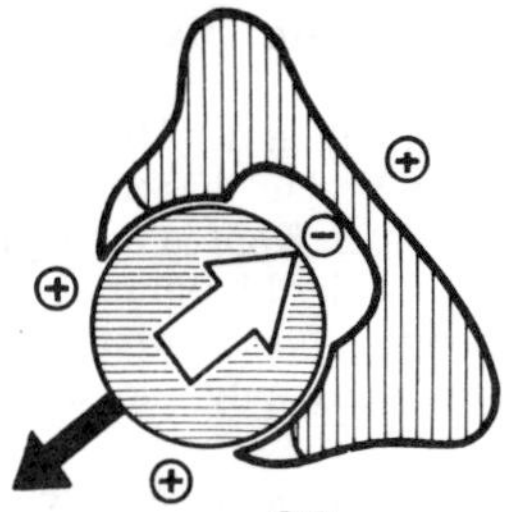

93

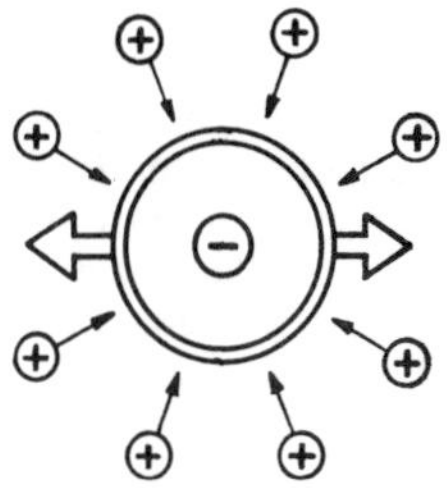

95

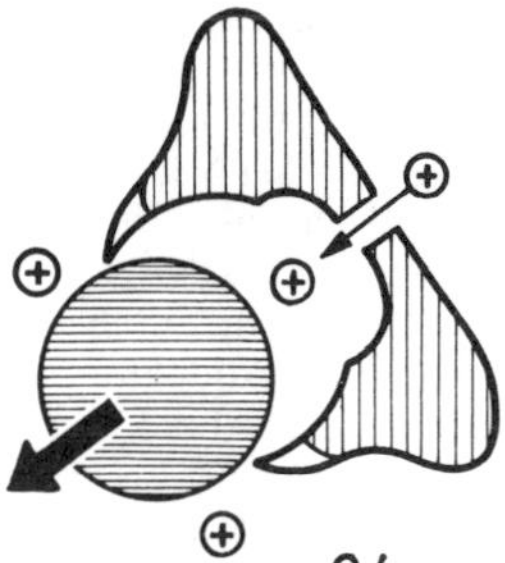

94

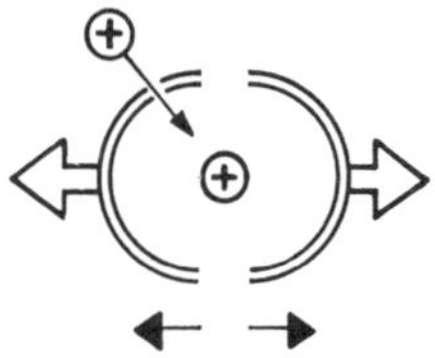

96

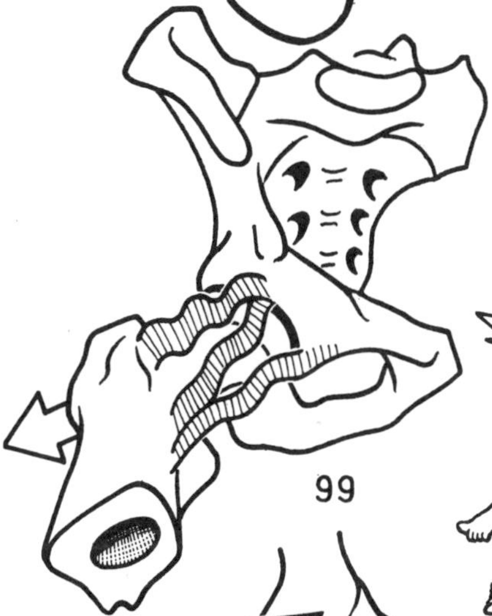

99

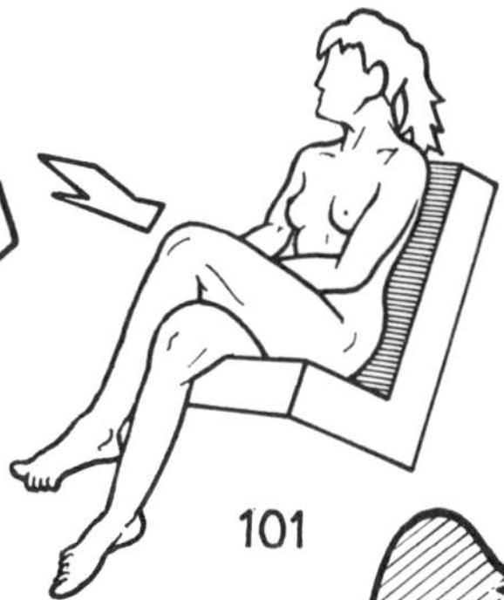

101

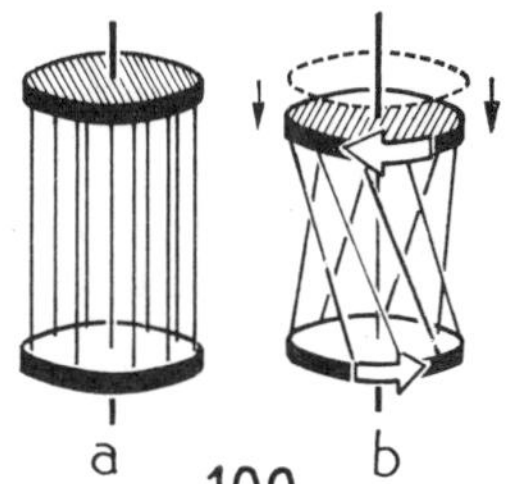

100

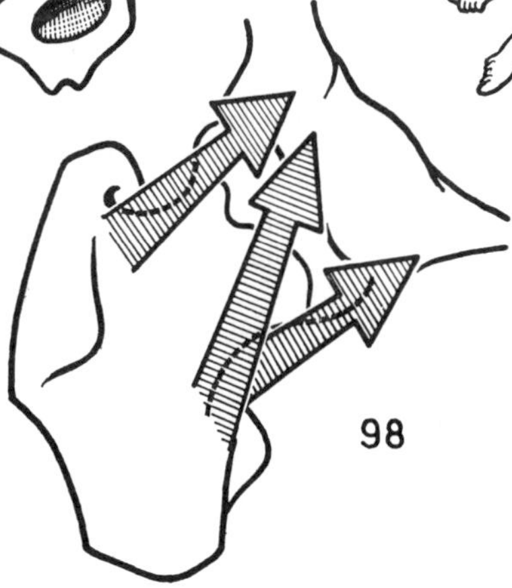

98

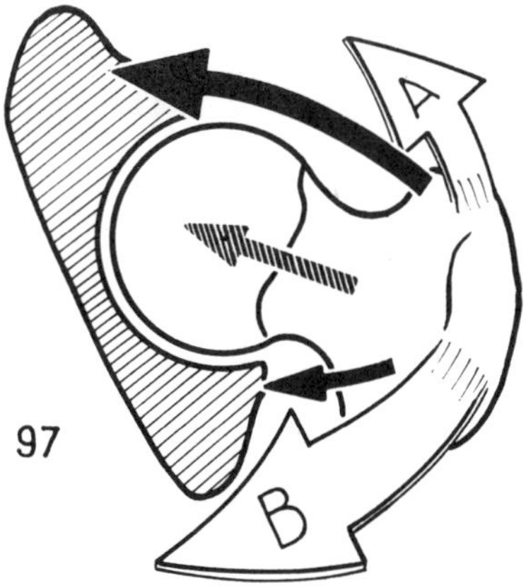

97

Muskuläre und knöcherne Sicherung des Hüftgelenks

Die Muskeln haben für die Stabilität des Hüftgelenks eine entscheidende Bedeutung, besonders dann, wenn sie einen transversalen Verlauf haben. Muskeln, die annähernd parallel zum Hals des Femurs verlaufen (Abb. 102), pressen den Kopf in die Pfanne. Dies gilt für die pelvitrochanteren Muskeln, von denen der M. piriformis (1) und der M. obturatorius externus (2) dargestellt sind. Weiterhin gilt dies für die Gesäßmuskeln, insbesondere für die Mm. glutaei minimus und medius (3), deren gelenkstabilisierende Wirkung (schwarzer Pfeil) aufgrund der großen einsetzbaren Muskelkraft von wesentlicher Bedeutung ist.
Die longitudinal verlaufenden Muskeln, beispielsweise die Adduktoren (4), haben die Tendenz, den Kopf aus der Pfanne nach oben zu luxieren (rechte Hälfte der Abb. 102). Dies ist besonders dann der Fall, wenn, wie bei der angeborenen Hüftluxation, der Pfannendachbereich dysplastisch ist.
Eine solche Dysplasie kann leicht an einer anterior-posterioren Röntgenaufnahme des Beckens erkannt werden (Abb. 103):
Normalerweise beträgt der sog. Hilgenreinersche Winkel (Winkel zwischen Horizontallinie durch die Y-Fuge und Pfannendachtangente) bei Neugeborenen 25°; am Ende des ersten Lebensjahres liegt er bei 15°. Überschreitet der Pfannendachwinkel 30°, so liegt eine angeborene Fehlbildung der Hüftpfanne vor. Eine Luxation ist daran erkennbar, daß der Knochenkern des Kopfes über dem Niveau der Y-Fuge liegt (Puttisches Zeichen) und sich der Wibergsche Winkel umkehrt (Abb. 36). Bei einer Hüftpfannendysplasie ist das luxierende Moment der Adduktoren (4') um so größer, je mehr der Oberschenkel adduziert wird (Abb. 102). Mit zunehmender Abduktion verringert sich die Tendenz der Luxation durch die Abduktoren (Abb. 104), wird aber selbst bei maximaler Abduktion nicht völlig aufgehoben.
Die in der frontalen und horizontalen Ebene beurteilbare Ausrichtung des Femurhalses trägt wesentlich zur Stabilität des Hüftgelenkes bei. In der frontalen Ebene bildet, wie bereits erwähnt (s. S. 16), der Femurhals mit der Diaphysenachse einen Winkel von 120°–125° (Abb. 105a; Hüftgelenksschema in der Ansicht von vorn). Bei der angeborenen Hüftluxation kann der CCD-Winkel 140° erreichen (b, Coxa valga). Bei der Adduktion (c) erfährt der Hals eine Lageveränderung, die um 20° über seine Normalstellung hinausgeht.
Eine Adduktion im pathologischen Hüftgelenk (P) von 30° „entspricht" demnach einer solchen von 50° in einem normalen Gelenk. Die Adduktion wird also die luxierende Komponente der Adduktoren für ein solches Gelenk beträchtlich verstärken. Die Steilhüfte, Coxa vara, begünstigt die pathologische Luxation. Das fehlgebildete Hüftgelenk wird umgekehrt durch eine Abduktionsstellung stabilisiert werden. Dies erklärt die bei der orthopädischen Behandlung für die angeborene Hüftluxation gebräuchlichen Stellungen, so als erste eine 90° Abduktionsstellung (Abb. 106).
In der Horizontalebene (Abb. 107, Schema des Hüftgelenks in der Ansicht von kranial) liegt der Antetorsionswinkel im Mittel bei 20° (a). Aufgrund der divergenten Achsenausrichtung von Hals und Pfanne während der Standphase (s. S. 18) wird der vordere Femurkopfbereich von der Pfanne nicht bedeckt. Ist nun der Hals durch einen vergrößerten Antetorsionswinkel von z. B. 40° noch weiter nach vorne gedreht (b), so befindet sich der Kopf in einer die Luxatio anterior begünstigenden Stellung. Bei einer Außenrotation von 25° (c) fällt die Achse eines normalen Halses noch in die Pfanne (N), während die Achse eines um zusätzlich 20° antevertierten Halses (P) den äußersten Pfannenrand trifft. Es besteht die Gefahr der Luxation nach vorn: Eine Anteversion über die Norm begünstigt die pathologische Luxation. Eine Retroversion des Femurhalses hingegen wird sich, genau wie eine Innenrotation (d), stabilisierend auswirken. Die dritte Stellung während der orthopädischen Behandlung der angeborenen Luxation, eine Innenrotation in Neutralstellung (Abb. 106) findet hier ihre Erklärung.
Die angesprochenen Faktoren beeinflussen die Stabilität von Endoprothesen. Bei der Implantation einer Vollprothese muß auf folgendes geachtet werden:
– Der Hals der Prothese muß korrekt orientiert werden. Besonders bei operativem Zugang von vorn wird er oft in eine zu ausgeprägte Anteversionsstellung gebracht.
– Die Prothesenpfanne muß, den natürlichen Verhältnissen entsprechend, nach unten (maximale Neigung gegenüber der Horizontalen 45–50°) und leicht nach vorn (15°) schauen.
– Der Prothesenhals muß eine Länge haben, die dem normalen Hebelarm der Gesäßmuskeln entspricht. Für die Stabilität von Prothesen sind diese Muskeln entscheidend.
Bei der Wahl des operativen Zugangsweges ist darauf zu achten, daß das muskuläre Gleichgewicht nur minimal gestört wird.

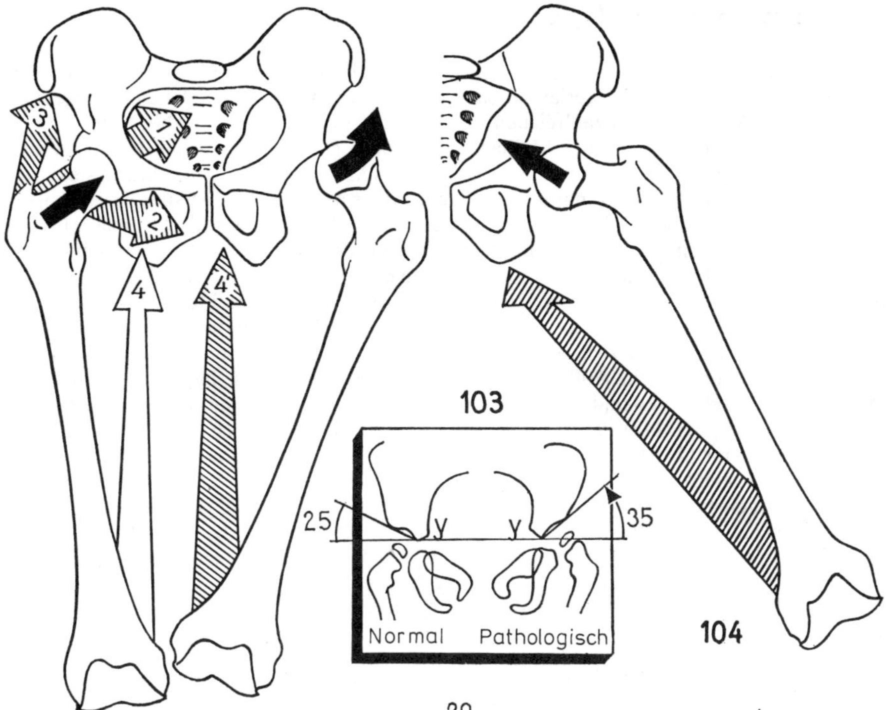

103

104

102

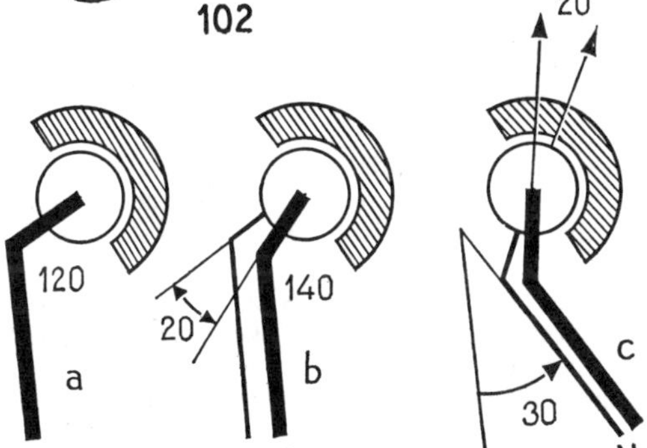

105

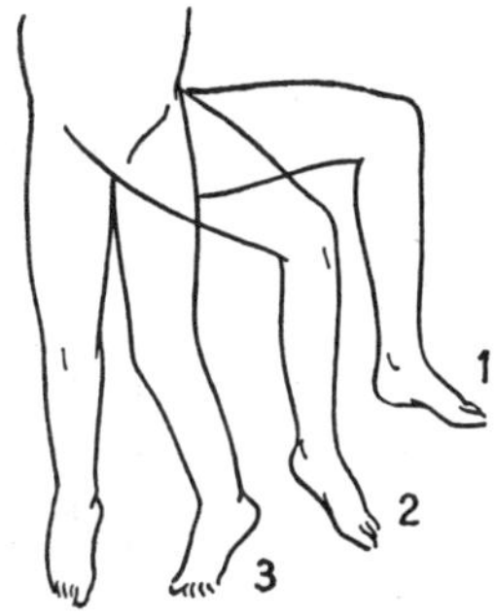

106

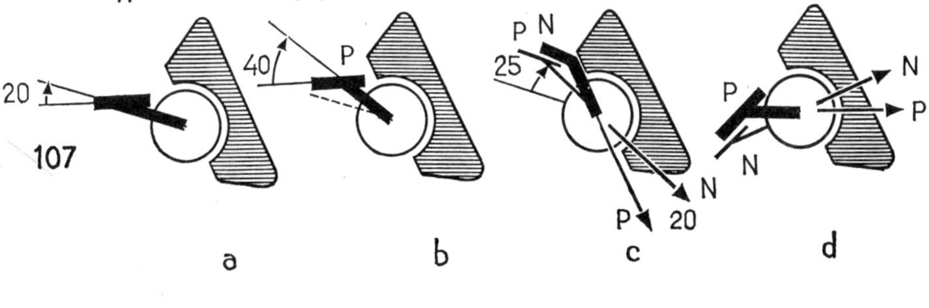

107

Beugemuskeln des Hüftgelenks

Die Beugemuskeln des Hüftgelenks liegen vor der die Drehzentren der Gelenke schneidenden Frontalebene (Abb. 108). Die Muskeln verlaufen sämtlich vor der in der Frontalebene gelegenen Flexions-Extensionsachse XX'. Von den zahlreichen Beugern sind die wichtigsten (Abb. 109):

– Der M. psoas major (1) und der M. iliacus (2), deren gemeinsame Sehne nach Überquerung der Eminentia iliopubica am Trochanter minor inseriert. Als M. iliopsoas ist er der kräftigste der Beuger aus jedweder Stellung. Der M. psoas major ist ein langfasriger Muskel (die obersten Fasern entspringen am 12. Brustwirbel) mit großer Hubhöhe. Eine adduktorische Wirkung des M. iliopsoas wird von zahlreichen Autoren angezweifelt, obwohl seine Sehne medial der Ab- und Adduktionsachse verläuft. Das Fehlen einer Adduktionskomponente könnte dadurch erklärt werden, daß sich die Spitze des Trochanter minor auf die Tragachse des Beines projiziert (s. Abb. 48). Für eine adduktorische Wirkung des Muskels spricht jedoch die Betrachtung am Skelettpräparat: Bei einer kombinierten Beugung-Adduktion-Außenrotation ist die Distanz zwischen Trochanter minor und Eminentia iliopubica am kleinsten. Der M. iliopsoas ist außerdem ein Außenrotator. Der M. sartorius (3) ist hauptsächlich ein Hüftbeuger, zusätzlich kann er abduzieren und nach außen rotieren (Abb. 110). Auf das Kniegelenk wirkt er beugend und innenrotierend (s. S. 142). Seine nicht zu verachtende Kraft geht zu $\frac{9}{10}$ in die Beugung ein.

Der M. rectus femoris (4) ist ein kräftiger Beuger, seine Wirkung auf das Hüftgelenk ist allerdings vom Ausmaß der Kniegelenksbeugung abhängig. Je mehr das Kniegelenk gebeugt ist, desto effektiver wirkt er auf das Hüftgelenk (s. S. 138). Er ist mitbeteiligt an der Bewegungskombination Hüftbeugung – Kniestreckung, die das Spielbein während des Ganges zeigt (Abb. 111).

Der M. tensor fasciae latae (5) hat neben seiner das Becken stabilisierenden (s. S. 48) und seiner abduktorischen Wirkung eine nicht unwesentliche Beugefunktion.

Einige Muskeln haben als Hilfsmuskeln eine nicht zu vernachlässigende Beugewirkung auf das Hüftgelenk:

– Der M. pectineus (6), der hauptsächlich Adduktor ist,
– der M. adductor longus (7), der bis zu einem gewissen Grad die Beugung unterstützt (s. S. 58),
– der M. gracilis (8) und schließlich
– die vordersten Faserbündel der Mm. glutaei medius und minimus (9).

Alle diese Hüftbeugemuskeln haben in zweiter Linie entweder noch ein ab- oder adduktorisches und ein außen- oder innenrotatorisches Moment. Man kann sie unter diesem Gesichtspunkt in zwei Gruppen einteilen:

Die erste Gruppe besteht aus den vordersten Anteilen des mittleren und kleinen Gesäßmuskels (9) und dem M. tensor fasciae latae (5). Sie beugen, abduzieren und drehen nach innen (rechter Oberschenkel in Abb. 109). Bei einer bestimmten Bewegung eines Fußballers (Abb. 112) werden sie ausschließlich oder hauptsächlich eingesetzt.

Die zweite Gruppe besteht aus den Mm. iliopsoas (1 und 2), pectineus (6) und adductor longus (7), die die Bewegungskombination Beugung – Adduktion – Außenrotation (linker Oberschenkel in Abb. 109) ermöglichen. Der Fußballer (Abb. 113) zeigt diese Bewegungskombination.

Bei einer reinen Beugung, so z. B. beim Gehen (Abb. 111) müssen sich die beiden Gruppen gleichgewichtig kontrahieren. Bei der kombinierten Beugung-Adduktion und Innenrotation (Abb. 114) kontrahieren sich besonders die Adduktoren und der M. tensor fasciae latae sowie die kleinen Glutaeen und die Innenrotatoren.

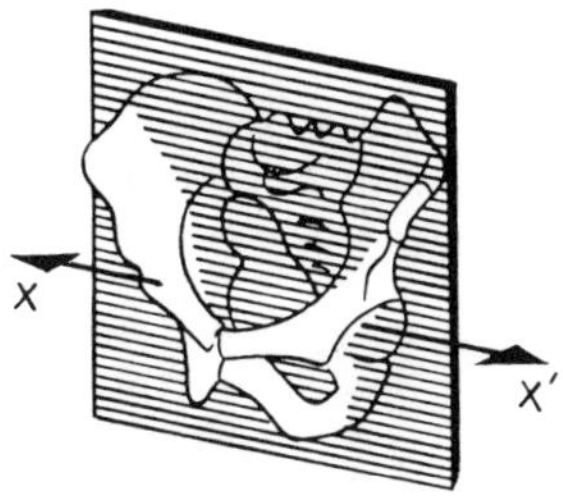

108

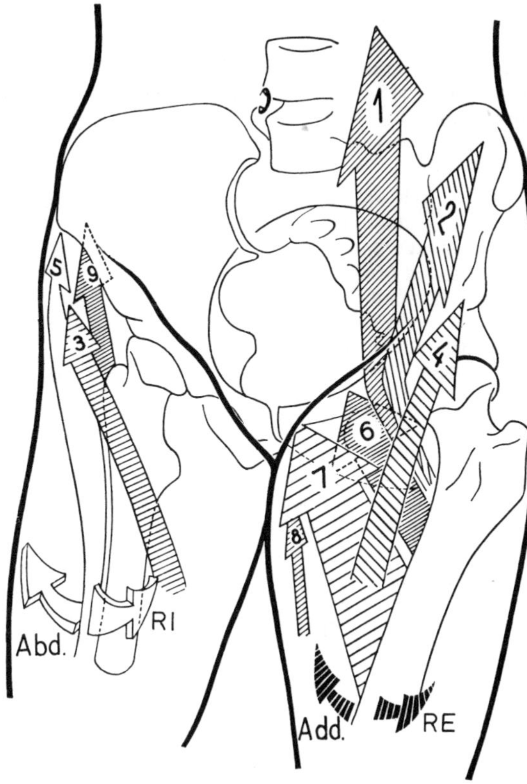

109

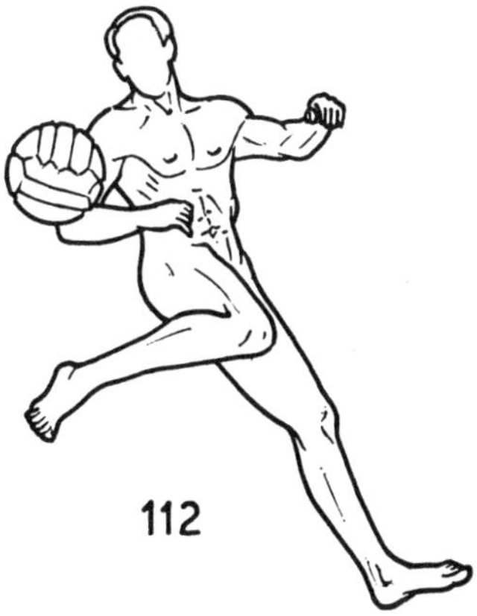

112

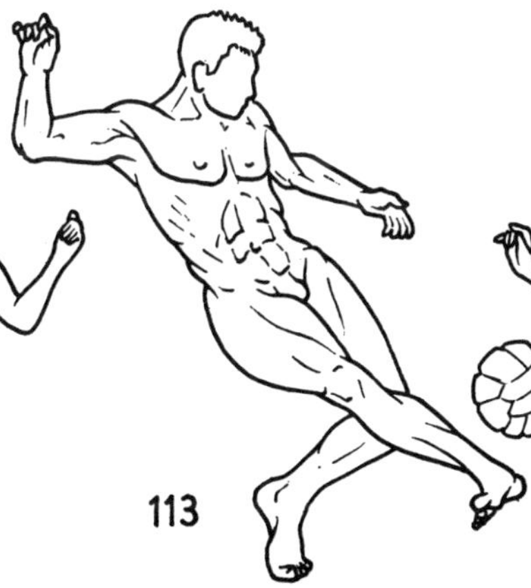

113

114

111

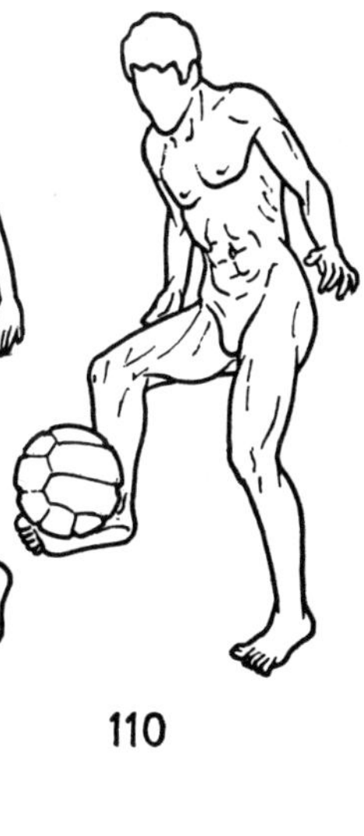

110

Streckmuskeln des Hüftgelenks

Die Extensoren des Hüftgelenks liegen hinter der die Drehzentren der Gelenke schneidenden Frontalebene (Abb. 115), durch die die transversale Achse XX' für die Beugung und Streckung verläuft. Man unterscheidet – gemäß der Insertion am proximalen Femurende oder in der Nähe des Kniegelenks – zwei große Gruppen von Extensoren ((Abb. 116).

Der M. glutaeus maximus (1 und 1') ist der wichtigste Muskel der ersten Gruppe, er ist von allen Skelettmuskeln derjenige mit der größten Kraft und Arbeitsleistung; sein physiologischer Querschnitt ist sehr groß. Unterstützt wird er durch die hinteren Partien der Mm. glutaei medius (2) und minimus (3). Die genannten Muskeln sind weiterhin Auswärtsdreher (s. S. 54). Die zweite Gruppe umfaßt die ischiocruralen Muskeln: Das Caput longum (4) des M. biceps femoris, der M. semitendinosus (5) und der M. semimembranosus (6). Ihre Arbeitsleistung entspricht ⅔ der des M. glutaeus maximus. Es sind zweigelenkige Muskeln, ihre Wirkung auf das Hüftgelenk hängt von der Stellung des Kniegelenks ab. Die Kniestreckung macht ihre Streckwirkung im Hüftgelenk effizienter; es besteht ein antagonistisch-synergistisches Verhältnis zwischen den ischiocruralen Muskeln und dem M. quadriceps femoris (vor allem dem M. rectus femoris). Auch ein Teil der Adduktoren (s. S. 52) vermag zu extendieren, so vor allem der M. adductor magnus (7), der ein Hilfsmuskel für die Streckung ist.

Die Streckmuskeln des Hüftgelenks haben in Abhängigkeit von ihrer Lage zur sagittalen Ab- und Adduktionsachse YY' zusätzliche Wirkungen.

– Jene Muskeln, die oberhalb der Achse YY' verlaufen, führen mit der Streckung gleichzeitig eine Abduktion aus, wie z. B. bei bestimmten Tanzfiguren (Abb. 117). Es sind dies die hinteren Partien der Mm. glutaei medius (2) und minimus (3) sowie die kranialen Faserbündel des M. glutaeus maximus (1').

– Muskeln, die unterhalb der Achse YY' gelegen sind, sind Strecker und gleichzeitig Adduktoren (Tanzbewegung in Abb. 118). Es sind dies die ischiocruralen Muskeln, Partien der Adduktoren, die hinter der frontalen Ebene verlaufen, sowie der größte Teil des M. glutaeus maximus (1).

Eine reine Streckung (Abb. 119) ohne jegliche Ab- oder Adduktionskomponente wird durch antagonistisch-synergistischen Einsatz beider Muskelgruppen erreicht.

Die Strecker des Hüftgelenks spielen eine entscheidende Rolle im Hinblick auf die Stabilisierung des Beckens in der sagittalen Ebene (Abb. 120).

– Kippt das Becken im Sinne einer Extension nach hinten (a), wird es allein durch das sich anspannende Ligamentum iliofemorale (B = Bertinisches Band) gehalten. Das Band begrenzt die Streckung (s. S. 28).

– Fällt das Schwerpunktslot (C) in die Ebene, in der das Hüftgelenkszentrum gelegen ist (b), sind sowohl Beuger als auch Strecker entspannt, das Gleichgewicht ist ein labiles.

– Beim Kippen des Beckens nach vorn (c) verläuft das Schwerelot (C) vor dem Zentrum, die ischiocruralen Muskeln (IJ) kontrahieren sich, um das Becken wieder aufzurichten.

– Bei einer starken Beckenkippung (d) kontrahiert sich – um das Becken wieder aufzurichten – auch der M. glutaeus maximus (F) zusammen mit den ischiocruralen Muskeln, die umso wirkungsvoller sind, je mehr das Knie gestreckt ist (Sitzstellung, Rumpfbewegung, Hände berühren die Füße).

Bei normalem Gang wird das Hüftgelenk allein durch die ischiocruralen Muskeln gestreckt, der M. glutaeus maximus bleibt unbeteiligt. Beim Laufen, Springen und Bergsteigen jedoch spielt der M. glutaeus maximus eine entscheidende Rolle.

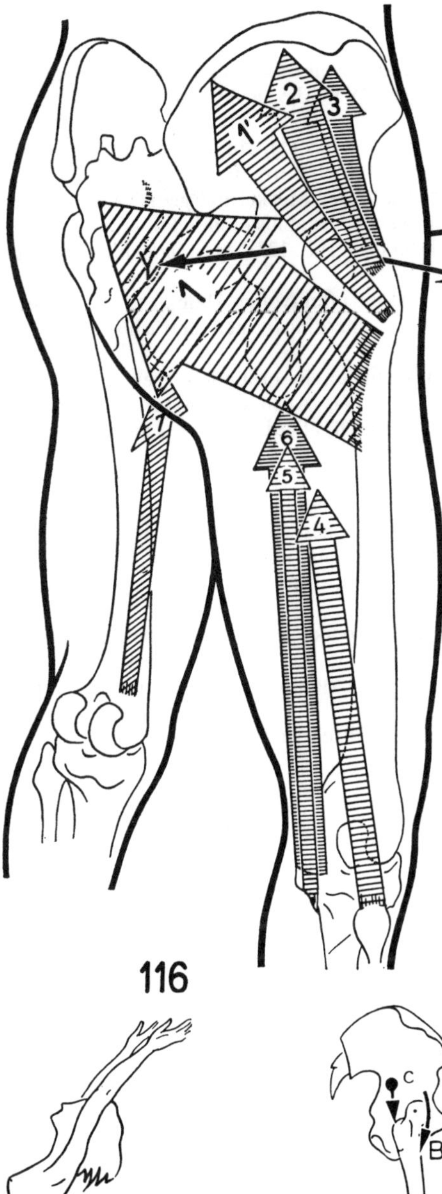

116

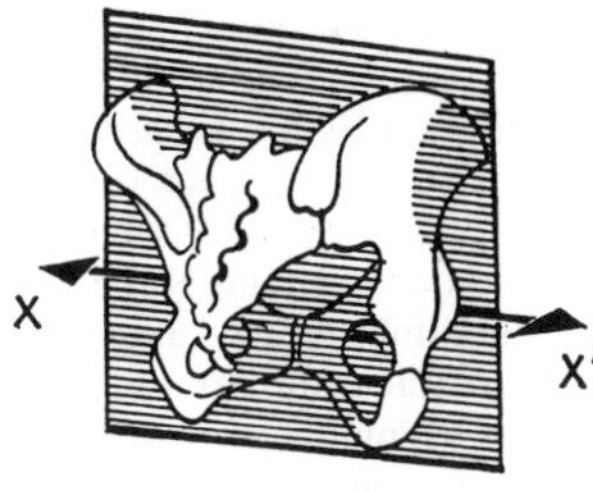

115

117

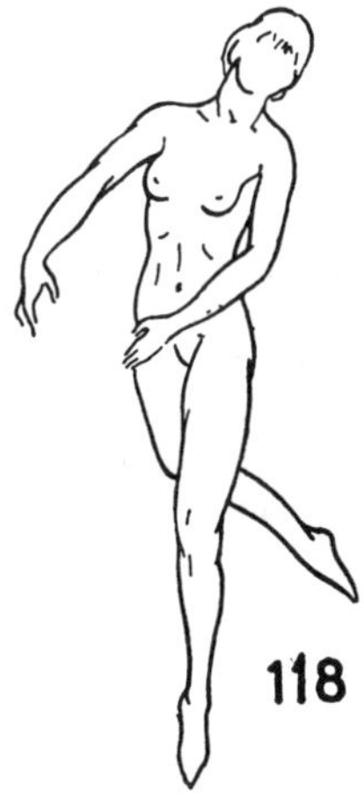

118

119

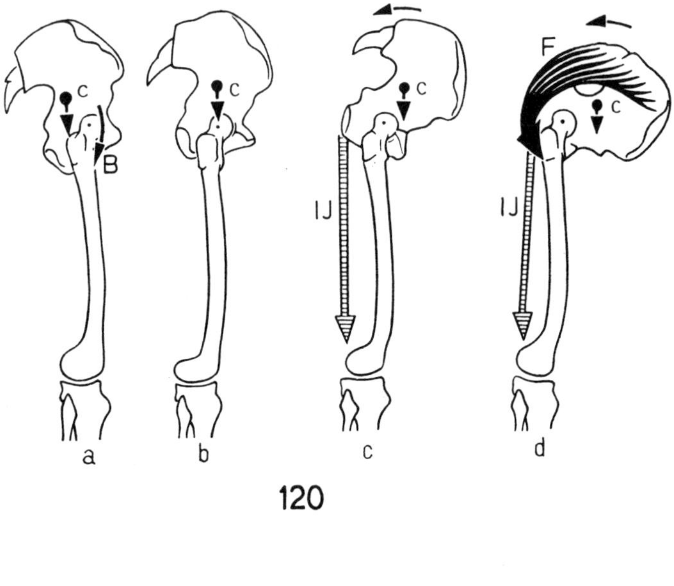

120

Abduktoren des Hüftgelenks

Die abduzierenden Muskeln liegen grundsätzlich lateral der das Gelenkzentrum schneidenden sagittalen Ebene (Abb. 121). Sie verlaufen lateral und oberhalb der Achse YY', die als Ab- und Adduktionsachse in dieser sagittalen Ebene ausgerichtet ist.
Der elementare Abduktor des Hüftgelenks ist der M. glutaeus medius (1), ein leistungsfähiger Muskel mit einem großen physiologischen Querschnitt und langen Muskelfasern. Er hat ein beträchtliches Drehmoment, der virtuelle Hebelarm OT ist groß (Abb. 122). Der Muskel hat gemeinsam mit dem M. glutaeus minimus eine wichtige, das Becken in der Transversalen stabilisierende Funktion (s. S. 48).
Auch der M. glutaeus minimus (2) ist hauptsächlich ein Abduktor (Abb. 123); er ist jedoch weit weniger kräftig als der M. glutaeus medius.
Der M. tensor fasciae latae (3) ist aus der Streckstellung heraus ein effektvoller Abduktor, seine Kraft ist etwa halb so groß wie die des M. glutaeus medius. Er hat allerdings einen beträchtlich längeren Hebelarm als dieser. Desweiteren fixiert er das Becken.
Der M. glutaeus maximus (4) abduziert nur mit seinen kranialen Faserbündeln (sein größter Teil adduziert), die in den Tractus iliotibialis einstrahlen (Abb. 127). Auch der M. piriformis (5) hat abduzierende Wirkung, die sich experimentell (elektromyographisch) allerdings schwer nachweisen läßt, da der Muskel sehr versteckt liegt.
Im Hinblick auf ihre akzessorische Beuge- oder Streckwirkung und Ab- oder Adduktionswirkung können die Abduktoren in zwei Gruppen gegliedert werden.
Die erste Gruppe umfaßt sämtliche vor der frontalen Ebene gelegenen Abduktoren, so den M. tensor faciae latae und die vorderen Fasermassen der Mm. glutaei medius und minimus. Diese Muskeln rufen durch ihre isolierte Kontraktion eine Abduktions-Beugungs-Innenrotationsbewegung hervor (Abb. 124).
In der zweiten Gruppe finden sich die hinter der frontalen Ebene gelegenen Partien der kleinen Glutaeen (Medius und Minimus), sowie die abduzierenden Anteile des M. glutaeus maximus. Durch isolierte Kontraktion dieser Muskeln kommt eine Abduktions- Extensions-Außenrotationsbewegung zustande (Abb. 125).
Eine reine Abduktion ohne Nebenbewegungen wird durch gleichzeitige Kontraktion beider Muskelgruppen hervorgerufen (Abb. 126).

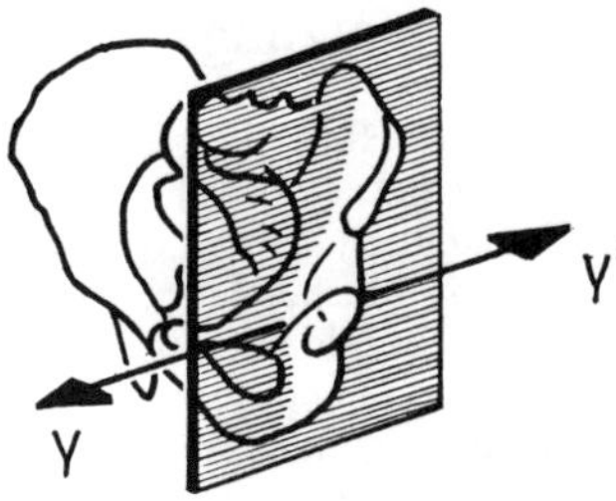

121

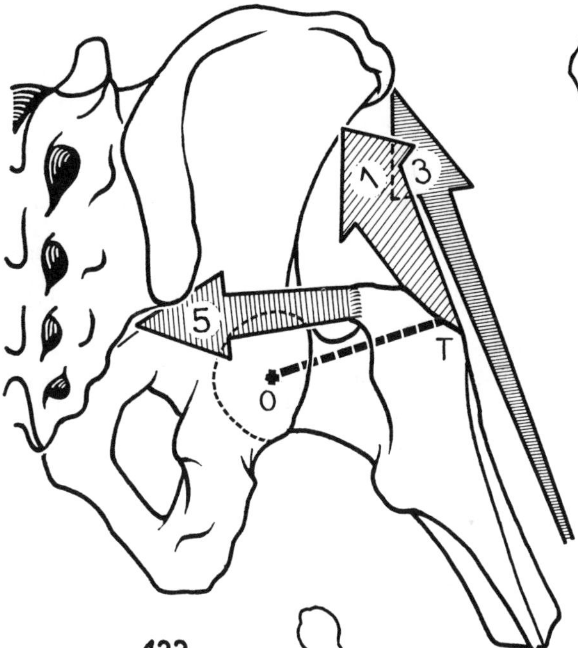

122

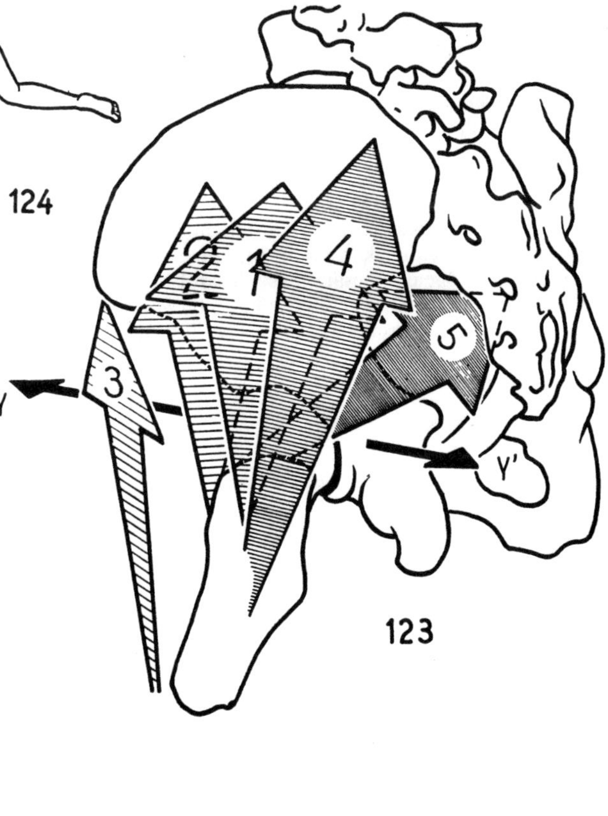

123

124

125

126

Abduktion (Fortsetzung)

An der Außenseite der Hüfte liegt eine Muskelformation (Abb. 127), die die Gestalt eines Deltas hat („Deltoide fessier“ FARABEUF). Die Spitze des Muskeldreiecks ist nach distal gerichtet; es ist eine anatomisch und funktionell dem M. deltoideus der Schulter analoge Muskelformation. Allerdings ist sie nicht eine einheitliche Muskelplatte, sondern es sind zwei getrennte Muskeln, die den Vorder- und Hinterrand des Dreiecks bilden. Vorne ist es der M. tensor fasciae latae (1); er entspringt an der Spina iliaca anterior superior (2) und zieht schräg nach unten und hinten. Den Hinterrand des Dreiecks bildet der kraniale Teil des M. glutaeus maximus (3). Die Muskelfasern entspringen am Rand des Darm- und des Kreuzbeines, um schräg nach unten und vorne zu ziehen. Die Muskeln inserieren jeweils von einer vorderen und hinteren Duplikatur des Tractus iliotibialis (4), der ein verstärkter, longitudinaler Teil der Oberschenkelfaszie, Fascia lata, ist. Der Tractus iliotibialis ist sozusagen die Sehne (5) der dreieckigen Muskelformation, gebildet vom M. tensor fasciae latae und den kranialen Fasern des M. glutaeus maximus. Er inseriert hauptsächlich im lateralen Bereich der Tuberositas tibiae (6). Zwischen den beiden Muskeln überdeckt die Fascia glutaea den M. glutaeus medius (7). Die beiden Muskeln können sich natürlich isoliert kontrahieren; bei einer simultanen Kontraktion wird der Tractus angespannt, und es kommt zu einer reinen Abduktionsbewegung.

Die Effektivität der kleinen Glutaeen wird von der Lage des Femurhalses bestimmt (Abb. 128). Angenommen, der Kopf des Femurs würde unmittelbar der Diaphyse aufsitzen, so wäre die Abduktionsamplitude sehr groß; der Hebelarm OT’ des M. glutaeus medius allerdings wäre auf ein Drittel gekürzt, was zu einer beträchtlichen Verringerung seines Drehmomentes führen würde. Die Tatsache, daß der Kopf des Femurs am Ende des ausladenden Kragarmes eines Kranes liegt (s. S. 20), findet so eine „logische“ Erklärung. Zwar ist eine derartige Konstruktion mechanisch nicht so stabil und bedingt auch eine Einschränkung der Abduktionsbewegung; sie steigert jedoch die Effektivität des für die Stabilisierung des Beckens in der horizontalen Ebene unbedingt notwendigen M. glutaeus medius.

Die Wirkung des M. glutaeus medius am Hebelarm Femurhals ist in Abhängigkeit vom Maß der Abduktion unterschiedlich (Abb. 129). In der Neutralstellung (a) wirkt die Muskelkraft nicht senkrecht zum Hebelarm OT_1, sie kann in zwei Vektoren zerlegt werden. Der zentripetale Vektor f’’ ist als Gelenkschlußkomponente gegen das Gelenkzentrum gerichtet (vgl. Abb. 102); der rechtwinklige Vektor f’ ist die Komponente der Muskelkraft, die aus der Ausgangsstellung abduktorisch wirkt. Bei zunehmender Abduktion (b) verkleinert sich der Vektor f’’; der Vektor f’ wird größer, der M. glutaeus medius wirkt zunehmend als Abduktor, während seine Gelenkschlußfunktion nachläßt. Seine größte Effektivität hat der Muskel bei einer Abduktion von etwa 35°. Jetzt ist seine Hauptlinie rechtwinklig zum Hebelarm OT_2 und f’ fällt mit F zusammen; die gesamte Muskelkraft wird für die Abduktion eingesetzt. Der Muskel hat sich um die Strecke $T_1\,T_2$ verkürzt, was etwa ein Drittel seiner Ausgangslänge ausmacht. Es bleibt ihm noch ein Sechstel seiner gesamten Verkürzungsmöglichkeit. Die Wirkung des M. tensor fasciae latae (Abb. 130) kann in gleicher Weise analysiert werden (a). Seine auf die Spina iliaca anterior superior C_1 einwirkende Kraft zerfällt in zwei Vektoren, einen zentripetalen Vektor f_1’’ und einen Vektor f_1’, der das Becken kippt. Mit zunehmender Abduktion (b) wächst der Vektor f_2’, er erreicht aber nie die Größe der Gesamtmuskelkraft F. Dem Schema ist leicht zu entnehmen, daß die Verkürzung des Muskels um die Strecke C_1’C_2 nur einen sehr geringen Teil seiner Gesamtlänge von der Spina bis an den Unterschenkel ausmacht.

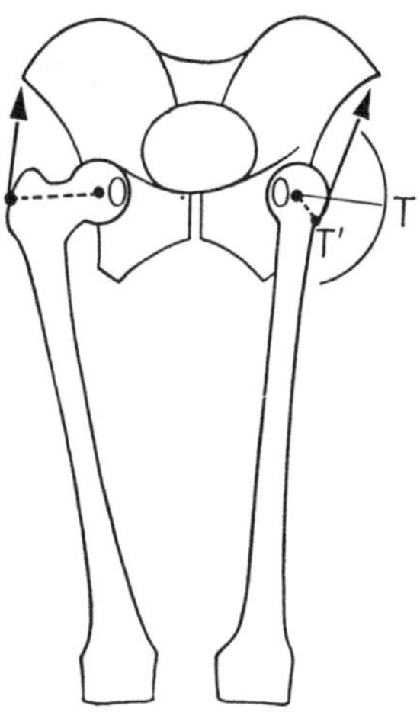

128

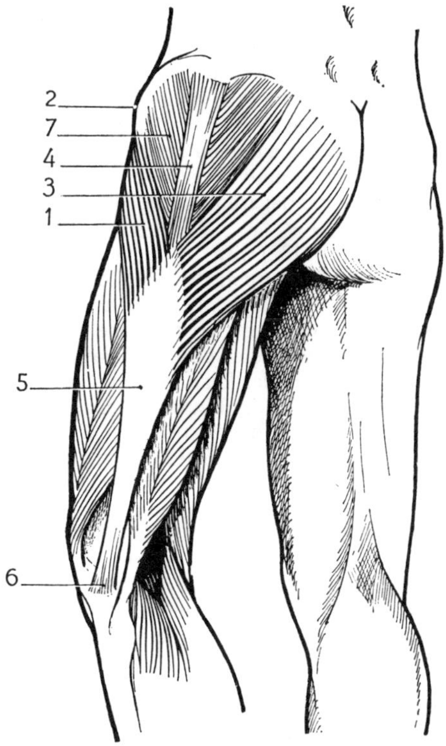

127

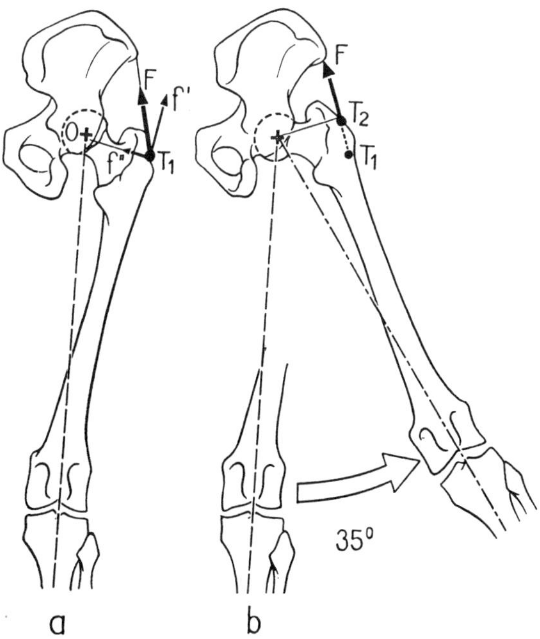

129

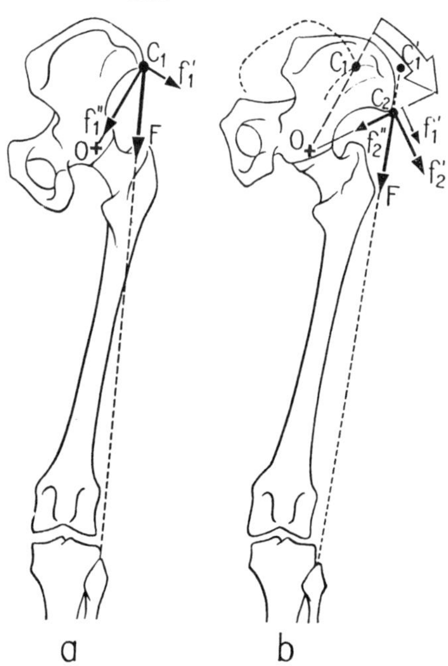

130

Stabilisierung des Beckens in der Transversalen

Beim Zweibeinstand (Abb. 131) wird das Becken in der transversalen Ebene stabilisiert durch gleichzeitige und bilaterale Aktion der Adduktoren und der Abduktoren. Sind die antagonistischen Kräfte im Gleichgewicht (a), so ist das Becken in symmetrischer Stellung stabilisiert, so z. B. bei der militärischen „Hab-acht"-Stellung. Wenn auf einer Seite die Abduktoren überwiegen und auf der anderen Seite die Adduktoren dominieren, dann verlagert sich das Becken in Richtung der Seite, wo die Adduktorwirkung überwiegt. Die Seitverlagerung des Beckens ist das Ergebnis eines anderen, neuen Muskelgleichgewichtes.

Beim Einbeinstand (Abb. 132) wird das Becken allein durch die Abduktoren des Standbeins stabilisiert. Durch die Last P des Teilkörpergewichtes* hat das Becken die Tendenz, um das Hüftgelenk des Standbeines zu kippen. Der Beckengürtel kann mechanisch als zweiarmiger Hebel angesehen werden (Abb. 133), wobei die Achse, um die der Hebel drehbar ist, im Hüftgelenk des Standbeines liegt. Auf der Seite des Lastarmes wirkt die vertikale Kraft P des in einem Teilschwerpunkt zusammengezogenen Teilkörpergewichtes G*, auf der Kraftarmseite die Kraft MF des an der Darmbeinschaufel entspringenden M. glutaeus medius. Um das Becken beim Einbeinstand in der Waagerechten zu halten, muß die Kraft des M. glutaeus medius der Last des Teilkörpergewichtes entgegenhalten. Hierbei ist zu berücksichtigen, daß die Hebelarme OE und OG nicht gleich lang sind. Die Stabilisierung des Beckens erfolgt nicht nur durch die kleinen Glutaeen, sondern sie werden kräftig durch den M. tensor fasciae latae unterstützt (TFL, Abb. 132).

Ist einer der genannten Muskeln insuffizient (Abb. 132, b), so ist das Gleichgewicht gestört, und es kommt unter der Wirkung des Teilkörpergewichtes zu einem Abkippen des Beckens zur Spielbeinseite. Der Winkel α ist umso größer, je weitgreifender der muskuläre Ausfall ist. Der M. tensor fasciae latae stabilisiert nicht nur das Becken, sondern auch das Knie. Wie noch gezeigt werden wird (s. S. 108), ist der Muskel ein aktives laterales Seitenband, dessen Insuffizienz mit der Dauer zu einem seitlichen Klaffen des Kniegelenksspaltes führen kann (Winkel β).

Die Stabilisierung des Beckens durch die kleinen Glutaeen und den M. tensor fasciae latae ist Voraussetzung für ein normales Gehen (Abb. 134). Während der Standbeinphase bleibt die Beckenlinie (Verbindungslinie der Spinae iliacae anteriores superiores) horizontal und parallel der Schulterlinie. Sind die Muskeln auf der Standbeinseite gelähmt (Abb. 135), dann kippt das Becken zur Spielbeinseite. Kompensatorisch verlagert sich der gesamte Rumpf auf die Standbeinseite, die Schulterlinie neigt sich entgegengesetzt der Beckenlinie. All dies sind charakteristische Zeichen des DUCHENNE-TRENDELENBURGschen Symptoms bei Lähmung oder Insuffizienz der kleinen Glutaeen.

* Anm. des Übersetzers: Die Lage des Teilkörperschwerpunktes ist nicht korrekt; in der Standbeinphase befindet er sich exzentrisch auf der Seite des Spielbeines. Das Teilkörpergewicht ist das Gewicht des Körpers abzüglich des Standbeingewichts.

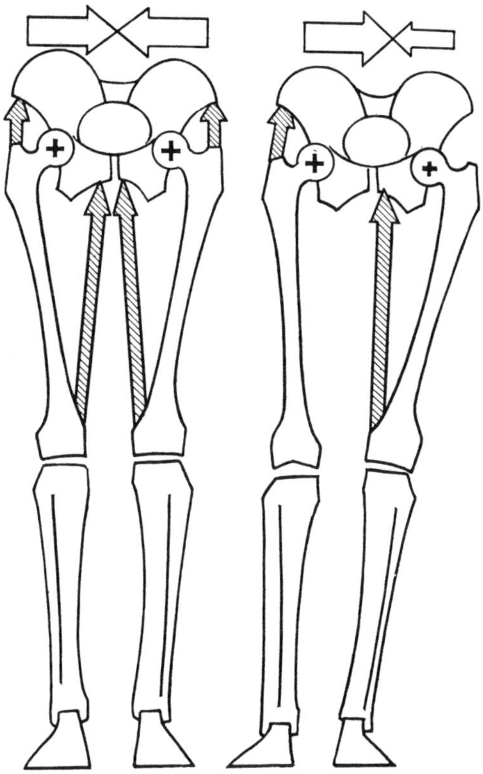

a b

131

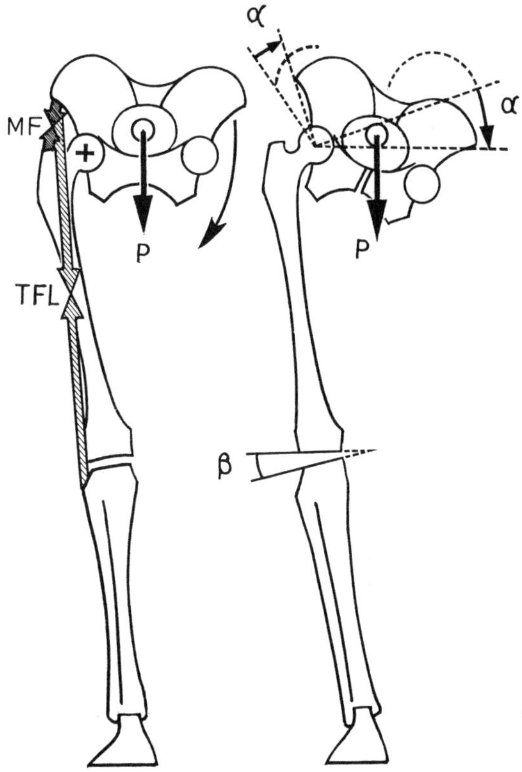

a 132 b

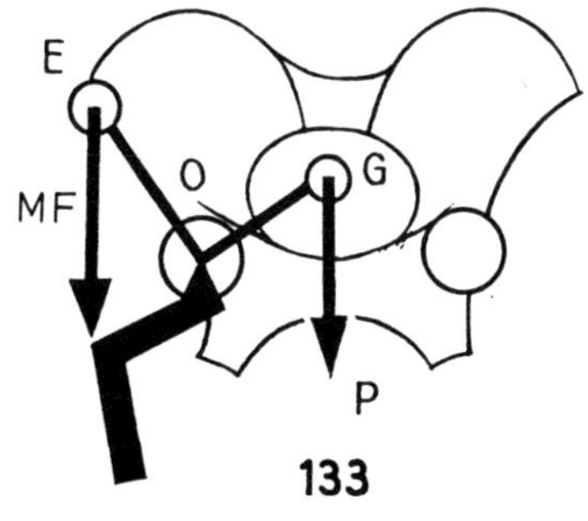

133

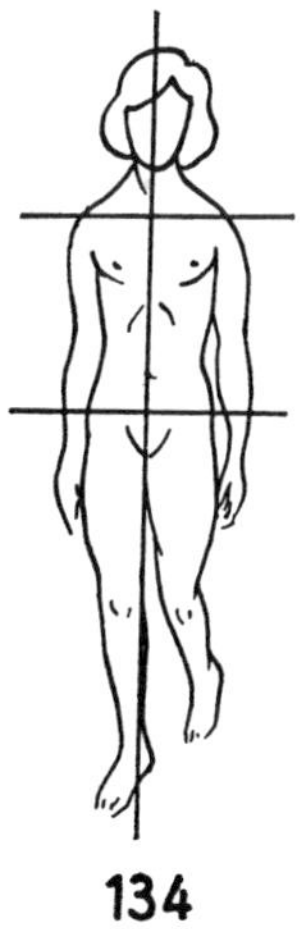

134

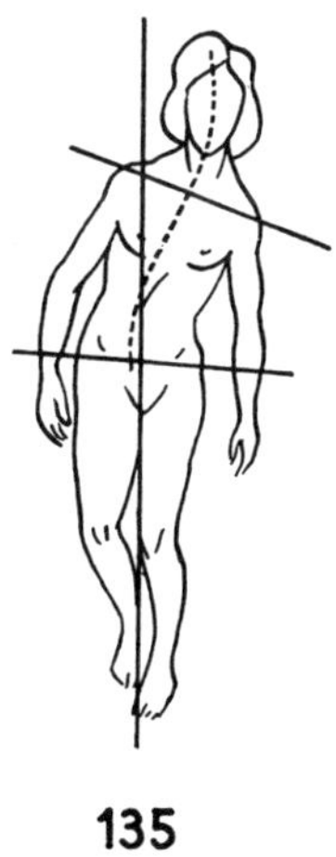

135

Adduktoren des Hüftgelenks

Die Adduktoren des Hüftgelenks sind grundsätzlich medial der das Gelenkzentrum schneidenden sagittalen Ebene gelegen (Abb. 136). In jedem Fall verlaufen die Muskeln unterhalb und medial der sagittalen Achse YY' für die Ab- und Adduktion. Die adduktorisch wirksamen Muskeln sind zahlreich und kräftig. In einer rückwärtigen Ansicht (Abb. 137) bilden die Adduktoren einen über die ganze Länge des Femurs ausgespannten Fächer.

– Der M. adductor magnus (1) ist der leistungsfähigste und kräftigste Muskel. Seine typische Gestalt (Abb. 138) kommt dadurch zustande, daß die innersten, am unteren Schambeinast und dem angrenzenden Teilstück des Ramus ossis ischii entspringenden Anteile am weitesten oben am Femur ansetzen; die äußeren Fasermassen, vom Sitzbeinhöcker entspringend, setzen weiter unten an der medialen Lippe der Linea aspera und am Epicondylus medialis des Femurs an. Es resultiert eine von den oberen (2) und mittleren (1) Partien gebildete Rinne; deren nach hinten-außen gerichtete Konkavität kommt in der Abbildung gut zur Darstellung, indem die obersten Fasern durchscheinend sind und das exartikulierte Femur nach außen gedreht ist. In der von den beiden Muskelanteilen gebildeten Rinne (Inset gibt einen Schnitt in Höhe des Pfeiles wieder) zieht der dritte, inferiore Muskelteil (3); er bildet eine gut abgliederbare Muskelpartie.

Durch diese Muskelfaseranordnung bleibt die relative Dehnung bei der Abduktion gering; die Abduktion kann weiträumig stattfinden, die Wirksamkeit des Muskels wird wenig beeinträchtigt. In Abb. 139 sind diese Verhältnisse schematisch dargestellt:

Auf der Seite A sind die realen Verhältnisse, auf der Seite B die realen (lang gestrichelte Linien) und die „denkbar einfachsten" (die am weitesten medial entspringenden Fasern inserieren am weitesten distal, die lateralen proximal am Femur) Muskelfaserverläufe (kurz gestrichelte Linien) dargestellt. Die unterschiedliche Dehnung von der Adduktionsstellung bis in die Abduktion ist für die beiden Dispositionen unterschiedlich. Der schwarze Balken gibt die Dehnung für die realen Verhältnisse, der weiße Balken die für die theoretisch einfacheren Verhältnisse an.

– Der M. gracilis bildet die Innenseite des Muskelfächers (4).

– Die Mm. semimembranosus (5) und semitendinosus (6) sowie der lange Kopf des M. biceps femoris (7) als ischiocrurale Muskelgruppe haben, obwohl sie hauptsächlich Strecker im Hüft- und Beuger im Kniegelenk sind, auch eine wesentliche adduktorische Komponente.

– Der M. glutaeus maximus (8) hat mit dem größten Teil seiner Fasern (alle, die unterhalb der Achse YY' verlaufen) adduktorische Wirkung.

– Der M. quadratus femoris (9) ist Adduktor und Außenroller, ebenso der M. pectineus (10).

– Der M. obturatorius internus (11) adduziert gemeinsam mit den Mm. gemelli (nicht dargestellt), und auch der M. obturatorius externus (12) hat adduzierende Wirkung.

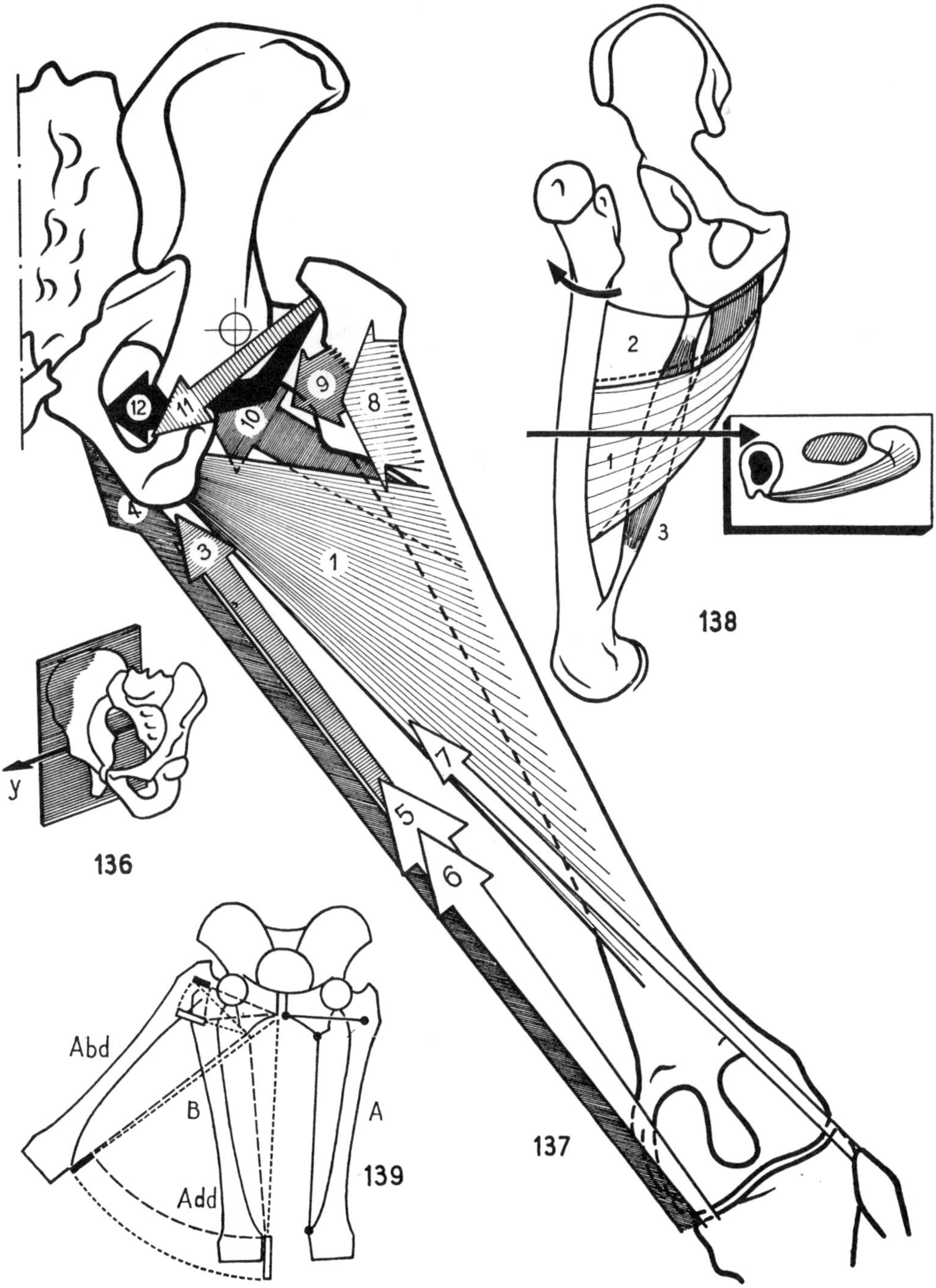

137 138 136 139

Adduktoren des Hüftgelenks (Fortsetzung)

In einer schematischen Ansicht der Adduktoren von vorne (Abb. 140) erkennt man den:
– M. adductor longus (13), dessen Leistung nicht ganz die Hälfte der des M. adductor magnus erreicht,
– M. adductor brevis (14), der distal vom M. adductor longus und proximal vom M. pectineus (10) bedeckt wird.
– M. gracilis (4), der die Adduktorenloge nach medial begrenzt.
Eine beugende oder streckende Wirkung der Adduktoren (Abb. 141, Ansicht von medial) hängt von der Lage der Ursprünge ab. Liegt der Ursprung am Becken hinter der das Gelenkzentrum schneidenden Frontalebene (strichliert), so wirken die Muskeln streckend, so vor allem die unteren Partien des M. adductor magnus und natürlich die ischiocruralen Muskeln. Liegt der Ursprung vor der Frontalebene, so beugen die entsprechenden Adduktoren. Dies trifft zu für den M. pectineus, die Mm. adductores longus und brevis, die oberen Partien des M. adductor magnus und den M. gracilis. Eine Beuge- oder Streckwirkung hängt allerdings von der Ausgangsstellung des Hüftgelenks ab (s. S. 58). Die Adduktoren sind, wie gezeigt, für die Balance des Beckens beim Zweibeinstand essentiell. Sie spielen aber auch eine wichtige Rolle bei bestimmten Bewegungen und sportlichen Aktivitäten, so z. B. beim Skilaufen (Abb. 142) und beim Reiten (Abb. 143).

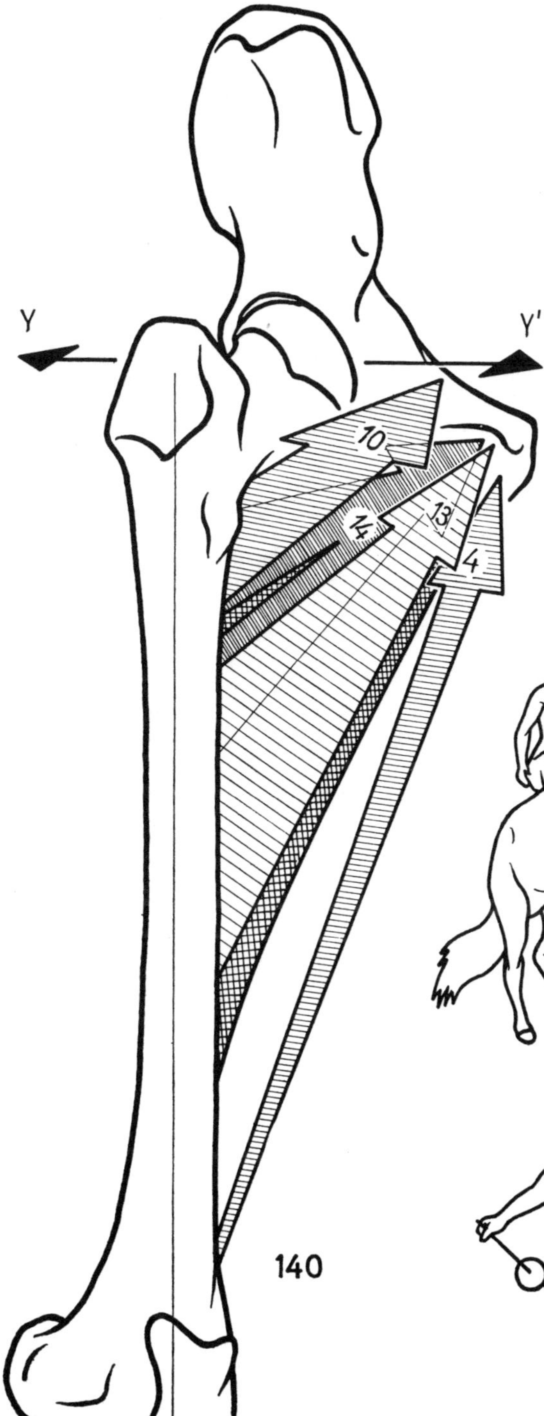

140

141

143

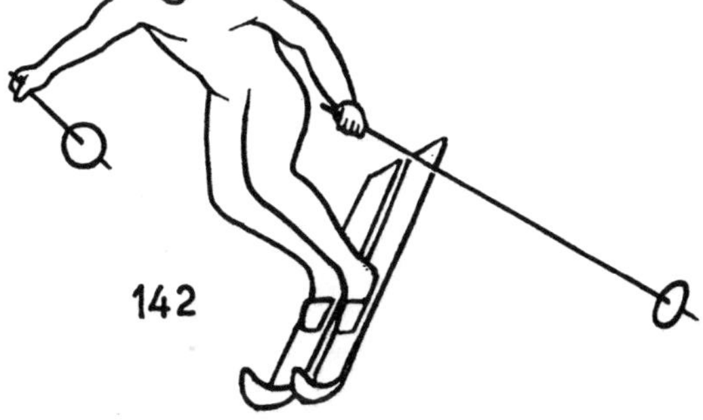

142

Außenrotatoren des Hüftgelenks

Die Außenrotatoren des Hüftgelenks sind zahlreich und kräftig. Sie liegen hinter der vertikalen Drehachse des Hüftgelenks. Dies wird durch einen horizontalen Schnitt durch Becken und Hüftgelenk dicht oberhalb des Gelenkzentrums deutlich (Abb. 144, Ansicht von kranial). Es sind sämtliche Außenrotatoren zu erkennen.
– Die funktionell wichtigsten pelvitrochanteren Muskeln sind der
– M. piriformis (1), der am Oberrand des Trochanter major inseriert. Er entspringt an der Vorderseite des Os sacrum, zieht durch das Foramen ischiadicum majus und erreicht so die Regio glutaea (Abb. 145, Ansicht von hinten und oben).
– M. obturatorius internus (2), der in der Regio glutaea den gleichen Verlauf wie der M. piriformis aufweist. Der Muskel biegt mit seiner Sehne fast rechtwinklig um die Incisura ischiadica minor unterhalb der Spina ischiadica (Abb. 145). Sein Ursprung liegt innerhalb des Beckens am knöchernen Rahmen des Foramen obturatum. In der Regio glutaea wird er von den Mm. gemelli eingerahmt; als kleine Muskeln legen sie sich ihm kranial und kaudal an. Die beiden Muskeln entspringen (Abb. 145) nahe der Spina ischiadica (X) und des Tuber ischiadicum (X). Ihr Ansatz befindet sich an der Innenseite des Trochanter major, hier inserieren sie mittels einer gemeinsamen Sehne mit dem M. obturatorius internus. Sie haben die gleiche Funktion wie der M. obturatorius internus.
– M. obturatorius externus (3), der in der Fossa trochanterica inseriert. Seine Sehne läuft kaudal des Hüftgelenks, dem Femurhals liegt sie von hinten an. Er entspringt fleischig an der Membrana obturatoria und dem äußeren Knochenrahmen des Foramen obturatum. Insgesamt ist er um den Femurhals gewunden; um ihn in seiner gesamten Länge zu inspizieren, muß man das Becken kräftig nach vorne beugen (Abb. 146, Ansicht von hinten, unten und außen auf das nach vorne gebeugte Becken). Man erkennt jetzt deutlich zwei Funktionen des Muskels: er ist hauptsächlich Außendreher des gebeugten Hüftgelenks (siehe auch nächste Seite); aufgrund seines Spiralverlaufs um den Hals ist er ein leichter Hüftgelenksbeuger.
– Einige Adduktoren sind auch gleichzeitig Außenrotatoren:
– Der M. quadratus femoris (4), der am Tuber ischiadicum entspringt und an der Crista intertrochanterica ansetzt (Abb. 145). Abhängig von der Hüftgelenkstellung ist er darüberhinaus entweder ein Beuger oder ein Strecker (Abb. 153).
– Der M. pectineus (6) mit Ursprung am oberen Schambeinast und Ansatz an der Linea pectinea des Femurs (Abb. 146) ist Adduktor, Beuger und Außenrotator.
– Die rückwärtigen Fasern des M. adductor magnus haben, wie die ischiocruralen Muskeln (Abb. 147), eine außenrotatorische Komponente.
– Die Gesäßmuskeln:
– Der M. glutaeus maximus ist sowohl mit seinen oberflächlichen (7) als auch seinen tiefen Anteilen (7') ein Außenrotator.
– Auch die kaudalen Fasern des M. glutaeus minimus und vor allem die des M. glutaeus medius (8) wirken außenrotatorisch (Abb. 144 und 145).

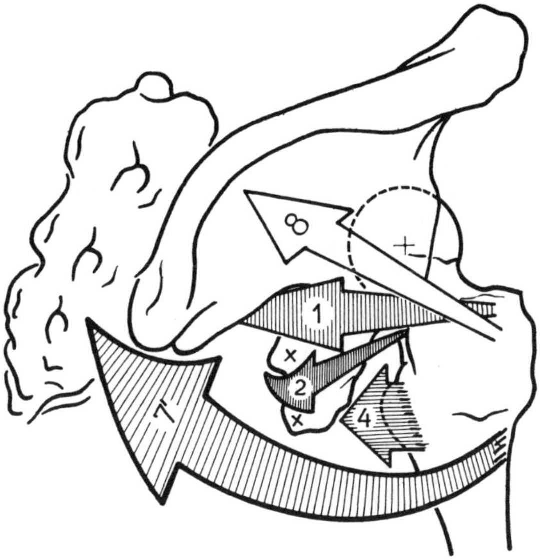

145

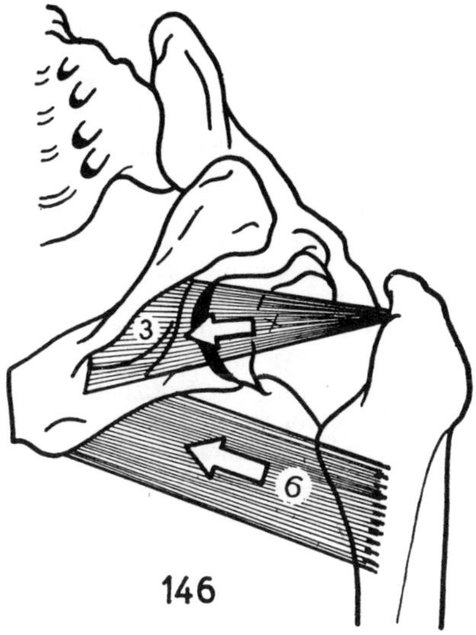

146

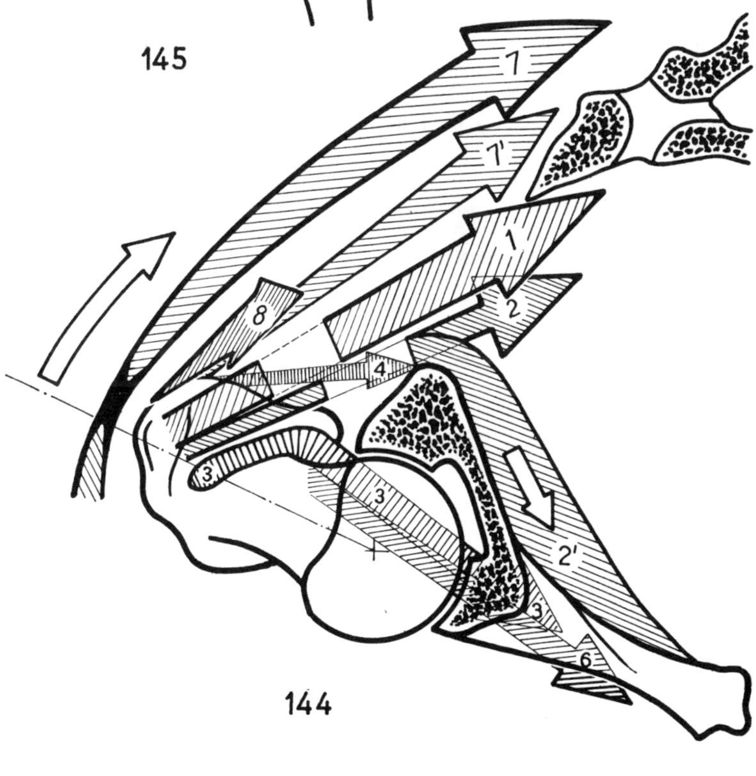

144

Rotatoren des Hüftgelenks

Ein Horizontalschnitt (Abb. 147) etwas unterhalb des Femurkopfes (punktiert) läßt die Rotationskomponente der ischiocruralen Muskeln und der Adduktoren erkennen. In der horizontalen Projektion ziehen das Caput longum des M. biceps femoris (B), die Mm. semimembranosus und semitendinosus, der mediale Teil des M. adductor magnus (weißer Pfeil A) und auch die Mm. adductores longus (AL) und brevis hinter der Vertikalachse. Diese Muskeln sind folglich Außenrotatoren, wenn das Bein um seine mechanische Längsachse (Abb. 48) gedreht wird. Hierbei muß das Kniegelenk gestreckt sein, Hüftgelenk und Fußwurzel sind die Drehpunkte. Bei einer Innenrotation (Ri) wird ein Teil der Adduktoren vor die vertikale Achse verlagert, so daß sie nun als Innenrotatoren wirken.

Die einwärtsdrehenden Muskeln sind weit weniger zahlreich als die auswärtsdrehenden; ihre Kraft beträgt nur etwa ein Drittel der der Außenrotatoren. Die Muskeln verlaufen vor der vertikalen Hüftgelenksachse. Der Horizontalschnitt (Abb. 148) zeigt die drei Innenrotatoren des Hüftgelenks.

- Der M. tensor fasciae latae (1) entspringt an der Spina iliaca anterior superior (S).
- Der M. glutaeus minimus (2) ist fast mit seiner Gesamtheit ein Innenrotator.
- Der M. glutaeus medius (3) rotiert mit seinen vorderen Faserbündeln nach innen.

Bei einer Innendrehung von 30–40° (Abb. 149) verlaufen die Mm. obturatorius externus (4) und pectineus genau unterhalb des Drehzentrums des Gelenkes, so daß sie nicht mehr außenrotatorisch wirken. Die kleinen Glutaeen hingegen bleiben weiterhin innenrotatorisch wirksam.

Bei fortschreitender Innenrotation (Abb. 150) erlangen die Mm. obturatorius externus und pectineus ein innendrehendes Moment, da sie nun vor der Vertikalachse laufen; der M. tensor fasciae latae und die kleinen Glutaeen hingegen wirken nun außenrotatorisch. Diese Umkehrung der Muskelfunktion in Abhängigkeit von der Gelenkstellung tritt allerdings nur bei maximaler Innendrehung ein.

Bedingt ist die Umkehrung der Muskelfunktion durch die Verlaufsänderung von Muskelfasern, die in einer perspektivischen Ansicht von vorne, oben und außen deutlich wird (Abb. 151). Das Hüftgelenk ist kräftig nach innen gedreht, die Mm. obturatorius externus und pectineus (gestreifte Pfeile) verlaufen vor der Vertikalachse (gestrichelte Linie), die kleinen Glutaeen (schwarze Pfeile) sind schräg nach oben und hinten ausgerichtet.

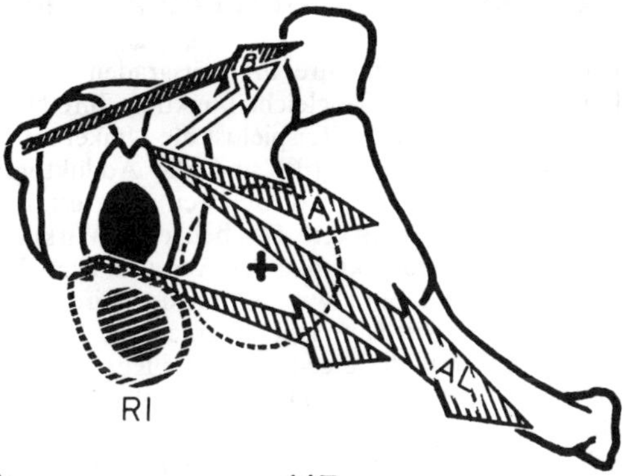

147

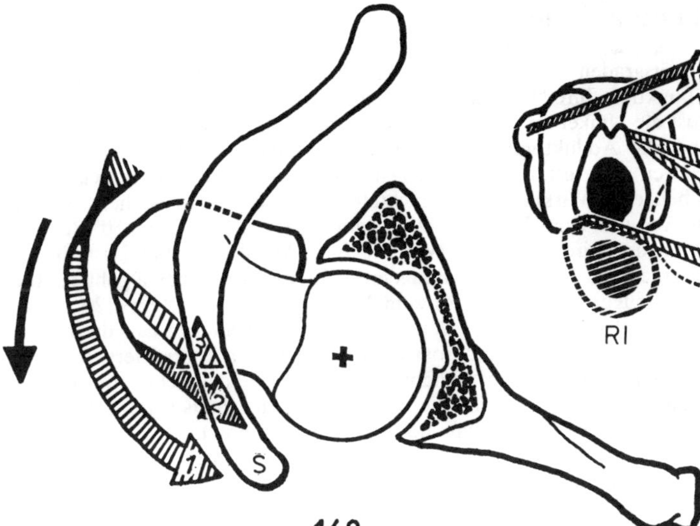

148

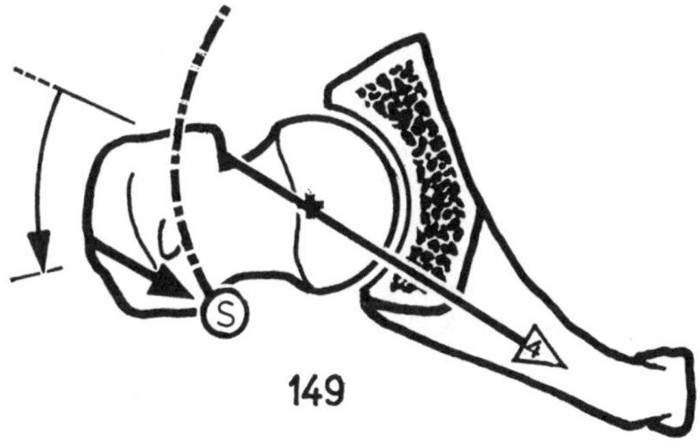

149

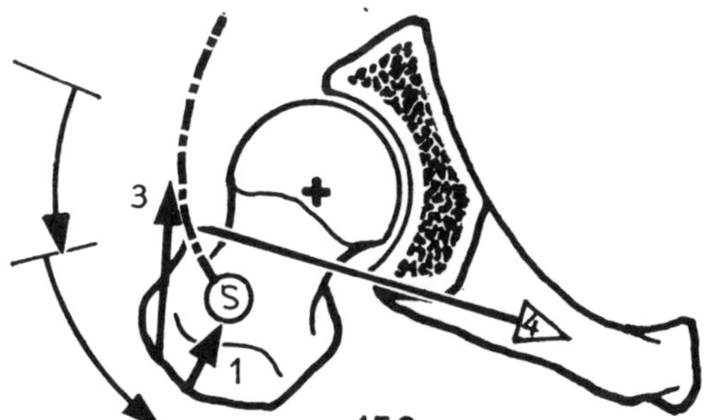

150

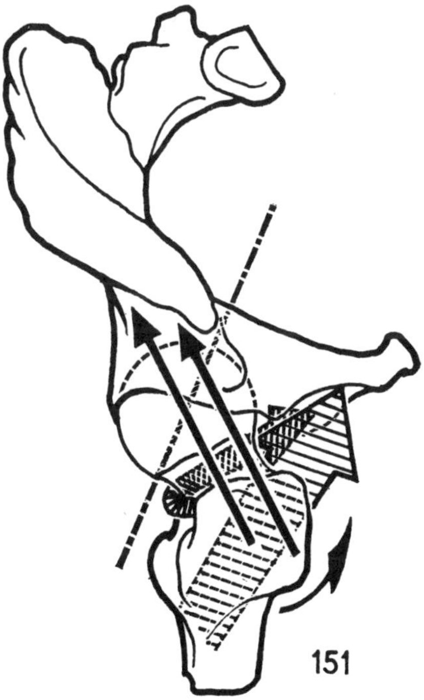

151

Umkehrung von Muskelfunktionen

Die auf ein Gelenk mit drei Freiheitsgraden einwirkenden Muskeln haben bei verschiedenen Gelenkstellungen nicht immer die gleiche Funktion. Ihre Nebenwirkungen können modifiziert oder gar umgekehrt werden. Ein typisches Beispiel ist die Umkehrung der Beugekomponente der Adduktoren (Abb. 152). In der Neutralstellung (0°) sind alle Adduktoren Beuger, mit Ausnahme der hinteren Fasern des M. adductor magnus und dessen weit nach distal reichenden Teile (AM), die bis zu einer Streckung von −20° extensorisch wirken. Die beugende Wirkung des betrachteten Muskels bleibt bestehen, so lange der Muskelursprung kranial des Ansatzes liegt. Der M. adductor longus (AL) wirkt bei +50° Beugung noch flektierend, mit etwa +70° Flexion wird er zum Strecker. Auch der M. adductor brevis ist bis +50° Beuger, dann Strecker. Der M. gracilis ist bis +40° ein Beugemuskel. Aus dem Schema geht deutlich hervor, daß nur die eigentlichen Beuger die Flexion bis zum Maximum bringen. Bei +120° ist der M. tensor fasciae latae (TFL) maximal kontrahiert (er verkürzt sich um die Strecke aa', die fast der Hälfte der Länge seiner Fasern entspricht); der M. iliopsoas (P) ist dann soweit kontrahiert, daß seine Sehne sich schon bald von der Eminentia iliopubica abhebt (das Schema verdeutlicht, „warum“ der Trochanter minor hinten am Femur gelegen ist: Die um die Dicke des Femurschafts verlängerte Sehne des Muskels wird über die Eminentia iliopubica als Hypomochlion herumgeführt).

Auch die beugende Komponente des M. quadratus femoris erfährt eine Umkehrung (Abb. 153, Hüftbein ist durchscheinend, so daß das Femur und der Muskelverlauf zu sehen sind). Aus einer Extensionsstellung (E) ist der Muskel Beuger, während er bei Beugung zum Strecker wird; der „Umkehrpunkt“ deckt sich mit der Neutralstellung.

Der Wirkungsgrad der Muskeln hängt entscheidend von der Stellung des Hüftgelenks ab. Eine Beugung im Gelenk (Abb. 154) dehnt die Streckmuskeln. Bei einer Flexion von 120° beispielsweise wird der M. glutaeus maximus passiv um die Strecke FF' gedehnt, was für einige Muskelfasern eine Verdoppelung der Ausgangslänge ist. Unter der Voraussetzung, daß das Kniegelenk gestreckt bleibt, werden die ischiocruralen Muskeln um die Strecke JJ' gedehnt, d. h., um etwa 50% ihrer Länge, die sie in der Neutralstellung haben. Startposition und Start von Sprintern (Abb. 154) finden hier ihre Erklärung: maximale Beugung im Hüftgelenk und dann Streckung des Kniegelenks (nicht dargestellt) bringen die Extensoren des Hüftgelenks in eine funktionell günstige, eine kräftige Beschleunigung ermöglichende Vordehnung. Die Dehnung der ischiocruralen Muskeln schränkt die Beugung des Hüftgelenks bei gestrecktem Kniegelenk ein.

Das Schema (Abb. 154) zeigt desweiteren, daß die Längenveränderung JJ" der ischiocruralen Muskeln von der Normalstellung bis zur Extension von −20° recht gering ist. Die beste Wirkung haben die ischiocruralen Muskeln aus einer mittleren Beugestellung heraus.

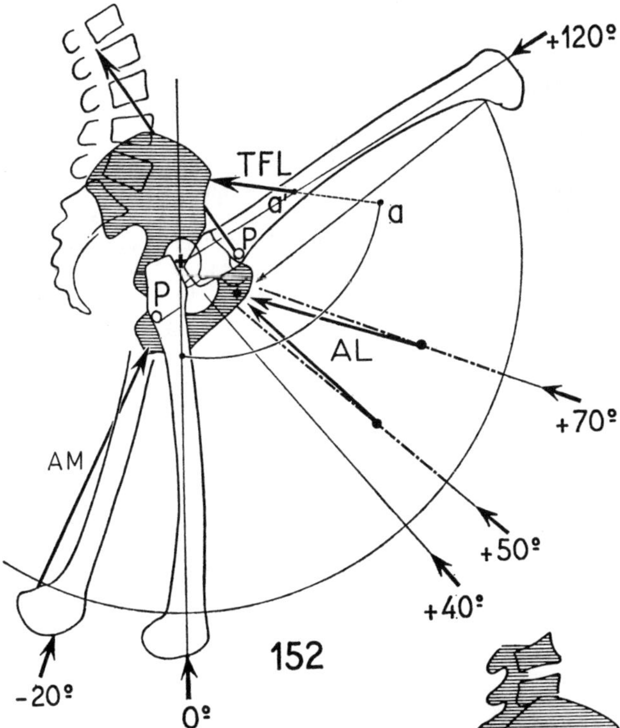

152

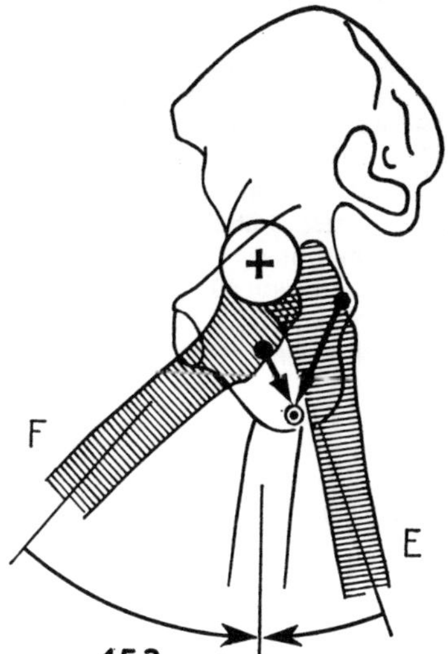

153

155

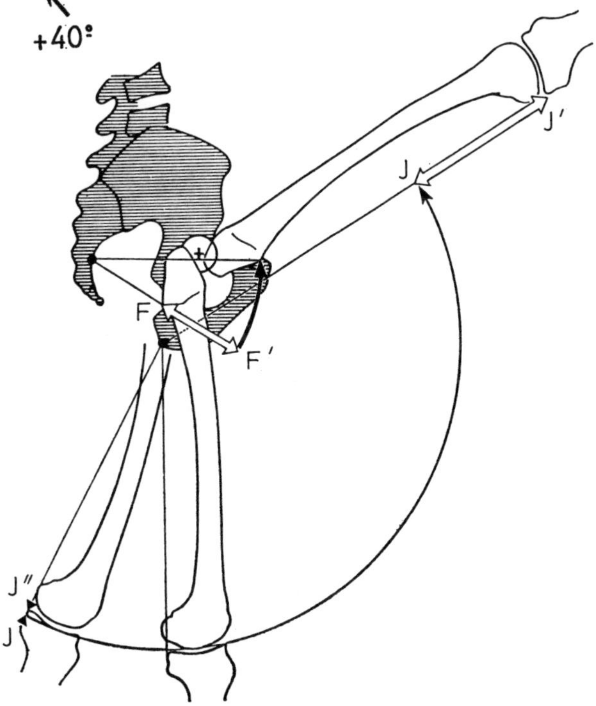

154

Umkehrung von Muskelfunktionen (Fortsetzung)

Bei einer starken Beugung des Hüftgelenks (Abb. 156) kehrt sich auch die Wirkung des M. piriformis um (Abb. 157, Lateralansicht). In Neutralstellung rotiert der Muskel nach außen, er beugt und abduziert (weißer Pfeil); bei starker Beugung wird er zum Innenrotator, Strecker und Abduktor (gestreifter Pfeil). Die Funktionsumkehr findet bei einer Beugung von ca. 60° statt; in dieser Phase ist der Muskel allein Abduktor. Nicht nur der M. piriformis (P) ist bei extremer Flexion (Abb. 158, gebeugtes Hüftgelenk von hinten-lateral) abduktorisch wirksam, sondern auch der M. obturatorius internus (OI) und der M. glutaeus maximus (Gma). Diese Muskeln bewirken das Auseinanderweichen der Knie, wenn beide Hüftgelenke auf 90° gebeugt werden. Der M. glutaeus minimus (Gmi) ist bei Beugung Innenrotator und auch Adduktor (Abb. 159), gemeinsam mit dem M. tensor fasciae latae (T). Aus der Aktion der Muskeln resultiert eine kombinierte Beugung-Adduktion-Innenrotation (Abb. 160).

156

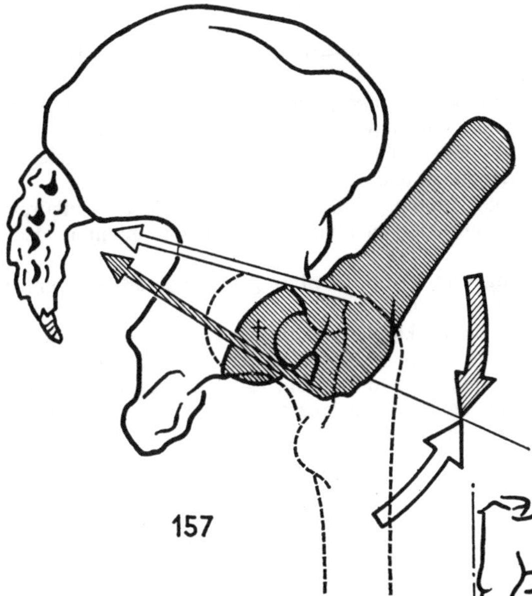

157

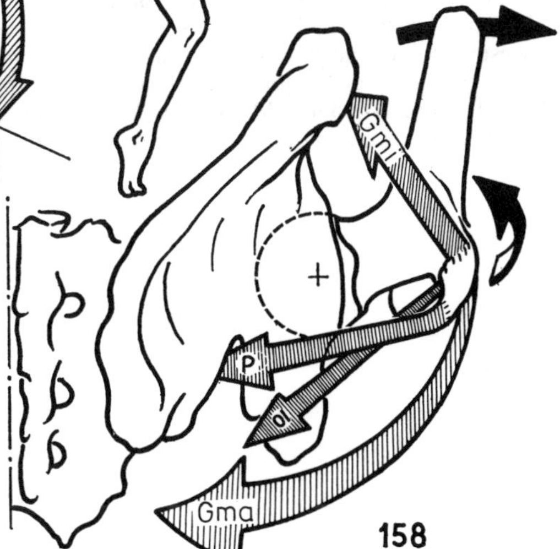

158

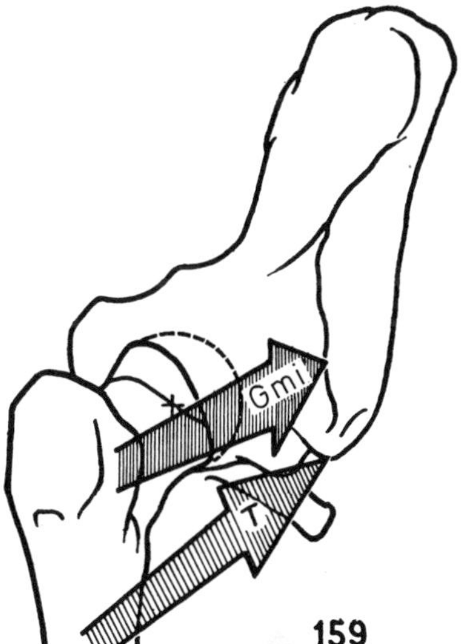

159

160

Spezifische Aktion der Abduktoren

Die Stabilisierung des Beckens beim Einbeinstand wird bei unterschiedlicher Beugung des Hüftgelenks von jeweils anderen Abduktoren gewährleistet.
Bei gestrecktem Hüftgelenk (Abb. 161) wirkt die Last des Teilkörpergewichtes hinter dem Drehzentrum des Gelenks; ein Kippen des Beckens nach hinten wird durch das Ligamentum iliofemorale (s. auch S. 28) und durch den M. tensor fasciae latae verhindert. Der Muskel ist Beuger des Hüftgelenks, er unterstützt die Balance des Beckens in der horizontalen und sagittalen Ebene.
Bei einer geringgradigen Kippung des Beckens nach hinten (Abb. 162) wirkt die Last des Teilkörpergewichtes auch noch hinter dem Drehzentrum; es kontrahiert sich nun der M. glutaeus minimus, der, wie der M. tensor fasciae latae, auch ein Abduktor ist.
Ist das Becken in der sagittalen Ebene im Gleichgewicht (Abb. 163, Last geht durch das Drehzentrum), stabilisiert es der M. glutaeus medius in der Horizontalen.
Mit dem Augenblick, in dem das Becken nach vorne kippt, wird primär der M. glutaeus maximus angespannt; sekundär schließen sich der M. piriformis (Abb. 164), der M. obturatorius internus (Abb. 165) und der M. quadratus femoris (Abb. 166) an, und zwar mit zunehmender Vorbeugung des Rumpfes. Die genannten Muskeln wirken bei gebeugtem Hüftgelenk als Abduktoren und Extensoren, so daß sie das Kippen des Beckens in beiden Ebenen korrigieren können.

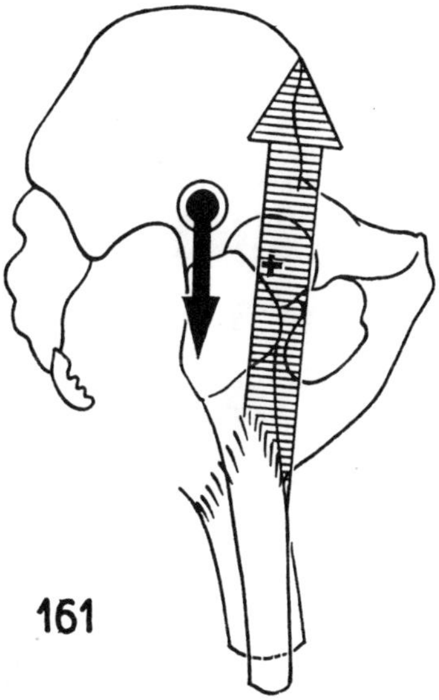

161

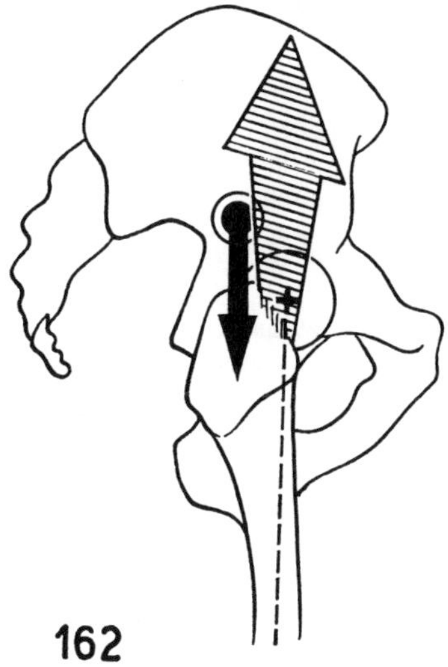

162

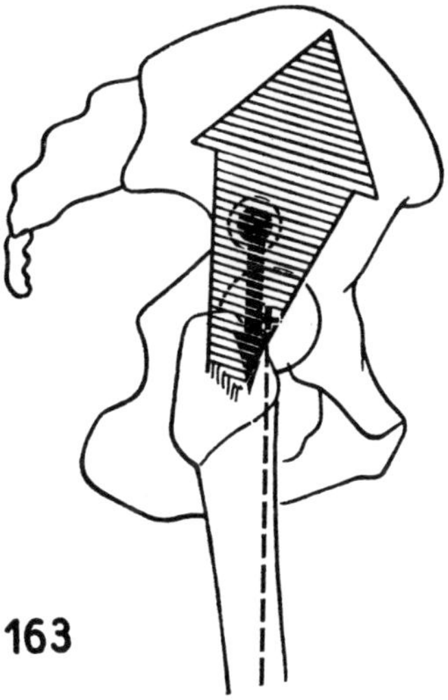

163

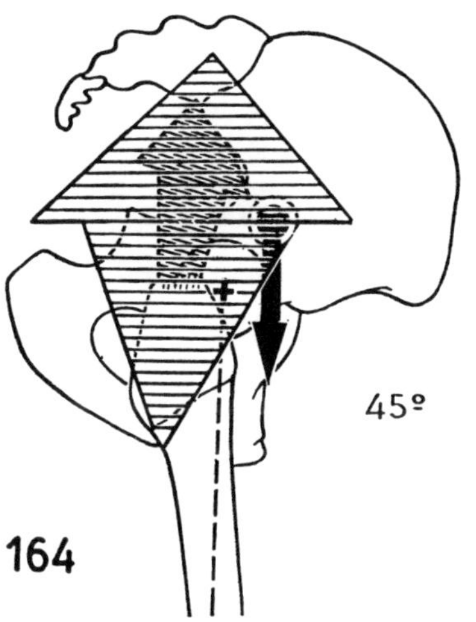

164

45°

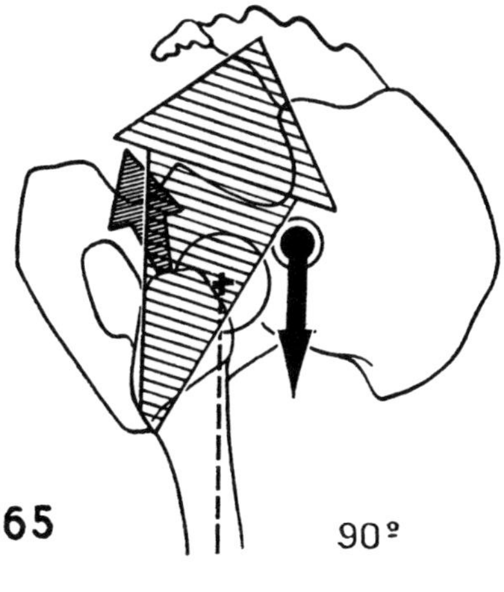

165

90°

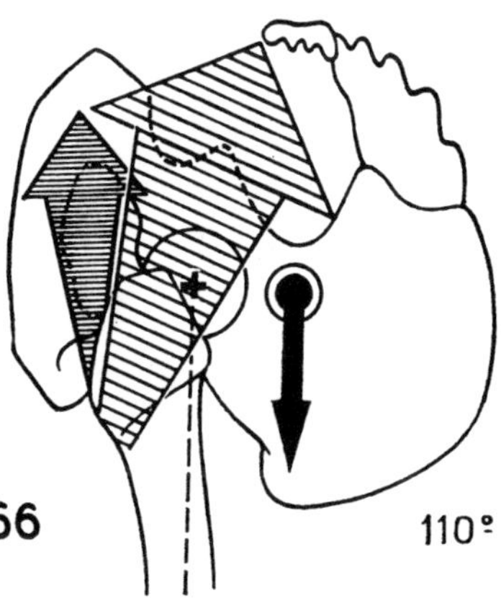

166

110°

Kniegelenk

Das Kniegelenk ist das mittlere Gelenk der unteren Extremität. Im wesentlichen ist es ein Gelenk mit einem Grad der Freiheit – es kann gebeugt und gestreckt werden –, und es ermöglicht dem Extremitätenende eine Annäherung an deren Wurzel oder eine Entfernung von dieser. Anders ausgedrückt, kann mit Hilfe des Kniegelenks die Distanz zwischen Rumpf und Unterstützungsfläche verändert werden. Das Kniegelenk wird durch axiale Druckkräfte beansprucht.
Das Kniegelenk hat einen zusätzlichen, zweiten Freiheitsgrad, indem in ihm in gebeugter Stellung eine axiale Längsrotation ausgeführt werden kann.
Mechanisch betrachtet ist das Kniegelenk ein Kompromiß zwischen zwei konträren Forderungen:
– In Streckstellung muß es stabil sein, um der aus der Last des Teilkörpergewichtes und den Band- und Muskelkräften resultierenden Beanspruchung standzuhalten.
– Ab einem bestimmten Beugungsgrad muß es gut beweglich sein, um dem Fuß eine bei unebener Unterstützungsfläche optimale Stellung geben zu können.
Das Kniegelenk erfüllt diese Aufgabe mit Hilfe sinnvoll spezialisierter Einrichtungen; allerdings birgt der verringerte Gelenkflächenkontakt, der für eine große Beweglichkeit Voraussetzung ist, die Gefahr von Verletzungen und Luxationen.
In der instabilen Beugestellung ist das Kniegelenk in erster Linie der Gefahr von Band- und Meniskusverletzungen ausgesetzt. Das gestreckte Knie erleidet am ehesten intraartikuläre Frakturen und Bandrisse.

Achsen des Kniegelenks

Der erste Freiheitsgrad wird durch die Achse XX' festgelegt (Abb. 1, Medialansicht; Abb. 2, Lateralansicht des mäßig gebeugten Kniegelenks); um diese Achse werden Beugung und Streckung in einer sagittalen Ebene ausgeführt. Die in einer frontalen Ebene gelegene Achse XX' zieht horizontal durch die Femurkondylen.
Die Schaftachse des Femurs bildet, bedingt durch den ausladenden Femurhals, nicht die geradlinige Fortsetzung der Tibiaachse. Sie bildet mit dieser einen nach außen offenen Winkel von 170–175°, so daß eine physiologische Valgusstellung des Knies resultiert.
Die Zentren von Hüft- (H), Knie- (O) und Sprunggelenk (C) liegen auf einer Geraden HOC, der mechanischen Achse des Beines. Im Bereich des Unterschenkels ist diese Achse identisch mit der Achse der Tibia; am Oberschenkel bildet sie mit der Femurachse einen Winkel von 6°.
Aufgrund der größeren Distanz zwischen den beiden Hüftgelenken (größer als die Kniegelenksdistanz) ist die mechanische Beinachse leicht schräg nach unten und innen geneigt, mit der Vertikalen einen Winkel von 3° bildend. Dieser Winkel ist noch größer, wenn das Becken, wie bei der Frau der Fall, breiter ist. Die ausgeprägte Valgusstellung des Knies bei der Frau findet hier ihre Erklärung.
Die horizontale Beuge-Steckachse XX' ist nicht die Halbierende (Ob) des Valguswinkels. Der Winkel zwischen der Achse XX' und der Femurachse beträgt 81°, der zwischen XX' und der Tibiaachse 93°. Bei maximaler Beugung deckt sich demnach die Tibiaachse nicht genau mit der des Femurs, sondern sie ist leicht nach innen geneigt; die Ferse zeigt in Richtung Symmetrieebene. Die maximale Beugung bringt die Ferse auf Höhe des Tuber ischiadicum in Kontakt mit dem Gesäß. Der zweite Freiheitsgrad besteht in der Drehung des Unterschenkels um die longitudinale Achse YY' bei gebeugtem Knie (Abb. 1 und 2). Eine Drehung in Streckstellung ist – bedingt durch die Konstruktion des Kniegelenks – nicht möglich. Bei gestrecktem Kniegelenk ist die Tibiaachse Teil der mechanischen Beinachse, eine axiale Drehung kann jetzt nur im Hüftgelenk stattfinden. In Abbildung 1 ist eine punktierte Achse ZZ' eingezeichnet, die rechtwinklig zu den beiden übrigen Achsen verläuft. Sie ist nicht mit einem dritten Freiheitsgrad korreliert, sondern um sie finden bei gebeugtem Gelenk geringe Seitbewegungen statt (1–2 cm Ausschlag in Höhe des Sprunggelenks). In Streckstellung ist jegliche Seitbewegung ausgeschlossen; lassen sich solche registrieren, so sind sie pathologisch.
Zu erwähnen ist, daß geringgradige Lateralbewegungen in der ersten Phase der normalen Kniebeugung auftreten. Um diese von pathologischen Bewegungen abzugrenzen, ist es erforderlich, die Bewegungen des untersuchten Kniegelenks mit denen des kontralateralen Gelenkes zu vergleichen.

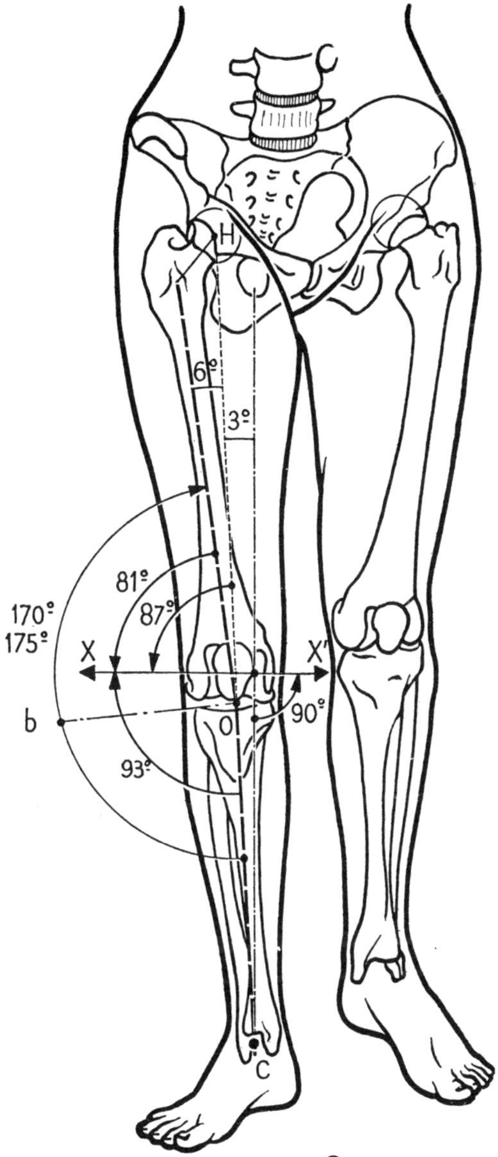

3

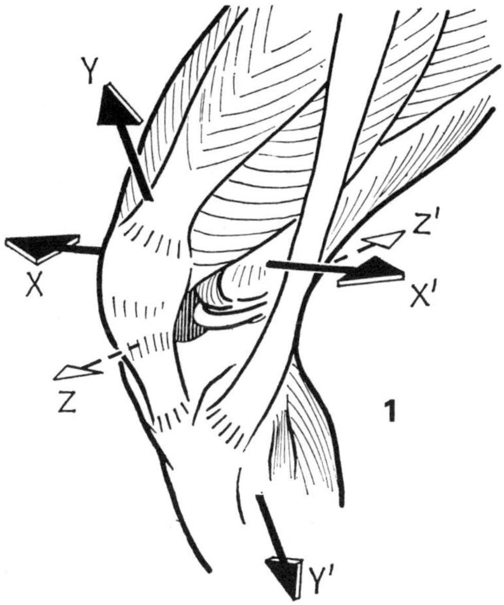

1

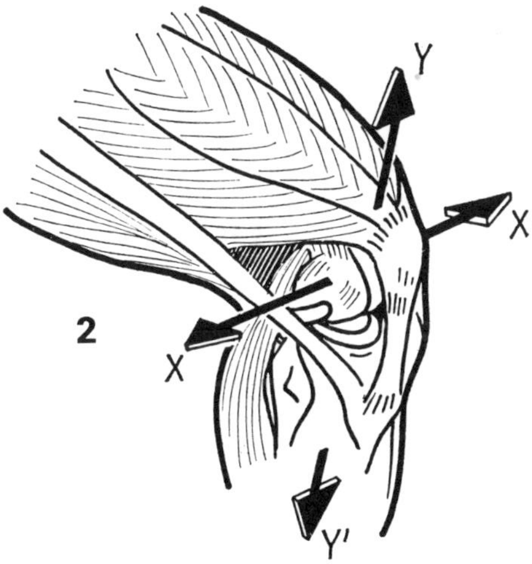

2

Achsenabweichungen des Kniegelenks

Neben der physiologischen, geschlechtsspezifischen, leichten Valgusstellung des Knies kann in pathologischen Fällen der Valguswinkel unterschiedlich verändert sein (Abb. 4).
Kehrt sich der Winkel um, dann liegt ein Genu varum vor (linke Seite in Abb. 4). Allgemein spricht man vom O-Bein (Abb. 6). Das durch die Eminentia intercondylaris der Tibia und die Fossa intercondylaris des Femur materialisierte Zentrum des Kniegelenks ist nach lateral verlagert. Das Genu varum kann auf zweierlei Art quantifiziert werden.
– Es kann der Winkel zwischen Femur- und Tibiaachse gemessen werden. Er ist wesentlich größer als normal, z. B. 180° oder 185° statt 170°.
– Es wird die Verlagerung des Kniegelenkzentrums nach lateral (Abb. 7) in Relation zur mechanischen Beinachse gemessen. Sie kann 10, 15 oder 20 mm betragen.
Umgekehrt kann der Valguswinkel kleiner werden als es der Norm entspricht; es liegt ein Genu valgum vor (rechte Seite in Abb. 4). Man spricht vom X-Bein (Abb. 8). Auch für das Genu valgum kann die Achsenabweichung auf zweierlei Weise bestimmt werden.
– Man mißt den diaphysären Achsenwinkel, der deutlich kleiner ist als 170°, so z. B. nur 165°.
– Man mißt die Verlagerung des Kniegelenkzentrums nach medial (Abb. 5) in Relation zur mechanischen Beinachse. Sie kann beispielsweise 10, 15 oder 20 mm ausmachen. Die Bestimmung der Achsenabweichung ist der Winkelbestimmung vorzuziehen, da sie genauer durchführbar ist. Man benötigt allerdings exakte, anterior-posteriore Röntgenaufnahmen beider Beine (Abb. 4). Die schematische Zeichnung zeigt ein Individuum mit einem rechtsseitigen Genu valgum und einem linksseitigen Genu varum. Eine solche Konstellation ist sehr selten. Häufiger ist die Fehlstellung eine gleichsinnige, aber nicht unbedingt ganz symmetrische. Das eine Knie kann eine ausgeprägtere Fehlstellung als das andere aufweisen. In sehr seltenen Fällen kann, wie es die Abbildung zeigt, die Fehlstellung beider Knie zu einer Seite gerichtet sein. Eine derartige Situation ist sehr ungünstig, da sich eine Instabilität auf der Seite des Genu valgum einstellt. Man kann einen solchen Fall z. B. nach einer Osteotomie beobachten, bei der ein Genu varum zu einem Genu valgum überkorrigiert wurde. Eine das Gleichgewicht herstellende Operation auf der anderen Seite ist erforderlich.
Achsenabweichungen im Kniegelenk dürfen nicht verharmlost werden, da sie mit der Zeit arthroseauslösend wirken. Die Kraftübertragung im Gelenk erfolgt nicht gleichmäßig. Durch Überlastung des medialen Gelenkabschnittes bei einem Genu varum kommt es dort zur arthrotischen Degeneration. Beim Genu valgum ist es der laterale Gelenkbereich, der überlastet und geschädigt wird. Im ersten Fall wird man eine valgisierende Osteotomie (an Tibia oder Femur), im zweiten eine varisierende Osteotomie (an Tibia oder Femur) in Erwägung ziehen.
Es wird heute großer Wert darauf gelegt, daß Achsenabweichungen im Kniegelenk bei heranwachsenden Kindern unter ständiger Kontrolle sind. Das bilaterale Genu valgum ist beim kleinen Kind häufig anzutreffen. Gewöhnlich korrigiert es sich beim weiteren Heranwachsen spontan. Die Entwicklung sollte jedoch beobachtet und radiologisch kontrolliert werden, da in manchen Fällen nach Abschluß des Wachstums eine Abweichung zurückbleibt. Eine Epiphyseodese auf der medialen Seite bei einem Genu valgum oder auf der Außenseite bei einem Genu varum vor Abschluß des Wachstums korrigiert die Fehlstellung. Der Eingriff blockiert das Wachstum auf einer Seite des Knies, während die andere Seite ungehindert wachsen kann.

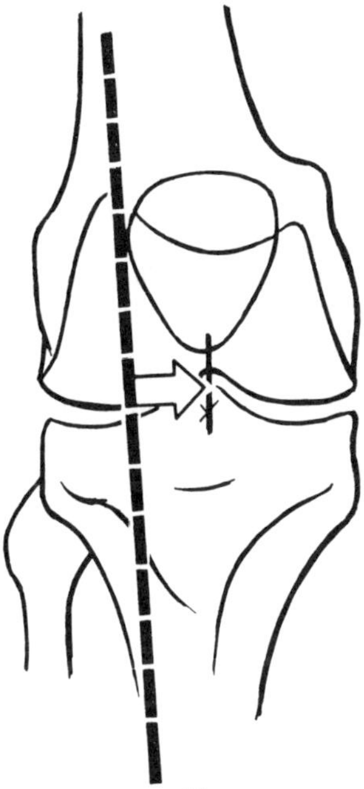

7

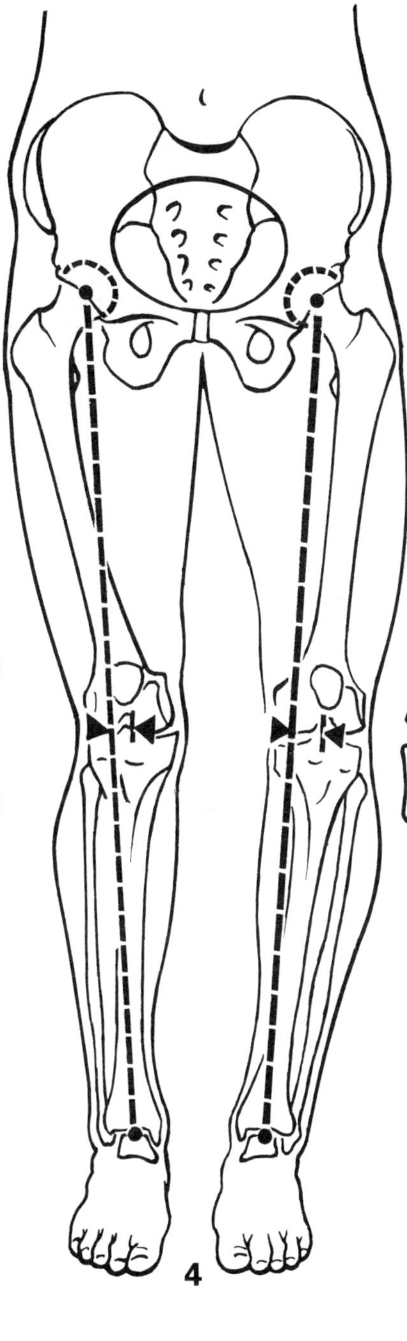

4

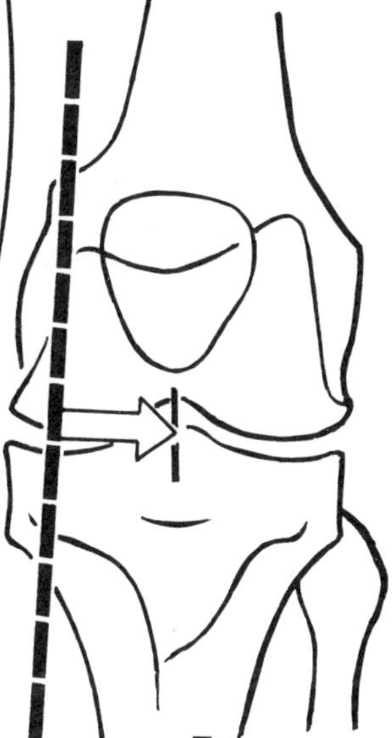

5

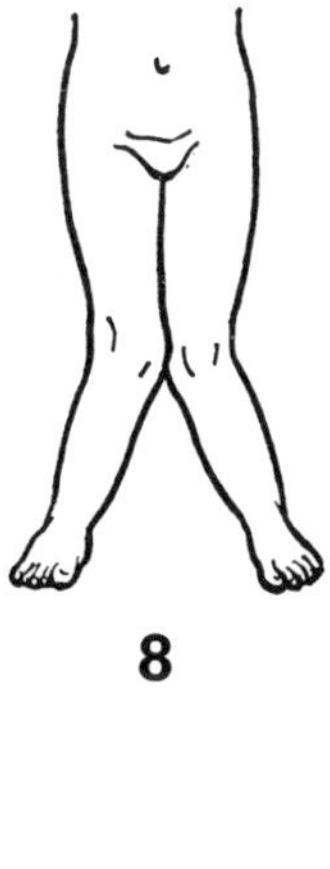

8

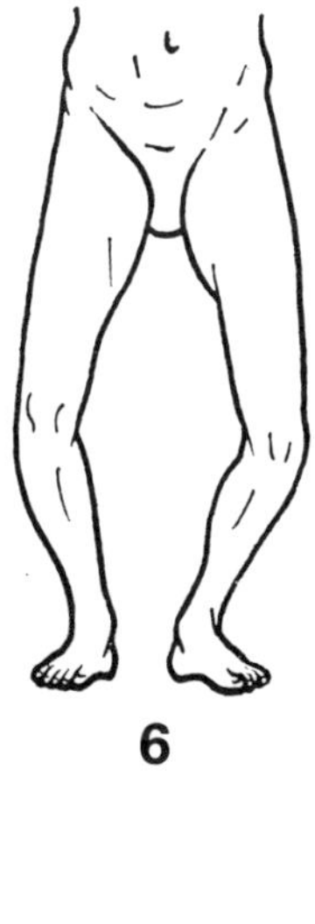

6

Beugung und Streckung

Beugung und Streckung sind die Hauptbewegungen im Kniegelenk. Die Bewegungsamplitude wird ausgehend von der Neutralnullstellung gemessen: Der Unterschenkel bildet die geradlinige Verlängerung des Oberschenkels (Abb. 9, linkes Bein), die Achse des Femurs setzt sich ohne Knickung in die Tibiaachse fort. In der Neutralnullstellung hat die untere Extremität ihre größte Länge.
Bei der Extension entfernt sich die Unterschenkelrückseite von der des Oberschenkels. Streng genommen gibt es keine absolute Streckung, da in der Neutralnullstellung das Bein bereits seine größte Länge hat. Eine passive Streckung von 5° bis 10° über die Neutralnullstellung hinaus (Abb. 11) ist allerdings möglich. Wenig passend, wird diese Bewegung als Hyperextension bezeichnet. Im Einzelfall kann diese Hyperextension pathologisch groß sein, man spricht vom Genu recurvatum.
Die aktive Streckung geht selten, und wenn, nur gering über die Neutralnullstellung hinaus (Abb. 9). Ihre Ausführung ist von der Stellung des Hüftgelenks abhängig, denn der M. rectus femoris als einer der essentiellen Kniestrecker ist effektiver, wenn das Hüftgelenk extendiert ist (s. S. 138). Das gestreckte Hüftgelenk ist sozusagen die Vorbereitung der Extension des Kniegelenks (Abb. 10, rechtes Bein).
Die relative Streckung ist eine Bewegung, die aus einer beliebigen Beugestellung in die Endstreckstellung führt (Abb. 10, linkes Bein). Sie ist beim Gehen zu beobachten, wenn das Spielbein nach vorne gebracht wird, um mit der Unterstützungsfläche Kontakt aufzunehmen (s. Kapitel V).
Die Beugung bringt die Unterschenkelrückseite an die des Oberschenkels heran. Eine absolute Beugung geht immer von der Neutralnullstellung aus, relative Beugebewegungen starten aus einer beliebigen Flexionsstellung.
Das Ausmaß der Beugung im Kniegelenk ist von der Hüftgelenkstellung und von den Hüftgelenksbewegungen abhängig. Die aktive Beugung erreicht 140°, wenn das Hüftgelenk vorweg gebeugt ist (Abb. 12); bei gestrecktem Hüftgelenk beträgt sie 120° (Abb. 13). Dieser Unterschied beruht auf einer verringerten Effizienz der ischiocruralen Muskeln bei gestrecktem Hüftgelenk (s. S. 140). Es ist allerdings möglich, auch bei gestrecktem Hüftgelenk mehr als 120° zu beugen; die ischiocruralen Muskeln kontrahieren sich schnell und kräftig, beugen das Kniegelenk, der Unterschenkel schwingt in Form einer passiven Flexion über 120° hinaus.
Die passive Beugung erreicht eine Amplitude von 160° (Abb. 14), so daß die Ferse Kontakt mit dem Gesäß bekommt. Diese Bewegung ist wichtig für die Prüfung der Beugefähigkeit des Kniegelenks; um die passive Beugung genau zu erfassen, mißt man die Strecke zwischen Ferse und Gesäß. Normalerweise wird die Beugung nur durch den elastischen Kontakt der Muskelmassen an Wade und Oberschenkelhinterseite gehemmt. Pathologisch ist die Hemmung der passiven Flexion durch kontrakte Extensoren (vor allem durch den M. quadriceps femoris) oder durch Schrumpfung des Kapselbandapparates (s. S. 98).
Ein Beugedefizit ist immer als Differenz zwischen der individuell erreichbaren Flexion und der absolut maximalen Flexion (160°) bestimmbar. Es kann auch durch Messen der Distanz Gesäß – Ferse angegeben werden. Ein Streckdefizit drückt sich in einem negativen Winkelmaß, z. B. −60°, aus. Man mißt den Winkel zwischen der passiv maximal erreichbaren Extension und der normalerweise erreichbaren Streckendstellung. In Abbildung 13 ist beispielsweise das linke Kniegelenk 120° gebeugt; unter der Annahme, daß es nicht weiter gestreckt werden könnte, wiese es ein Streckdefizit von −120° auf.

9
11
10
140º
12
160º
14
120º
13

Rotation im Kniegelenk

Die Drehung des Unterschenkels um seine Längsachse kann nur bei gebeugtem Kniegelenk stattfinden. Die Kniestreckung verbindet Femur und Tibia zur festen Tragsäule.
Um die aktive Rotation exakt zu messen, muß das Kniegelenk rechtwinklig gebeugt werden; der Proband sitzt dabei auf einer Tischkante und läßt die Unterschenkel herunterhängen (Abb. 15). Die Beugung des Kniegelenks schließt eine Drehung im Hüftgelenk aus. In der Neutralnullstellung zeigen die Fußspitzen leicht nach außen (s. S. 74).
Die Innenrotation (Abb. 16) bringt die Fußspitze nach innen, sie ist wesentlich an der Adduktionsbewegung des Fußes (s. S. 168) mitbeteiligt.
Die Außenrotation (Abb. 17) läßt die Fußspitze nach außen wandern, sie ist mitbeteiligt an der Abduktion des Fußes. Fick gibt für die Außenrotation 40°, für die Innenrotation 30° an. Nach seinen Angaben ist das Maß der Drehung vom Maß der Beugung im Knie abhängig; bei einer Beugung von 30° kann um 32° nach außen, bei 90° Beugung 42° nach außen gedreht werden.
Die passive Längsrotation wird gemessen, indem der Proband auf dem Bauch liegt und das Kniegelenk rechtwinklig beugt. Der Untersucher faßt den Fuß mit beiden Händen und bringt die Fußspitze nach außen (Abb. 18) und nach innen (Abb. 19). Wie zu erwarten, ist die passive Rotationsmöglichkeit etwas größer als die aktive.
Die sog. Schlußrotation tritt automatisch gekoppelt mit den Beuge- und Streckbewegungen auf. Sie findet zum Abschluß der Streckung und zum Beginn der Beugung statt. Bei Kniestreckung wird der Fuß etwas nach außen gedreht (Abb. 20). Mnemotechnisch ist gut einprägsam: EXTension und EXTerne Drehung. Wird das Knie gebeugt, dann dreht sich der Unterschenkel nach innen (Abb. 21). Diese Bewegung wird auch ausgeführt, wenn man sich auf die gebeugten Unterschenkel hockt. Die Zehenspitzen sind nach medial orientiert (foetale Haltung).
Auf den Mechanismus der automatischen Schlußrotation wird noch eingegangen werden.

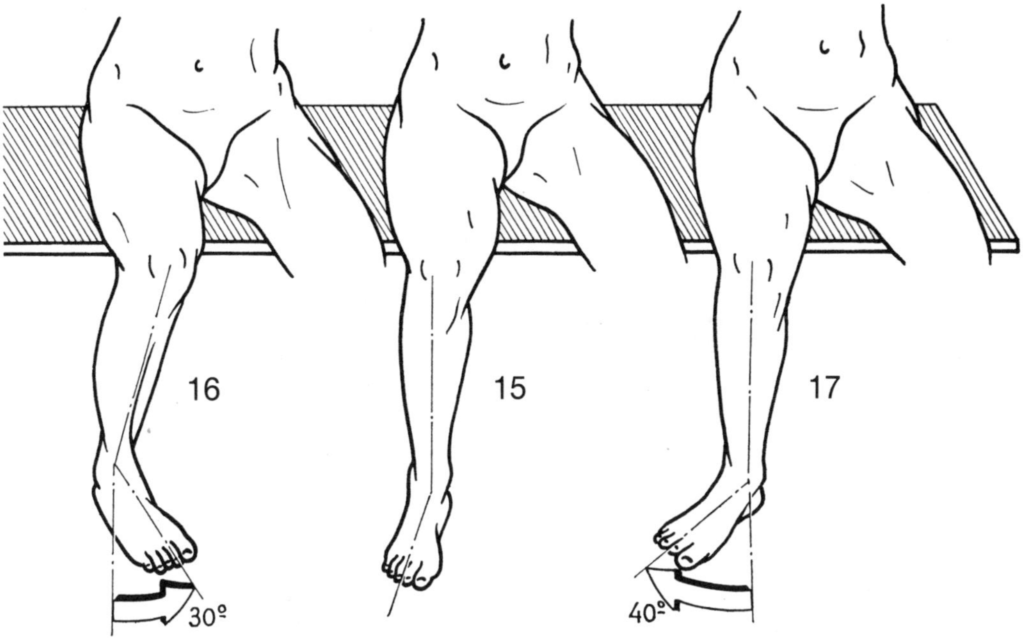

16 15 17

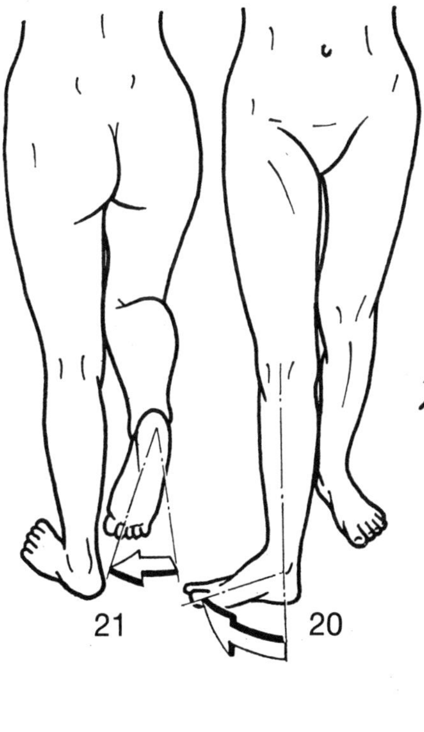

21 20

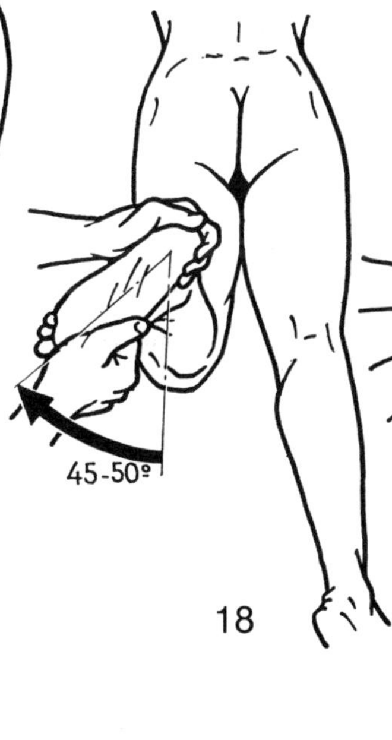

18

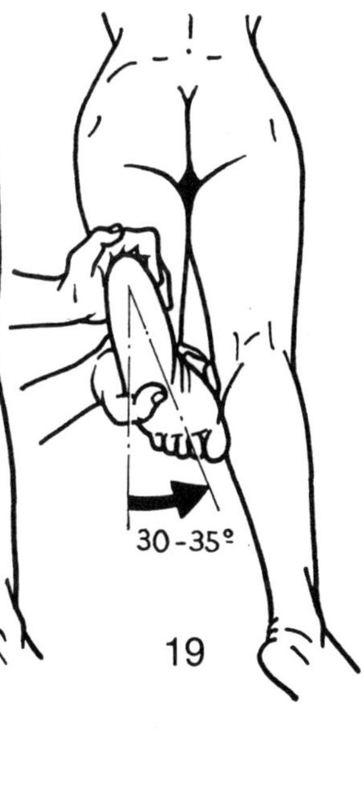

19

Genereller Bau der unteren Extremität und Ausrichtung der Gelenkflächen

Die Gestalt von Femur- und Tibiakondylen ist an die Beugung im Kniegelenk angepaßt (Abb. 22, nach Bellugue). Zwei gegeneinander bewegliche Knochenenden (a) schleifen sich in Adaption an die gegebene Bewegung ab (b, Versuch von Fick). Die Beugung kann allerdings nicht 90° erreichen (c),es sei denn, man entfernt vom oberen Element ein keilförmiges Segment (d). Nun wird die untere Fläche erst später anschlagen. Die sich für das Femur ergebende Schwachstelle wird eliminiert, indem die Diaphyse nach vorne verlagert wird (e), die Kondylen laden nach hinten aus. Parallel dazu ist an der Tibia hinten ab- und vorne angebaut (f), so daß ihre Kondylen ebenfalls nach hinten ausladen. Unter diesen Voraussetzungen finden beträchtliche Muskelmassen zwischen Tibia und Femur Platz. Die Achsenkrümmungen der Knochen der unteren Extremität sind Zeichen der funktionellen Anpassung an ihre Beanspruchung. Sie folgen den von Euler formulierten Gesetzmäßigkeiten als exzentrisch belastete Säulen (Steindler). Eine an beiden Enden gelenkig gelagerte und belastete Säule (Abb. 23, a) krümmt sich über ihre gesamte Länge. Dies trifft für die Femurdiaphyse zu (Abb. 23, b), die eine nach hinten konkave Krümmung aufweist. Wird die Säule unten fixiert und oben beweglich gelagert (Abb. 24, a), so krümmt sie sich bei Belastung umgekehrt S-förmig. Die obere Krümmung liegt in den oberen ⅔ der Säule. Das Femur weist in der frontalen Ebene eine derartige Doppelkrümmung auf. Eine an beiden Enden fixierte Säule (Abb. 25, a) krümmt sich bei Belastung in ihren mittleren zwei Vierteln; dies korrespondiert mit der Krümmung der Tibia in der Frontalebene (Abb. 25, b). In sagittaler Richtung zeigt die Tibia drei Charakteristika (Abb. 26, b):
– Die rückwärtige Versetzung (T) der Tibiakondylen
– Die Retroversion (V) der Tibiakondylen um einen Betrag von 5–6° zur Horizontalen.
– Die Retroflexion (F), bei der die Konkavität, wie beim Femur, nach hinten gerichtet ist (an beiden Enden gelenkig gelagerte Säule, Abb. 26, a).

Bei der Beugung (Abb. 27) nähern sich die konkaven Seiten von Femur und Tibia, so daß ausreichend Raum für die Muskelmassen verbleibt.

Die unteren Abbildungen sollen schematisch die Abfolge von Torsionen der Beinskelettelemente in einer Ansicht von oben verdeutlichen.

Torsion des Femur (Abb. 28): Schematisch (a) sind Kopf und Hals (1) sowie Femurkondylen (2) dargestellt. Ohne Torsion (b) läge die Achse des Halses mit der der Kondylen in einer Ebene. Der Hals bildet aber mit der Frontalebene einen Winkel von bis zu 30° (c); soll die Kondylenachse frontal eingestellt sein (d), muß eine Torsion der Femurdiaphyse um bis zu −30° nach innen erfolgen.*

Torsion des Unterschenkelskeletts (Abb. 29): Dargestellt sind (a) distales Tibiaende (1) und Tibiakondylen (2). Ohne Torsion (b) stehen die Querachsen von proximalem und distalem Tibiaende frontal. Real allerdings verläuft die distale Achse schräg, der Malleolus lateralis ist nach hinten versetzt, was einer Außenrotation der Tibia von ca. 25° entspricht.

Die Achsen von Femur- und Tibiakondylen (Abb. 30 a) scheinen auf den ersten Blick beide exakt frontal zu stehen (b). Die automatische Schlußrotation bei der Streckung läßt allerdings die Tibia gegenüber dem Femur um 5° nach außen rotieren. Die über die Gesamtlänge der unteren Extremität auftretenden Torsionen heben sich teilweise auf (Abb. 31, a). Die Achse des oberen Sprunggelenks liegt grob in der Ebene der Halsachse (maximal 30° Außentorsion*). Beim symmetrischen, beidbeinigen Stand (Fersen berühren sich) ist die Fußlängsachse nach außen-vorne (b) gerichtet (max. 30°). Bei einer schnelleren Fortbewegung wird das Hüftgelenk auf der Spielbeinseite nach vorne gebracht (c). Das Becken dreht sich in der Horizontalen um maximal 30°, so daß der Fuß geradlinig in Fortbewegungsrichtung aufgesetzt wird. Nur so kann er optimal abrollen (Kapitel V).

---

* Anm. des Übersetzers: Es wird nicht völlig korrekt von einer Femurtorsion gesprochen. Es liegt eine Anteversion des Femurhalses vor, die beim Erwachsenen im Mittel bei 12° liegt. Der angegebene Wert von 30° ist ein Extrem.

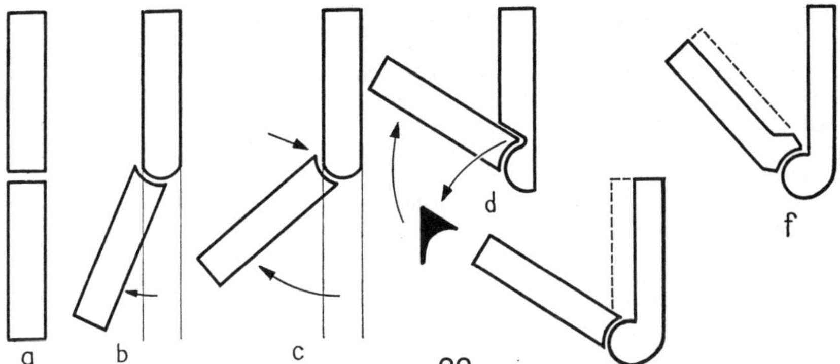

22

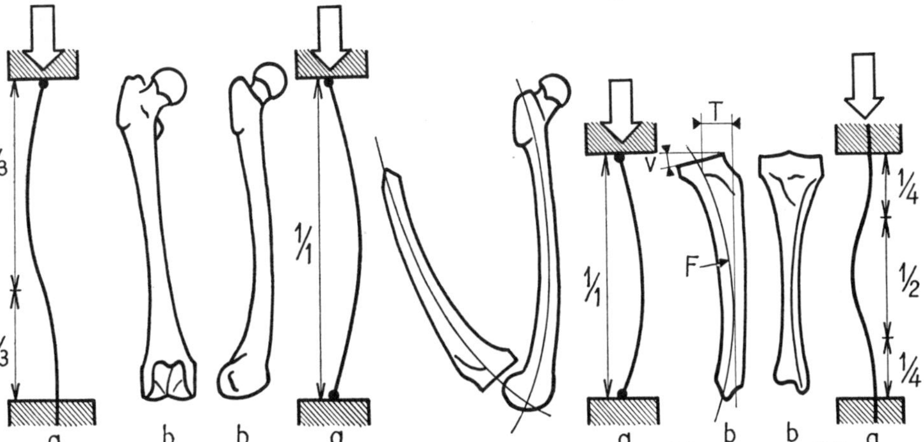

24 23 27 26 25

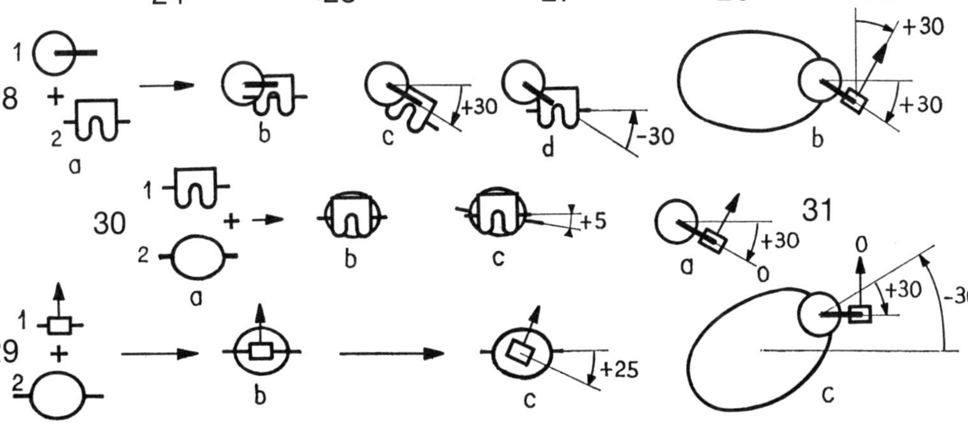

28 30 31 29

Maßgebliche Gelenkflächen für Beugung und Streckung

Die Hauptbewegungen des Kniegelenks, Beugung und Streckung, finden um eine transversale Achse statt. Unter diesem Aspekt ist das Gelenk ein Scharnier. Die Artikulationsflächen am distalen Ende des Femurs sind windenförmig, sie stellen einen Windenabschnitt dar (Abb. 32). Es besteht eine grobe Ähnlichkeit mit einem Flugzeugfahrwerk (Abb. 33). Die zwei Femurkondylen, bikonvex, bilden die beiden Lippen der Winde, sie entsprechen den beiden Rädern des Fahrwerks.
Nach vorne zu laufen sie in die gekehlte Facies patellaris aus (Abb. 34). Die Windeneinkerbung wird vorne von der zentralen Kehlung der Facies patellaris, hinten von der Fossa intercondylaris gebildet (auf deren mechanische Bedeutung wird noch eingegangen werden). Das Kniegelenk wird von manchen Autoren als bikondylär beschrieben, was vom anatomischen Aspekt her korrekt ist; mechanisch betrachtet ist das Gelenk aber zweifellos ein Gynglimus.
Die Tibia besitzt zwei reziprok gekrümmte Gelenkflächen. Es sind zwei parallele, konkave Flächen, die durch eine leichte Erhebung voneinander getrennt werden (Abb. 35). Äußere (GA) und innere Gelenkfläche (GI) sind Ausschnitte der Fläche S; getrennt werden sie voneinander durch die seichte Eminenz, die die beiden Tubercula intercondylaria beherbergt. Nach vorne zu findet sich in Verlängerung dieser seichten Erhebung der First der Patellarückseite (P); deren Facetten bilden sozusagen die Fortsetzung der Tibiagelenkflächen. Die Gesamtheit der Gelenkflächen hat eine transversale Achse (I), die mit der Kondylenachse (II) des geschlossenen Gelenks zusammenfällt.
Während die Tibiagelenkflächen mit den Femurkondylen artikulieren, liegen die Tubercula intercondylaria in der Fossa intercondylaris. Die genannten Strukturen bilden funktionell das Tibiofemoralgelenk. Die beiden Facetten der Patellarückfläche artikulieren mit beiden Wülsten der Facies patellaris, während sich der Patellafirst in die seichte Rinne der Facies patellaris einpaßt. Es handelt sich funktionell um ein weiteres Gelenk, die Articulatio femoropatellaris. Die beiden Gelenke, das tibiofemorale und das femoropatellare, sind anatomisch Teile eines Gelenkes, des Kniegelenkes.
In einer ersten, groben Annäherung kann, um Beugung und Streckung im Gelenk nachzuvollziehen, das Kniegelenk aufgefaßt werden als eine Windenfläche, die in einer konkav gekrümmten Doppelrinne gleitet (Abb. 36).
Bei genauerer Betrachtung sind die Verhältnisse allerdings, wie noch gezeigt werden wird, komplizierter.

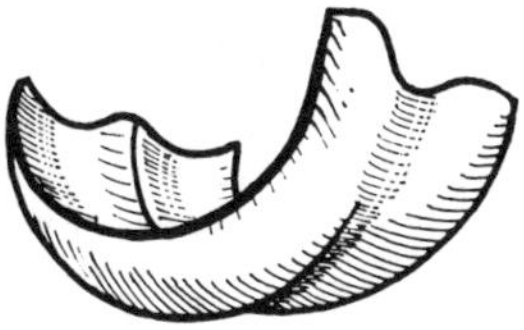

32

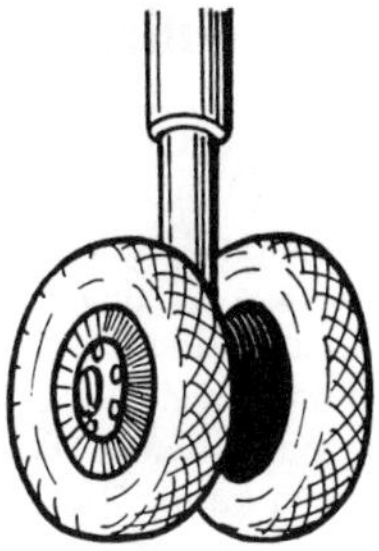

33

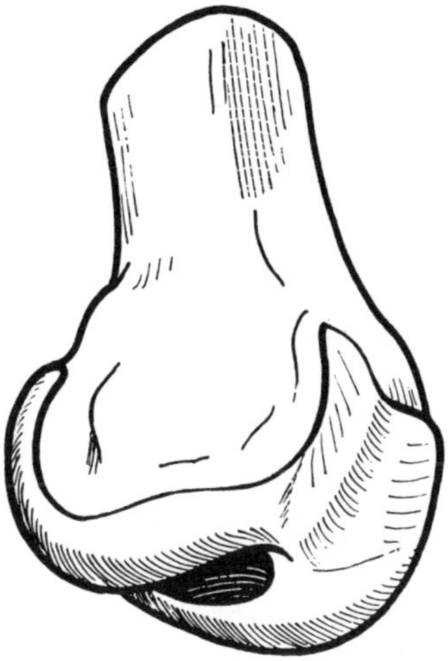

34

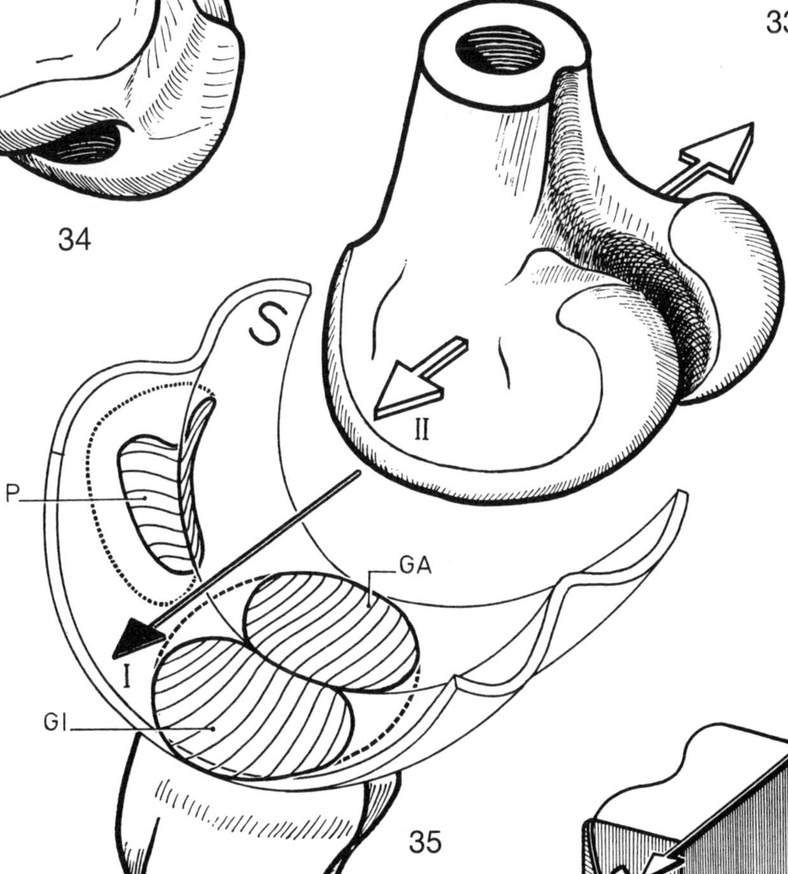

35

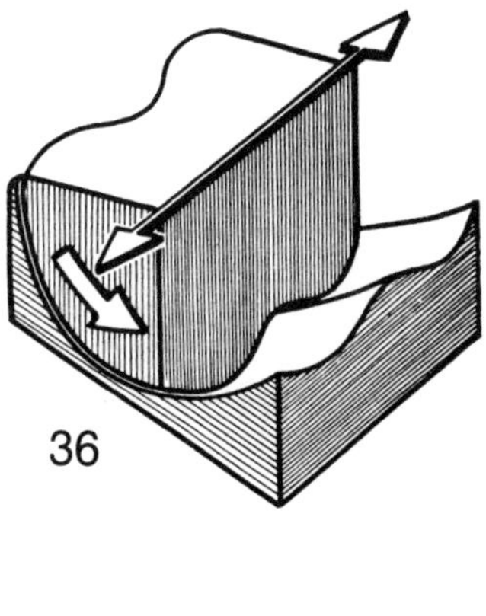

36

Maßgebliche Gelenkflächen für die Rotation

So wie die Gelenkflächen bisher beschrieben wurden, erlauben sie nur die Beuge- und Streckbewegung. In der Tat würde die interkondyläre Erhebung, fügte sie sich in die Windenkerbung über deren gesamten Länge ein, jegliche Drehung der unteren Fläche gegenüber der oberen ausschließen. Damit eine axiale Drehung möglich wird, muß die untere Fläche so ausgestaltet werden (Abb. 37), daß ihre Erhebung an Länge verliert.

Zu diesem Zweck entfernt man (Abb. 38) die beiden Enden der Erhebung; es verbleibt der mittlere Teil, der nur einen in die Windenkerbe hineinragenden Zapfen bildet, um den sich die untere Gelenkfläche drehen kann. Dieser Zapfen wird von den Tubercula intercondylaria gebildet, die die laterale Begrenzung der medialen und die mediale Begrenzung der lateralen Gelenkfläche darstellen. Durch den Zapfen, repräsentiert durch das Tuberculum intercondylare mediale, verläuft die vertikale Achse (R), um die die axialen Drehbewegungen erfolgen. Einige Autoren sehen die Kreuzbänder als den zentralen Zapfen an, um den Rotationsbewegungen ausgeführt werden. Diese Vorstellung ist schwer nachvollziehbar, da als Zapfen nur ein solides, unbewegliches Element fungieren kann. Es ist plausibler, das Tuberculum intercondylare mediale als mechanisches Zapfenelement des Kniegelenkes anzusehen. Die Kreuzbänder haben vielmehr eine zentrale Verknüpfungsfunktion.

An einem mechanischen Modell läßt sich die Umformung der Gelenkflächen leicht verstehen.

Zwei Elemente, das obere mit einer Nute, das untere mit einem Kamm versehen, können, genau aufeinander gepaßt, nur gegeneinander verschoben, aber nicht gedreht werden (Abb. 39). Nehmen wir die beiden Enden des Kammes fort und lassen nur den zentralen Teil stehen, wobei dessen Durchmesser nicht größer als der der Nute sein soll (Abb. 40), so verbleibt ein zylindrischer Zapfen, der sich in die Nute des oberen Elementes einfügen läßt.

Jetzt (Abb. 41) haben die beiden Elemente zwei Bewegungsmöglichkeiten:

- Der zentrale Zapfen kann in der Rinne gleiten, was der Beugung und Streckung entspricht.
- Der Zapfen kann in der Nute rotieren (und zwar an jeder Stelle); dies entspricht der Drehung um die Längsachse der Tibia.

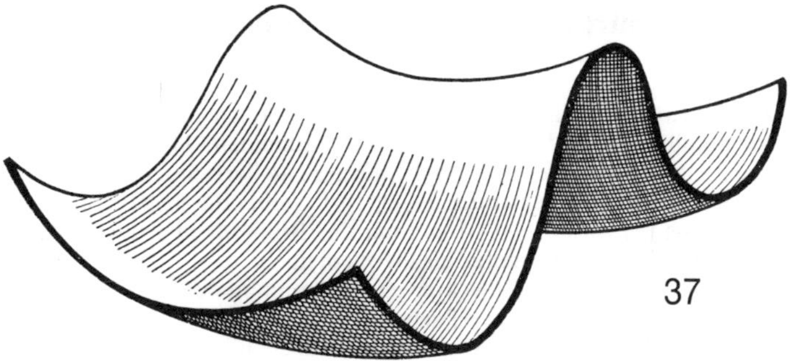

37

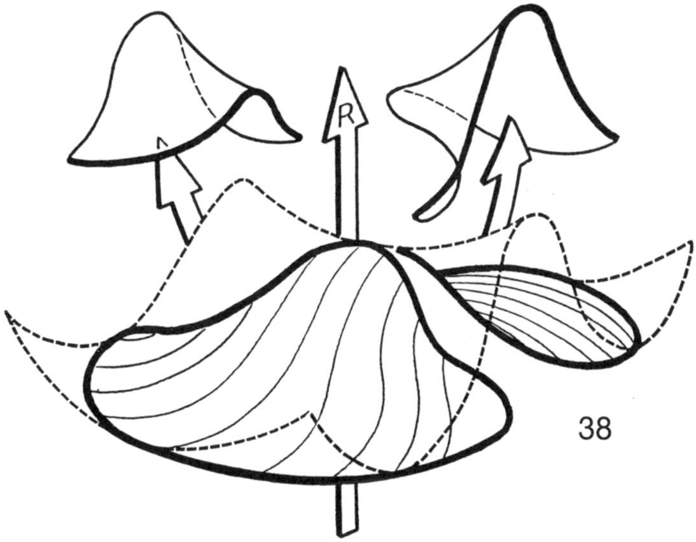

38

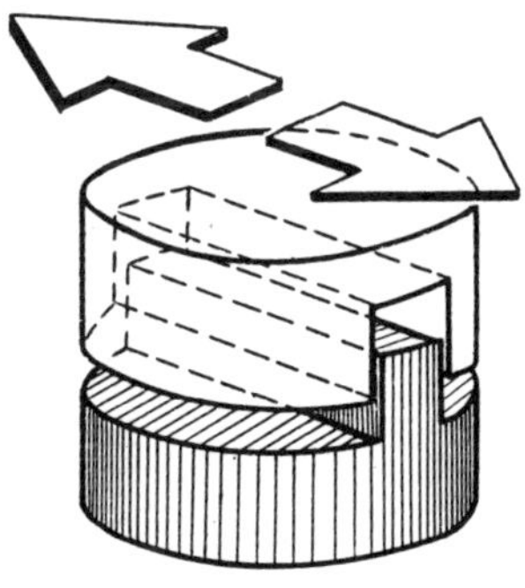

39

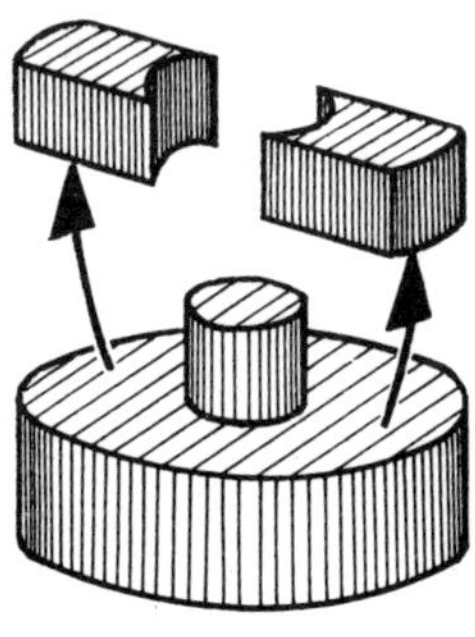

40

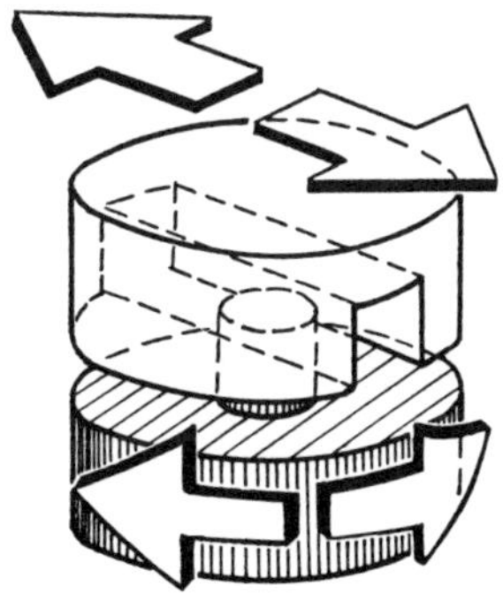

41

Krümmung der Femurkondylen und der tibialen Gelenkflächen

In einer distalen Ansicht (Abb. 42) bilden die Femurkondylen zwei bikonvexe Wülste, die vorne und hinten auslaufen. Die Kondylen sind nicht genau spiegelbildlich gestaltet, ihre anterior-posterioren Achsen sind nicht parallel, sondern laufen rückseitig zusammen. Der mediale Kondylus (M) steht schräger und ist auch schwächer als der laterale (L). Facies patellaris und Kondylenflächen werden durch eine laterale und mediale Rinne voneinander abgegrenzt, wobei die mediale ausgeprägter ist.
Die Fossa intercondylaris (e) ist auf einer Linie mit der Rinne der Facies patellaris (g). Die laterale Facette der Facies patellaris ist prominenter als die mediale.
Ein Frontalschnitt (Abb. 43) zeigt, daß die konvexe Krümmung der Kondylen kongruent ist mit den konkaven Krümmungen der tibialen Gelenkflächen.
Um die Krümmungen von Kondylen und tibialen Gelenkflächen in der sagittalen Ebene analysieren zu können, muß man paramediane Sagittalschnitte in Höhe der Linien aa' und bb' (Abb. 43) legen. Auf diese Weise zeigt sich am unbehandelten Knochen das exakte Profil der Kondylen- und Tibiaflächen (Abb. 45–48). Der Krümmungsradius der Kondylenflächen ist kein konstanter, er ändert sich im Sinne einer Spirale. Die geometrische Spirale nach Archimedes (Abb. 44) wird um einen Zentralpunkt C in der Form konstruiert, daß bei jeder gleich großen Winkelveränderung des Radius R sich dieser um einen gleichen Betrag verkürzt.
Die Spirallinie der Kondylen hat eine andere Geometrie. Zwar nimmt der Radius von hinten nach vorne regelmäßig zu (von 17 mm auf 38 mm beim medialen [Abb. 45] und von 12 mm auf 60 mm beim lateralen [Abb. 46] Kondylus). In beiden Fällen hat die Spirale jedoch nicht ein, sondern eine Serie von Zentren, die ihrerseits auf einer Spirale liegen (mm' am Condylus medialis, nn' am Condylus lateralis). Die Konturlinie der Kondylen ist demnach die Spirale einer Spirale. Gezeigt hat dies bereits Fick, der die von den Krümmungszentren gebildete Spirale als Evolute bezeichnet.
Ausgehend von einem Punkt t des Kondylenprofils nimmt der Krümmungsradius ab; so verkleinert er sich nach vorne von 38 auf 15 mm beim medialen (Abb. 45) und von 60 auf 16 mm beim lateralen Kondylus (Abb. 46). Auch für diesen Abschnitt liegen die Zentren auf einer Spirale (m'm", medialer Kondylus und n'n", lateraler Kondylus). Insgesamt bilden die Zentren der Krümmungsradien zwei mit dem Rücken anstoßende Spiralen, deren Gipfel (m' und n') mit dem Übergangspunkt t an der Kondylenkontur korrespondiert. Es existieren zwei Konturabschnitte:
- hinter dem Punkt t partizipiert die Kondylenfläche am Tibiofemoralgelenk,
- vor dem Punkt t stellt die Fläche den einen Partner des Femoropatellargelenks.

Der Übergangspunkt t stellt den Punkt dar, der randständig noch direkten Kontakt mit der Tibiafläche aufnimmt.
Die Gelenkflächen der Tibia sind im sagittalen Profil (Abb. 47 und 48) sehr unterschiedlich.
- Die mediale Fläche (Abb. 47) ist nach kranial konkav (das Krümmungszentrum O liegt kranial, der Radius beträgt 80 mm).
- Die laterale Fläche (Abb. 48) ist nach kranial konvex (das Krümmungszentrum O" liegt fußwärts, der Radius beträgt 70 mm).

Die mediale Gelenkfläche ist folglich bikonkav, die laterale ist in der Transversalen konkav, in der Sagittalen konvex (vgl. Abb. 38). Hieraus resultiert eine gute Stabilität zwischen Tibia und medialem Femurkondylus. Die durch die Inkongruenz der Flächen bestehende laterale Instabilität erfordert die permanente Sicherung durch das vordere Kreuzband.
Die Krümmungsradien der Kondylen und der korrespondierenden Gelenkflächen sind nicht gleich, die Gelenkflächen sind inkongruent. Eine Kongruenz wird erst durch die Menisci (s. S. 92) geschaffen.

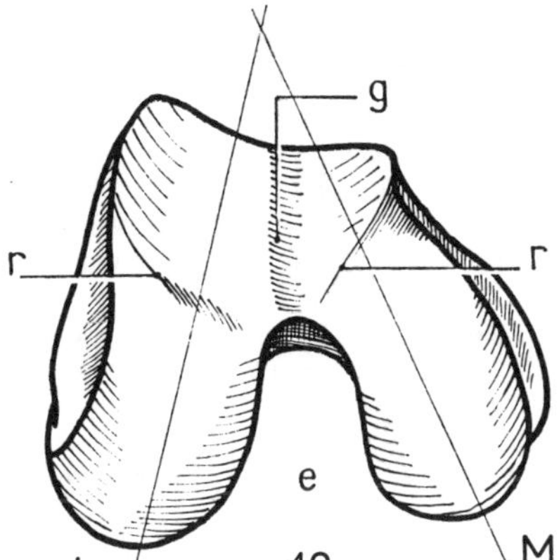

42

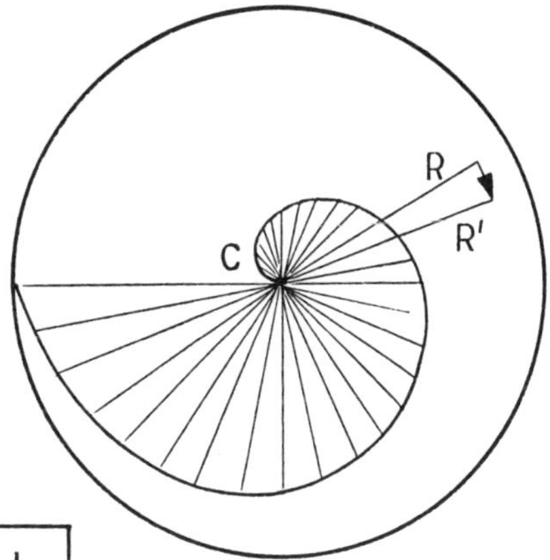

44

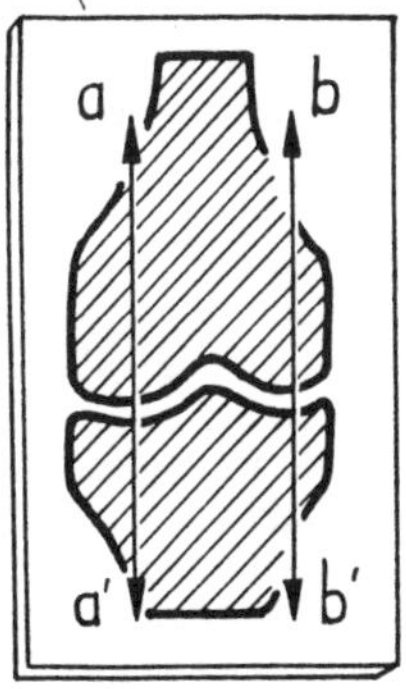

43

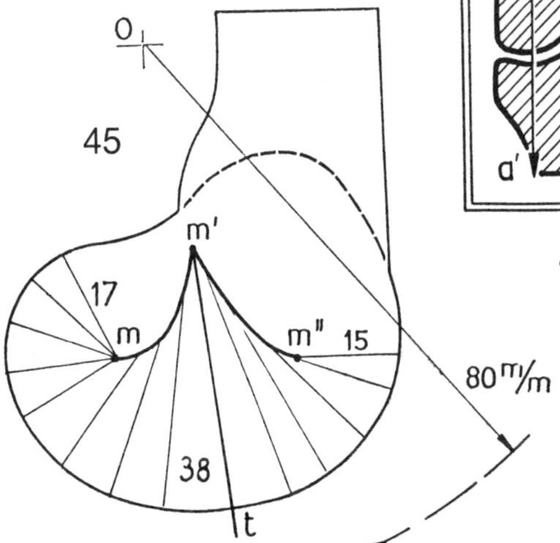

45

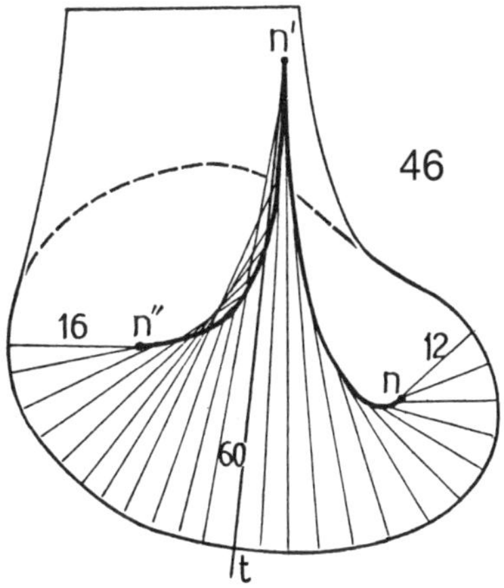

46

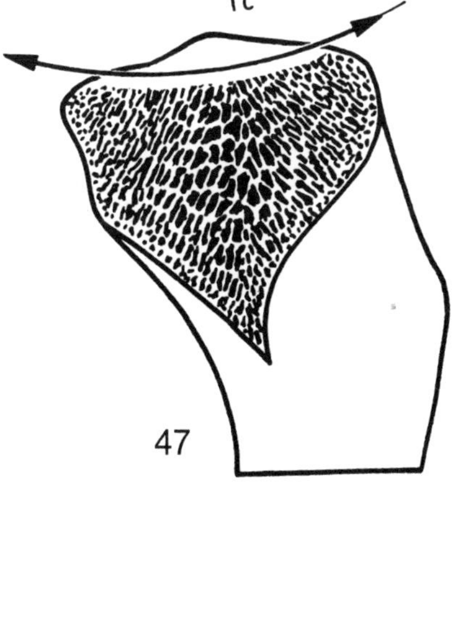

47

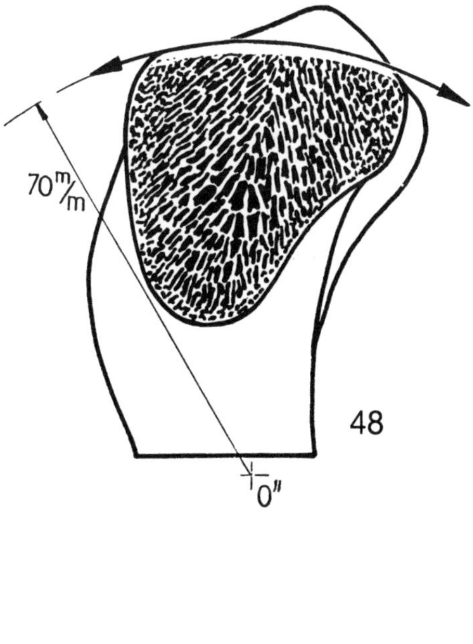

48

Geometrische Eigenschaften des distalen Femurendes

Mit Hilfe eines mechanischen Modells (Abb. 49) habe ich 1967 zeigen können, daß die Kontur der Facies patellaris und der Condyli femoris zum einen abhängig ist vom Verhalten der Kreuzbänder und deren femoralen und tibialen Verankerungspunkten. Zum anderen werden sie durch die Patella, das Ligamentum patellae und die Retinacula beeinflußt. Bewegt man ein solches Modell (Abb. 50), dann zeichnet sich das Profil der Femurkondylen und der Facies patellaris als Tangentenhüllkurve des sich sukzessiv ortsverändernden Tibiaplateaus und der Patella ab (Abb. 51). Die hinteren Abschnitte der Femurkondylen (Abb. 51) werden durch die Positionen 1–5 (und alle dazwischenliegenden) des Tibiaplateaus bestimmt. Das Tibiaplateau ist durch das vordere (fein gestrichelt) und das hintere Kreuzband (grob gestrichelt) an das Femur gekoppelt. Jedes Band beschreibt einen Kreisabschnitt; das Zentrum des Kreises ist am jeweiligen femoralen Fixpunkt gelegen; der Radius wird durch die Länge der Kreuzbänder bestimmt. Man beobachtet, daß sich bei extremer Flexion das vordere Kreuzband „entspannt" und den tibiofemoralen Gelenkspalt vorn klaffen läßt. Das hintere Kreuzband wird zunehmend angespannt. Der vordere Abschnitt der Femurkondylen (Abb. 52) wird durch die Positionen 1–6 (und alle dazwischenliegenden) der Patella determiniert. Die Patella ist über die Quadricepssehne und die Retinacula an das Femur, und über das Ligamentum patellae an die Tibia gekoppelt.
Zwischen vorderem und hinterem Kondylenbereich liegt der Übergangspunkt t (Abb. 45 u. 46), der sozusagen die Grenze zwischen Femoropatellar- und Tibiofemoralgelenk angibt. Ändert man die Geometrie des Kreuzbandsystems, so ist es möglich, eine große Zahl differenter Tangentenhüllkurven zu zeichnen. Hier drückt sich die Individualität eines jeden Kniegelenkes aus. Kein Kniegelenk gleicht bei streng geometrischer Betrachtung dem anderen, so daß es schwierig ist, Prothesen zu schaffen, die für jedes Kniegelenk geeignet sind. Sie werden allenthalben nur annähernd den geometrischen Eigenschaften Rechnung tragen können.
Das gleiche Problem ergibt sich bei operativer Bandplastik oder bei Bandersatz. Bringt man beispielsweise (Abb. 53) den tibialen Verankerungspunkt des vorderen Kreuzbandes mehr nach vorn, dann liegt der Kreisbogen, der durch den femoralen Fixpunkt beschrieben wird, ebenfalls weiter vorn (Abb. 54). Es resultiert ein neues Kondylensystem innerhalb des ersteren; die Konsequenz wäre ein übergroßes Gelenkspiel, verbunden mit der Gefahr vorzeitiger Knorpelabnutzung.
Menschick (1974) hat das mechanische Prinzip des Kniegelenkes mit rein geometrischen Methoden erläutert.
Jedwede theoretische Ableitung der Gelenkflächenform basiert auf der Hypothese, daß die Länge der Kreuzbänder unverändert bleibt. Man weiß jedoch, daß dies nicht immer absolut der Fall ist (s. unten). Dennoch ist eine solche Modellvorstellung korrekt, anschaulich und wertvoll im Hinblick auf operative Eingriffe an den Kreuzbändern.
Unlängst haben Frain und Mitarbeiter, basierend auf der Untersuchung von 20 Kniegelenken, ein mathematisches Modell konzipiert. Sie bestätigen die Abhängigkeit der Form von Tangentenhüllkurven und die Lage von Drehzentren vom Verhalten der Kreuz- und Kollateralbänder. Ihre Kontaktpunktberechnungen ergeben insgesamt eine Kontur, die der der Kondylen gleicht.

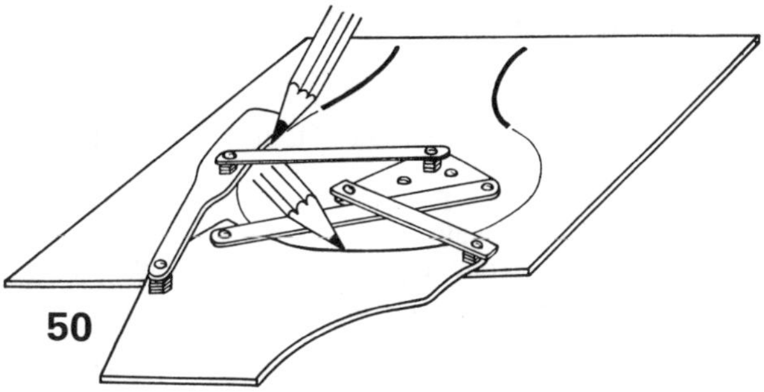

50

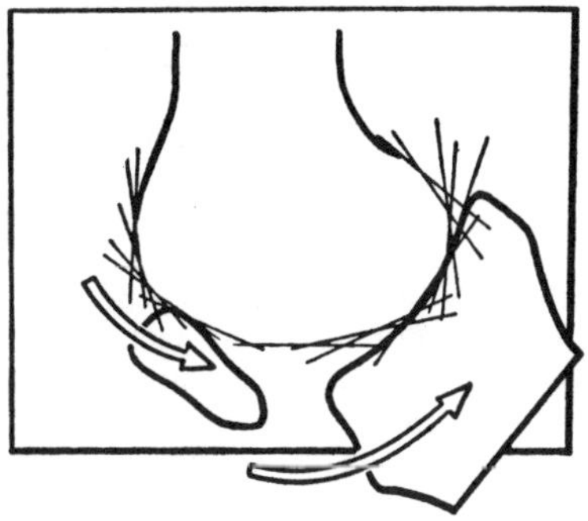

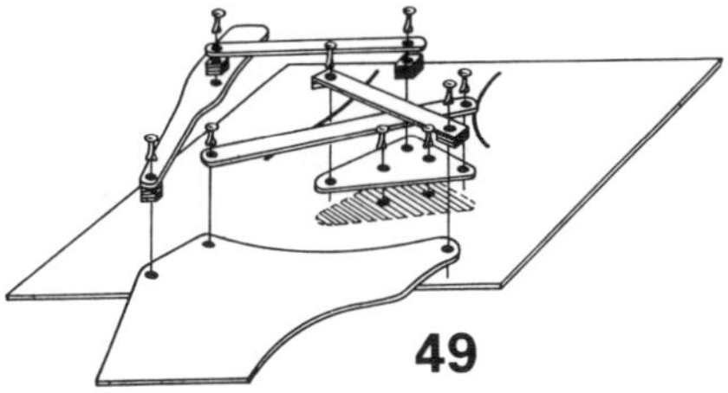

49

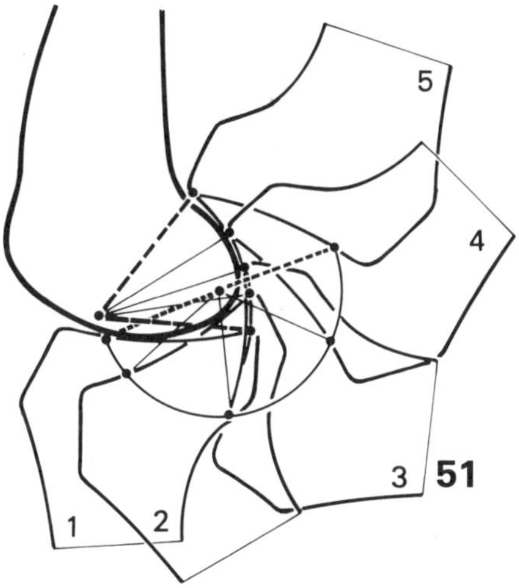

51

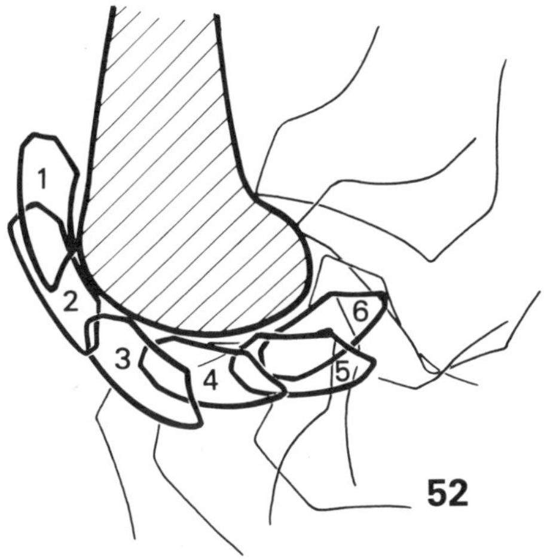

52

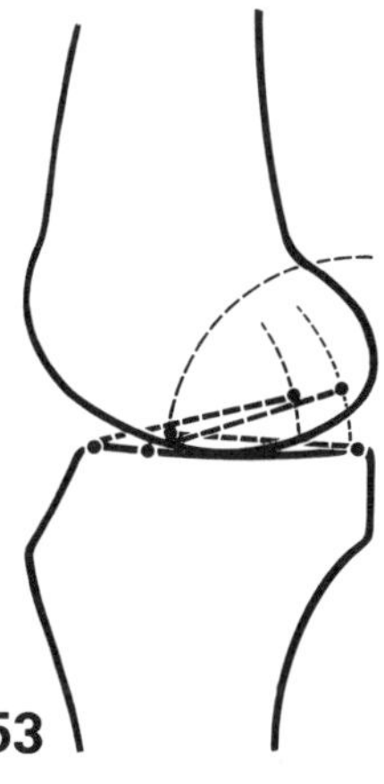

53

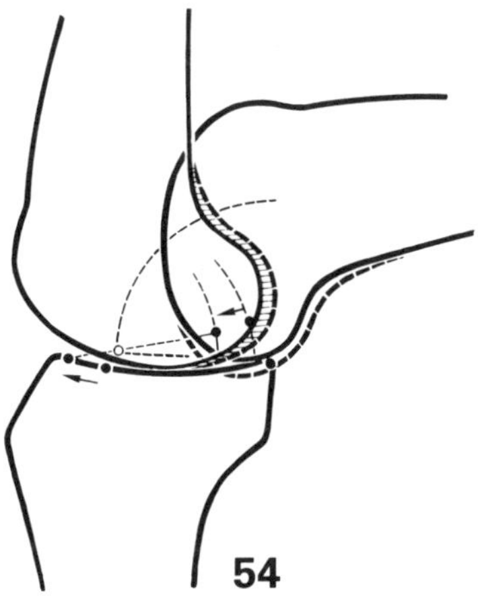

54

Bewegungen der Kondylen auf den tibialen Gelenkflächen während der Beugung und Streckung

Die abgerundete Form der Kondylen läßt vermuten, daß sie auf den tibialen Flächen abrollen. Dies trifft allerdings nicht zu. Rollt ein Rad, ohne gleichzeitig zu gleiten, über eine Fläche (Abb. 55), so korrespondiert ein jeder Flächenpunkt mit einem Punkt der Radfläche. Eine bestimmte, auf der Unterlage zurückgelegte Strecke (OO') ist gleich dem Abschnitt der Zirkumferenz, die momentan abgerollt ist (Abschnitt zwischen der Dreieck- und Rautenmarkierung). Für das Kniegelenk würde dies bedeuten (Abb. 56), daß nach einem bestimmten Maß an Beugung (Stellung II) der Kondylus rückwärts von der Tibiafläche herunterfallen würde. Es käme zur Luxation, die nur durch eine Verlängerung des Tibiaplateaus zu verhindern wäre. Ein reines Abrollen verbietet sich, da die Zirkumferenz des Kondylus doppelt so lang wie die tibiale Gelenkfläche ist.

Nimmt man an, daß das Rad rein gleitet, ohne zu rollen (Abb. 57), dann entspricht quasi einem Flächenpunkt ein Abschnitt der Radzirkumferenz. Zu beobachten ist dies z. B., wenn ein Autorad beim Starten auf eisiger Fahrbahn „durchdreht". Man könnte an eine reine Gleitbewegung denken, um die Bewegung des Kondylus auf der tibialen Fläche zu illustrieren (Abb. 58). Alle Punkte der Kondylenkontur korrespondieren mit einem Punkt der Tibiafläche. Man wird jedoch feststellen, daß nun die Beugung vorzeitig durch das Anschlagen an den Hinterrand der Tibiafläche beendet würde (Pfeil).

Vorstellbar ist allerdings auch, daß das Rad gleichzeitig rollt und gleitet (Abb. 59). Es „dreht durch", bewegt sich gleichzeitig auch nach vorne. Der zurückgelegten Strecke (OO') entspricht ein längerer Radflächenabschnitt (Strecke zwischen schwarzer Raute und schwarzem Dreieck), der durch reines Abrollen bestimmt werden kann (Strecke zwischen schwarzer Raute und weißem Dreieck).

Die Untersuchungen der Gebrüder Weber von 1836 spiegeln die realen Bewegungsabläufe wider (Abb. 60). Für eine Mehrzahl von Stellungen zwischen extremer Streckung und Beugung haben sie auf dem Knorpel von Kondylus und Tibiafläche die momentanen Kontaktpunkte markiert. Sie konnten zum einen feststellen, daß der Kontaktpunkt an der Tibia bei der Beugung nach hinten wandert (schwarzes Dreieck: Streckung, schwarze Raute: Beugung). Zum anderen bemerkten sie, daß die Distanz zwischen den Markierungen am Kondylus doppelt so groß war wie an der Tibiafläche. Durch dieses Experiment konnte gezeigt werden, daß der Kondylus auf der Tibia gleichzeitig rollt und gleitet. Nur so wird eine posteriore Luxation verhindert, zugleich ist eine weiträumige Flexion möglich (160°; vgl. Abb. 58 und 60).

Die Untersuchungen von Strasser (1917) haben gezeigt, daß sich das Verhältnis Rollen-Gleiten bei Streckung und Beugung verändert. Ausgehend von der maximalen Streckung beginnt der Kondylus zu rollen, dann setzt ein anwachsendes Gleitmoment ein, das bald das Rollen überwiegt; gegen Ende der Beugung gleitet der Kondylus nur noch.

Das Maß des reinen Rollens bei Beginn der Beugung ist für die beiden Kondylen unterschiedlich:

- Am medialen Kondylus (Abb. 61) beobachtet man es nur für die ersten 10° bis 15° Flexion.
- Am lateralen Kondylus hält es bis 20° Beugung an (Abb. 62).

Der laterale Kondylus rollt mehr als der mediale, was erklärt, daß der Weg, den er auf der lateralen Tibiafläche zurücklegt, länger ist als der des medialen. Hierdurch ergibt sich, wie noch geschildert werden wird (s. S. 144), eine Erklärung für die Schlußrotation.

Darüber hinaus ist interessanterweise festzustellen, daß das initiale 15° bis 20° Rollen mit der gewöhnlichen Flexions-Extensionsamplitude während des normalen Gehens korrespondiert.

Frain und Mitarbeiter zeigen, daß für jeden Punkt der Kondylenkontur einerseits der entsprechende Krümmungsmittelpunkt, andererseits das momentane Drehzentrum, um das sich das Femur in Relation zur Tibia dreht, definiert werden kann. Sind die beiden Punkte identisch, dann findet im Gelenk ein reines Rollen statt; das Gleitmoment nimmt mit wachsender Distanz zwischen diesen beiden Punkten stetig zu.

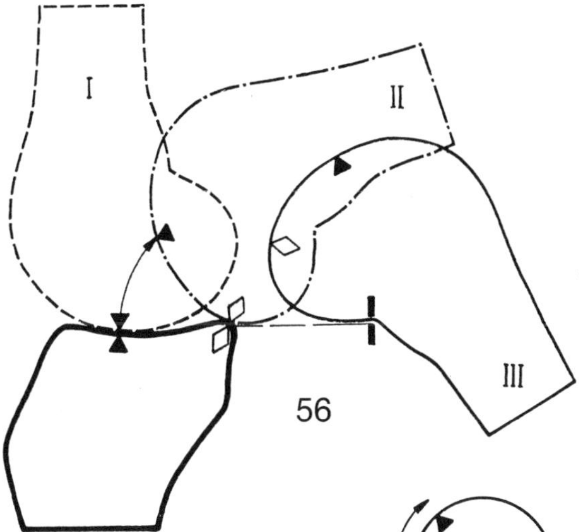

56

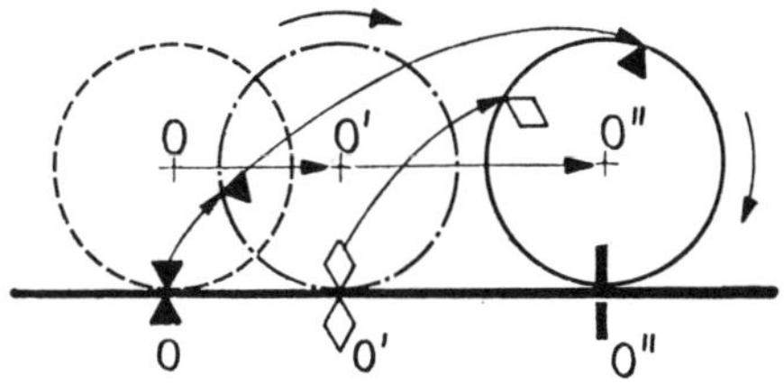

55

58

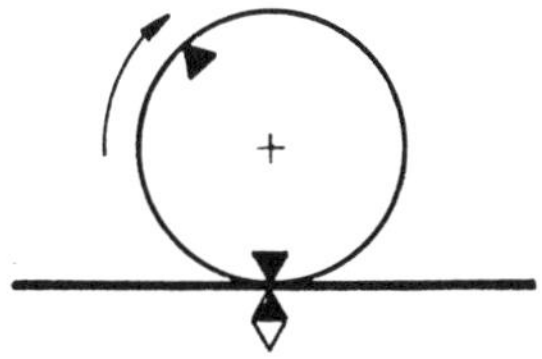

57

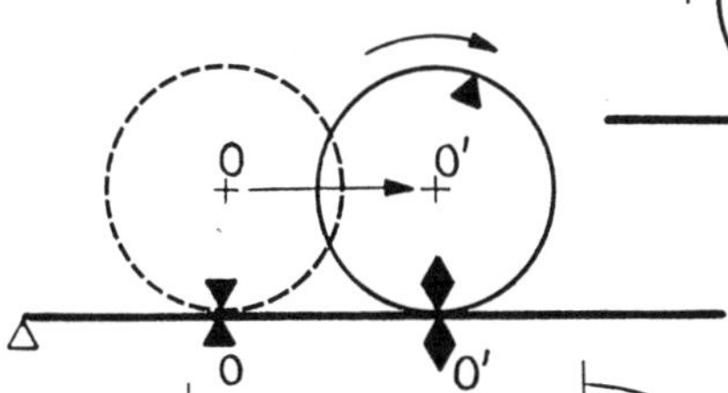

59

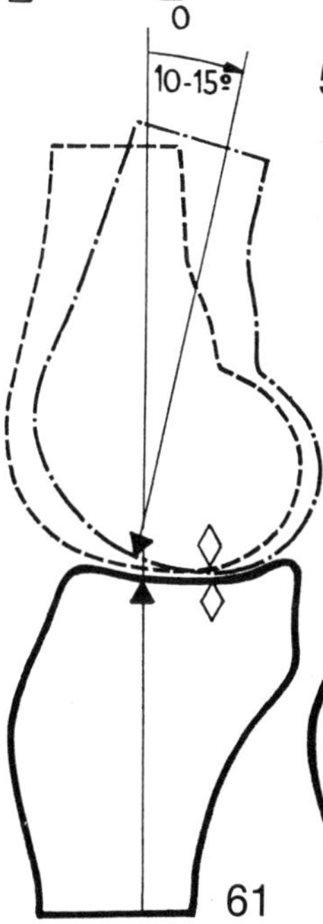

61

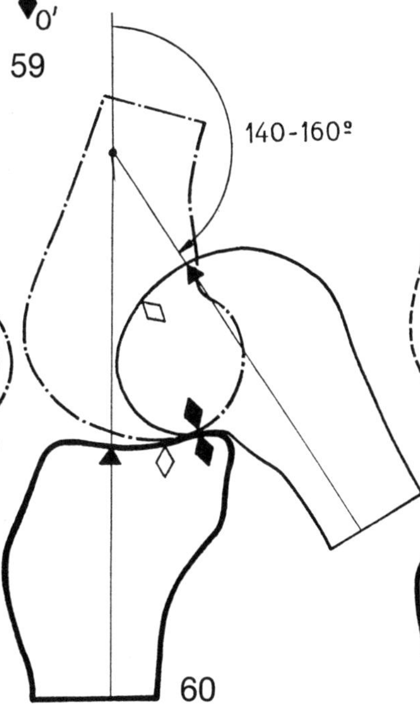

60

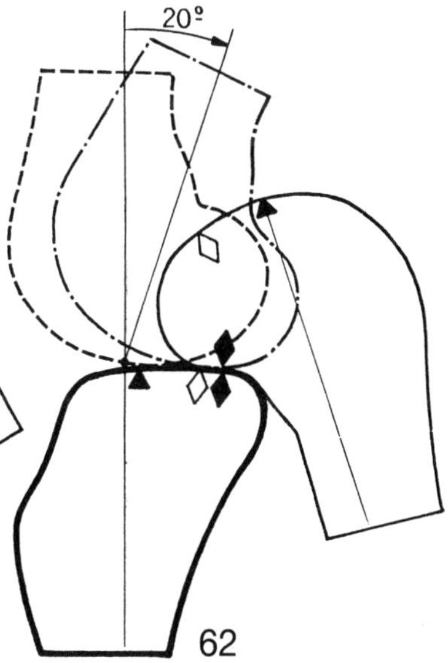

62

Bewegungen der Kondylen auf den tibialen Gelenkflächen während der axialen Drehung

Es wird später noch gezeigt werden, warum die axiale Drehung nur bei gebeugtem Knie erfolgen kann. Befindet sich das gebeugte Kniegelenk bezüglich Rotation in Mittelstellung (Abb. 63), dann haben die hinteren Kondylenteile Kontakt mit der mittleren Partie der tibialen Gelenkflächen. Dies zeigt sich deutlich, wenn die Kondylen durchscheinend und die Umrisse der Tibiagelenkflächen gestreift dargestellt werden (Abb. 64). Das Schema läßt außerdem erkennen, daß durch eine Kniegelenksbeugung die Eminentia intercondylaris der Tibia aus der Fossa intercondylaris des Femurs heraustritt. In Streckstellung liegt sie dort eingeschlossen, ein Grund, warum in Extension nicht gedreht werden kann.
Bei der Außenrotation der Tibia (Abb. 65) verschiebt sich der laterale Femurkondylus nach vorn, während der mediale nach rückwärts verlagert wird (Abb. 66).
Die Innenrotation (Abb. 67) führt umgekehrt zur Rückverlegung des lateralen und Vorschiebung des medialen Kondylus (Abb. 68).*
Die anterior-posterioren Bewegungen zwischen Kondylen und tibialen Flächen sind nicht gleich:
- Der mediale Kondylus (Abb. 69) verlagert sich relativ wenig gegenüber der medialen Tibiafläche (l);
- der laterale Kondylus (Abb. 70) hingegen beschreibt einen fast doppelt langen Weg (L) auf der konvexen Tibiaaußenfläche. Bei seiner Verlagerung von vorn nach hinten steigt der laterale Kondylus zuerst an, bis er sich auf der Spitze des „Eselrückens“ befindet. Dann wandert er auf der hinteren Schräge wieder abwärts. Er ändert seine vertikale Stellung (e).

Die differente Gestalt der Tibiagelenkflächen ist mit einer unterschiedlichen Ausformung der Tubercula intercondylaria korreliert (Abb. 71). Legt man einen Horizontalschnitt XX’ durch die Eminentia intercondylaris, so ist festzustellen, daß die laterale Fläche des Tuberculum laterale in der Sagittalen konvex ist (wie die laterale Knorpelfläche), die mediale Seite des Tuberculum mediale hingegen konkav (wie die mediale Gelenkfläche der Tibia). Da zudem das Tuberculum mediale eindeutig höher als das laterale ist, wirkt dieses wie ein Prellbock, gegen den der mediale Femurkondylus anschlägt. Der laterale Kondylus kann ohne weiteres hinter das Tuberculum intercondylare laterale schwenken. Demnach wird die maßgebliche Achse für die Rotation nicht zwischen den beiden Tubercula hindurch ziehen, sondern in Höhe des medialen Tuberculum liegen. Die mediale Verlagerung der Achse kommt in der bereits geschilderten, größeren Exkursion des lateralen Kondylus zum Ausdruck. Die reale Achse für die Rotation verläuft demnach nicht genau zwischen den beiden Tubercula intercondylaria. Sie zieht durch die laterale Schräge des medialen Tuberculum, das den eigentlichen „Angelpunkt“ darstellt. Die nicht zentrale Achsenlage erklärt die längere Bewegungsbahn des lateralen Kondylus.

---

* Anm. des Übersetzers: Die Beschreibung ist nicht korrekt, da bei einer Drehung der Tibia das Femur still steht und sich allein die tibialen Flächen unter den Femurkondylen bewegen.

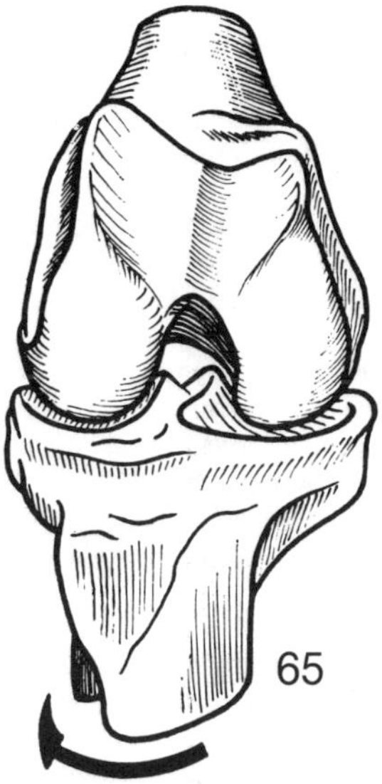

65

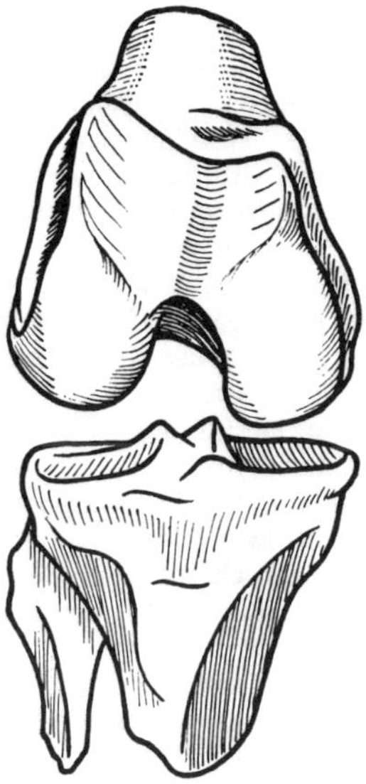

63

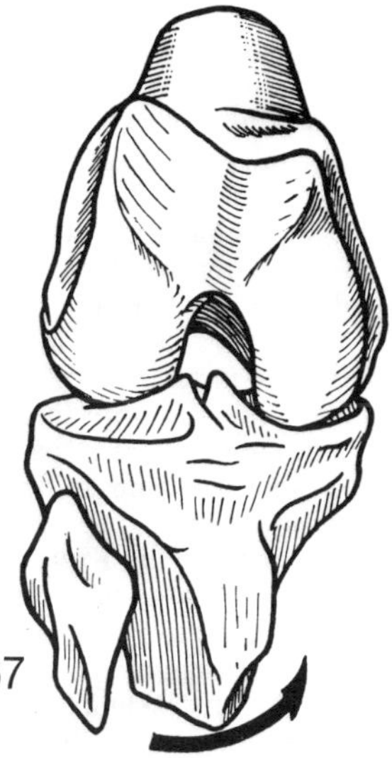

67

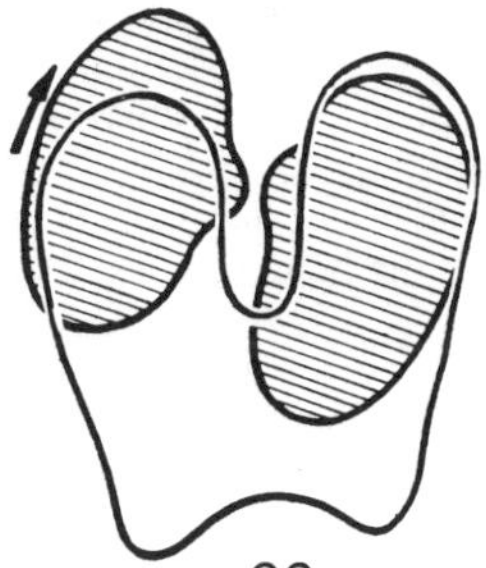

66

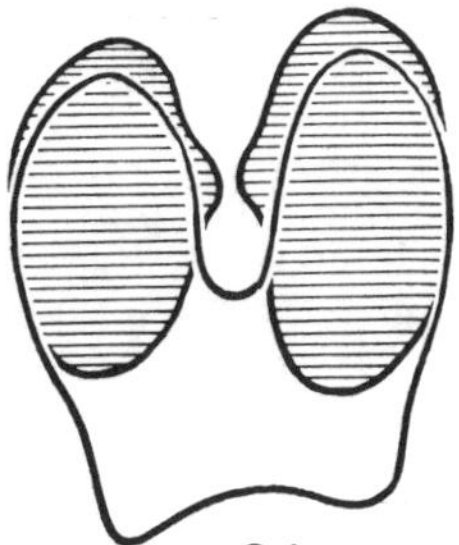

64

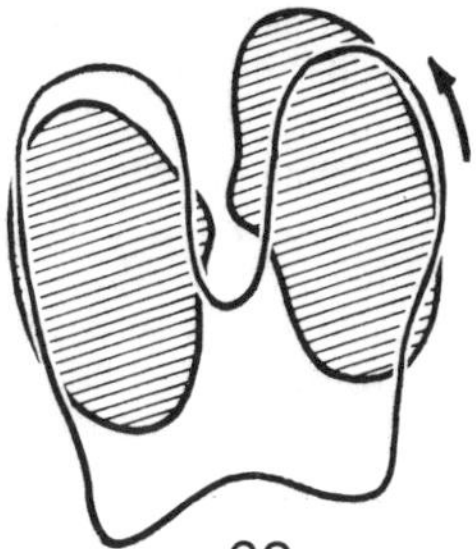

68

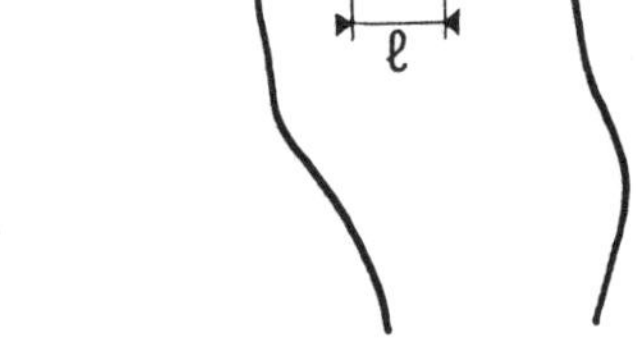

69

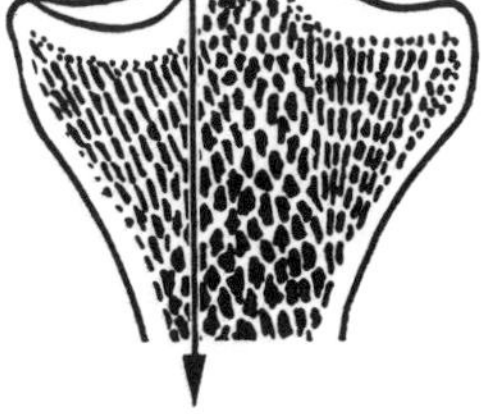

71

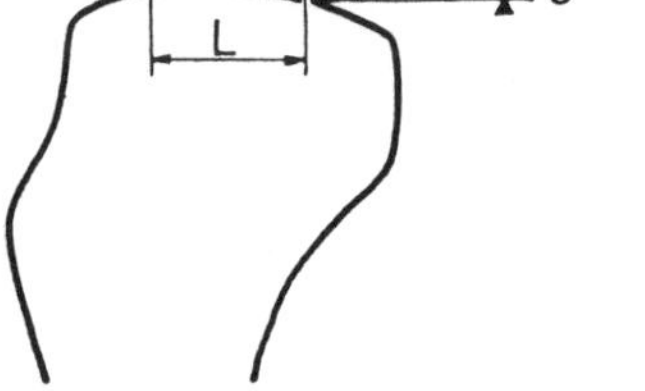

70

Kapsel des Kniegelenks

Die Gelenkkapsel stellt eine fibröse Hülse dar, die das distale Femurende und das proximale Ende der Tibia einhüllt. Sie gewährleistet den Kontakt zwischen den beiden Elementen und bildet die nicht knöcherne Wandung der Gelenkhöhle. Innen wird sie von der Membrana synovialis ausgekleidet.
Die grobe Gestalt der Kniegelenkskapsel läßt sich veranschaulichen (Abb. 72), indem man sie mit einem Hohlzylinder vergleicht, dessen Wandung von hinten eingedrückt wird (Pfeil). Auf diese Weise wird die Kapsel in zwei Kompartimente gegliedert, in ein laterales und ein mediales. Auf die Beziehung der Kapsel zu den Kreuzbändern wird noch eingegangen werden (s. S. 116). An der Vorderseite des Hohlzylinders ist ein Fenster geschnitten, in das die Kniescheibe „eingepaßt" ist. Der Zylinder ist proximal am Femur, distal an der Tibia angeheftet.
Am Tibiaplateau inseriert die Kapsel vorne, lateral und medial an der Knorpelknochengrenze (punktierte Linie in Abb. 73). Ihre Insertion hinter der medialen Tibiafläche ist identisch mit dem Verankerungspunkt des hinteren Kreuzbandes. Hinter der lateralen Facies articularis verläuft die Insertionslinie am Knorpelrand, um dann an den Fixpunkt des hinteren Kreuzbandes heranzuziehen. Zwischen den beiden Kreuzbändern ist die Kapsel unterbrochen. Der interligamentäre Spalt ist ausgefüllt mit Synovialmembran, die die Kreuzbänder überzieht. Die Kreuzbänder selbst können als lokale Verdikkungen der Gelenkkapsel in der Fossa intercondylaris angesehen werden.
Die Kapselinsertion am Femur (Abb. 74–77) ist komplizierter:
– Vorn (Abb. 74) umgreift sie proximal der Facies patellaris die Femurvorderfläche (7); hier bildet die Kapsel eine tiefe Aussackung (Abb. 76 und 77), den Recessus suprapatellaris (5), auf dessen Bedeutung noch eingegangen wird (s. S. 98).
Medial und lateral (Abb. 74 und 75) inseriert die Kapsel nahe der Facies patellaris, taschenartige Aussackungen bildend (s. S. 98). An den Kondylen (8) verläuft sie in geringer Entfernung des Gelenkknorpels; am lateralen Kondylus ist die Kapsel oberhalb der Ursprungsstelle des M. popliteus (P) fixiert. Die Sehne des Muskels liegt über dem Recessus subpopliteus, der (beim Erwachsenen) mit der Kniegelenkshöhle kommuniziert (Abb. 147 und 232).
– Auf der Rückseite (Abb. 75) umfaßt die Kapsel den proximalen Rand der Kondylenflächen, gleich unterhalb der Ursprünge des M. gastrocnemius (G). Die Kapsel unterfüttert die beiden Muskelbäuche, sie ist hier verdickt, sie bildet die sogenannten Polkappen (6) (s. S. 110).
– In der Fossa intercondylaris (Abb. 76 und 77, sagittaler Schnitt durch das Femur) ist die Kapsel an den Binnenseiten der Kondylen an der Knochenknorpelgrenze und in der Tiefe der Fossa fixiert. Am medialen Kondylus (Abb. 76) verläuft die Kapselansatzlinie unterhalb der Insertion des hinteren Kreuzbandes (4). Am lateralen Kondylus (Abb. 77) ist die Kapsel zwischen Knorpel und Fixpunkt des vorderen Kreuzbandes (3) angeheftet.
Somit befinden sich auch die femoralen Ansatzpunkte der Kreuzbänder extrakapsulär.

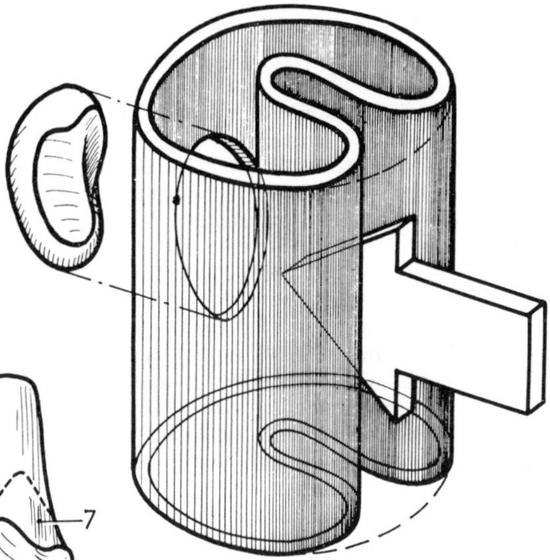

72

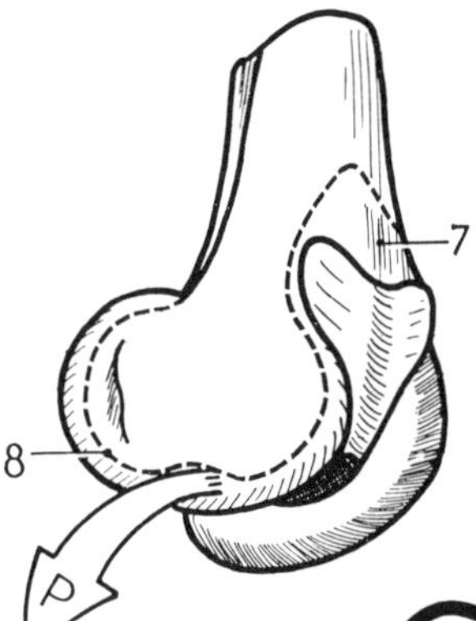

74

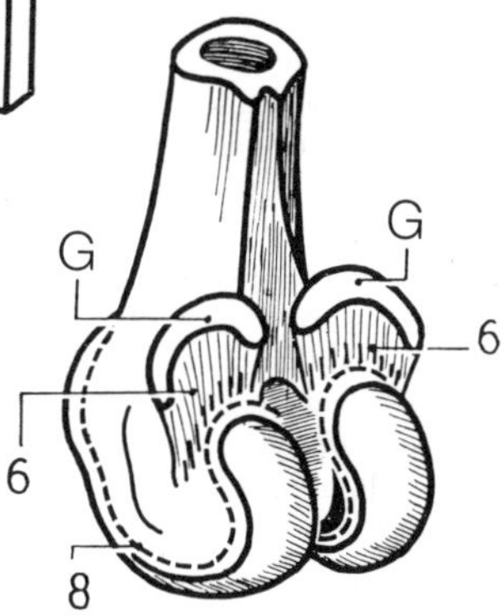

75

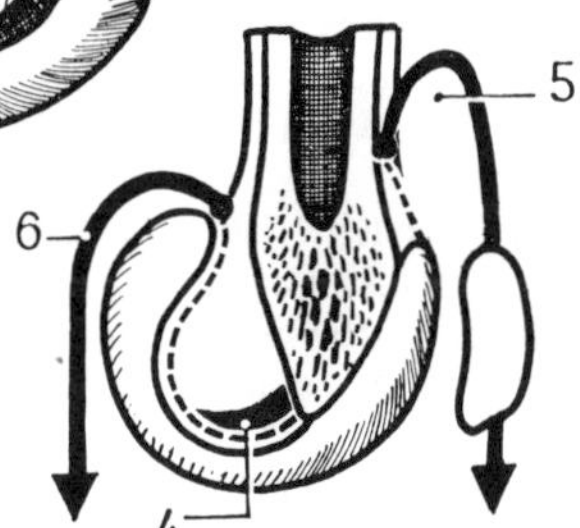

76

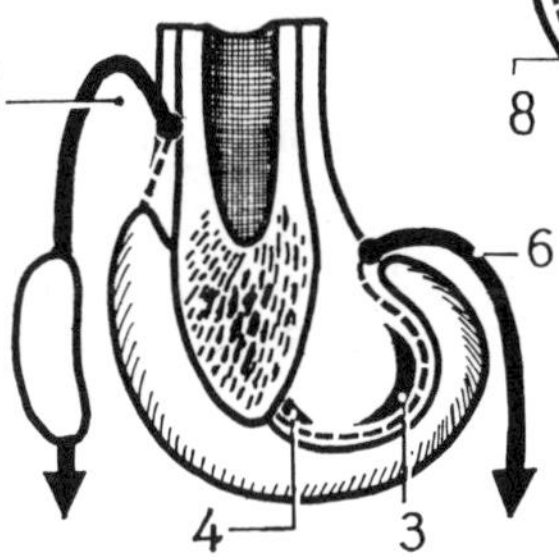

77

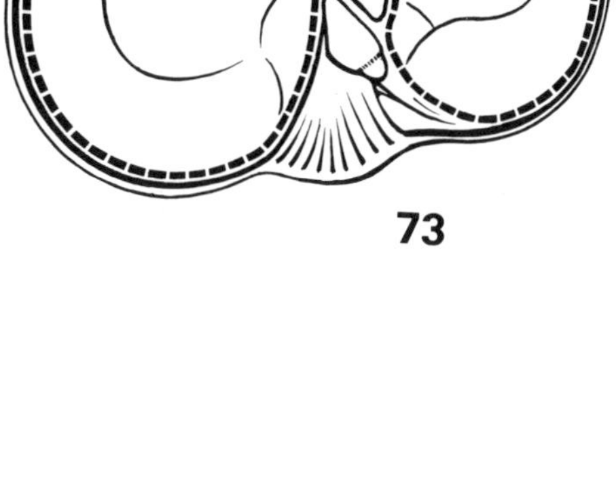

73

Corpus adiposum infrapatellare – Plicae – Fassungsvermögen der Kapsel

Der Raum, der von der Area intercondylaris anterior, der Innenseite des Ligamentum patellae und dem distalen Abschnitt der Facies patellaris femoris begrenzt wird (Abb. 78), wird von einem voluminösen Fettkörper, dem Corpus adiposum infrapatellare, eingenommen. Der Fettkörper (1) hat die Gestalt einer vierseitigen Pyramide, deren Basis der Innenseite (2) des Ligamentum patellae (3) aufsitzt und die Area intercondylaris anterior überlappt. Von der Unterkante der Patella zieht, die Oberfläche des Fettkörpers (4) verstärkend, ein fibröser Strang in die Tiefe der Fossa intercondylaris (Abb. 78 und 79), die Plica synovialis infrapatellaris (5). Seitlich (Abb. 79, von vorn eröffnetes Kniegelenk, Patella nach unten geklappt) läuft der Fettkörper in den Plicae alares (6) aus, die ihren Ursprung an den Seitenflächen der Patella haben. Der Fettkörper füllt die anteriore Partie des Gelenks aus; bei der Beugung wird er durch das Ligamentum patellae komprimiert, er schaut dann zu beiden Seiten der Patellabasis hervor.
Die Plica synovialis infrapatellaris ist der Rest eines medianen Septums, das beim Embryo das Gelenk noch vollständig unterteilt. Beim Erwachsenen besteht normalerweise eine Lücke hinter der Plica (Pfeil I). Lateraler und medialer Gelenkraum stehen über diese Lücke miteinander in Verbindung, zusätzlich über einen Raum, der proximal der Plica und hinter der Patella gelegen ist (Pfeil II, Abb. 78). Gelegentlich ist beim Erwachsenen das Septum noch vollständiger, so daß eine Verbindung zwischen lateralem und medialem Gelenkraum nur proximal der Plica gegeben ist.
Die Plica synovialis infrapatellaris wird gelegentlich auch als Ligamentum mucosum bezeichnet. Die Plicae (Abb. 83) des infrapatellaren Fettkörpers werden von drei, in 85% der Fälle (nach Dupont) nachweisbaren, synovialen Falten gebildet. Mit Hilfe der Arthroskopie sind diese gut zu erkennen.

- Die Plica synovialis infrapatellaris (5) verlängert das Corpus adiposum infrapatellare; sie ist in 65,5% der Fälle ausgebildet.
- Die Plica synovialis suprapatellaris (6) ist in 55,5% der Fälle vorhanden. Sie bildet eine mehr oder weniger vollständige Trennwand oberhalb der Patella und gliedert den Recessus suprapatellaris vom Gelenkraum ab. Eine pathologische Situation kann entstehen, wenn die Plica den Recessus vollständig vom Gelenkraum separiert.
- Die Plica synovialis mediopatellaris (7) ist in 24% der Fälle nachweisbar. Sie kann eine unvollständige Trennwand bilden, die horizontal von der Innenseite der Patella an das Femur heranzieht. Ursache von Schmerzen wird sie, wenn ihr freier Rand mit der medialen Partie des inneren Kondylus in reibenden Kontakt kommt. Die Schmerzen verschwinden sofort, wenn sie unter arthroskopischer Kontrolle reseziert wird.

Das Fassungsvermögen der Kapsel ist bei normalen oder pathologischen Verhältnissen sehr unterschiedlich. Bei einem Erguß, sei es ein seröser oder ein blutiger, kann es stark ansteigen (Abb. 80), vorausgesetzt, der Prozeß läuft langsam ab. Die Flüssigkeit sammelt sich im Recessus suprapatellaris (Rs), parapatellar und rückwärtig in den „Polkappen" (Pk). Die Flüssigkeitsverteilung ist abhängig von der Stellung des Kniegelenks. Bei gestrecktem Knie (Abb. 81) werden die Polkappen durch die passive Anspannung des M. gastrocnemius ausgepresst, die Flüssigkeit wird nach vorne verdrängt, wo sie sich parapatellar und im Recessus suprapatellaris sammelt. Bei Beugung (Abb. 82) wird das vordere Kapselkompartiment durch den sich passiv anspannenden M. quadriceps femoris komprimiert; die Flüssigkeit verlagert sich nach hinten. Zwischen maximaler Beugung und Streckung weist die Kapsel ein „Kapazitätsmaximum" auf (Abb. 80), bei dem die intraartikuläre Flüssigkeit dem geringsten Druck ausgesetzt ist. Eine solch schwach gebeugte Stellung wird unwillkürlich von einem an einem Erguß des Kniegelenks Leidenden eingenommen, da sie die am wenigsten schmerzhafte ist.
Bei einem gesunden Gelenk ist die Menge der Synovialflüssigkeit gering (einige Kubikzentimeter). Durch die Beuge- und Streckbewegungen ist die ständige Umspülung der Gelenkflächen durch die Synovia gewährleistet. Dies ist Voraussetzung für eine ausreichende Knorpelernährung und eine optimale Lubrifikation der Kontaktflächen.

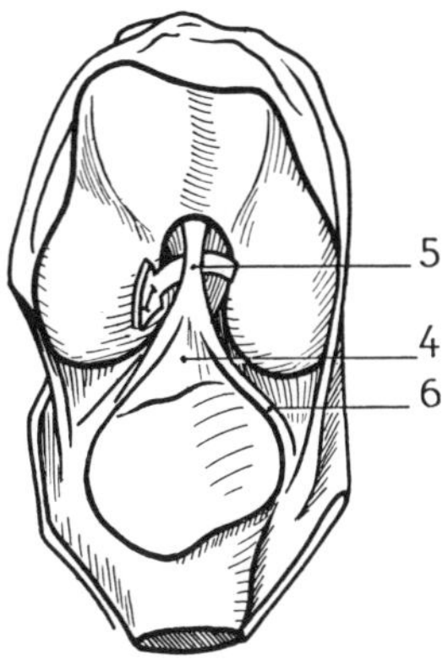

79

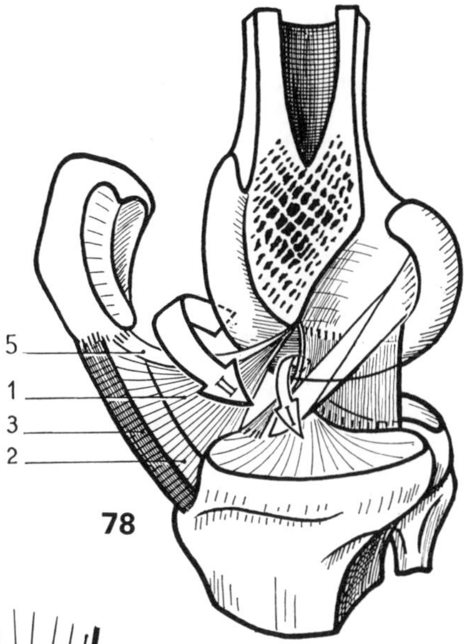

78

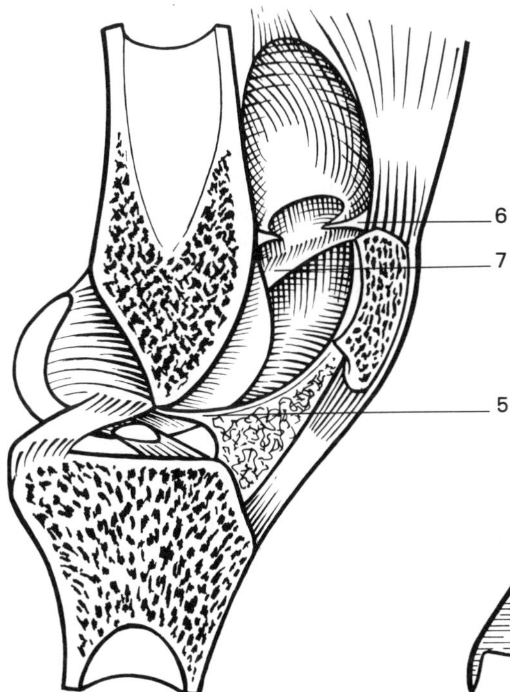

83

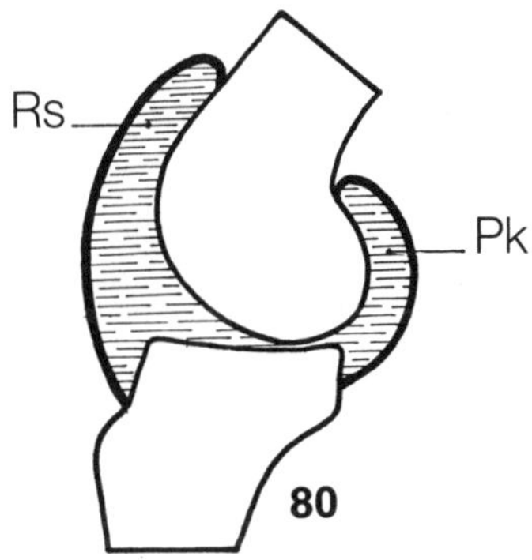

80

82

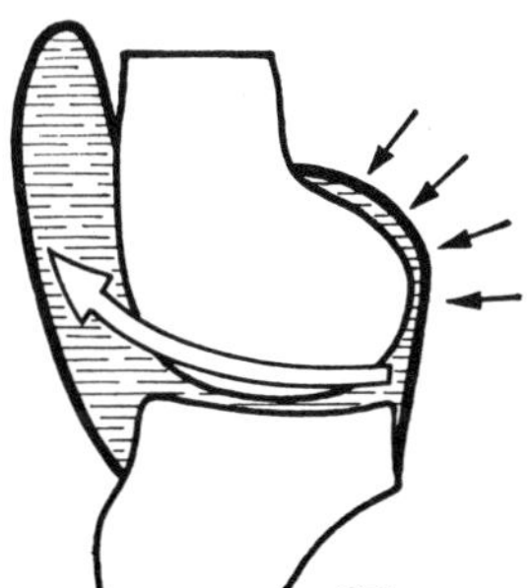

81

Menisci des Kniegelenks

Die Inkongruenz der Kniegelenksflächen (s. S. 80) wird durch die eingelagerten Menisci ausgeglichen, deren Form leicht zu erklären ist (Abb. 84). Legt man eine Kugel (S) auf eine ebene Fläche (P), so besteht nur ein kleiner, punktueller Kontakt zwischen ihnen. Will man die Kontaktfläche zwischen Kugel und Auflagefläche vergrößern, so genügt es, einen Ring einzufügen, der den Raum zwischen Kugel, Auflagefläche und einem die Kugel tangierenden Zylinder (C) ausfüllt. Ein derartiger Ring (gestrichelt) hat exakt die Form eines Meniskus. Er ist im Schnitt dreieckig, versehen mit drei Flächen (Abb. 85, die Menisken sind von den tibialen Gelenkflächen abgehoben):
- Eine obere (1), konkave Fläche, die mit den Kondylen artikuliert.
- Eine zylindrische, periphere Fläche (2), an die sich die Kapsel anheftet (vertikale Streifen).
- Eine untere, fast plane Seite (3), die sich der medialen (G m) und der lateralen Gelenkfläche der Tibia (G l) auflegt.

Im Bereich der Tubercula intercondylaria sind die beiden Ringe unterbrochen, so daß sie die Form eines Halbmondes mit einem vorderen und hinteren Horn haben. Die Hörner des lateralen Meniskus liegen näher beieinander als die des medialen, so daß er nahezu noch einen Ring bildet. Er hat die Form eines O, während der mediale Meniskus typisch halbmondförmig ist; er hat die Form eines C. Die Menisken liegen nicht frei zwischen femoraler und tibialer Gelenkfläche, sie haben funktionell bedeutsame Fixpunkte.
- Bereits erwähnt wurde die periphere Verbindung mit der Kapsel (Abb. 86).
- Beide Menisci sind am Tibiaplateau fixiert, die vorderen Hörner an der Area intercondylaris anterior, die hinteren an der Area intercondylaris posterior.
- Das Vorderhorn des lateralen Meniskus (4) ist gleich vor dem Tuberculum laterale befestigt, das Hinterhorn (5) hinter dem Tuberculum.
- Das Hinterhorn des medialen Meniskus (7) heftet sich im posteromedialen Winkel der Area intercondylaris posterior an, das Vorderhorn (6) im anteromedialen Winkel der Area intercondylaris anterior.
- Die beiden Vorderhörner sind verbunden durch das Ligamentum transversum genus (8), das seinerseits mit der Patella durch Stränge des Corpus adiposum infrapatellare in Zusammenhang steht.
- Von den Seitenflächen der Patella (P) ziehen Faserstränge an die Außenseite des lateralen und an die Innenseite des medialen Meniskus (9).
- Das Ligamentum collaterale tibiale (LCT) ist mit der Innenseite des medialen Meniskus verbunden.
- Das Ligamentum collaterale fibulare (LCF) ist vom lateralen Meniskus durch die Sehne des M. popliteus (Pop) getrennt. Die Muskelsehne entsendet eine Abspaltung (10) an den Hinterrand des lateralen Meniskus.
- Die Sehne des M. semimembranosus (11) gibt eine Abspaltung an den Hinterrand des medialen Meniskus ab.
- Fasern des hinteren Kreuzbandes schließlich strahlen an das Hinterhorn des Außenmeniskus, ein Ligamentum meniscofemorale posterius bildend (12). Vom vorderen Kreuzband ziehen Fasern an das Vorderhorn des Innenmeniskus (Abb. 152).

Ein Frontalschnitt (Abb. 86) und sagittale Schnitte medial (Abb. 87) und lateral (Abb. 88) zeigen, wie sich die Menisci zwischen die Kondylen und die tibialen Gelenkflächen schieben. Sie führen – die zentrale Region der tibialen Gelenkflächen und die Eminentia intercondylaris ausgenommen – zur Untergliederung in eine „Articulatio meniscofemoralis“ und eine „Articulatio meniscotibialis“ (Abb. 86).

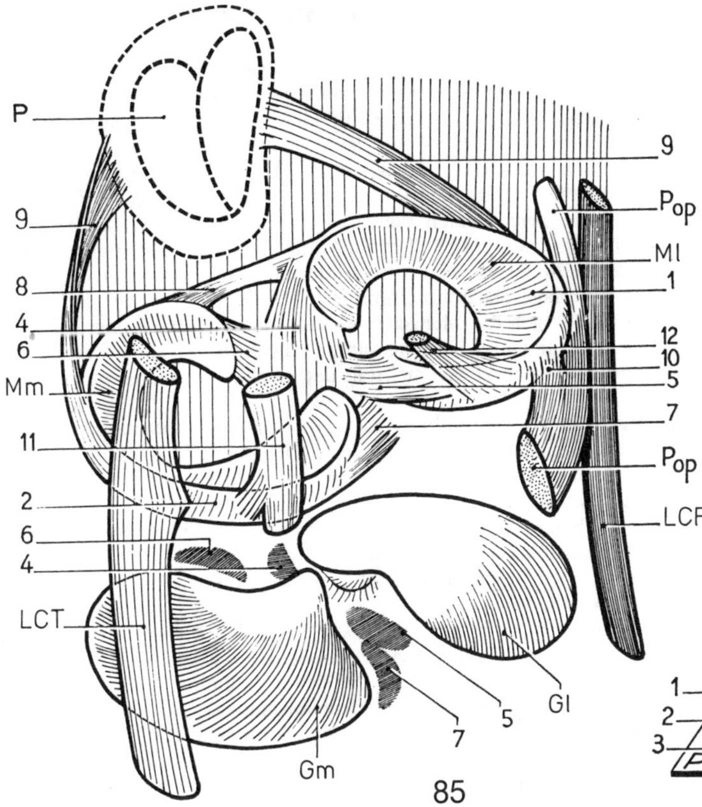

85

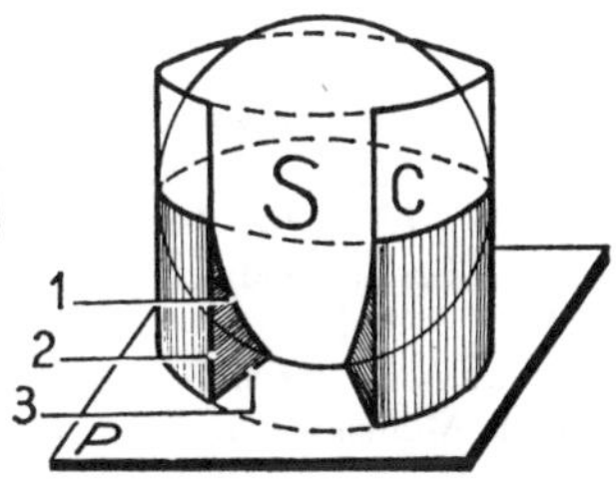

84

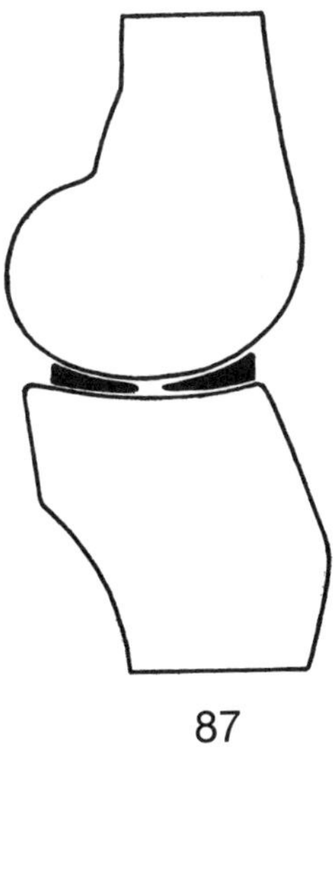

87

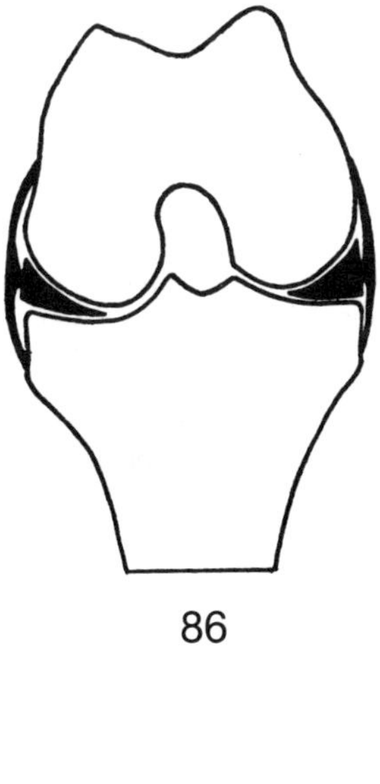

86

88

Verlagerung der Menisci bei der Beugung und Streckung

Wie bereits geschildert (S. 84), wandert die momentane Kontaktfläche zwischen Kondylen und tibialen Gelenkflächen bei der Beugung nach hinten und bei der Streckung nach vorn. Die Menisken folgen diesen Bewegungen, wie am anatomischen Präparat, an dem Bänder und Menisci belassen werden, eindeutig nachzuvollziehen ist. In Streckstellung (Abb. 89) ist die hintere Partie der tibialen Gelenkflächen unbedeckt, insbesondere die der lateralen (Gl). Bei Beugung (Abb. 90) bedecken die Menisken (Ml und Mm) die hintere Flächenpartie; der laterale Meniskus erreicht die hintere Grenze der lateralen Tibiagelenkfläche. Eine Aufsicht auf die dem tibialen Plateau aufliegenden Menisci zeigt, daß sie ausgehend von der Streckstellung (Abb. 91) in unterschiedlichem Ausmaß nach hinten verlagert werden. In Beugestellung (Abb. 92) ist der laterale Meniskus (Ml) doppelt so weit nach hinten gewandert wie der mediale (Mm). Der mediale Meniskus verlagert sich um 6 mm, der laterale um 12 mm nach hinten.
Die Abbildungen zeigen desweiteren, daß sich die Menisken während ihrer Verlagerung gleichzeitig verformen. Bedingt ist dies durch die Fixierung ihrer Hörner, während die übrigen Partien frei beweglich sind. Der laterale Meniskus verformt und verlagert sich mehr als der mediale, da die Fixpunkte seiner Hörner näher beieinander liegen.
Die Menisci spielen eine wesentliche Rolle als verformbare „transportable Gelenkpfannen", die axiale Druckkräfte vom Femur auf die Tibia übertragen (schwarze Pfeile, Abb. 94 und 95). Wesentlich ist, daß bei Streckung diejenigen Femurkondylenabschnitte mit den tibialen Gelenkflächen artikulieren, die den größten Krümmungsradius aufweisen (Abb. 93); die Menisci sind vollständig zwischen die Artikulationsflächen eingeschoben. Bei der Beugung hingegen artikulieren die Abschnitte mit kleinem Krümmungsradius (Abb. 96), die Menisci verlieren partiell den Kontakt mit den Kondylen (Abb. 98). Diese beiden Faktoren begünstigen – gemeinsam mit den beiden entspannten Kollateralbändern (s. S. 104) – die Beweglichkeit auf Kosten der Stabilität.
Nach Darstellung der Meniskusbewegungen stellt sich die Frage nach den bewegungsauslösenden Momenten. Es ist zwischen passiven und aktiven Faktoren zu unterscheiden. Passiv werden die Menisci durch die Femurkondylen bewegt. Die Kondylen schieben sie vor sich her, ähnlich wie ein Kirschkern zwischen zwei Fingern weggedrückt werden kann. Dieser Mechanismus ist einfach und deutlich nachvollziehbar durch Bewegungen an einem Präparat, bei dem mit Ausnahme der Hornfixierungen sämtliche Meniskusbefestigungen durchtrennt wurden (Abb. 89 und 90). Der „Meniskuskeil" wird von dem glatten „Kondylenrad" auf der tibialen „Gelenkflächenstraße" verschoben (er ist nicht als „Hemmschuh" anzusehen).
Aktive Bewegungsmechanismen sind zahlreicher:
– Bei der Extension (Abb. 94 und 95) werden die Menisken durch flügelartige, von der Patella entspringende Faserbündel (Retinacula horizontalia, 1) nach vorne gezogen, da die Kniescheibe nach vorne wandert (s. S. 102). Auf diese Weise wird auch das Ligamentum transversum genus angespannt. Bedingt durch die Anspannung des hinteren Kreuzbandes (s. S. 124), wird durch Zug über das Ligamentum meniscofemorale posterius (2) das Hinterhorn des Außenmeniskus (Abb. 95) nach vorne verlagert.
– Bei der Beugung wird der mediale Meniskus (Abb. 97) durch die an seinen Hinterrand heranziehende Sehnenabspaltung des M. semimembranosus (3) nach hinten verlagert, sein Vorderhorn wird von Fasern nach rückwärts gezogen, die dem vorderen Kreuzband (4) entspringen. Der laterale Meniskus (Abb. 98) wird durch Kontraktion des M. popliteus (5) nach hinten gebracht.
Die Bedeutung der Menisken für die Druckübertragung zwischen Femur und Tibia ist unterschätzt worden bis die ersten Patienten, an denen eine Meniskotomie vorgenommen worden war, vorzeitig Arthrosen aufwiesen. Die Einführung der Arthroskopie war ein großer Fortschritt: zum einen konnte mit ihrer Hilfe eine Meniskusverletzung zweifelsfrei erkannt werden. Nicht länger brauchte ein Meniskus entfernt zu werden, um zu sehen, daß er tatsächlich verletzt war. Zum anderen ermöglichte sie die gezielte Meniskotomie, bei der nur der verletzte Teil des Meniskus entfernt wird, da oft nur dieser die Ursache einer Gelenkblockade und Anlaß von Knorpeldestruktionen ist. Schließlich hat die Arthroskopie gelehrt, daß eine Meniskusverletzung oft nur ein Phänomen einer generelleren Läsion ist, bei der Seitenbänder und Knorpel mitbeteiligt sein können.

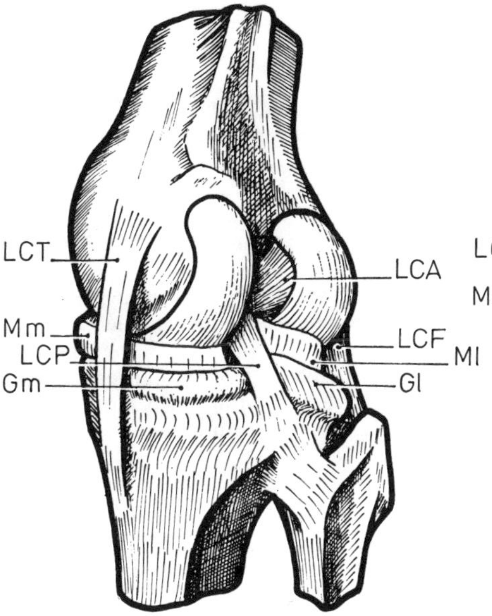

89

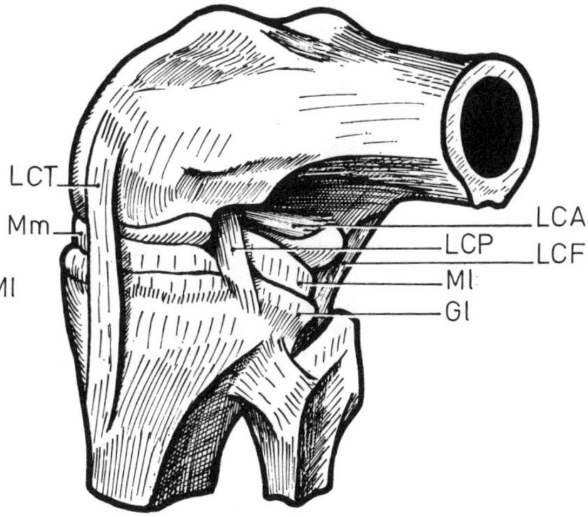

90

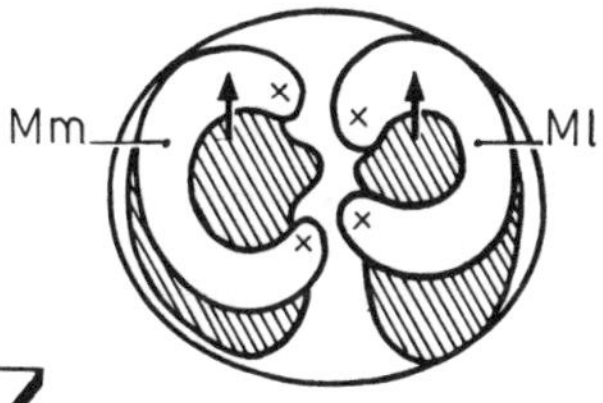

91

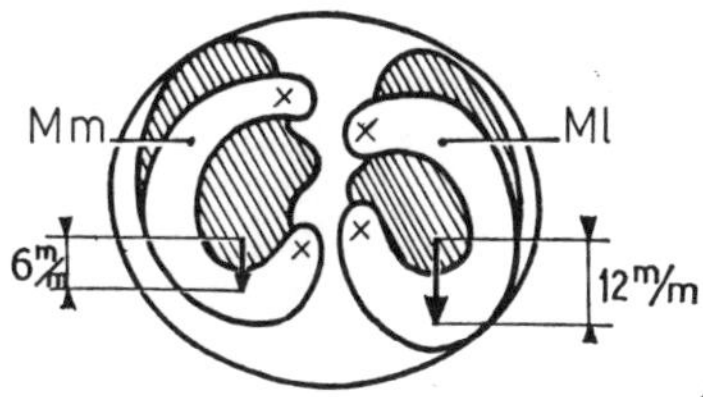

92

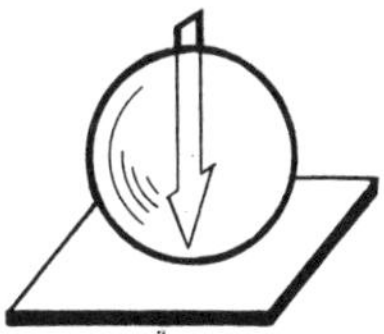

93

96

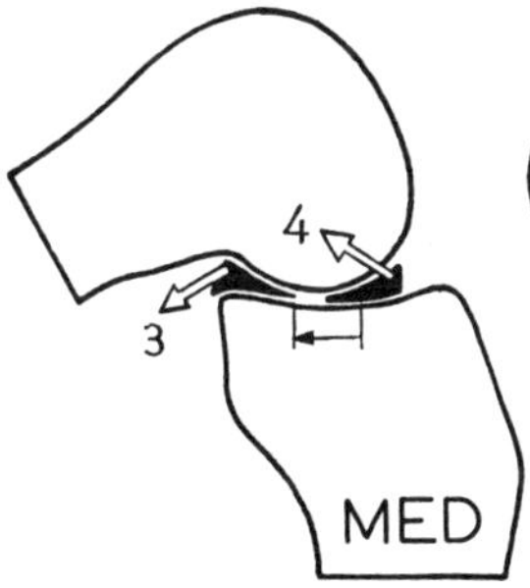

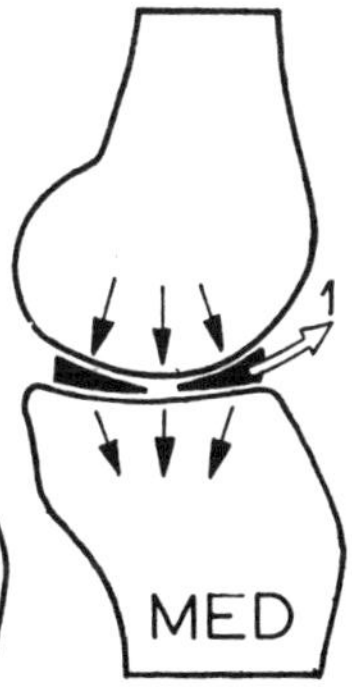

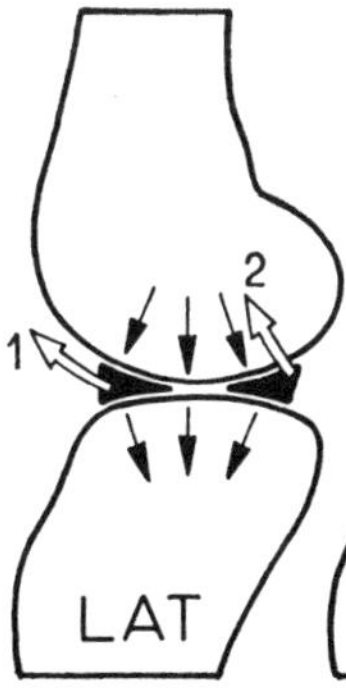

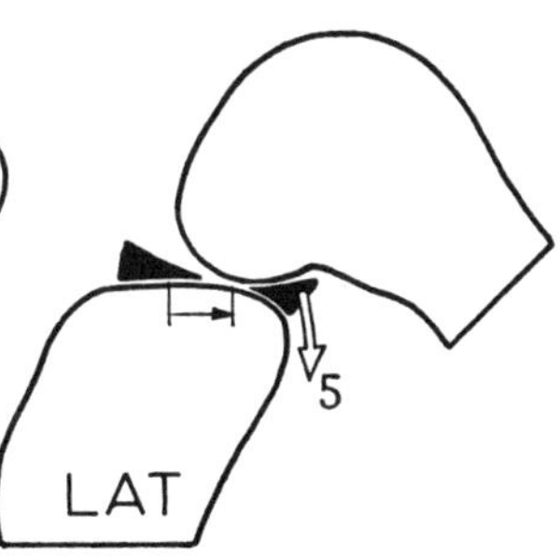

97 94 95 98

Verlagerung der Menisci bei der Rotation
Verletzungen der Menisci

Bei der axialen Drehung folgen die Menisken exakt den Bewegungen der Kondylen auf den tibialen Gelenkflächen (s. S. 86). Aus der Neutralstellung (Abb. 99) sind bezüglich der beiden Menisken gegenläufige Bewegungen zu beobachten.
– Bei der Außenrotation (Abb. 100) der Tibia verlagert sich der laterale Meniskus (Ml) nach vorn (1), der mediale (Mm) nach hinten (2).
– Während der Innenrotation (Abb. 101) wandert der mediale Meniskus (Mm) nach vorn (3) und der laterale (Ml) nach hinten (4).*
Auch bei der Rotation kommt es zu einer gestaltsverändernden Verlagerung der Menisci in Relation zu ihren an den Hörnern gelegenen Fixpunkten. Das Maß der Verlagerung ist für den lateralen Meniskus doppelt so groß wie für den medialen.
Die Bewegungen der Menisci während der Rotation werden passiv durch die Femurkondylen hervorgerufen. Aktiv wird einer der Menisken durch Zug des von der Patella entspringenden flügelförmigen Faserbündels nach vorn gebracht. Ursache ist die Lageveränderung der Patella in Relation zur Tibia (s. S. 102).
Bei Bewegungen im Kniegelenk können die Menisci verletzt werden, wenn sie nicht den Kondylen auf den tibialen Gelenkflächen folgen. Sie werden in einer unphysiologischen Stellung „überrascht“ und zwischen „Hammer und Amboß zertrümmert“. Dies ist z. B. möglich bei einer extremen und gewaltvollen Streckung des Knies (Fußballschuß).
Für einen der Menisci verbleibt keine Zeit, nach vorne zu gleiten (Abb. 102), so daß er zwischen Kondylus und tibialer Fläche eingeklemmt und in Streckstellung unphysiologisch hohen Belastungen ausgesetzt wird. Dies bei Fußballern häufig eintretende Ereignis führt zu transversalen Rissen (Abb. 107, a) oder zum Abriß des Vorderhorns (b), das sich dann selbst umlegen kann. Auch eine Distorsion des Knies führt oft zu Meniskusverletzungen (Abb. 103). Bei Beugung und heftiger Außenrotation (1, 2) kann der mediale Meniskus zum Gelenkzentrum hin verlagert werden, so daß er unter die konvexe Fläche des medialen Kondylus gerät. Er wird zwischen Kondylus und tibialer Fläche eingekeilt, es entsteht ein Längsriß des Meniskus (Abb. 104), oder er wird von der Kapsel abgelöst (Abb. 105), oder auch mehrfach eingerissen (Abb. 106). Bei allen längsverlaufenden Läsionen kann das freie, zentrale Stück des Meniskus in Richtung Eminentia intercondylaris verlagert werden („Korbhenkelabriß“). Eine solche Meniskusläsion ist bei Fußballern häufig (Sturz auf das gebeugte Kniegelenk) und bei Bergleuten, die in gebückter Haltung in engen Schächten arbeiten müssen.
Auch die Ruptur eines Kreuzbandes, des vorderen beispielsweise (Abb. 108), kann zu einer Meniskusläsion führen. Der mediale Kondylus bewegt sich ungehindert nach hinten, er „schneidet“ das hintere Horn des medialen Meniskus ein. Es kann zur Ablösung des Meniskus von der Kapsel oder zu einer horizontalen Fissur (Ausschnittzeichnung) kommen.
Bei einer Meniskusläsion folgt das abgelöste Stück nicht mehr den normalen Bewegungen, es wird zwischen Kondylus und tibialer Fläche eingeklemmt. Es resultiert eine Blockade des Kniegelenks in Beugestellung; diese ist um so ausgeprägter, je weiter hinten die Verletzung des Meniskus liegt. Eine vollständige Streckung ist nicht möglich.

---

* Anm. des Übersetzers: Die Beschreibung ist nicht korrekt, da bei einer Drehung der Tibia das Femur still steht und sich allein die tibialen Flächen unter den Femurkondylen bewegen.

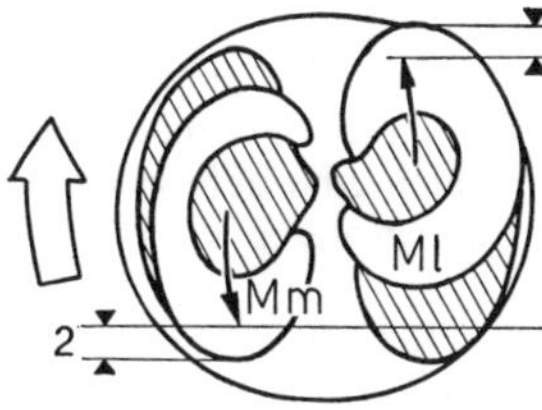

100

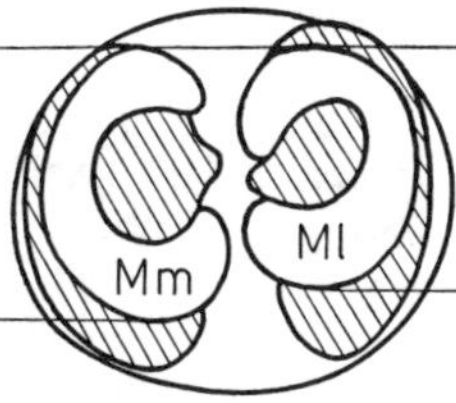

99

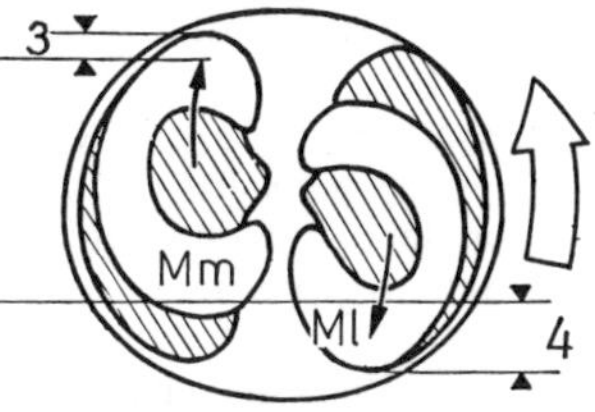

101

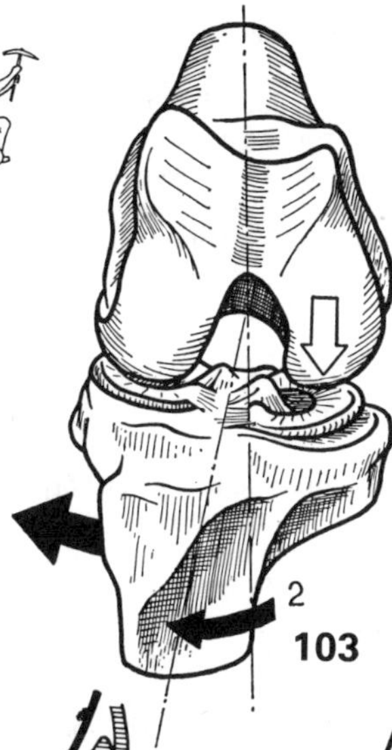

103

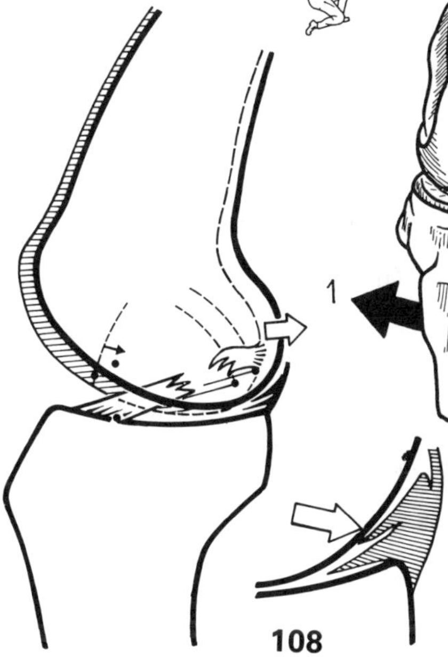

108

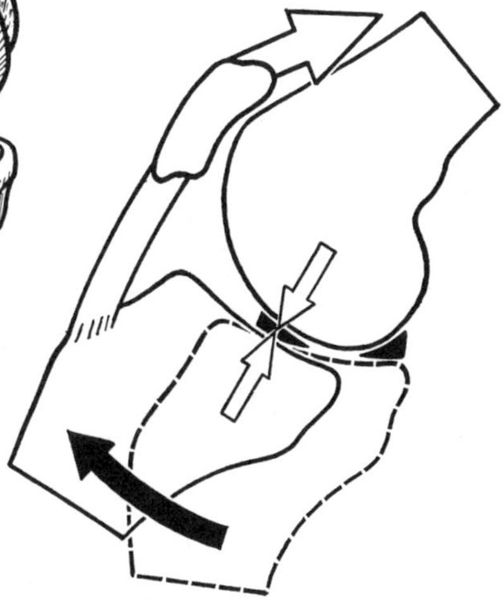

102

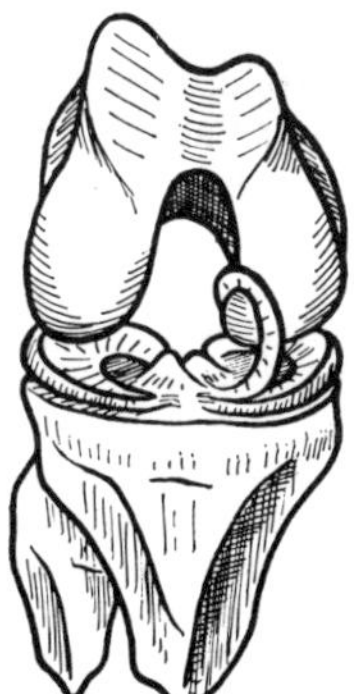

104

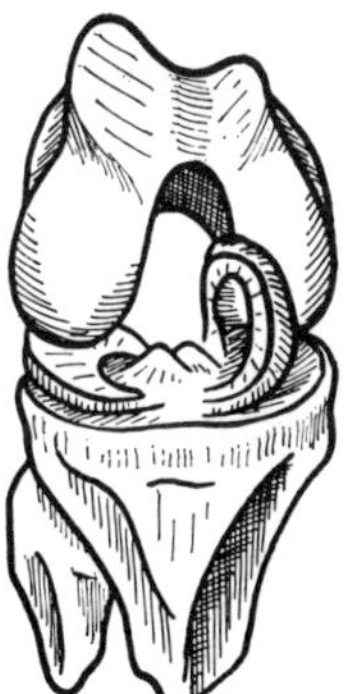

105

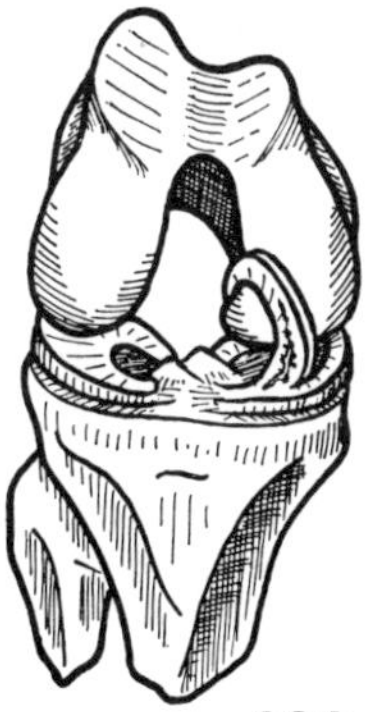

106

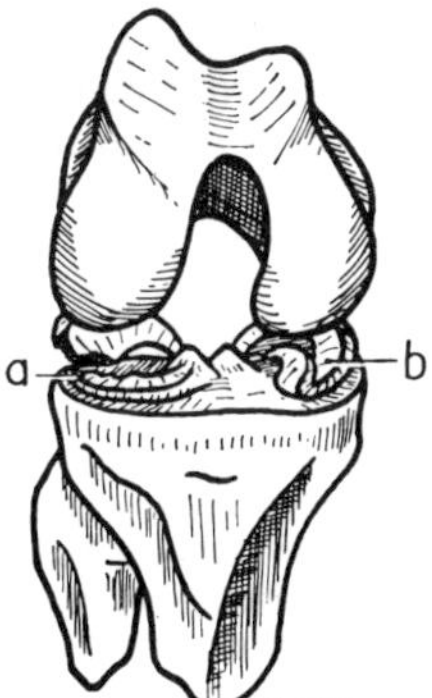

107

Gleiten der Patella auf dem Femur

Der Streckapparat des Knies gleitet über das distale Ende des Femurs wie ein Seil über eine Winde (Abb. 109, a). Facies patellaris und Fossa intercondylaris (Abb. 110) bilden eine tiefe vertikale Rinne (Abb. 109, b), in der die Patella gleitet. Die schräg nach oben und leicht nach außen wirkende Kraft des M. quadriceps femoris wird auf diese Weise vertikal ausgerichtet.
Die normale Bewegung der Patella auf dem Femur bei der Beugung ist eine vertikale Bewegung längs der Rinne der Facies patellaris bis hinein in die Fossa intercondylaris (Abb. 111, nach Röntgenaufnahmen). Die von ihr zurückgelegte Wegstrecke (8 cm) ist doppelt so lang wie die Patella an Höhe selbst mißt; ihre Bewegung erfolgt um eine transversale Achse. In Streckstellung blickt die Kniescheibenrückfläche nach rückwärts (A), bei extremer Beugung ist sie nach kranial gerichtet; sie liegt den Kondylen des Femurs an (B). Die Patella gleitet bei der Beugung des Unterschenkels auf den femoralen Kondylenflächen. Die Verlagerung der Patella wird durch entsprechend reservegebende Verbindungen mit dem Femur ermöglicht. Die Gelenkkapsel bildet um die Kniescheibe drei weiträumige Recessus (Abb. 111). Nach kranial erweitert sie sich zum Recessus suprapatellaris (Sp), und auch medial und lateral der Kniescheibe bildet sie parapatellare Recessus (Pp). Gleitet die Patella auf den Kondylen von A nach B, so verstreichen die genannten Reserveräume. Die Tiefe des Recessus suprapatellaris ermöglicht die Vergrößerung der Strecke XX' auf die vierfach größere Distanz XX", die parapatellaren Kapselaussackungen erlauben die Vergrößerung der Distanz YY' auf YY".
Führt eine Entzündung zur Verklebung der Recessuswände, dann gerät die Patella in eine fixe Stellung zum Femur (XX' und YY' werden unveränderbar), die Patella kann nicht mehr gleiten. Eine Kapselverklebung nach einer Verletzung oder einer Infektion ist eine Ursache für die Versteifung des Kniegelenks in Streckstellung.
Während die Patella gleitet, wird sie vom infrapatellaren Fettkörper begleitet (Abb. 112). Er wandert, seine Lage um 180° ändernd, aus der Position ZZ' nach ZZ". Bei der Streckung wird eine Einklemmung des Recessus suprapatellaris zwischen Patellarückfläche und Facies patellaris femoris durch Fasern des M. vastus intermedius verhindert. Diese an der Wand des Recessus ansetzenden Muskelfasern werden gesondert als M. articularis genus (Mag) bezeichnet.
Normalerweise bewegt sich die Kniescheibe nur in vertikaler Richtung. Durch den M. quadriceps femoris wird sie in ihr Gleitlager gepreßt (Abb. 113). Der Anpreßdruck ist bei Beugung besonders hoch (a). In Streckstellung ist der Druck wesentlich geringer (b), bei Hyperextension (c) zeigt die Patella sogar die Tendenz, sich von der Facies patellaris femoris zu entfernen. In dieser Situation droht die Patella nach lateral zu luxieren (d), da Quadricepssehne und Ligamentum patellae einen nach lateral offenen, stumpfen Winkel bilden. Eine Luxation der Patella nach lateral wird durch die laterale Wange des Patellagleitlagers (Abb. 114) verhindert, die prominenter als die mediale ist (Differenz = e). Ist als angeborene Fehlbildung (Abb. 115) die laterale Wange hypoplastisch (= gleich oder weniger prominent als die mediale), so wird die Kniescheibe nicht mehr sicher geführt; sie luxiert in Streckstellung nach lateral (habituelle Luxation der Patella).
Eine übermäßige Torsion der Tibia nach außen oder auch ein Genu valgum bedingen eine Verkleinerung des Winkels zwischen Quadricepssehne und Ligamentum patellae. Sie vergrößern die nach lateral gerichtete Komponente (Abb. 113d) und begünstigen eine seitliche Instabilität der Patella. Sie sind als Faktoren für eine Subluxation oder eine Luxation, für eine Chondromalazie oder eine femoropatellare Arthrose anzusehen.

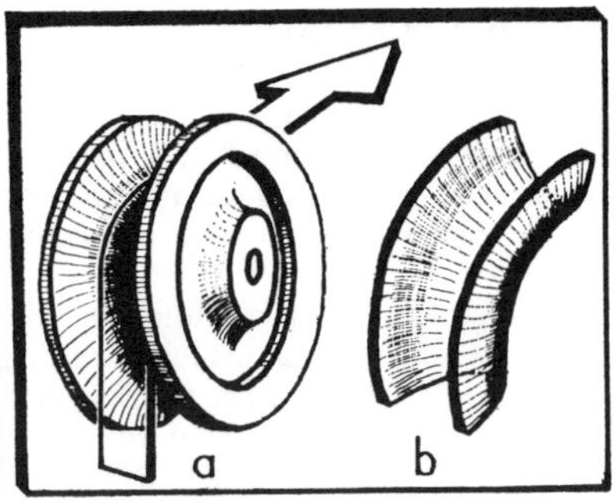

109

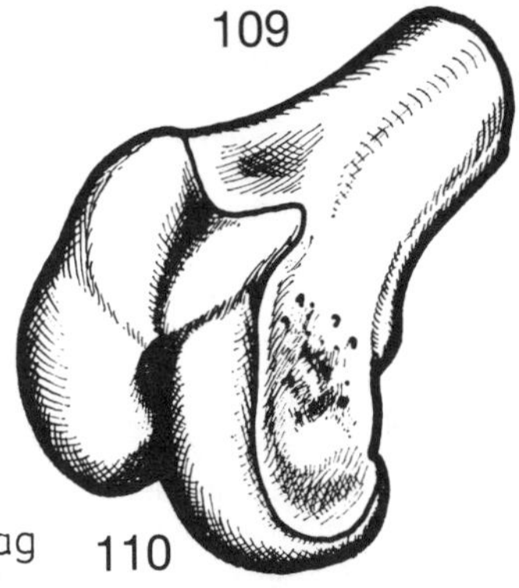

110

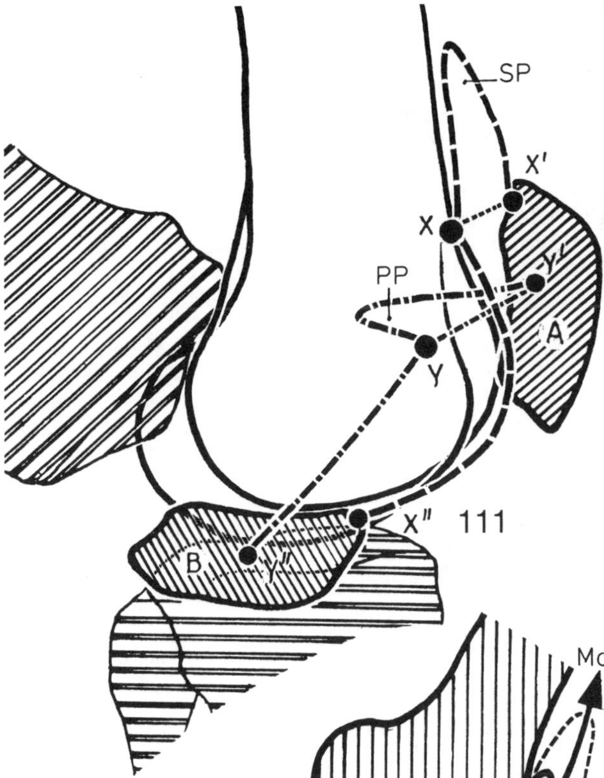

111

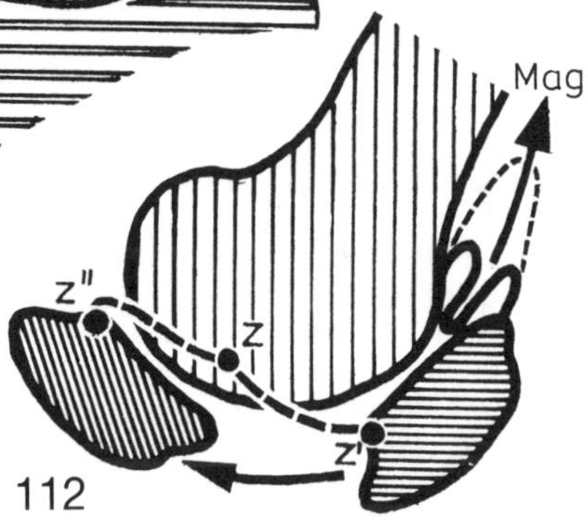

112

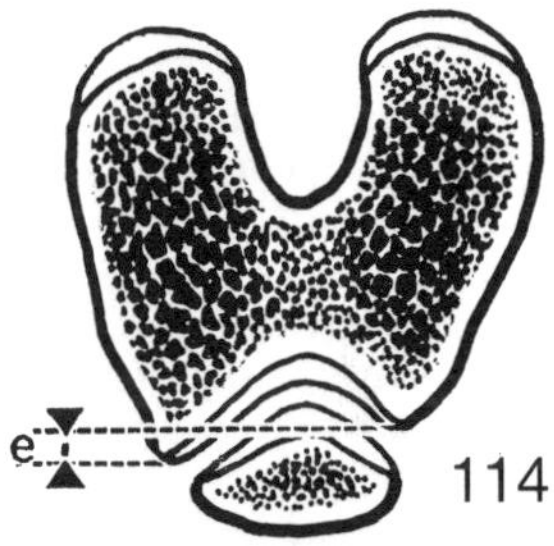

114

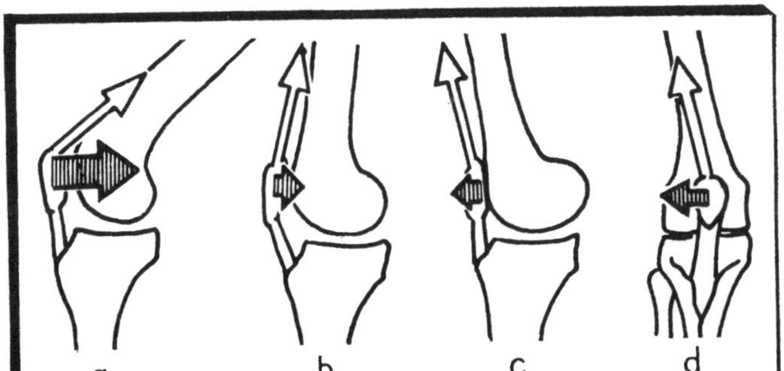

113

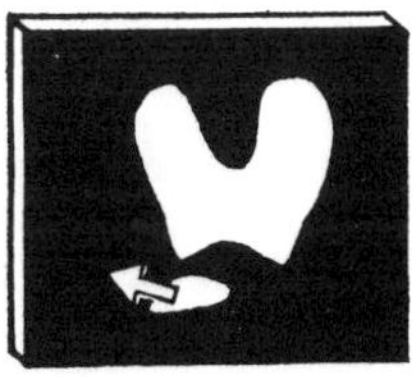

115

Femoropatellargelenk

Die Facies articularis patellae (Abb. 116) wird von einem sehr dicken Knorpel überzogen (4–5 mm), insbesondere im Bereich der medianen Führungsleiste. Nirgendwo ist am Bewegungsapparat der Knorpel dicker. Die Druckkräfte, die auf den Knorpel wirken können (300 kp; bei Gewichthebern noch ein wesentliches mehr), sind von beträchtlicher Größe, so beispielsweise bei der Anspannung des M. quadriceps in Kniebeuge (Herabsteigen einer Leiter) oder bei der Aufrichtung aus der Hockstellung.
Zu beiden Seiten der Führungsleiste liegt je eine bikonkave Facette.
- Die laterale Facette artikuliert mit der lateralen Wange der Facies patellaris femoris.
- Die mediale Facette hat mit der medialen Wange des femoralen Patellagleitlagers Kontakt.
- Die mediale Facette ist durch einen schrägen, leicht erhabenen Grad in eine größere und eine kleinere, randständige Facette untergliedert. Die letztere artikuliert bei extremer Beugung mit der Innenkante der Fossa intercondylaris.

Bei ihrer vertikalen Bewegung im Gleitlager bei Beugung (Abb. 117) hat die Patella initial, wenn das Knie noch gestreckt ist, Kontakt mit ihrem unteren Flächenbereich. Bei mittlerer Beugung von 30° ist es der mittlere, bei endständiger Beugung der obere Flächenbereich, der Kontakt hat. Es ist demnach anhand der Lage von Knorpeldefekten möglich, einen kritischen Beugungswinkel anzugeben, und umgekehrt bei Auftreten von Schmerzen bei einem bestimmten Bewegungsgrad auf die Lage von Defekten rückzuschließen. Die Articulatio femoropatellaris ist mittels axialer Patellaröntgenaufnahmen gut einsehbar. Eine differenzierte Beurteilung ist möglich, wenn Tangentialaufnahmen der Patella (Abb. 118) bei 30° (A), 60° (B) und 90° (C) Beugung durchgeführt werden (Defilee-Aufnahmen).
An derartigen Röntgenbildern kann folgendes beurteilt werden:
- Die Zentrierung der Kniescheibe ist (besonders anhand der 30°-Aufnahme, A) gut, wenn der Führungsgrad der Patellafläche in der Rinne des Gleitlagers liegt, und die laterale Kante der Kniescheibe mit der Außenkante des lateralen Kondylus abschließt.
- Eine Verringerung des (radiologischen) Gelenkspaltes besonders im lateralen Abschnitt läßt sich im Vergleich mit der kontralateralen, gesunden Seite feststellen. Bei fortgeschrittenen Arthrosen sind Erosionen des Knorpels zu konstatieren.
- Eine Sklerosierung des subchondralen Knochens der lateralen Facette ist Ausdruck eines Hyperpressionssyndroms.
- Eine Seitverlagerung der Tuberositas tibiae in Relation zur Rinne des Gleitlagers ist nur an der 30°- oder 60°-Aufnahme festzustellen. Sie gilt als Hinweis auf eine übermäßige Auswärtsdrehung der Tibia bei einer Subluxation oder einer Überlastung des lateralen Kniegelenkabschnittes.

Mit Hilfe der Tomographie ist es heute möglich, Schnitte durch das Femoropatellargelenk in Extensions- oder auch Hyperextensionsstellung zu legen, was die normale Röntgentechnik nicht erlaubt. Man kann so beispielsweise eine laterale Subluxation der Patella in einem Moment feststellen, in dem kein Anpreßdruck wirkt. Es sind bereits geringgradige Instabilitäten des Femoropatellargelenkes diagnostizierbar.
Die Arthrographie letztlich erlaubt eine Erkennung von Knorpelläsionen, die auf axialen Röntgenaufnahmen des Femoropatellargelenks nicht sichtbar sind.

116

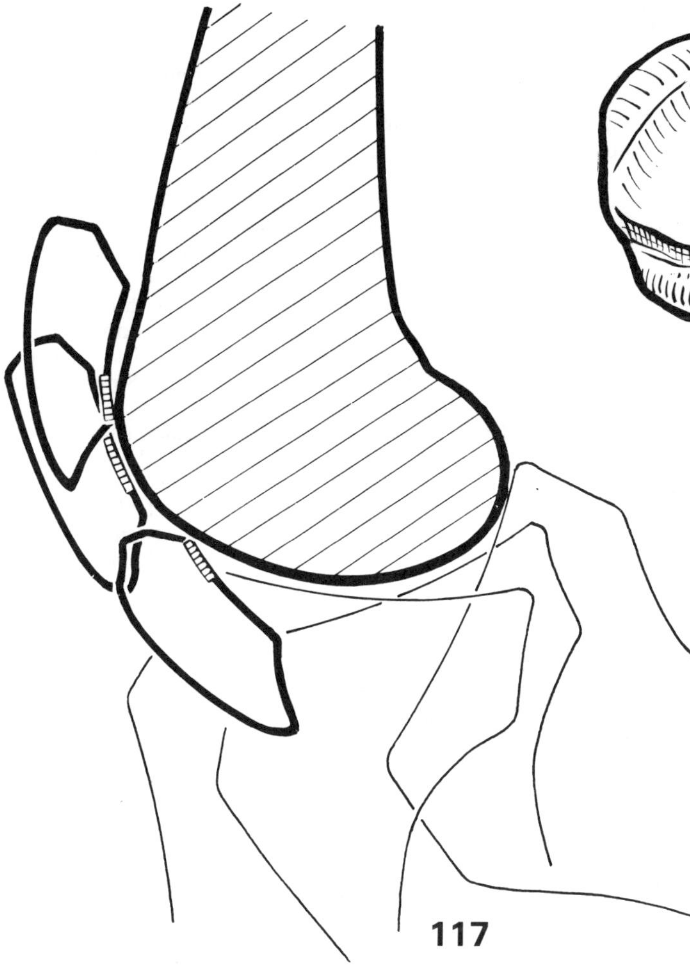

117

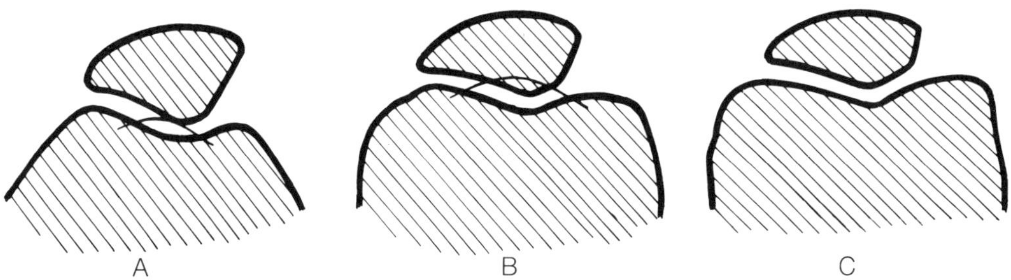

118

Bewegungen der Patella in Relation zur Tibia

Wäre die Kniescheibe fest mit der Tibia verbunden, so würde sie – vergleichbar mit dem Ellenbogengelenk – eine Art Olekranon bilden (Abb. 119). In diesem Fall wäre jede Bewegung der Patella gegenüber der Tibia unmöglich, eine Rotation im Kniegelenk wäre ausgeschlossen. In Korrelation mit der Beugung-Streckung und der Rotation im Kniegelenk führt die Patella zwei Arten von Bewegungen in Relation zur Tibia aus.

Bei den Beuge- und Streckbewegungen (Abb. 120) verlagert sich die Kniescheibe in der sagittalen Ebene. Ausgehend von der Streckstellung (A) wandert sie auf einem Kreisbogen, dessen Zentrum in Höhe der Tuberositas tibiae (O) liegt, nach hinten. Der Radius des Kreisbogens entspricht der Länge des Ligamentum patellae. Die Kniescheibe selbst kippt dabei ca. 35° um ihre vertikale Achse; erst schaut ihre Rückseite genau nach hinten, um dann bei der endständigen Beugung (B) nach hinten-unten zu blicken. Kippung und Rückwärtsbewegung der Kniescheibe werden durch zwei Faktoren bestimmt. Zum einen ist es die rückwärtige Verlagerung der Kontaktflächen zwischen Kondylen und tibialen Gelenkflächen, zum anderen die Distanzverringerung (R → r) der Patella zur Beuge-Streckachse (+ → ×).

Bei Rotationsbewegungen (Abb. 121–123) verlagert sich die Kniescheibe in Relation zur Tibia in der frontalen Ebene (Oberschenkel wird gegen den ruhenden Unterschenkel gedreht). In der Neutralstellung (Abb. 121) ist das Ligamentum patellae leicht schräg nach unten-lateral ausgerichtet. Bei einer Außenrotation (Abb. 122) des Femurs nimmt dieses die Patella mit nach lateral, das Ligamentum patellae zieht nun schräg nach unten-innen. Bei einer Innenrotation (Abb. 123) wird entgegengesetzt die Patella nach medial verlagert, das Ligamentum patellae hat erneut einen nach unten-lateral gerichteten Verlauf, der jetzt allerdings akzentuierter ist als in der Neutralstellung*.

Ortsverlagerungen der Patella in Relation zur Tibia sind folglich sowohl bei Beuge- und Streck-, als auch bei Rotationsbewegungen notwendig.

Die Kontur von Facies patellaris und vorderen Kondylenflächen wird von der Patella sozusagen modelliert. Während der Bewegungen ist die Kniescheibe an die Tibia über das Ligamentum patellae, an das Femur durch horizontale Retinacula (s. nächste Seite) gefesselt. Während bei der Kniebeugung sich die Kondylen auf den tibialen Gelenkflächen bewegen, bestimmt die Kniescheibengelenkfläche sozusagen die Geometrie des anterioren Kondylenprofils, beschrieben durch die sukzessiven Positionen der patellaren Gelenkfläche. Die vordere Kontur der Femurkondylen steht in funktionellem Zusammenhang mit den ligamentären Verankerungen der Patella und deren geführter Bewegung; die Kontur des unteren Kondylenabschnitts wird von den Kreuzbändern bestimmt (s. S. 120).

Es wurde gezeigt (s. S. 82), wie das Profil des distalen Femurendes von Tibia und Patella „geformt" wird, wobei die Tibia mittels der Kreuzbänder, die Patella durch die Quadricepssehne und die Retinacula mit dem Oberschenkelbein verknüpft sind.

Bestimmte Operationen verändern das Gleiten der Patella in ihrem Lager und korrigieren ihre Subluxationstendenz, indem sie die Tuberositas tibiae nach vorn (Maquet) oder nach medial verlagern. Die Operation wird bei manifesten retropatellaren Beschwerden durchgeführt.

---

* Anm. des Übersetzers: In den Abb. 122 und 123 dreht sich die Tibia gegen das Femur. In diesen Fällen erfährt die Patella keine Ortsverlagerung, da das Femur stillsteht.

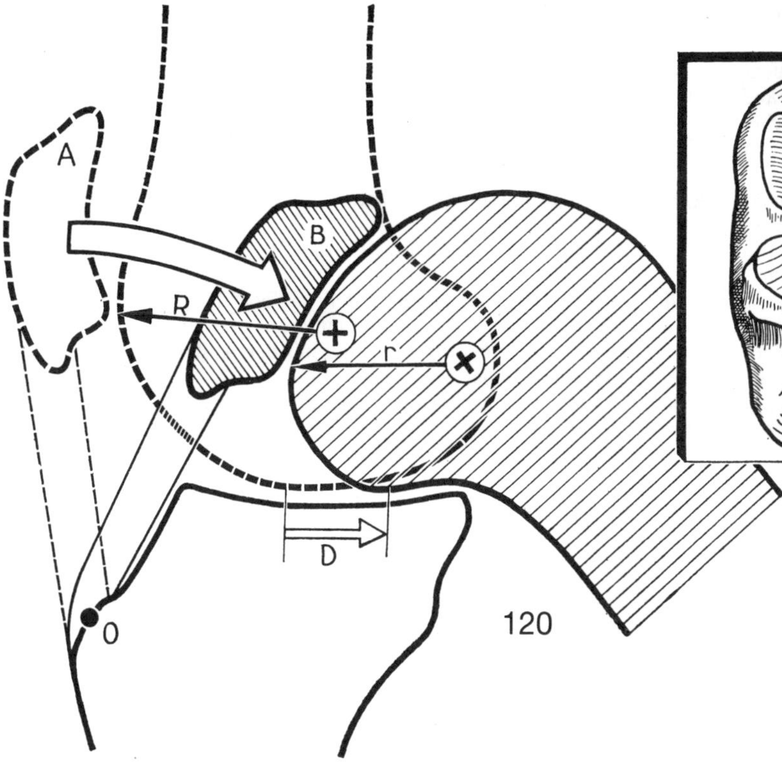

120

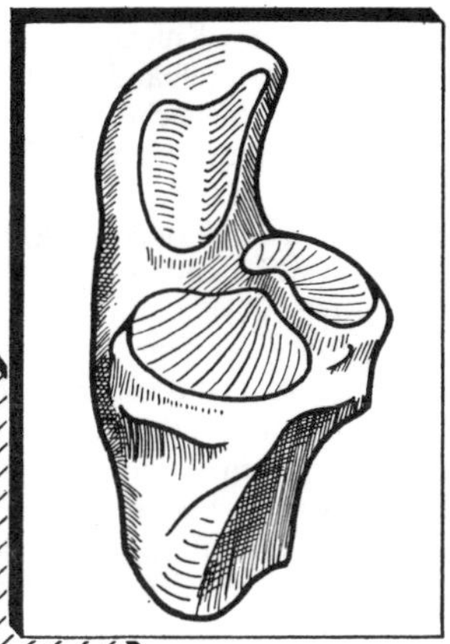

119

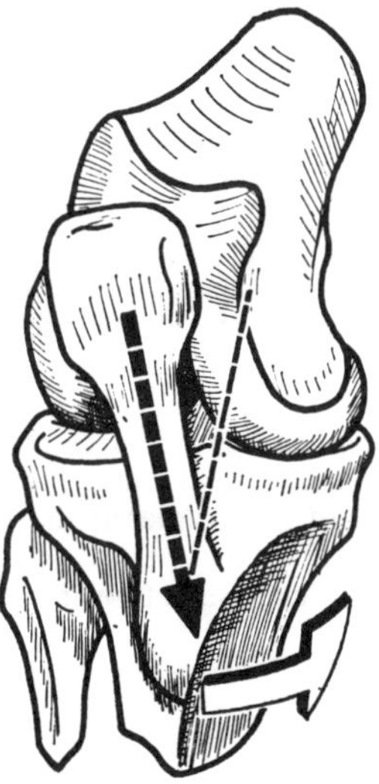

122

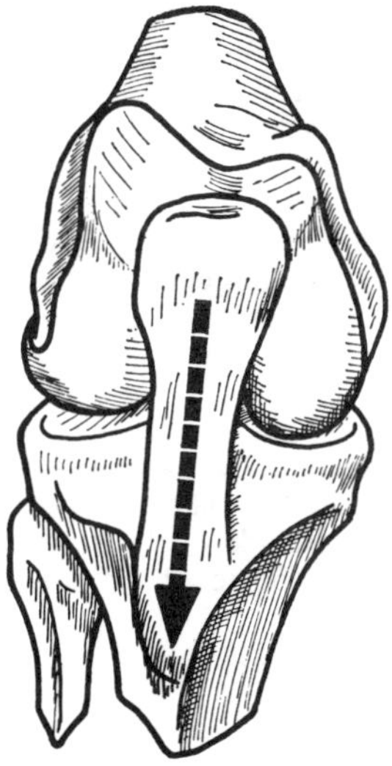

121

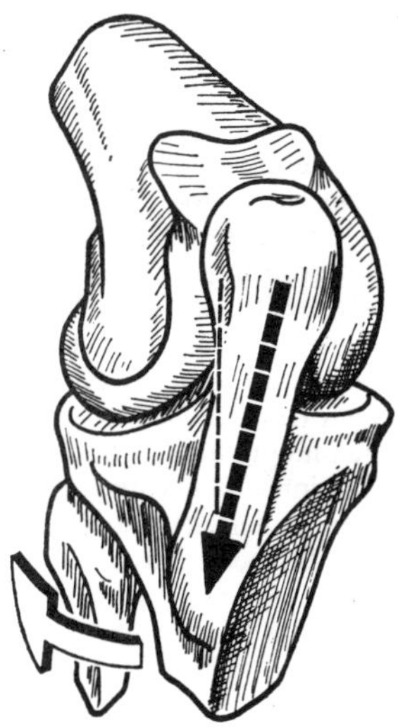

123

Kollateralbänder des Kniegelenks

Die Stabilität des Kniegelenks wird durch kräftige Bänder gewährleistet, durch die Kreuzbänder und durch die Kollateralbänder. Die Kollateralbänder verstärken die Gelenkkapsel auf der medialen und lateralen Seite. Sie sichern die Seitenstabilität des Knies in Streckstellung.

Das Ligamentum collaterale tibiale (Abb. 124) erstreckt sich vom Epicondylus medialis des Femurs bis zum Tibiakopf (LCT).

- Die proximale Verankerung liegt am Femur hinter und oberhalb der die Krümmungsmittelpunkte des Kondylus verbindenden Linie (XX', s. S. 80).
- Die distale Verankerung befindet sich hinter dem Insertionsfeld des Pes anserinus (superficialis) an der Innenseite der Tibia.
- Der vordere Teil des Bandes hebt sich von der Kapsel ab, er stellt ein oberflächliches Bündel dar.
- Die hinteren Faserbündel des Bandes sind in die Gelenkkapsel integriert und bilden eine dreieckige Platte, deren Spitze nach hinten gerichtet ist. Profunde Fasern sind mit der Außenseite des medialen Meniskus verbunden und fixieren ihn auf diese Weise.
- Das Band verläuft schräg nach vorne und unten, es wird, bei räumlicher Betrachtung, vom lateralen Kollateralband (Pfeil A) spitzwinklig überkreuzt.

Das Ligamentum collaterale fibulare (Abb. 125) erstreckt sich vom Epicondylus lateralis femoris bis an den Kopf der Fibula (LCF).

- Der proximale Fixpunkt liegt hinter und oberhalb der die Krümmungsmittelpunkte des lateralen Kondylus verbindenden Linie YY'.
- Die distale Verankerung findet sich an der vorderen Fläche des Wadenbeinkopfes, bedeckt von der Insertion des M. biceps femoris.
- Das Band hat in seiner ganzen Ausdehnung keine Beziehung zur Kapsel; von der Außenkante des lateralen Meniskus wird es durch die Sehne des M. popliteus separiert.
- Es zieht schräg nach unten und hinten, bei räumlicher Betrachtung ergibt sich eine Überkreuzung mit dem medialen Kollateralband (Pfeil B).

In beiden Schemazeichnungen (Abb. 124 und 125) sind die meniscopatellaren Ligamente (1 und 2) sowie die Retinacula horizontalia (3 und 4) dargestellt, die den Kontakt zwischen Patellarückfläche und Facies patellaris femoris aufrecht erhalten.

Die Kollateralbänder werden bei Streckung des Gelenks angespannt (Abb. 126 und 128), bei Beugung entspannt (Abb. 127 und 129). Die Abbildungen 126 und 127 geben den Längenunterschied (d) des medialen Kollateralbandes bei Streckung und Beugung wieder. Bei Beugung des Kniegelenks akzentuiert sich der schräge, nach vorne und unten gerichtete Verlauf des Bandes. Auch auf der lateralen Seite (Abb. 128 und 129) beobachtet man eine Längendifferenz (e) und eine Richtungsänderung des fibularen Kollateralbandes. In Streckstellung läuft es nach unten-hinten, in Beugestellung schräg nach unten und leicht nach vorne.

Die Spannungsänderung der Bänder kann leicht durch ein mechanisches Modell (Abb. 130) verdeutlicht werden. Ein Keil C gleitet auf einer Fläche B aus der Stellung 1 nach 2. Der Keil wird durch einen in a fixierten Bügel (ab) geführt. Der Bügel spannt sich während der Gleitbewegung an, als elastisches Element verlängert er seine Länge auf ab'. Die Längenzunahme e entspricht dem Dickenunterschied des Keils von Position 1 und 2.

Beim Kniegelenk schiebt sich der Kondylus bei zunehmender Streckung wie ein Keil zwischen Tibiafläche und proximaler Insertion des Seitenbandes. Der Kondylus wirkt als Keil, da sein Krümmungsradius von hinten nach vorne ständig zunimmt und die Kollateralbänder rückwärtig der Linie inserieren, die die Krümmungsmittelpunkte untereinander verbindet.

Eine Beugestellung von 30° entspannt die Kollateralbänder; nach Naht der Kollateralbänder wird das Kniegelenk in dieser Stellung immobilisiert.

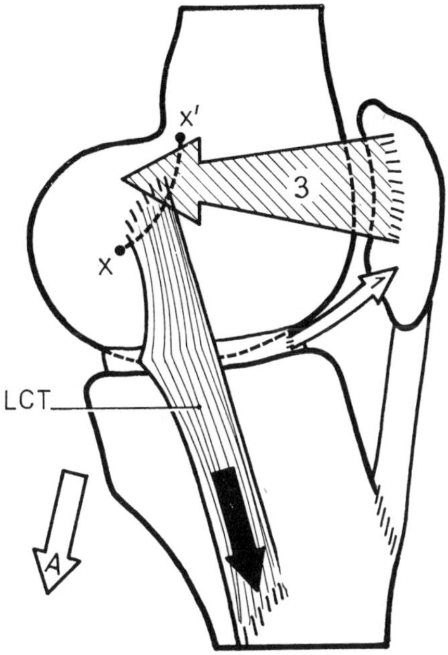

124

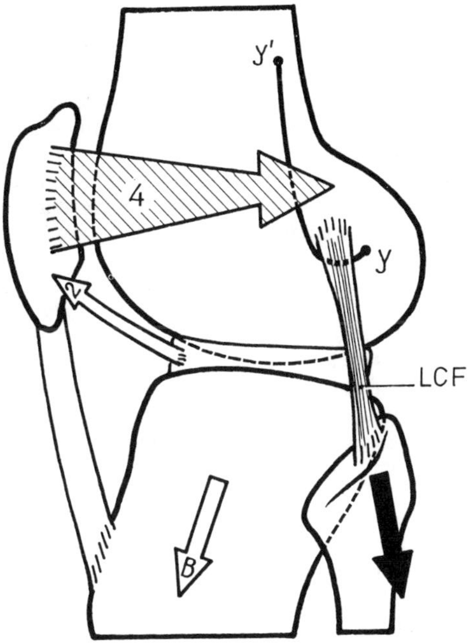

125

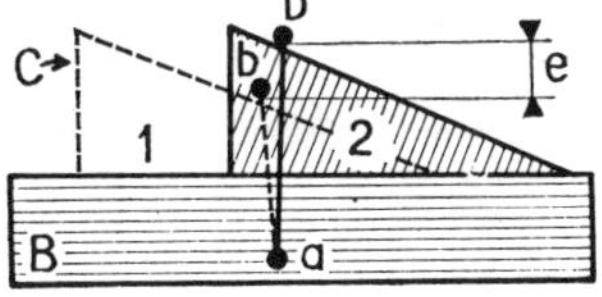

130

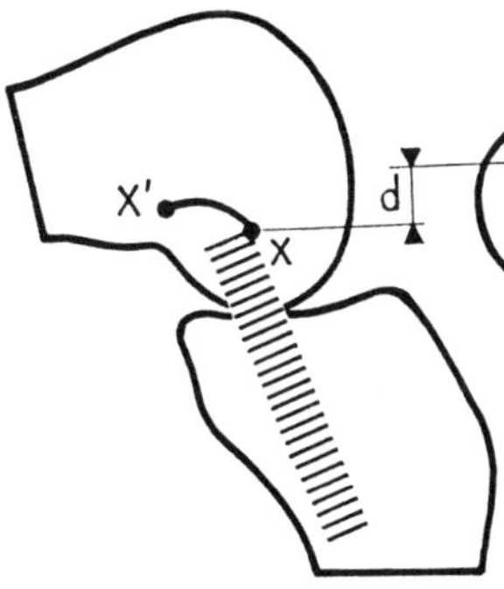

127

126

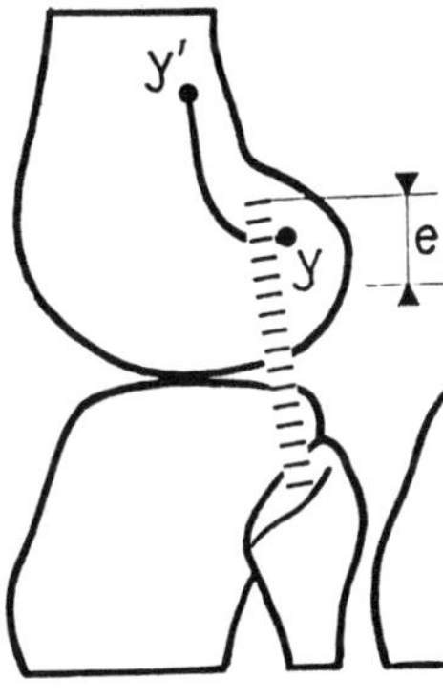

128

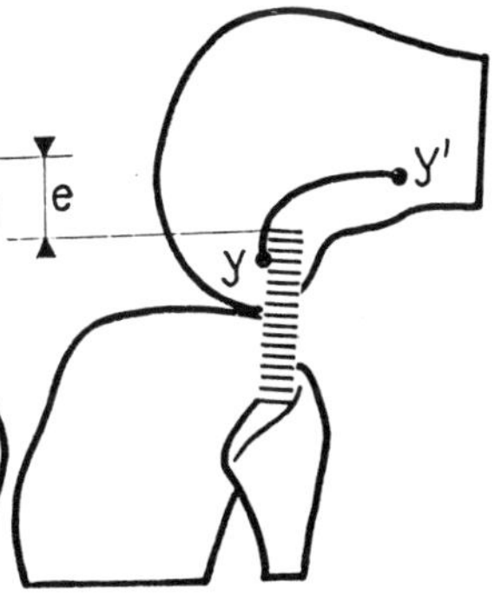

129

Stabilität des Kniegelenks in der Frontalen

Die gelenkspaltnahen Abschnitte von Femur und Tibia werden durch axiale Druckkräfte beansprucht. Die Spongiosaarchitektur zeigt eine funktionelle Anpassung an diese Beanspruchung (Abb. 131)*. Wie im proximalen Femurabschnitt, so bilden auch hier die Spongiosabälkchen ein trajektorielles Fachwerk.
– Ein Frontalschnitt durch das distale Femurende läßt zwei Spongiosabälkchenzüge erkennen. Zum einen treffen Bälkchen rechtwinklig auf die subchondrale Kompakta der Kondylen. Diese Bälkchen sind dem Drucksystem zuzuordnen. Im rechten Winkel werden die Druckbälkchen von einem etwas schwächeren System von Zugbälkchen gekreuzt, die die laterale und mediale Kompakta miteinander verbinden.
– Der Frontalschnitt durch das proximale Tibiaende zeigt eine vergleichbare Spongiosaarchitektur. Von den konkaven Gelenkflächen des Tibiaplateaus entspringen radiär Knochenbälkchen, die in ihrem weiteren Verlauf in die diaphysäre Kompakta münden. Gekreuzt werden diese Druckbälkchen von einem System horizontaler Zugbälkchen.
Die das proximale Tibiaende beanspruchende Resultierende F kann – nicht wie normal genau vertikal – ein wenig schräg (und dann auch exzentrisch) zum Tibiaplateau verlaufen (Abb. 132). In einem solchen Fall kann sie in eine vertikale (v) und eine transversale Komponente (t) zerlegt werden. Die transversale Komponente hat die Tendenz, die Valgusstellung des Knies zu verstärken, indem der Gelenkspalt medial in Form des nach innen offenen Winkels (a) zu klaffen droht. Der mediale Bandapparat verhindert normalerweise eine solche Dislokation.
Die transversale Komponente (t) wächst mit zunehmender Valgusstellung (Abb. 133). Bei einem Genu valgum von 160° ist F_2 maßgeblich, die transversale Komponente t_2 ist doppelt so groß wie bei einem Valguswinkel von 170° (F_1 und t_1). Je ausgeprägter die Valgusstellung des Knies ist, desto extensiver wird der mediale Bandapparat belastet. Gewalteinwirkungen auf das Knie von lateral oder medial können zu Frakturen im Bereich des Tibiakopfes führen. Eine die mediale Seite des Gelenks treffende Kraft (Abb. 134) hebt die physiologische Valgusstellung auf und kann primär zum Abbruch des medialen Kondylus (1) führen. Ist die Gewalteinwirkung extrem hoch, reißt sekundär auch das fibulare Kollateralband (2). Bei einer primären Seitenbandruptur kommt es gewöhnlich nicht zu einer Tibiafraktur.
Wird die laterale Seite des Gelenks getroffen (Abb. 135), z. B. durch eine Autostoßstange, dann disloziert der laterale Femurkondylus primär ein Stück nach medial, um sich dann gegen den lateralen Femurkondylus anzustemmen. Die Kortikalis des lateralen Kondylus der Tibia bricht ein, es resultiert eine Impressions- und Dislokationsfraktur.

---

* Anm. des Übersetzers: Der in Abb. 131 dargestellte Verlauf der Spongiosabälkchen entspricht nicht den Tatsachen. Korrekte Analysen finden sich bei Maquet (1976) und Pointner (1983).

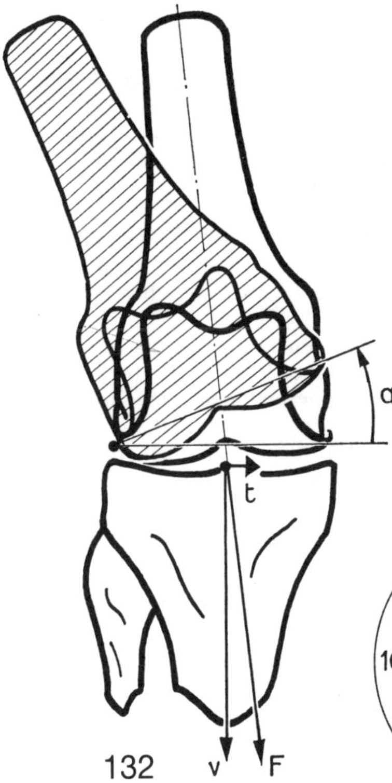

132

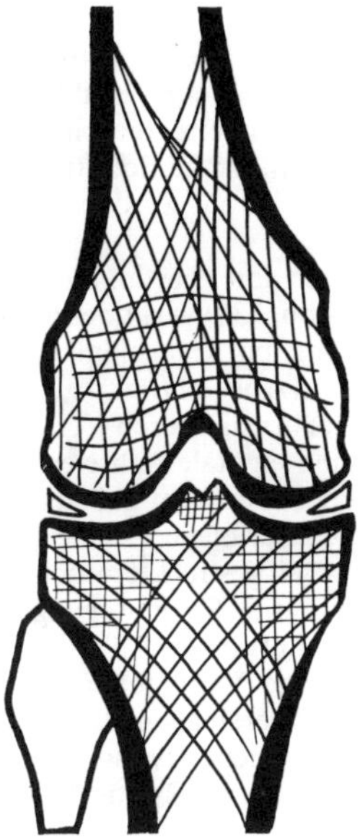

131

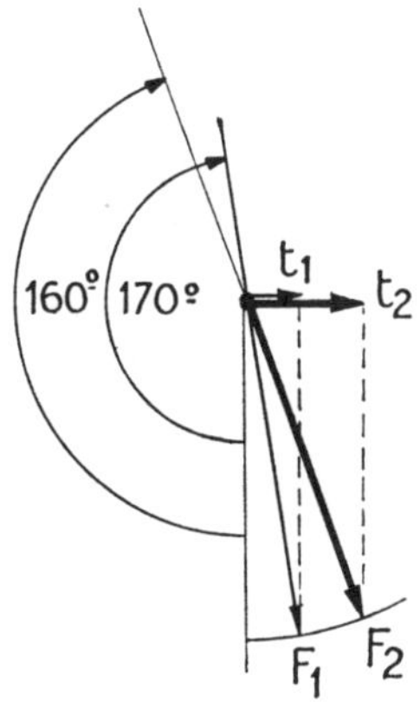

133

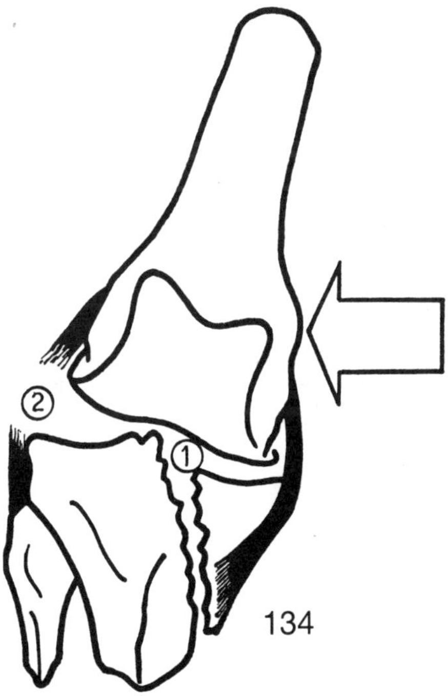

134

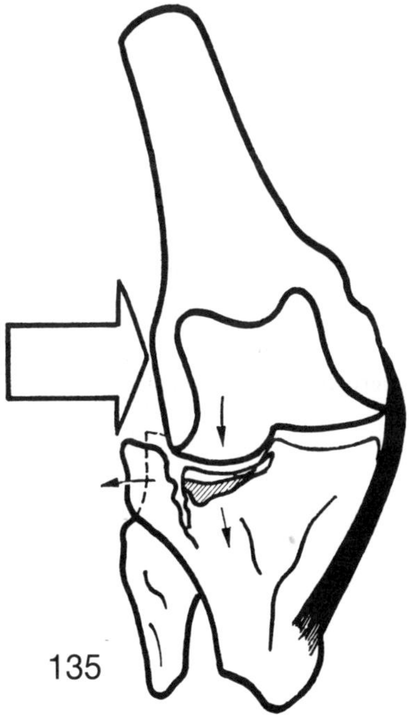

135

Stabilität des Kniegelenks in der Frontalen (Fortsetzung)

Während des Gehens oder Laufens ist das Kniegelenk fortwährend Belastungen ausgesetzt. In bestimmten Situationen ergibt sich eine sehr hohe Belastung des lateralen Kniegelenkabschnittes (Abb. 136) mit der Tendenz, die physiologische Valgusstellung zu verstärken und den Gelenkspalt medial klaffen zu lassen. Ist die Belastung unphysiologisch hoch, dann kann das mediale Seitenband reißen (Abb. 137). Es muß betont werden, daß ein Riß des medialen Seitenbandes das Wirken extrem hoher Kräfte voraussetzt.
Eine unter bestimmten Umständen eintretende extreme Belastung des medialen Kniegelenksabschnittes (Abb. 138) wirkt der physiologischen Valgusstellung entgegen, der Gelenkspalt droht lateral zu klaffen. Eine das Kniegelenk medial treffende Kraft kann eine Ruptur des lateralen Kollateralbandes hervorrufen (Abb. 139).
Bei ernsthafteren Verletzungen des Kniegelenks können Seitbewegungen nachgewiesen werden, die um eine sagittale Achse erfolgen. Zu diagnostizieren sind diese pathologischen Bewegungen bei gestrecktem oder nur leicht gebeugtem Knie. Stets muß ein Vergleich mit der als gesund erachteten, kontrateralen Seite erfolgen.

- Bei gestrecktem oder auch leicht überstrecktem Knie (Abb. 141) indiziert eine zur Valgusstellung führende Seitbewegung nach lateral die Ruptur des medialen Kollateralbandes (Abb. 137) und gegebenenfalls einen Riß der medialen Polkappe.
- Eine Varusstellung herbeiführende, mediale Seitbewegung ist Hinweis auf die Ruptur des lateralen Kollateralbandes (Abb. 139) und eventuell der lateralen Polkappe.

Die gleichen pathologischen Bewegungen, nachgewiesen am 10° gebeugtem Knie (Abb. 142), lassen auf die isolierte Ruptur eines der Kollateralbänder schließen, da die Polkappen unmittelbar mit Beginn der Beugung entspannt werden.
Der Nachweis von pathologischen Seitbewegungen an einem schmerzhaften Knie ist schwierig, da eine vollkommene Entspannung der Muskeln nicht erwartet werden kann. Es ist von daher angezeigt, eine Untersuchung in Vollnarkose vorzunehmen.
Eine Bandverletzung des Kniegelenks macht dieses instabil. Bei Abriß eines Seitenbandes wird den bei speziellen Belastungen (Abb. 136 und 138) auftretenden Kräften kein Widerstand mehr entgegengebracht.
Neben den Kollateralbändern sichern das beim Gehen und Laufen belastete Kniegelenk zusätzlich Muskeln. Diese stellen sozusagen aktive Bänder des Kniegelenks dar; für die Stabilität des Kniegelenks sind sie von großer Bedeutung (Abb. 140). Das Ligamentum collaterale fibulare (LCF) wird durch den Tractus iliotibialis (1) unterstützt, der durch den M. tensor fasciae latae angespannt wird (die Aktion des Muskels wird durch die Abb. 138 deutlich).
Das Ligamentum collaterale tibiale (LCT) wird durch die den Pes anserinus (superficialis) bildenden Muskeln unterstützt: M. sartorius (2), M. semitendinosus (3), M. gracilis (4). Die Kontraktion des M. sartorius zeigt die Abbildung 136.
Die Kollateralbänder werden von stabilisierenden, kräftigen Sehnen begleitet. Auch der M. quadriceps femoris beteiligt sich wesentlich an der Gelenkstabilisierung. Die Retinacula patellae laterale (Rl) und mediale (Rm) sowie sich überkreuzende Faserzüge (x) bilden an der Vorderseite des Gelenks einen kräftigen, fibrösen Mantel. Die Retinacula verhindern ein Klaffen des Gelenkspaltes auf der ipsilateralen, die kreuzenden Faserzüge ein Klaffen auf der kontralateralen Seite des Gelenks. Die drei Mm. vasti sichern so die Stabilität des Gelenkes auf der lateralen wie auf der medialen Seite. Es wird nun verständlich, daß die Stabilität des Gelenkes von der vollen Funktionsfähigkeit des M. quadriceps femoris abhängt, und daß durch eine Atrophie des Muskels Instabilitäten resultieren.

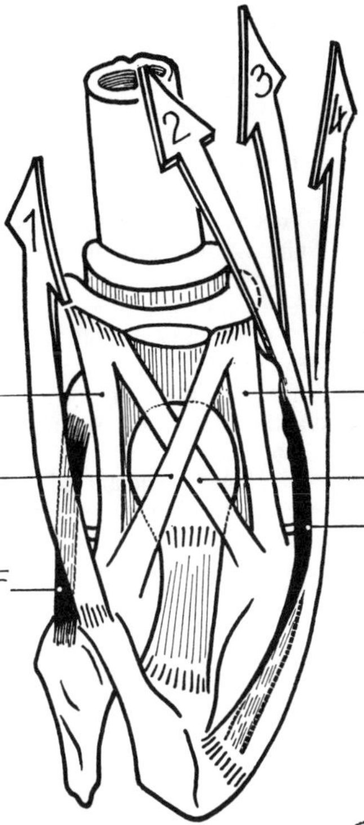

140

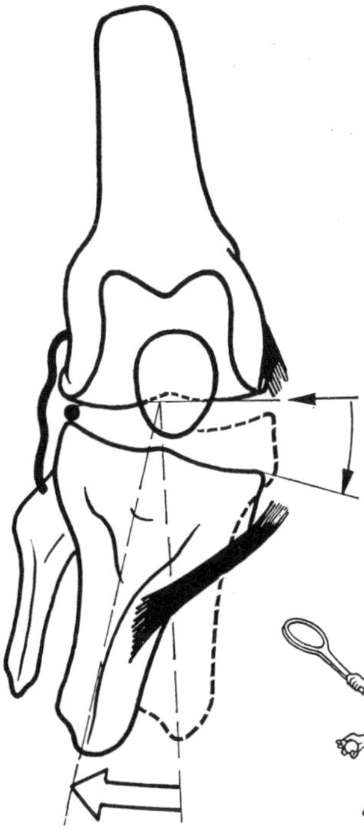

137

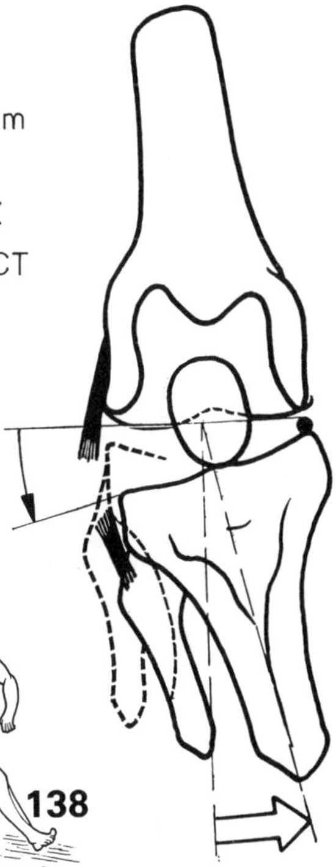

139

136

138

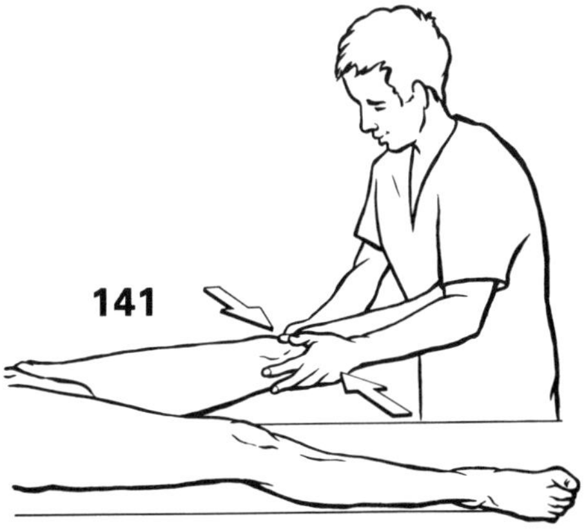

141

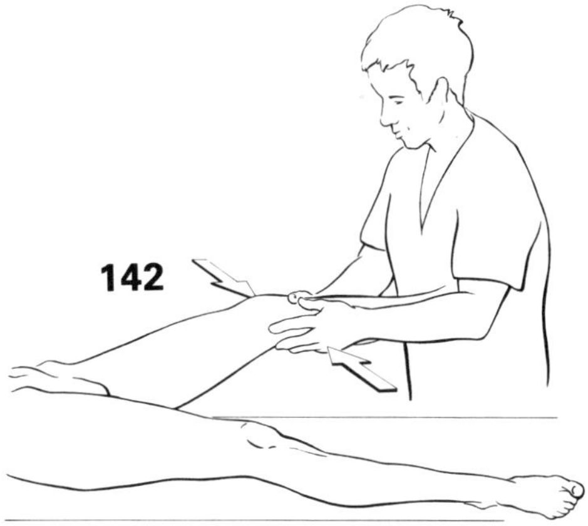

142

Stabilisierung des Kniegelenks in der Sagittalen

Die Sicherung des Gelenkes ist in Hyperextension eine vollkommen andere als bei einer leichten Beugung. Bei einer nur sehr geringgradigen Beugung (Abb. 143) fällt das Schwerelot des Körpergewichtes hinter die Beuge-Streckachse des Kniegelenks und die initiale Beugung verstärkt sich, wenn nicht eine Kontraktion des M. quadriceps femoris Gleichgewicht schafft. Der M. quadriceps femoris ist in dieser Situation entscheidend für das aufrechte Stehen. Wird jedoch das Kniegelenk hyperextendiert (Abb. 144), dann erfolgt eine rasche Blockierung durch den rückwärtigen Kapsel-Bandapparat (schwarz hervorgehoben), und der aufrechte Stand ist ohne Mitbeteiligung des M. quadriceps femoris gewährleistet. Es ist nun verständlich, daß bei einer Lähmung des Muskels gezielt ein Genu recurvatum verstärkt wird, um auf diese Weise dem Betroffenen ein aufrechtes Stehen und sogar ein Gehen zu ermöglichen.
Befindet sich das Kniegelenk in Hyperextension (Abb. 145), dann kann die das Kniegelenk belastende Kraft f in eine vertikale Komponente (v) und eine horizontale Komponente (h) zerlegt werden*. Die nach hinten gerichtete Komponente (h) verstärkt die Hyperextension, mit ihrem Anwachsen nimmt die Belastung des rückwärtigen Kapselbandapparates zu. Seine Überdehnung wiederum führt zu einem ausgeprägten Genu recurvatum.
Obwohl die Hyperextension im Kniegelenk nicht, wie am Ellenbogengelenk, durch ein hartes Anschlagen limitiert wird, so ist deren Begrenzung doch nicht weniger stabil (Abb. 146). Eine Hyperextension wird in erster Linie durch den Kapselbandapparat, aber auch durch Muskeln eingeschränkt.
Der Kapselbandapparat setzt sich zusammen aus:
- der hinteren Partie der Kapselwand (Abb. 147)
- den Ligamenta collateralia und dem hinteren Kreuzband (Abb. 148).

Die hintere Kapselwand (Abb. 147) wird durch kräftige Bandzüge verstärkt. Im Bereich des medialen und lateralen Kondylus ist die Kapsel verdickt („Polkappen", 1), tiefe Fasern der Gastrocemiusköpfe liegen ihr auf. Von der Spitze des Caput fibulae entspringt das Ligamentum popliteum arcuatum, das sich in zwei Züge aufteilt.
- Das laterale Bündel strahlt bis in die laterale Polkappe (2) und an die Fabella (3), die gelegentlich als Sesambein in der Sehne des lateralen Gastrocnemiuskopfes vorgefunden wird.
- Das mediale Bündel, erst schlank, dann breiter werdend, formt mit seinen distalen Fasern (4) das eigentliche Ligamentum popliteum arcuatum. Unter die Arkade zieht die Sehne des M. popliteus (weißer Pfeil), die über den mit der Gelenkhöhle kommunizierenden Recessus subpopliteus sozusagen intrakapsulär verläuft. Die Arkade bildet die obere Begrenzung des Eintritts des Muskels in die Kapsel.

Medial wird die Kapselwand durch das Ligamentum popliteum obliquum (5) verstärkt. Das Ligament wird von rückläufigen Bündeln der Semimembranosussehne (6) gebildet und zieht nach oben-lateral, um an der lateralen Polkappe und an der eventuell vorhandenen Fabella zu enden.
Alle genannten Elemente spannen sich bei einer Hyperextension (Abb. 148) an, im besonderen die Polkappen (1). Erwähnt wurde bereits, daß die Kniegelenksstreckung das fibulare (7) und das tibiale Kollateralband (8) anspannt. Das hintere Kreuzband (9) spannt sich bei der Extension an. Es ist leicht festzustellen, daß die oberen Fixpunkte (A, B, C) der Strukturen um das Zentrum O nach vorn wandern. Neuere Untersuchungen zeigen allerdings, daß es das vordere Kreuzband ist, das in Streckstellung maximal angespannt wird. Die Beugemuskeln (Abb. 149) schließlich sind die die Überstreckung aktiv begrenzenden Elemente. Es sind die den Pes anserinus (superficialis) bildenden Muskeln (10), die hinter dem medialen Kondylus verlaufen, der M. biceps femoris (11) und auch der M. gastrocnemius (12), wenn er durch Dorsalextension im oberen Sprunggelenk entsprechend gespannt wird.

---

* Anm. des Übersetzers: Die angegebene Richtung von f ist nicht korrekt. Vgl. dazu Maquet (1976).

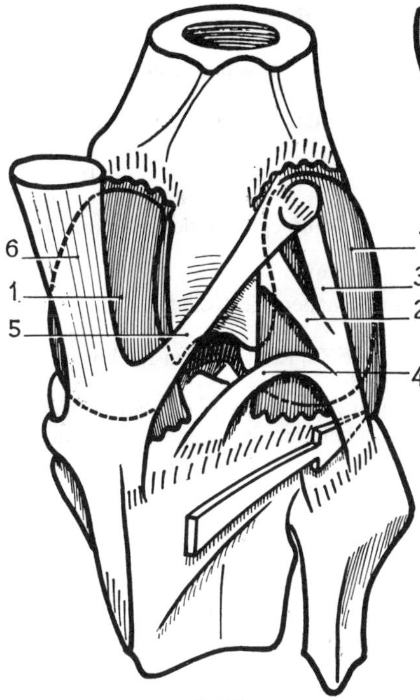

147

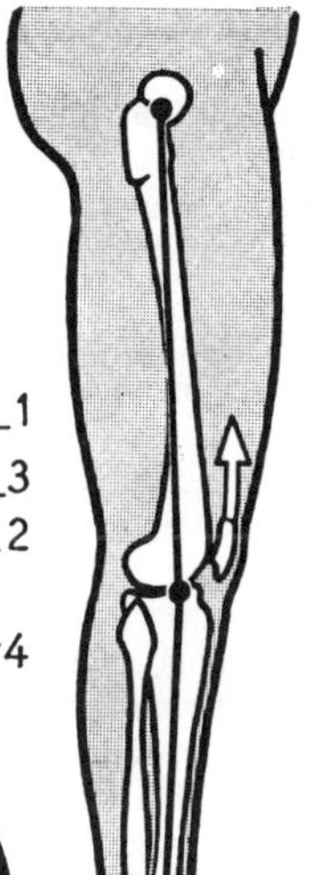

143

145

144

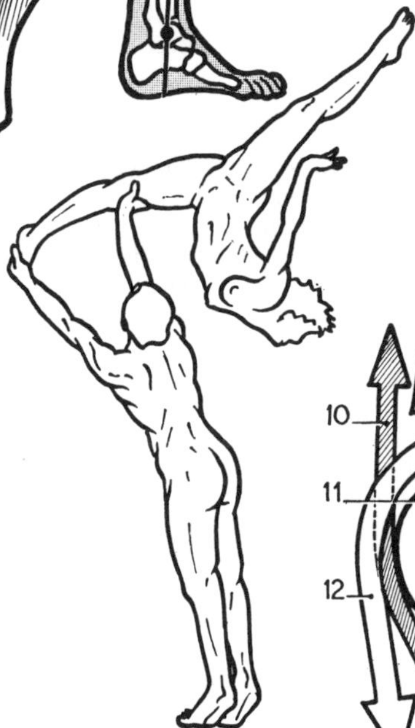

146

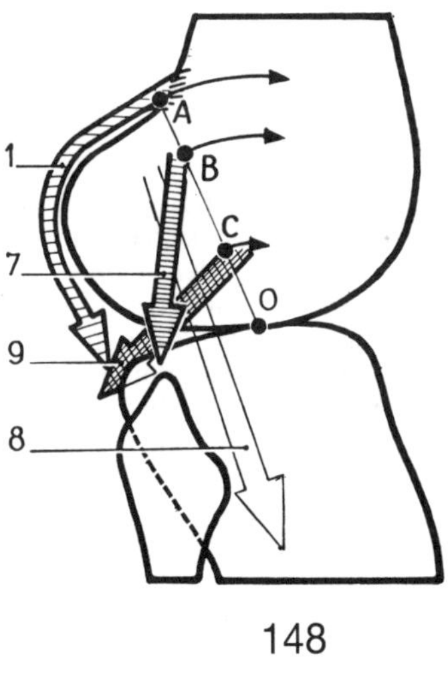

148

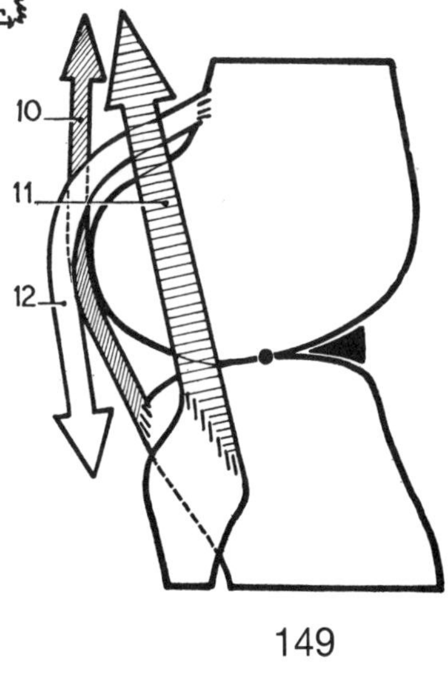

149

Periphere, das Kniegelenk schützende Strukturen

Die bisher im einzelnen beschriebenen Kapsel- und Bandelemente fügen sich zu einer Einheit zusammen, die das Kniegelenk schützt (Abb. 150).
Auf einem in Höhe des Gelenkspaltes gelegten Transversalschnitt sind folgende Strukturen zu erkennen:
- Mediale Tibiafläche (1) mit dem Meniscus medialis (2)
- Laterale Tibiafläche (3) mit dem Meniscus lateralis (4), der vorn über das Ligamentum transversum genus (5) mit dem Innenmeniskus verbunden ist.
- Die vorn gelegene Kniescheibe (6), die dem Corpus adiposum (7) aufliegt, und der anteriore Fixpunkt des vorderen Kreuzbandes (8).
- Hinten liegt der posteriore Fixpunkt des hinteren Kreuzbandes (9).

Besondere Bedeutung als schützende und sichernde Strukturen haben die Kollateralbänder und die rückwärtige Kapselpartie.
- Das Ligamentum collaterale tibiale (10) weist nach Bonnel eine Zugfestigkeit von 115 kp/cm^2 auf. Es dehnt sich um 12,5% seiner ursprünglichen Länge, bevor es reißt.
- Das Ligamentum collaterale fibulare (11) hat eine Zugfestigkeit von 276 kp/cm^2 und läßt sich um bis zu 19% dehnen. Es ist, wider Erwarten, widerstandsfähiger und dehnbarer als das mediale Band.
- Die hintere Kapselwand wird von der medialen (12) und der lateralen Polkappe (13) gebildet. In Letzterer kann als Sesambein die Fabella (14) liegen. Hinzu kommen als verstärkende Elemente die Ligamenta poplitea obliquum (15) und arcuatum (16).

Des weiteren können vier Kapselbandpartien unterschiedlicher Widerstandsfähigkeit und Bedeutung gesondert hervorgehoben werden.
- Die posteromediale Partie ist die wichtigste. Bonnel bezeichnet sie als fibrotendinösen „Kern“, was für sie, aber nicht für die übrigen richtig ist. Bousquet spricht von einem posteromedialen Angelpunkt, wobei allerdings chirurgische und weniger anatomische Gesichtspunkte im Vordergrund stehen. Der posteromediale Kapselbereich setzt sich aus folgenden Strukturelementen zusammen:
- Hinterste Faserbündel des tibialen Kollateralbandes (10')
- Medialer Abschnitt der medialen Polkappe (12)
- Zwei Abspaltungen der Semimembranosussehne (16); die eine (17) zieht an den Condylus medialis tibiae, die andere (18) an die rückwärtige Fläche des medialen Meniskus, mit dem sie fest verbunden ist.
- Die posterolaterale Kapselbandpartie ist weniger kräftig, da der Außenmeniskus keine Verbindung mit der Kapsel und dem fibularen Kollateralband eingeht. Zwischen Meniskus und Band verläuft die Popliteussehne (19); sie inseriert am lateralen Femurkondylus. Von dieser Sehne ziehen Fasern (20) an die rückwärtige Meniskuskante und fixieren ihn. Das Kollateralband strahlt mit einzelnen Fasern (21) in die laterale Polkappe ein.
- Die anterolaterale Partie wird vom Tractus iliotibialis (22) gebildet, der zum Teil (23) auch an die Außenseite der Patella heranzieht. Hinzu kommt das laterale Retinakulum (24).
- Die anteromediale Partie schließlich wird vom Retinaculum mediale (25) und von Sehnenfasern des M. sartorius (26) gebildet. Sie schließt an die mediale Patellaseite an. Auch die periartikulären Muskeln stellen einen Schutz des Kniegelenkes dar. Durch ihre Kontraktion wird das Gelenk stabilisiert und vor Verrenkungen bewahrt. Die Muskeln unterstützen aktiv die nur passiv reagierenden Bänder.

Der wichtigste Muskel ist der M. quadriceps femoris, ohne den keine Stabilität des Kniegelenkes möglich ist. Er ist aufgrund seiner Kraft und seiner exakt koordinierten Wirkung in der Lage, Bandinsuffizienzen bis zu einem gewissen Grad zu kompensieren. Seine volle Funktion ist Voraussetzung für das Gelingen jedweden operativen Eingriffes. Da man weiß, wie schnell der Muskel atrophieren kann, und da es schwierig ist, ihn wieder aufzutrainieren, gilt ihm von chirurgischer und krankengymnastischer Seite große Beachtung.
Der lateral gelegene Tractus iliotibialis (22) stellt die Sehne des M. tensor fasciae latae dar. Dorsomedial liegt der M. semimembranosus und die den Pes anserinus bildenden Muskeln: M. sartorius (27), M. gracilis (28), M. semitendinosus (29).
Posterolateral finden sich zwei Muskeln; zum einen ist es der M. popliteus (19), dessen spezifische Funktion noch analysiert werden wird. Die kräftige Sehne (30) des M. biceps femoris zum anderen verläuft parallel zum fibularen Kollateralband.
Auf der Rückseite des Gelenkes liegen die Köpfe des M. gastrocnemius, die oberhalb der Polkappen und an diesen selbst entspringen. Die Sehne des medialen Kopfes (31) kreuzt die des M. semimembranosus. Zwischen den Sehnen liegen die Bursae subtendinea m. gastrocnemii medialis und m. semimembranosi (32), die häufig mit dem Gelenk kommunizieren. Das Caput laterale (33) kreuzt mit seiner Sehne die des M. biceps femoris, ohne daß ein Schleimbeutel zwischengelagert ist.

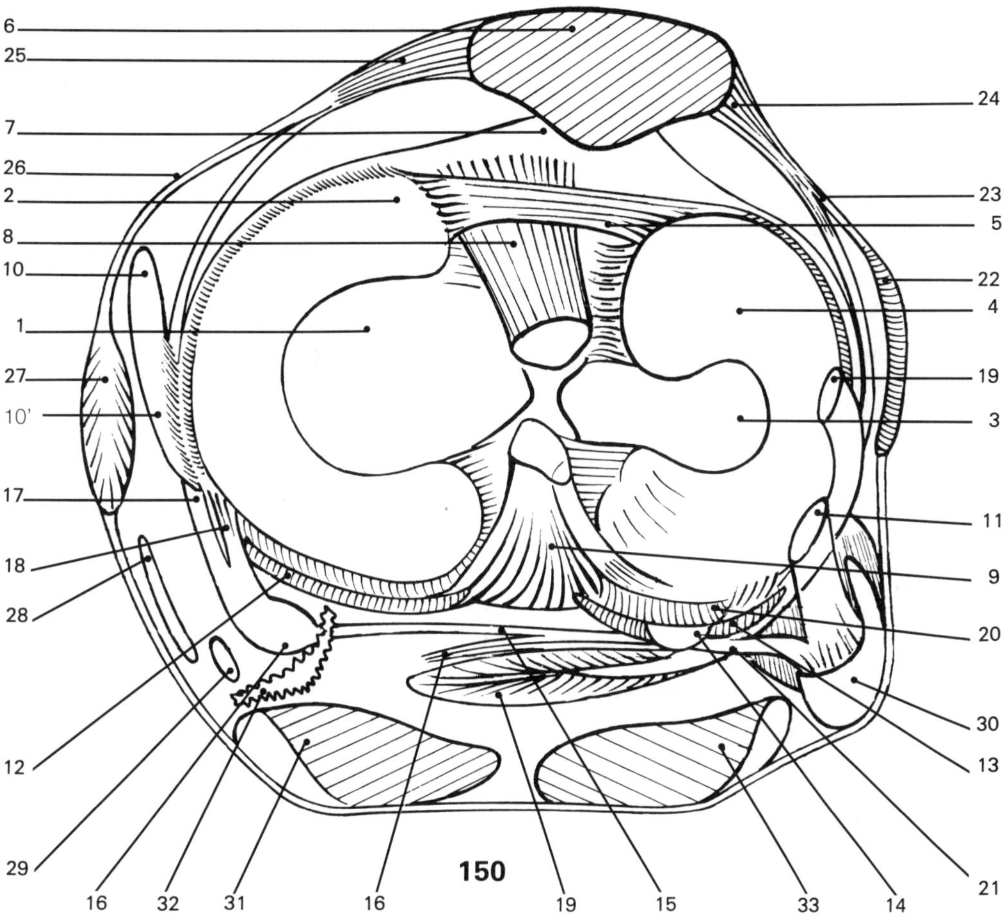
6
25
7
26
2
8
10
1
27
10'
17
18
28
12
29
16
32
31
16
19
15
33
14
21
13
30
20
9
11
3
19
4
22
5
23
24

150

Kreuzbänder des Kniegelenks

Eröffnet man ein Kniegelenk von vorn (Abb. 151, nach Rouvière), so erkennt man, daß die Kreuzbänder zentral im Gelenk, im Bereich der Areae intercondylares untergebracht sind. Man erkennt sofort das vordere Kreuzband (1), das an der Tibia (Abb. 152, nach Rouvière) an der Area intercondylaris anterior und längs der medialen Tibiagelenkfläche fixiert ist. Vorne wird es von dem Cornu anterius des medialen Meniskus (7), hinten vom Vorderhorn des lateralen Meniskus (8) begrenzt (s. auch Abb. 73). Das Band zieht schräg nach oben, lateral und nach hinten zur medialen Fläche des lateralen Femurkondylus (Abb. 153, nach Rouvière). Es inseriert dort im hinteren Kondylenbereich unmittelbar an der Knorpelknochengrenze (s. auch Abb. 77). Das vordere Kreuzband liegt an der Tibia ganz vorn, am Femur ganz außen, es trägt seinen Namen zu Recht.
Es können drei Bandpartien unterschieden werden:
- Ein anteromediales Bündel weist die längsten Fasern auf. Bei Einblick in das Gelenk von vorn wird es als erstes sichtbar. Es ist am ehesten Verletzungen ausgesetzt.
- Ein posterolaterales Bündel wird vom oben genannten überdeckt; bei partiellen Bandrupturen bleibt es meist intakt.
- Ein intermediäres Bündel

Insgesamt ist das Band in sich torquiert; Faserbündel, die an der Tibia vorn entspringen, inserieren distal und vorn am Femur. Faserbündel, die an der Tibia hinten entspringen, inserieren proximal am Femur. Die Fasern des Bandes haben unterschiedliche Länge. Nach Bonnel sind sie 1,85 bis 3,35 cm lang.
Hinter dem Ligamentum cruciatum anterius (Abb. 151) erscheint das hintere Kreuzband, Ligamentum cruciatum posterius (2). An der Tibia ist es im hinteren Bereich der Area intercondylaris posterior befestigt (6, Abb. 152). Es reicht mit seiner Befestigung sogar über den hinteren Rand des Tibiaplateaus (Abb. 153 und 154, nach Rouvière) herüber (s. auch Abb. 73). Der tibiale Fixpunkt des hinteren Kreuzbandes liegt somit weit hinter den Cornua posteriora des lateralen (9) und medialen (10) Meniskus. Das Band zieht schräg nach vorn, medial und oben (Abb. 154, Knie auf 90° gebeugt). Der Ansatz am Femur (2) nimmt die Tiefe der Fossa intercondylaris ein (Abb. 155, nach Rouvière). An der lateralen Fläche der medialen Femurrolle reicht es weit nach vorne bis an die Knorpelknochengrenze (s. auch Abb. 76). Das hintere Kreuzband findet sich an der Tibia ganz hinten, am Femur dagegen ganz medial, womit es seine Bezeichnung als Kreuzband zu Recht besitzt.
Vier Bandpartien sind unterscheidbar:
- Ein posterolaterales Bündel, an der Tibia hinten und am Femur außen inserierend.
- Ein anteromediales Bündel, an der Tibia vorn und am Femur medial inserierend.
- Ein anteriores Bündel ist inkonstant (Humphrey).
- Das Ligamentum meniscofemorale posterius (3) zieht vom hinteren Horn des lateralen Meniskus hinter dem hinteren Kreuzband (Abb. 154) medial- und kranialwärts zur lateralen Fläche der medialen Femurrolle (Abb. 151). Gelegentlich ist ein schwaches Ligamentum meniscofemorale anterius ausgebildet (Abb. 152). Einige Fasern (12) des vorderen Kreuzbandes ziehen an das Vorderhorn des Innenmeniskus und setzen dort in der Nähe des Ligamentum transversum genus (11) an.

Die Kreuzbänder berühren sich (Abb. 155, Kreuzbänder sind nahe ihrer Insertion am Femur durchtrennt) mit ihren axialen Flächen; das vordere Kreuzband verläuft lateral am medialen vorbei. Sie liegen nicht frei in der Gelenkhöhle, sondern weisen einen Synovialmembranüberzug auf. Auf ihre wichtigen Beziehungen zur Kapsel wird noch eingegangen werden.

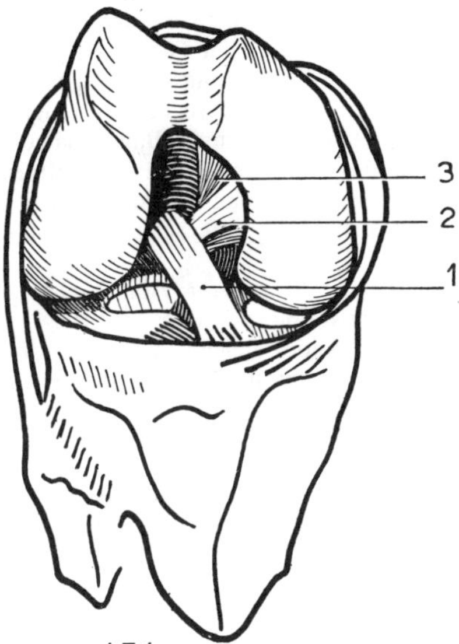

151

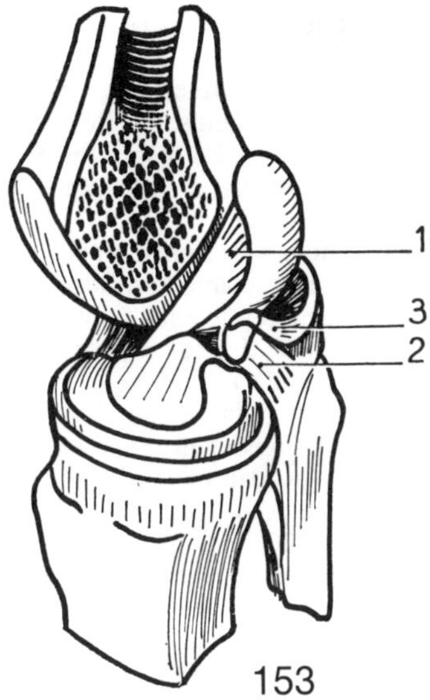

153

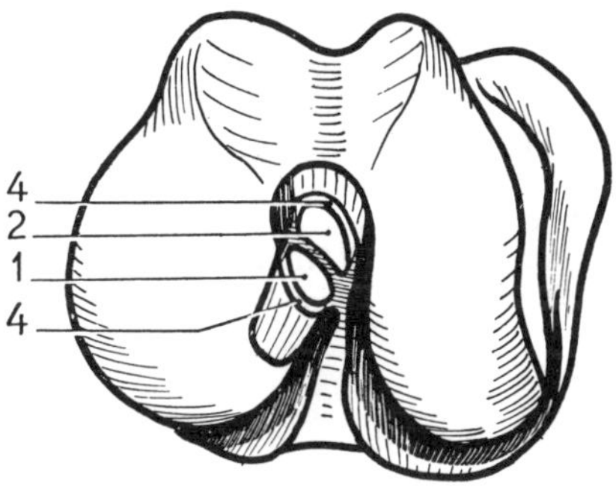

155

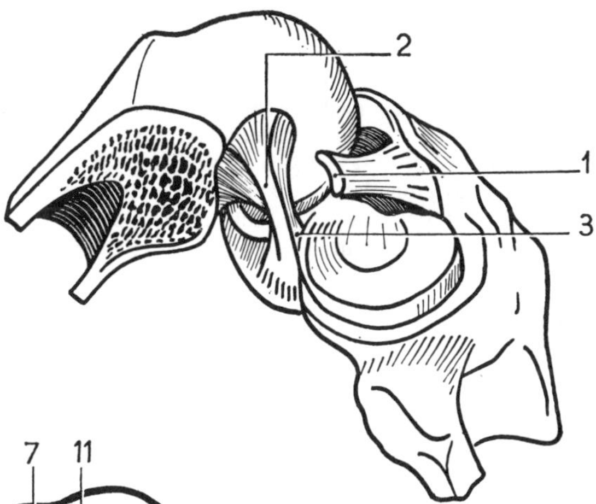

154

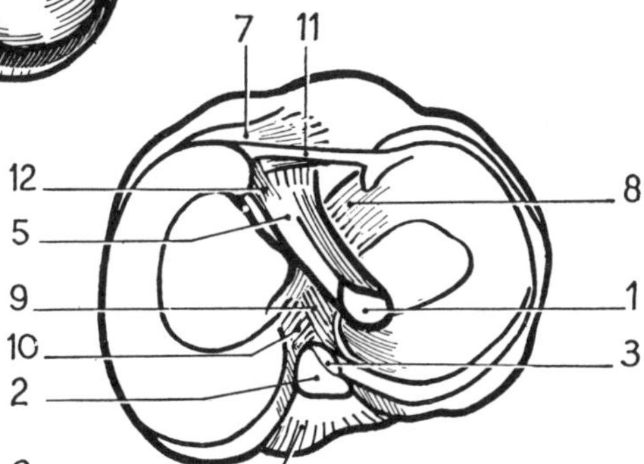

152

Beziehungen zwischen Kapsel und Kreuzbändern

Die Beziehung der Kreuzbänder zur Kapsel sind derart innig, daß sie als lokale Verdickungen derselben angesehen werden und somit Bestandteil der Kapsel sein könnten. Es wurde bereits geschildert (S. 88), wie die Kapsel in die Fossa intercondylaris eindringt und längs der Gelenkachse eine doppelwandige Kompartimentierung erwirkt. In einer vereinfachten Beschreibung wurde gesagt, daß durch den Kapselansatz an der Tibia (Abb. 156) die Befestigungsareale der Kreuzbänder außerhalb der Kapsel zu liegen kommen. Tatsächlich jedoch verläuft der Kapselansatz durch die Bandansätze. Die Kreuzbänder als verdickte Kapselanteile springen in den doppelwandigen, extrakapsulären Zentralraum vor. In einer Ansicht von hinten-medial (Abb. 157) erscheint, nach Wegnahme des medialen Femurkondylus und eines Kapselteils, das vordere Kreuzband der Kapselwand wie „aufgesetzt“ (das hintere Kreuzband ist nicht eingezeichnet).
Eine Ansicht von hinten lateral auf ein adäquat hergestelltes Präparat (Abb. 158) zeigt, wie das hintere Kreuzband der medialen Wand der zentralen Kapseleinstülpung „aufgesetzt“ ist.
Zu beachten ist, daß nicht alle Faserbündel der Kreuzbänder gleiche Länge und gleiche Orientierung haben (s. auch Abb. 161), so daß bei Bewegungen auch nicht alle Faserbündel gleichzeitig angespannt werden (s. S. 120).
In den Abbildungen sind desweiteren die Polkappen der Kapsel dargestellt, in Abbildung 158 bedeckt die mediale den Condylus medialis, in Abbildung 157 ist die laterale z. T. reseziert.
An einem frontalen Schnitt (Abb. 156) durch den hinteren Kondylenbereich ist die Kompartimentierung der Gelenkhöhle erkennbar (Femur und Tibia sind künstlich voneinander entfernt):
– Der in der Mitte gelegene Kapseleinschub, verdickt durch die Kreuzbänder, untergliedert den Kapselraum in eine laterale und mediale Hälfte. Nach vorne zu ergibt sich diese Untergliederung durch das Corpus adiposum infrapatellare (s. S. 90).
– Jede Kapselraumhälfte wird ihrerseits durch den Meniskus in zwei Etagen gegliedert; die obere Etage, suprameniscal, entspricht der „Articulatio meniscofemoralis“, die untere, inframeniscale Etage entspricht der „Articulatio meniscotibialis“.
Die Kreuzbänder haben wesentlichen Einfluß auf die Morphologie des Kniegelenks. Das vordere Kreuzband (Abb. 159) legt sich, ausgehend von einer mittleren Ausgangsstellung (1), horizontal (2) in die Ebene des Tibiaplateaus, wenn das Gelenk um 45°–50° gebeugt wird. Bei einer weiteren, maximalen Beugung richtet es sich wieder auf, um die höchste Position (3) zu erreichen. Das sich senkende hintere Kreuzband bettet sich in die von den Areae intercondylares anterior und posterior gebildete Rinne, so als wollte es wie ein Brotmesser (kleine Skizze) die Eminentia intercondylaris zerteilen. Das hintere Kreuzband (Abb. 160) „bestreicht“ während einer von der Streckstellung (A) ausgehenden, maximalen Beugung (B) einen wesentlich größeren Kreissektor (fast 60°) als das vordere Kreuzband. Am Femur „schneidet“ es die Fossa intercondylaris „ein“ und trennt so die beiden Windenwangen, die von den Condyli femoris gebildet werden.

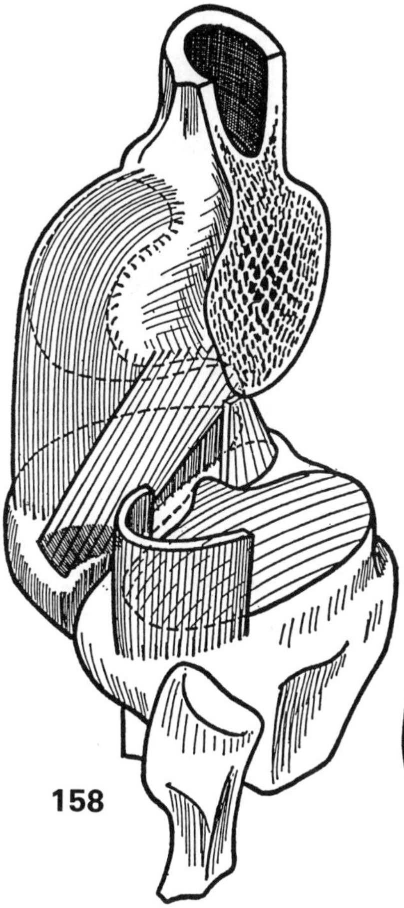

158

156

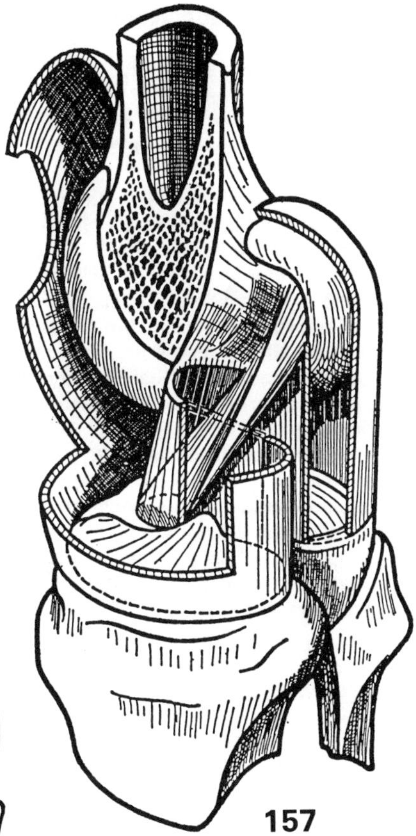

157

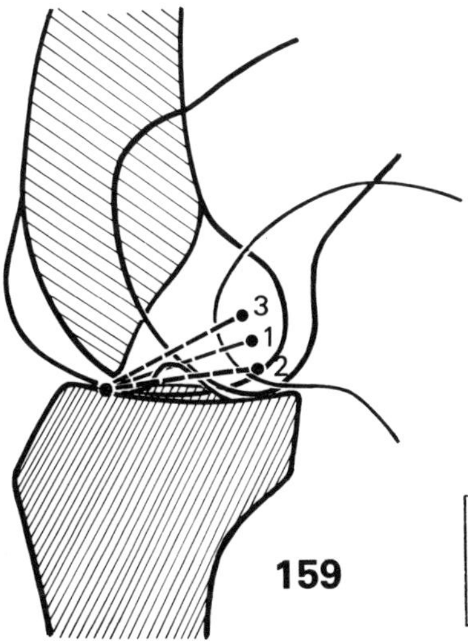

159

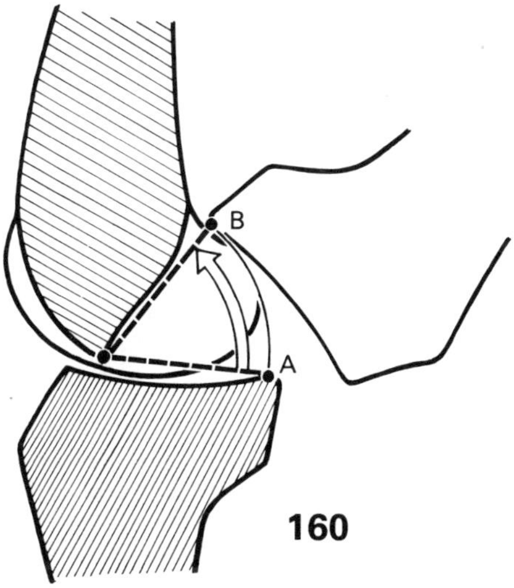

160

Orientierung der Kreuzbänder

Bei perspektivischer Betrachtung (Abb. 161) überkreuzen sich die Ligamenta cruciata tatsächlich. Auch in der sagittalen Ebene (Abb. 162) sind sie gekreuzt, das anteriore Band (A) läuft schräg nach oben und hinten, während das posteriore schräg nach oben und vorne ausgerichtet ist. Auch in der frontalen Ebene ist ihr Verlauf ein gekreuzter (Abb. 164, Ansicht von hinten): Ihre Befestigungen an der Tibia (schwarze Punkte) liegen auf einer sagittalen Achse (Pfeil S), während die femoralen Fixpunkte um 1,7 cm auseinanderliegen. Das hintere Kreuzband läuft folglich schräg nach oben-medial, das vordere schräg nach oben-lateral. In der Horizontalebene hingegen (s. Abb. 185) liegen sie parallel zueinander, ihre axialen Seiten berühren sich.
Die Kreuzbänder überkreuzen nicht nur sich selbst, sondern auch das jeweils ipsilaterale Kollateralband. So überkreuzt das vordere Kreuzband das fibulare (Abb. 165), und das hintere das tibiale Kollateralband (Abb. 166). Bei Betrachtung der vier Bänder von medial nach lateral oder umgekehrt stellt man fest, daß sie alternierend schräg zueinander orientiert sind.
Die beiden Kreuzbänder haben einen unterschiedlich geneigten Verlauf (Abb. 162). Bei gestrecktem Knie ist das anteriore Band (A) mehr vertikal, das posteriore (P) mehr horizontal orientiert, was mit der Ausrichtung der Insertionsfelder übereinstimmt. Das Feld für das hintere Band liegt horizontal (Abb. 161, b), das für das vordere steht vertikal (Abb. 161, a).
Wird das Knie gebeugt (Abb. 163), dann stellt sich das in Streckstellung horizontal liegende, hintere Kreuzband vertikal auf. Es beschreibt in Relation zur Tibia einen Kreisbogen von mehr als 60°, während sich die Stellung des vorderen Kreuzbandes nur wenig verändert.
Das Längenverhältnis zwischen den Kreuzbändern ist individuell unterschiedlich. Die Distanz zwischen tibialen und femoralen Fixpunkten ist für jedes Knie charakteristisch, da diese unter anderem das Profil der Kondylen bestimmt.

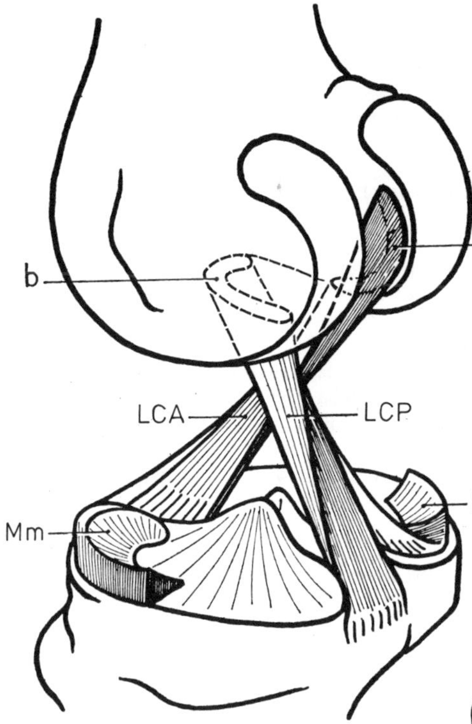

161

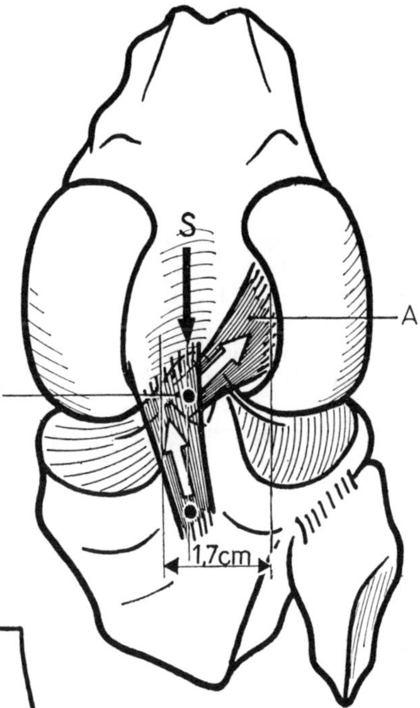

164

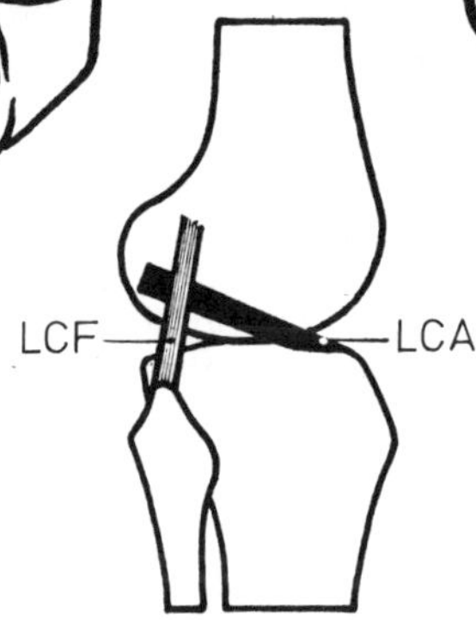

165

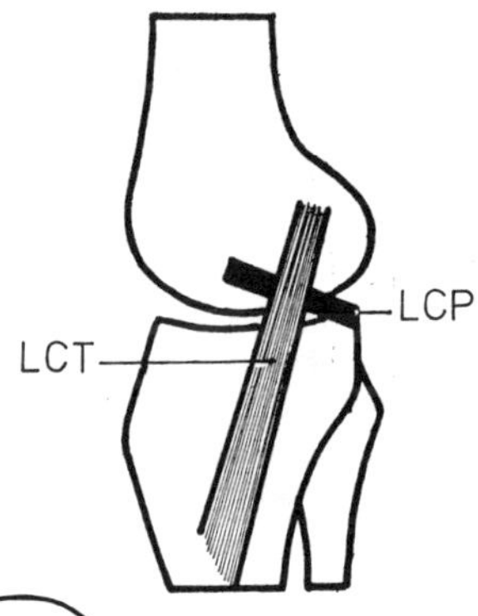

166

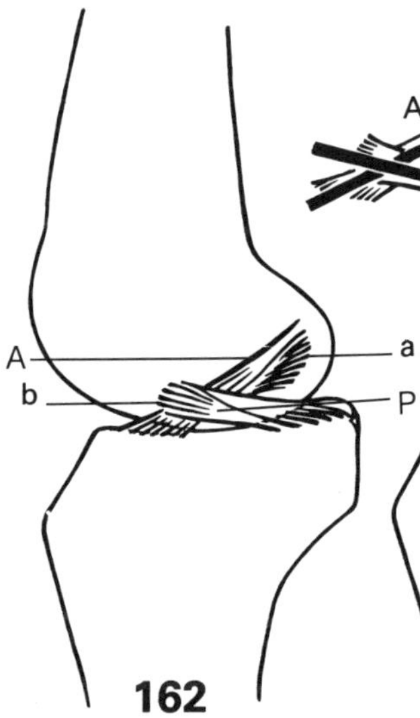

162

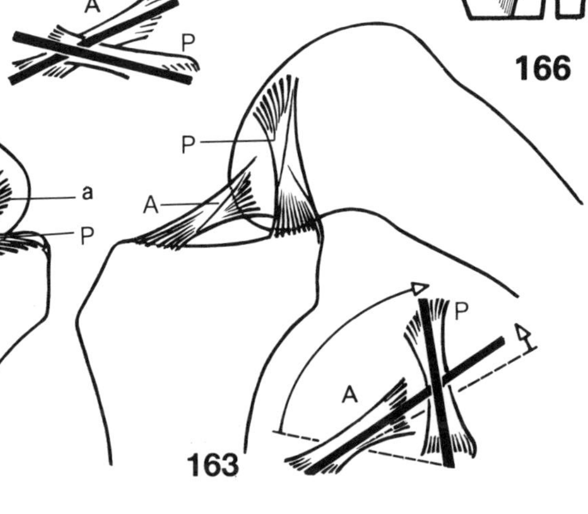

163

Mechanische Bedeutung der Kreuzbänder

Es ist üblich, die Kreuzbänder vereinfacht als geradlinige Bandzüge mit punktförmiger Befestigung darzustellen. Dies ist als grobe Vereinfachung erlaubt, um die prinzipielle Funktion eines Bandes zu verdeutlichen. Für eine genauere Funktionsanalyse allerdings müssen drei Faktoren berücksichtigt werden.

1. Dicke des Bandes

Dicke und Volumen eines Bandes bestimmen zum einen seine Festigkeit, zum anderen seine Dehnbarkeit. Die einzelne Bandfaser ist zugfest.

2. Struktur des Bandes

Die Fasern eines Bandes sind ungleich lang. Bei einer Belastung des Bandes werden sie nicht alle gleichzeitig angespannt, sondern wie Muskelfasern sukzessiv rekrutiert. Widerstand und Elastizität des Bandes werden hierdurch beeinflußt.

3. Faserorientierung und Lage der Befestigungspunkte

Die Faserelemente eines Bandes sind nicht immer parallel zueinander angeordnet. Oft sind sie zopfartig ineinander verflochten. Die Ansatzpunkte eines Bandes liegen meist nicht in einer Ebene, sondern sind rechtwinklig oder schräg gegeneinander versetzt. Hinzu kommt, daß sich die Fixpunkte eines Bandes bei Bewegungen räumlich verlagern. Dadurch ändert sich die Wirkungsrichtung des Bandes nicht nur in der sagittalen, sondern in allen drei Ebenen des Raumes. Das Band gewinnt Bedeutung für die Gelenkstabilität in der sagittalen, frontalen und horizontalen Ebene.

Die Geometrie der Kreuzbänder bestimmt das Profil der Femurkondylen in der sagittalen, wie auch in den beiden weiteren Raumebenen.

Die Kreuzbänder stabilisieren das Kniegelenk vor allem in anterior-posteriorer Richtung und erlauben Bewegungen, ohne daß der Flächenkontakt aufgehoben wird.

Die Funktion der Kreuzbänder kann an einem einfach herzustellenden mechanischen Modell erläutert werden (Abb. 167). Zwei Holzlatten (A und B) sind durch Schnüre (ab und cd) miteinander verbunden, die von einem Ende der einen Latte zum entgegengesetzten Ende der zweiten Latte gespannt sind. Die beiden Latten können gegeneinander gekippt werden, wenn a mit c zusammenfällt oder b mit d. Ein Gleiten gegeneinander ist jedoch ausgeschlossen.

Die Kreuzbänder des Kniegelenks sind prinzipiell in dieser Form „montiert" und gestatten derartige Bewegungen. Sie haben allerdings nicht nur zwei, sondern eine Serie von „Scharnierachsen" längs der Kondylenkrümmung. Ein Gleiten in sagittaler Richtung ist, wie am Modell, nicht möglich. In den weiteren Abbildungen sind die Kreuzbänder teils als gerade Linien mit punktförmigen Ansätzen (ab = vorderes, cd = hinteres Kreuzband), teils flächenhaft mit Ansatzfeldern dargestellt.

In Streckstellung (Abb. 168) oder bei 30°-Beugung (Abb. 169) sind die beiden Kreuzbänder gleich stark angespannt. Durch die Beugung wird das distale Femurende gekippt, das hintere Kreuzband (cd) richtet sich auf, während das vordere Band (ab) fast horizontal liegt (Abb. 170). Bis 60°-Beugung (Abb. 171) ändert sich der Spannungszustand der Faserelemente beider Bänder nur wenig.

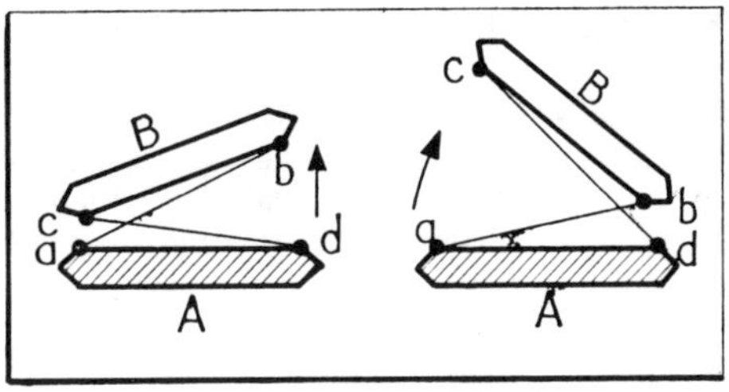

167

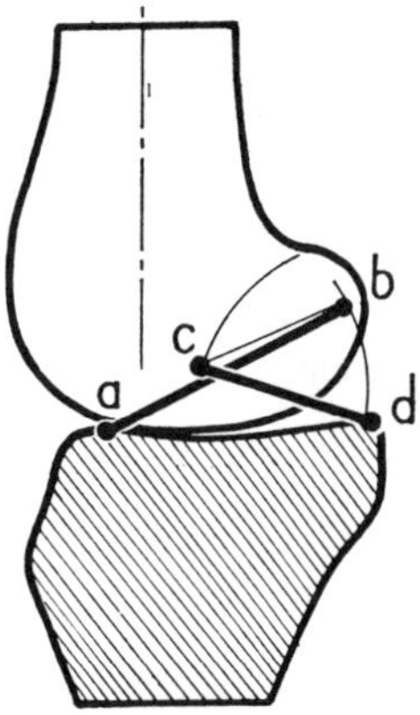

168

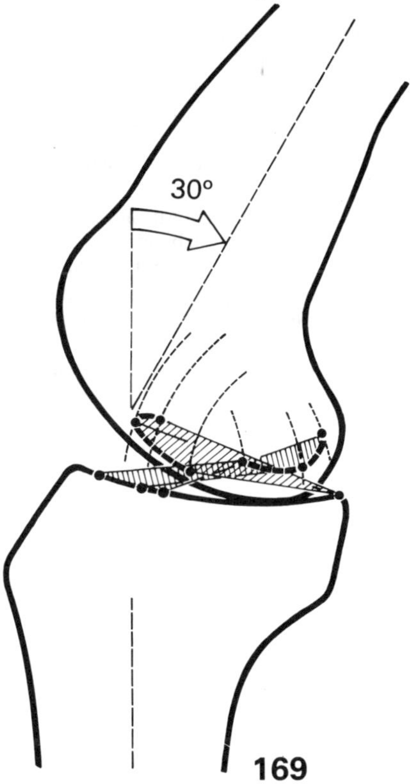

169

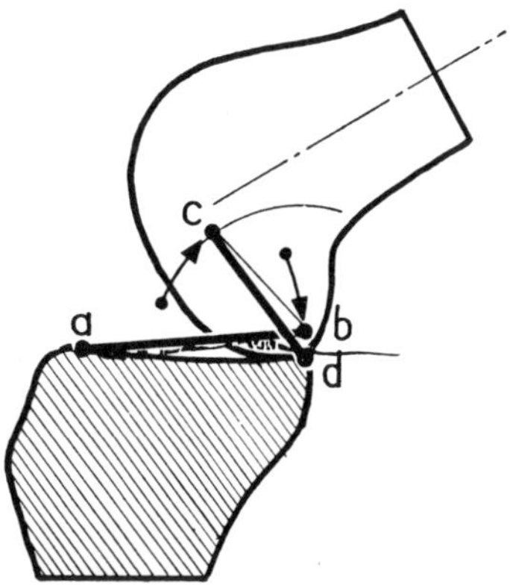

170

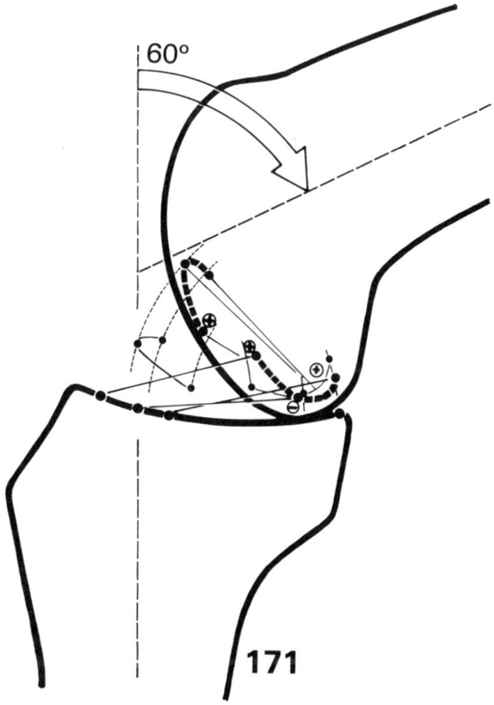

171

Mechanische Bedeutung der Kreuzbänder (Fortsetzung)

Mit einer Beugung von 90° (Abb. 172) und 120° (Abb. 173) erreicht das hintere Kreuzband eine vertikale Position; es wird nun stärker angespannt als das vordere Kreuzband. Bei genauer Betrachtung (Abb. 174) stellt man fest, daß die mittleren und inferioren Faserbündel des vorderen Kreuzbandes entspannt (−), und nur die vorderen, oberen Bündel gespannt (+) sind. Die vorderen, unteren Fasern des hinteren Kreuzbandes sind hingegen gespannt (+), und nur seine hinteren, oberen Faserbündel werden etwas entspannt (−). Bei der Beugung wird also vornehmlich das hintere Kreuzband angespannt.

Bei der Extension oder Hyperextension (Abb. 175) sind – im Gegensatz zur Ausgangsposition (Abb. 176 u. 177) – alle Fasern des vorderen Kreuzbandes gespannt (+). Vom hinteren Kreuzband werden nur die hinteren, oberen Bündel angespannt (+). Bei einer Hyperextension (Abb. 178) senkt sich die Fossa intercondylaris (c) auf das vordere Kreuzband und spannt es. Das vordere Kreuzband wird demnach gezielt bei der Extension angespannt, es ist eine der maßgeblichen Strukturen, die die Hyperextension verhindern.

Die Untersuchungen von Bonnel bestätigen die Ansicht von Strasser (1917), der anhand eines Modells zeigt, daß sich bei der Extension das vordere und bei der Flexion das hintere Kreuzband anspannt. Aber auch die Vorstellung von Roud (1913) wird durch mechanische Analysen jüngeren Datums bekräftigt. Aufgrund der unterschiedlichen Länge ihrer Faserbündel sind die Kreuzbänder in jedweder Position partiell angespannt.

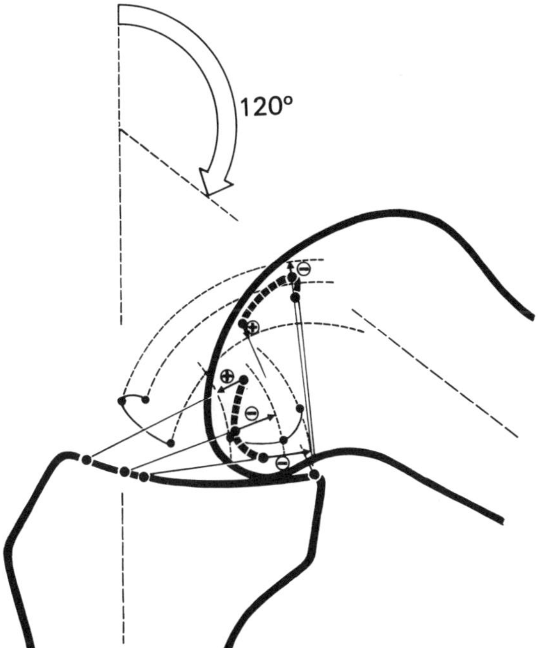

174

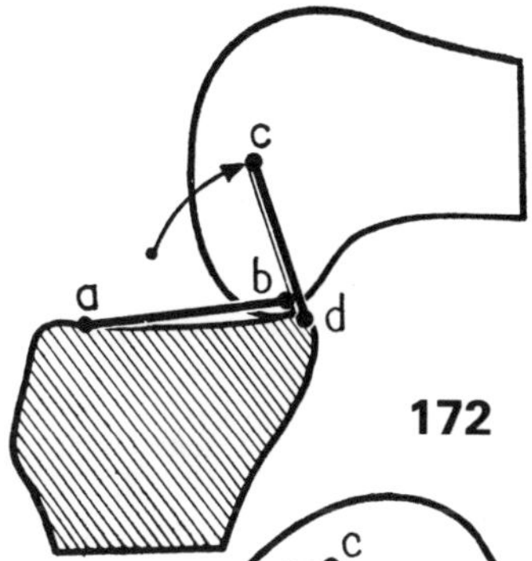

172

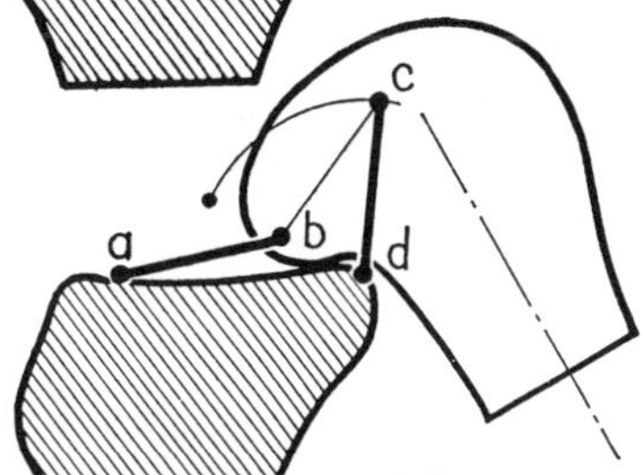

173

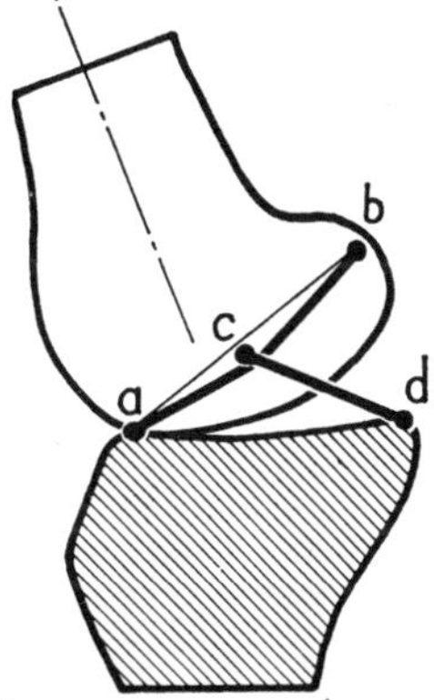

178

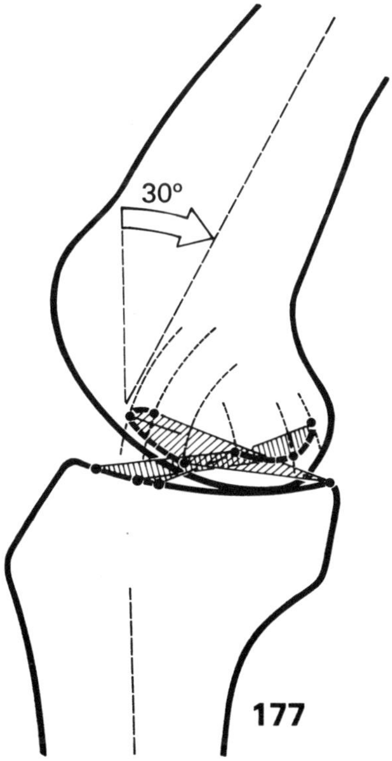

177

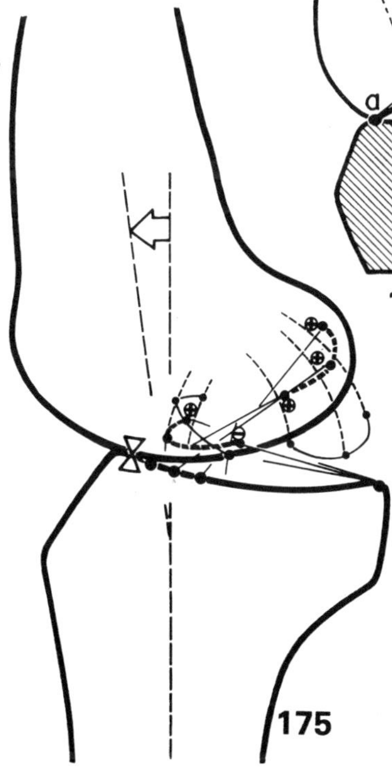

175

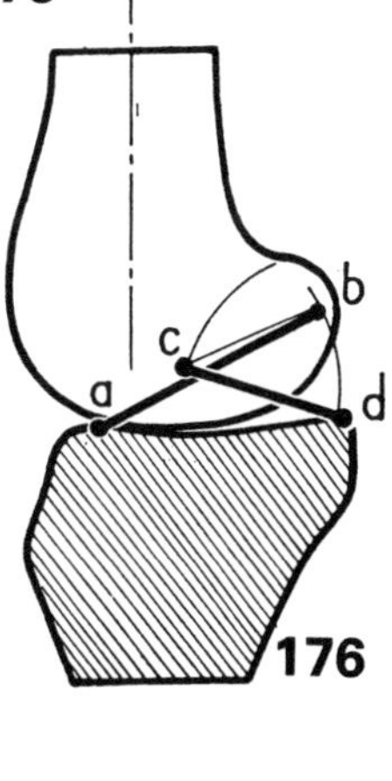

176

Mechanische Bedeutung der Kreuzbänder (Fortsetzung)

Bei der Betrachtung der Bewegungen der Kondylen auf den tibialen Gelenkflächen (s. S. 84) fiel auf, daß Drehen und Gleiten gemeinsam auftreten. Während das Rollen leicht nachvollziehbar ist, fällt es schwer, das Gleiten in einem derartig starr geführten Gelenk zu verstehen. Es ist sicher, daß aktive Momente wirken, die ein Gleiten hervorrufen. Die Streckmuskulatur zieht während der Extension die Tibia unter dem Femur nach vorn (s. S. 136), umgekehrt sind es die Flexoren, die das Tibiaplateau bei der Beugung nach hinten gleiten lassen. Analysiert man jedoch die Bewegungen am anatomischen Präparat, dann wird klar, daß es vorwiegend passive Momente der Kreuzbänder sind, die das Gleiten hervorrufen. Die Kreuzbänder ziehen die Femurkondylen nach hinten und lassen sie entgegengesetzt der Rollrichtung auf dem Tibiaplateau gleiten.
Unter der Annahme, daß der Kondylus, ausgehend (Abb. 179) von der Streckstellung (I), allein rollt, dann erreicht er die Stellung (II), und die Insertion b des vorderen Kreuzbandes ab am Femur verlagert sich zwangsläufig nach b'; sie beschreibt den hypothetischen Weg bb'. Ein solcher Bewegungsablauf ist in Abbildung 108 (S. 96) dargestellt; er wird zu Verletzungen des hinteren Horns des Meniskus medialis führen. Unter der Prämisse, daß das Band nicht dehnbar ist, kann sich der Punkt b nur auf einem Kreis mit dem Zentrum a und dem Radius ab bewegen. Die reale Verlagerung ist durch bb'', und nicht durch bb' wiedergegeben. Der Kondylus bewegt sich in die Stellung (III), die um die Distanz e vor der Stellung (II) liegt. Bei der Beugung wird gezielt das vordere Kreuzband beansprucht, es bringt den Kondylus nach vorn. Es kann gesagt werden, daß bei der Beugung das vordere Kreuzband verantwortlich ist für das während des nach rückwärts gerichteten Rollens stattfindende Gleiten des Kondylus nach vorne. Die Bedeutung des hinteren Kreuzbandes bei der Streckung kann in gleicher Weise (Abb. 180) demonstriert werden. Während der Stellungsänderung von Position (I) nach Position (II) durch reines Gleiten wird der Kondylus durch das hintere Kreuzband cd nach hinten gezogen. Der Weg, den sein femoraler Ansatz c beschreibt, ist nicht cc', sondern cc'' auf einem Kreis mit dem Zentrum d und dem Radius dc. Dies bedeutet, daß der Kondylus um die Strecke f nach hinten gleitet, um die Stellung (III) zu erreichen. Bei der Streckung bewirkt das hintere Kreuzband ein Gleiten des Kondylus nach hinten, während er gleichzeitig nach vorne abrollt.
Schubladenbewegungen sind pathologische Bewegungen der Tibia in der sagittalen Ebene. Sie lassen sich sowohl am rechtwinklig gebeugten als auch am vollkommen gestreckten Knie nachweisen.
Rechtwinklig gebeugtes Knie (Abb. 183).
Der Patient liegt rücklings auf einer harten Unterlage. Das zu untersuchende Knie ist rechtwinklig gebeugt, der Fuß ruht auf dem Tisch. Der Untersucher fixiert den Fuß, indem er sich auf den Vorfuß setzt. Mit beiden Händen wird der Unterschenkel proximal umfaßt. Der Untersucher zieht den Unterschenkel nach vorn, er prüft auf ein vorderes Schubladenphänomen. Drückt er ihn nach hinten, so prüft er auf ein hinteres Schubladenphänomen. Die Untersuchung wird normalerweise bei nicht rotiertem Unterschenkel vorgenommen. Ist der Unterschenkel nach außen rotiert, so resultiert eine „Schublade in Außenrotation"; bei innenrotiertem Unterschenkel ist eine „Schublade in Innenrotation" festzustellen.
Das hintere Schubladenphänomen (Abb. 181) zeigt sich in Form einer Verlagerung der Tibia nach hinten. Die Ursache ist eine Ruptur des hinteren Kreuzbandes:
hintere Schublade – hinteres Kreuzband.
Das vordere Schubladenphänomen (Abb. 182) bringt die Tibia nach vorn. Das vordere Kreuzband ist rupturiert:
vordere Schublade – vorderes Kreuzband.
Gestrecktes Knie
Ein Hand hält die Wade, die zweite umfaßt von vorn den proximalen Unterschenkel. Jetzt wird versucht, den Unterschenkel nach vorn oder nach hinten zu bewegen (Untersuchung nach Lachmann-Trillart). Bewegt sich der Unterschenkel nach vorn, dann kann auf Ruptur des vorderen Kreuzbandes (und nach Bousquet auch des posterolateralen Kapselbereichs) geschlossen werden. Das auszulösende Bewegungsmoment ist klein, so daß das Untersuchungsergebnis nicht immer eindeutig beurteilbar ist.

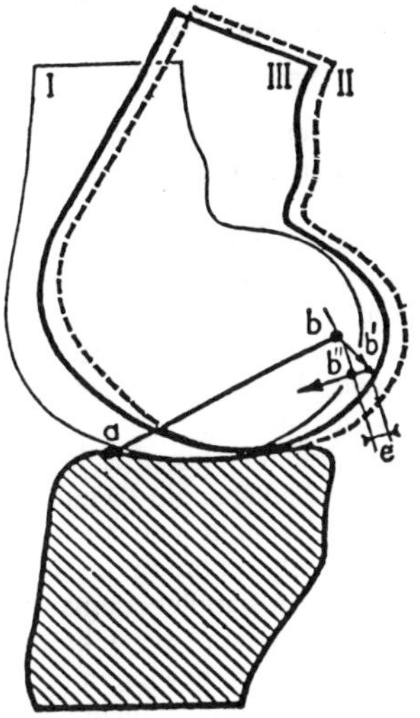

179

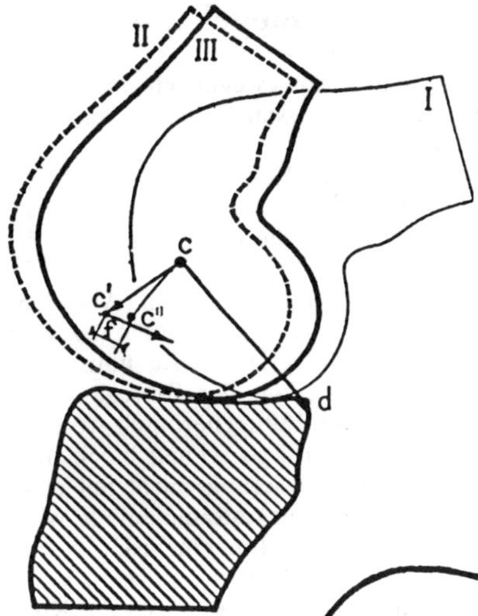

180

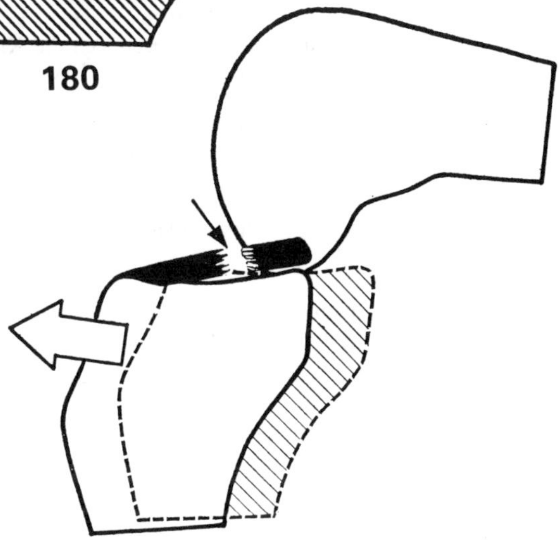

182

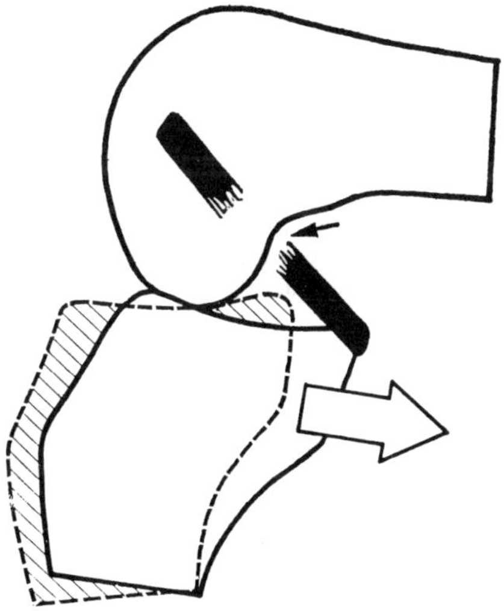

181

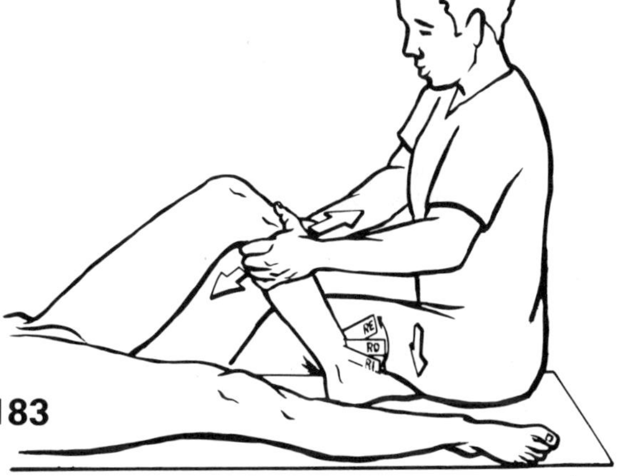

183

Axiale Stabilität des Kniegelenks in Streckstellung

Wie bereits erwähnt, sind Drehbewegungen im Kniegelenk nur in gebeugter Stellung möglich. Bei vollständiger Streckung ist eine axiale Rotation ausgeschlossen, da sowohl Kollateral- als auch Kreuzbänder angespannt sind.
Die Ansicht eines nicht rotierten Kniegelenks von vorn (Abb. 184, die Gelenkelemente sind unnatürlich weit voneinander entfernt) zeigt, daß sich die Kreuzbänder tatsächlich überkreuzen. Auch von oben betrachtet (Abb. 185), verlaufen die Kreuzbänder schräg. Sie zeigen die Tendenz, sich umeinander zu „wickeln".
Während einer Rotation der Tibia nach innen (Abb. 186, Ansicht von vorn) bleiben die Bänder in der frontalen Ebene weiterhin gekreuzt (Ausschnittszeichnung); in der horizontalen Ebene hingegen (Abb. 187, kraniale Aufsicht) verlaufen sie nun fast parallel, ihre axialen Ränder berühren sich (Ausschnittszeichnung). Im Verlauf der Bewegung „wickeln" sie sich umeinander (Abb. 188) und spannen sich gegenseitig (Abb. 189). Hierdurch werden tibiale und femorale Gelenkflächen einander genähert. Die Innenrotation wird so schnell blockiert werden. Da das Zentrum einer momentanen Bewegung (Abb. 187, Kreuzmarkierung) nicht mit dem Drehzentrum des Gelenks (Innenfläche des Tuberculum intercondylare mediale) zusammenfällt, wird das hintere Kreuzband entspannt (−) und das vordere angespannt (+). Da der Innenmeniskus nach hinten verlagert wird, spannt sich auch die Ausstrahlung des vorderen Kreuzbandes an dessen Vorderhorn an. Bei einer Außenrotation der Tibia (Abb. 190, Ansicht nach vorn) orientieren sich die Kreuzbänder in der Frontalen parallel zueinander (Ausschnittszeichnung). In der horizontalen Ebene (Abb. 191, kraniale Aufsicht) sind sie gekreuzt, verlieren aber ihren axialen Kontakt, so daß sie sich entspannen. Die Gelenkflächen gewinnen einen kleinen (theoretischen) Abstand voneinander (Abb. 193). Die Außenrotation wird demnach nicht durch eine Anspannung der Kreuzbänder gebremst.
Da das momentane Bewegungszentrum nicht mit dem Drehzentrum des Gelenks zusammenfällt (Abb. 191), kommt es zur Entspannung des vorderen (−) und zu einer Anspannung des hinteren Kreuzbandes (+). Das an das hintere Horn des Außenmeniskus heranziehende Ligamentum meniscofemorale posterius wird gespannt. Die Kreuzbänder lassen eine Innenrotation im gestreckten Knie nicht zu.
Die Innenrotation spannt das vordere und entspannt das hintere Kreuzband.
Die Außenrotation spannt das hintere und entspannt das vordere Kreuzband.

Slocum und Larson (1968) haben die Stabilität des gebeugten Kniegelenks bei Sportlern, insbesondere bei Fußballern, untersucht. Bei diesen kommt es häufig zu extremen Belastungen des nach außen rotierten Kniegelenks, wenn der Körper auf dem Standbein schnell zur Spielbeinseite hingedreht wird. Die Autoren weisen insbesondere auf die Verletzungen der medialen Kapselwand hin.
- Das vordere Drittel der Kapselwand ist besonders verletzungsgefährdet, wenn das auf 90° gebeugte Knie valgisch und außenrotiert ist.
- Das hintere Drittel der medialen Kapselwand wird vorzugsweise verletzt in Streckstellung des Knies.
- Das mittlere Drittel mit dem medialen Kollateralband wird meist verletzt bei einer Beugestellung des Knies zwischen 30° und 90°.

Beim rechtwinklig gebeugten Kniegelenk kommt es während der ersten Auswärtsdrehung um 15–20° zu einer Entspannung des vorderen Kreuzbandes. Wird die Rotation weitergeführt, dann spannt sich das Band an und es kann einreißen, indem es sich um die mediale Fläche des Außenkondylus herumwindet.
Der mediale Meniskus schließlich kann, bedingt durch seine Verbindung mit der Kapsel und dem Kollateralband, bei einer Außenrotation im gebeugten Kniegelenk traumatisiert werden. Es können sich vielfältige Verletzungen des außenrotierten und gebeugten Kniegelenks einstellen, wobei die Zunahme der unphysiologisch hohen Belastung oft Art und Grad der Verletzung bestimmt:
- Riß im vorderen Kapselbereich
- Riß des medialen Kollateralbandes
- Riß des vorderen Kreuzbandes
- Ein- oder Abriß des Innenmeniskus.

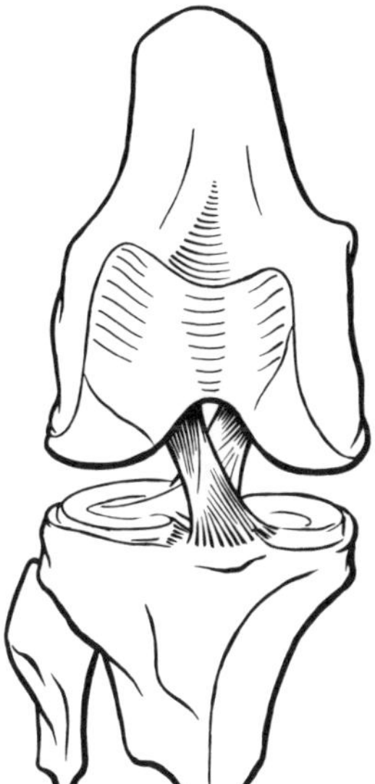

184

185

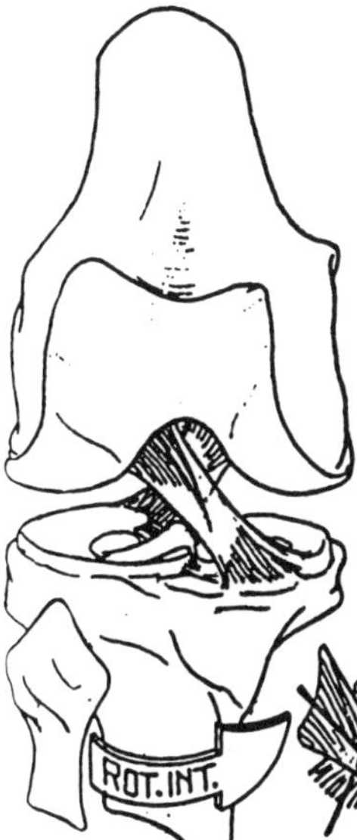

186

189

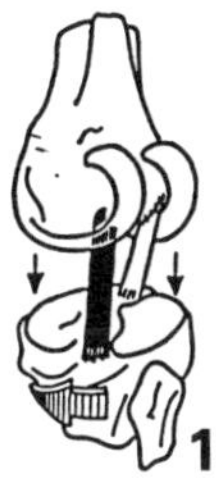

193

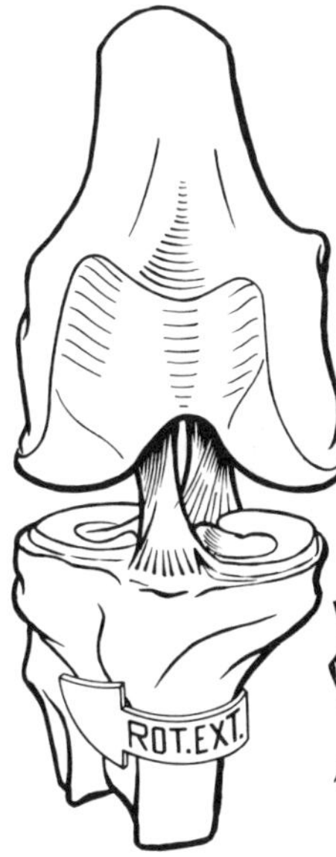

190

192

188

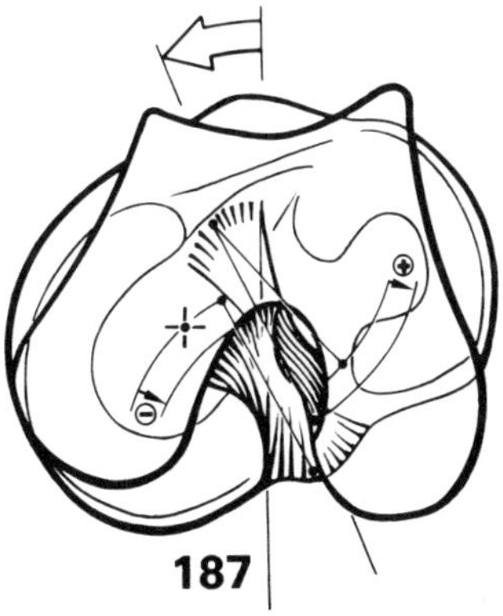

187

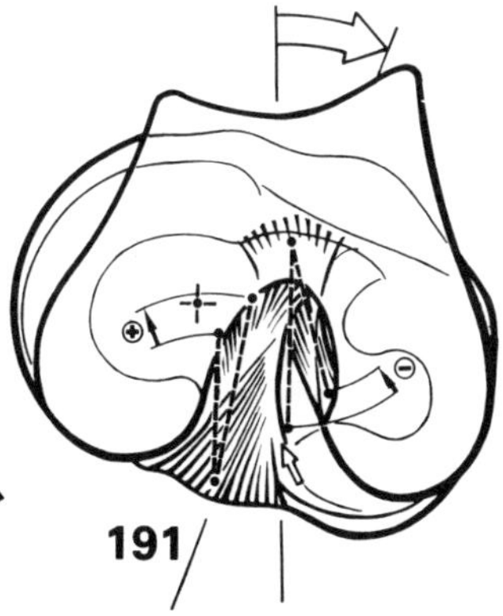

191

Axiale Stabilität des Kniegelenks in Streckstellung (Fortsetzung)

Die Bedeutung der Seitenbänder für die axiale Stabilität des Kniegelenkes ergibt sich aus ihrer Anordnung zum Gelenk.
In Neutralstellung (Abb. 194, kraniale Aufsicht, Femurkondylen durchscheinend) verläuft das Ligamentum collaterale tibiale nach unten-vorn, das Ligamentum collaterale fibulare nach unten-hinten. Sie zeigen die Tendenz, sich um das proximale Tibiaende zu „wickeln".
Die Innenrotation (Abb. 195) wirkt dieser Tendenz entgegen; die Bänder laufen weniger schräg, fast parallel (Abb. 196, Ansicht von hinten-medial; Gelenkflächen voneinander entfernt). Der Gelenkflächenkontakt wird jetzt weniger durch die Seitenbänder (Abb. 197), sondern mehr durch die Kreuzbänder aufrecht erhalten. Das durch die entspannten Seitenbänder theoretisch mögliche Gelenkspiel wird durch die angespannten Kreuzbänder verhindert. Die Außenrotation (Abb. 198) hingegen verstärkt die „Umwicklung" (Abb. 199). Die Gelenkflächen werden aufeinander gepreßt (Abb. 200), die akzentuiert schräg orientierten Bänder bremsen die Bewegung. Die Kreuzbänder sind entspannt.
Die Kollateralbänder begrenzen die Außen-, die Kreuzbänder die Innenrotation.
Die axiale Stabilität des Kniegelenks in Streckstellung wird durch die Kollateral- und Kreuzbänder gewährleistet.

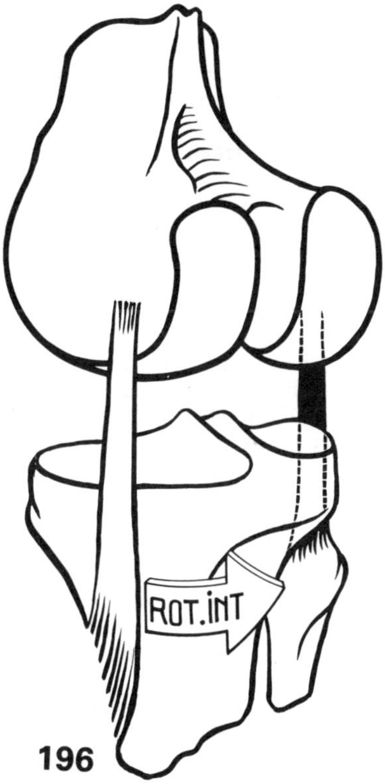

196

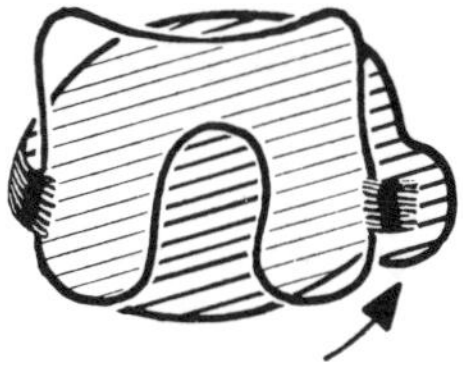

195

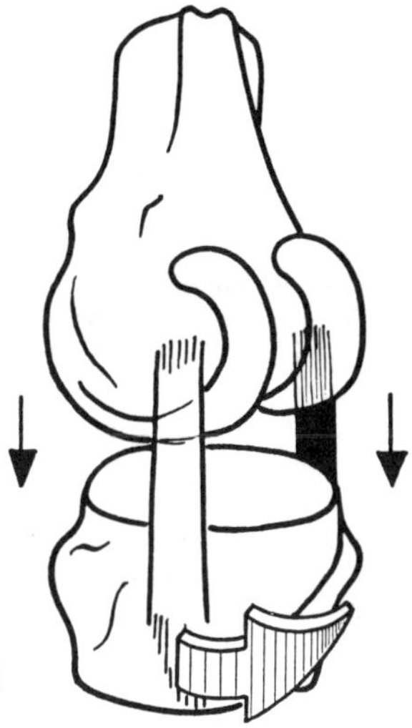

197

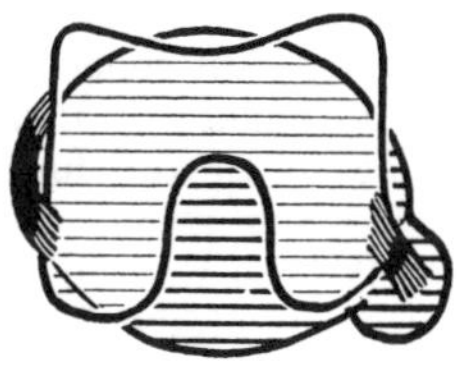

194

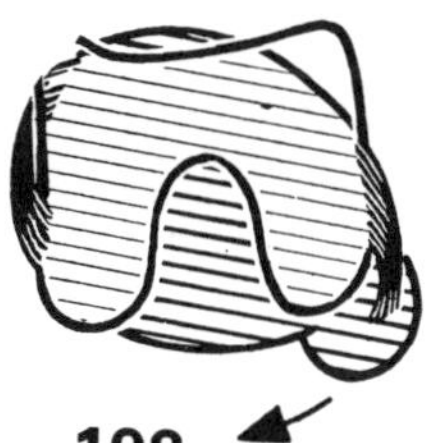

198

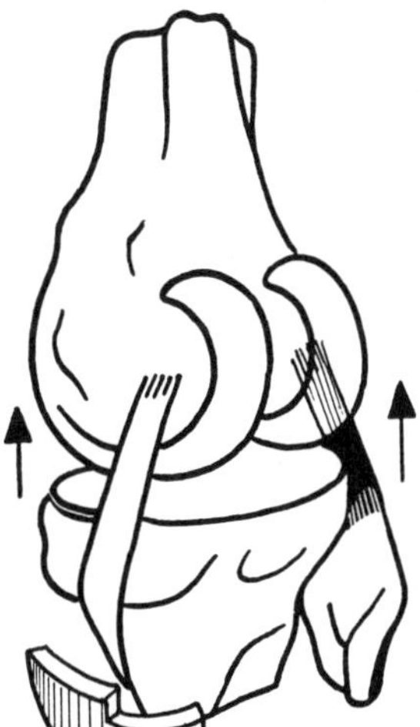

200

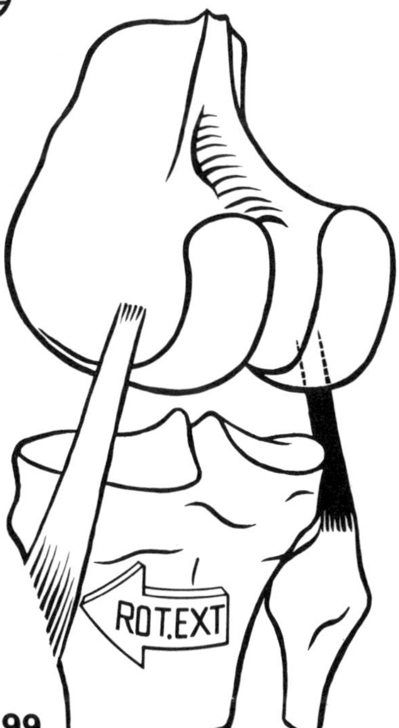

199

Dynamische Tests in Innenrotationsstellung

Neben den statischen (z. B. laterales Aufklappen und Schubladenphänomen) gibt es auch dynamische Tests, die die Kniegelenksstabilität (oder dessen Instabilität) prüfen. Sie versuchen, anormale Bewegungskomponenten im Ablauf einer Testbewegung aufzudecken. Die Zahl der dynamischen Tests ist sehr groß, so daß man sie klassifizieren und die wesentlichen von ihnen hervorheben sollte. Es bietet sich an, die dynamischen Tests in zwei Gruppen zu gliedern.
- Tests in Valgus-Innenrotationsstellung
- Tests in Valgus-Außenrotationsstellung

Dynamische Tests in Valgus-Innenrotationsstellung:
- Der Test nach MacIntosh (lateraler pivot shift) ist der bekannteste und häufigst angewandte. Er wird beim auf dem Rücken (Abb. 201) oder leicht gekippt (45°, Abb. 202) liegenden Patienten durchgeführt. Bei Rückenlage (Abb. 201) dreht die von plantar den Fuß fassende Hand kräftig nach innen. Durch das Gewicht des Beines kommt es zur Valgusstellung im Kniegelenk. Bei Kipplage (Abb. 202) greift die Hand den Fuß von der Ferse her. Durch Streckung des Handgelenks wird der Unterschenkel innenrotiert. In der Ausgangsstellung ist das Kniegelenk gestreckt (Abb. 201). Die zweite Hand drückt nun das Knie nach vorn und nach unten. Es beugt sich und die Valgusstellung wird verstärkt. Während der Beugebewegung (Abb. 202) nimmt der Untersucher zuerst einen Widerstand, und dann, bei etwa 25 bis 30°, ein plötzliches Schnappen wahr. Er fühlt und sieht, wie der laterale Femurkondylus gegenüber dem lateralen Kondylus der Tibia nach vorn springt.

Dieses Vorspringen als positives Ergebnis des Testes weist auf eine Ruptur des vorderen Kreuzbandes hin. Das vordere Kreuzband hemmt, wie bereits erwähnt, die Innenrotation im gestreckten Kniegelenk. Wird nun passiv nach innen gedreht (Abb. 203), dann gerät der laterale Femurkondylus in eine posteriore Subluxationsstellung (S) auf dem abfallenden, hinteren Gelenkflächenabschnitt der lateralen Tibiafläche. Durch Anspannung des Tractus iliotibialis (T. i) und durch die Valgusstellung wird der Kondylus blockiert. Solange der Tractus iliotibialis in Höhe der vorderen Gelenkfacette der Tibiafläche verläuft, wird die Blockade aufrechterhalten. Mit zunehmender Beugung (Abb. 204) „wandert" der Tractus nach hinten. Erreicht er den Scheitelpunkt t der tibialen Gelenkfläche, dann gleitet und rollt er bald in eine anteriore Subluxationsstellung (2). Er wird durch das hintere Kreuzband in dieser Stellung fixiert (Abb. 204). Dieses Vorspringen wird vom Patienten spontan wahrgenommen.
- Der Test nach Hughston wird in umgekehrter Reihenfolge durchgeführt. Der Patient kann auf dem Rücken (Abb. 205) oder in 45°-Schräglage liegen (Abb. 206). Die Hände des Untersuchers nehmen die gleichen Positionen ein. Der Unterschied zum Test nach MacIntosh besteht darin, daß von einer 30 bis 40°-Beugestellung ausgegangen wird. Während das Kniegelenk gestreckt wird, muß gleichzeitig der Fuß nach innen gedreht und die Valgusstellung akzentuiert werden. Der laterale Femurkondylus befindet sich zuerst in seiner anterioren Stellung (Abb. 203, gestrichelte Kontur), um dann ruckartig in die posteriore Subluxationsposition (1) zu „springen". Er wird durch das vordere Kreuzband nicht gebremst. Das positive Testergebnis gilt als Hinweis auf die Ruptur des vorderen Kreuzbandes.

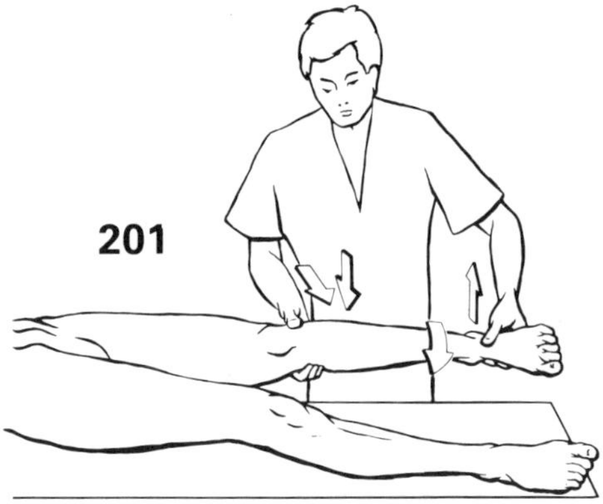
201

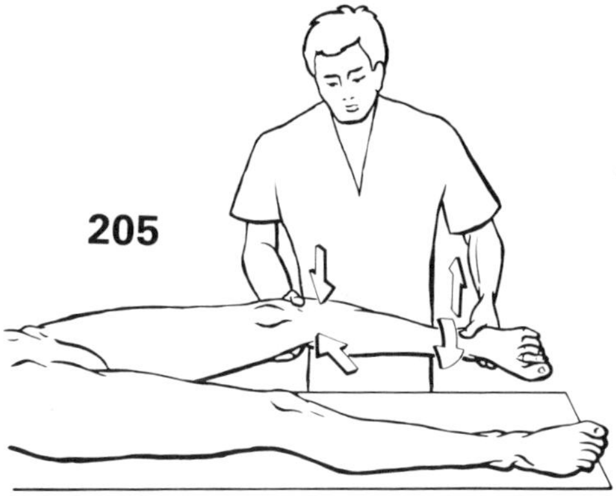
205

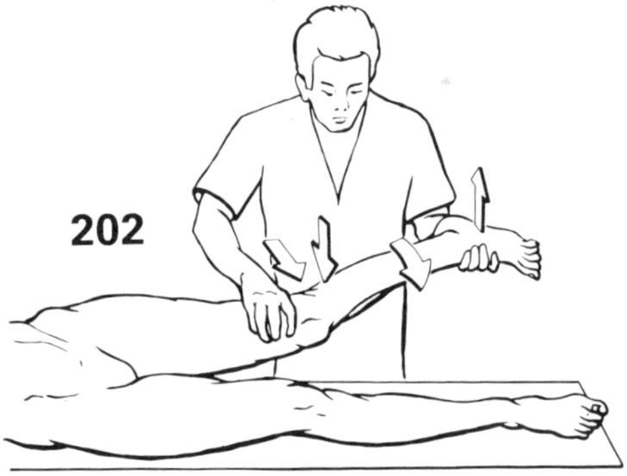
202

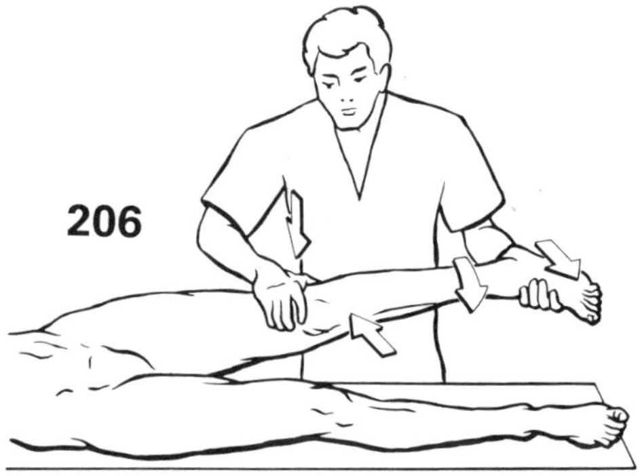
206

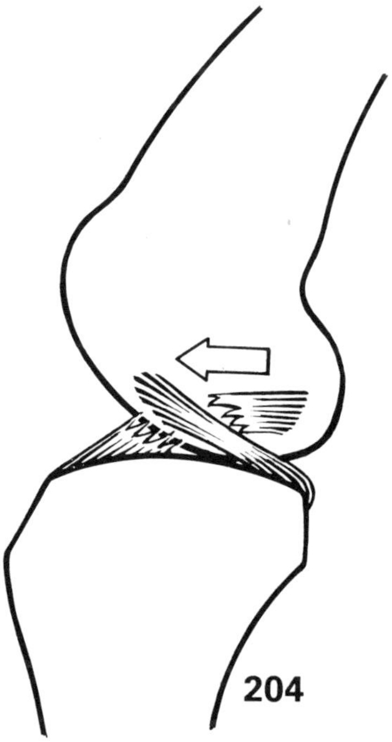
204

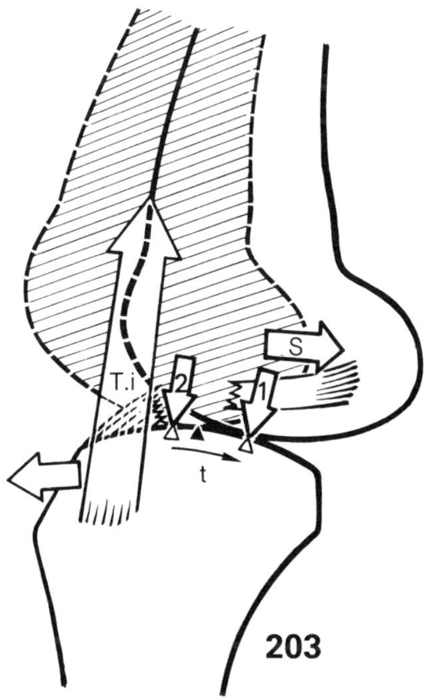

203

Dynamische Tests (Fortsetzung)

Auch wenn die Tests nach MacIntosh und Hughston die häufigst angewandten, einfachsten und verläßlichsten sind, so gibt es doch noch weitere, mit deren Hilfe eine Ruptur des vorderen Kreuzbandes nachgewiesen werden kann. Erwähnt seien die Tests nach Losee, Noyes und Slocum.
– Der Test nach Losee wird am auf dem Rücken liegenden Patienten durchgeführt (Abb. 207). Mit der einen Hand hält der Untersucher die Ferse; das Kniegelenk ist auf 30° gebeugt. Die andere Hand umgreift das Kniegelenk von vorn; der Daumen liegt auf dem Fibulakopf. Die die Ferse greifende Hand dreht den Unterschenkel nach außen und verhindert somit, daß der laterale Femurkondylus nach posterior subluxiert. Die zweite Hand drückt das Kniegelenk in Valgusstellung. Während nun das Knie in Streckstellung geführt wird, muß die Außenrotationsstellung gänzlich gelockert werden, da ansonsten der Test in jedem Fall negativ ist. Mit zunehmender Streckstellung drückt der Daumen der Hand, die das Knie hält, das Wadenbein nach vorn. Ist der Test positiv, dann zeigt sich ein Vorspringen des Tibiaplateaus gegen Ende der Streckung.
– Beim Test nach Noyes (Abb. 208) liegt der Patient ebenfalls auf dem Rücken. Das Knie ist auf 20–30° gebeugt und nicht rotiert. Die Hände des Untersuchers beschränken sich darauf, den Unterschenkel zu unterstützen. Allein das Gewicht des Oberschenkels bewirkt eine posteriore Subluxation des lateralen Kondylus (1) und eine Außenrotation des Femur. Die Subluxation kann aufgehoben werden, indem das proximale Ende der Tibia nach hinten (2) gedreht wird (so, wie man das hintere Schubladenphänomen nachzuweisen versucht). Ist der Test positiv, so gilt dies als Hinweis auf eine Ruptur des vorderen Kreuzbandes.
– Für den Test nach Slocum (Abb. 209) nimmt der Patient entweder die Rücken- oder die Halbseitenlage ein. Das zu untersuchende Bein ist dem Untersucher zugewandt. Durch das Gewicht des Beines nimmt das Kniegelenk automatisch eine Valgus-Innenrotationsstellung ein. Besonders bei schwergewichtigen Patienten ist es von Vorteil, daß das Bein nicht unterstützt zu werden braucht. Die Hände des Untersuchers fassen das Knie ober- und unterhalb des Gelenkspaltes, beugen es und akzentuieren die Valgusstellung. Wie beim Test nach MacIntosh, wird bei 30–40°-Beugung ein Schnappen wahrgenommen. Wird das Kniegelenk wieder gestreckt, so vernimmt man das Schnappen erneut (wie beim Test nach Hughston). Auch mit dem Test nach Slocum läßt sich die Ruptur des vorderen Kreuzbandes nachweisen.
Generell sind die fünf Tests bezüglich des Nachweises einer Ruptur des vorderen Kreuzbandes zuverlässig. Zu beachten ist allerdings, daß sie bei besonders gelenkigen jungen Mädchen positiv ausfallen können, ohne daß das Kreuzband gerissen ist. In solchen Fällen muß das kontralaterale Knie in die Untersuchung miteinbezogen werden. Bei einer Läsion des posteromedialen Kapselbereiches braucht es nicht zu einer Blockade des lateralen Femurkondylus zu kommen. In einem solchen Fall ist es schwierig, ein Schnappen nachzuweisen.

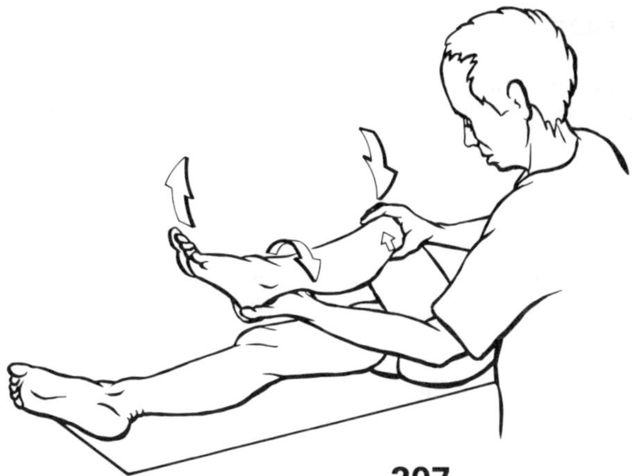

207

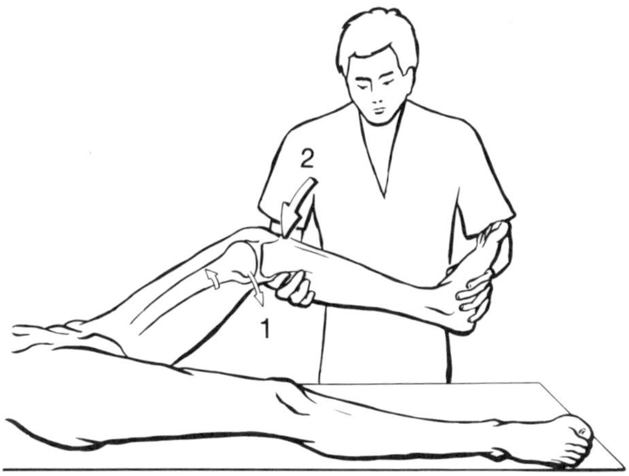

208

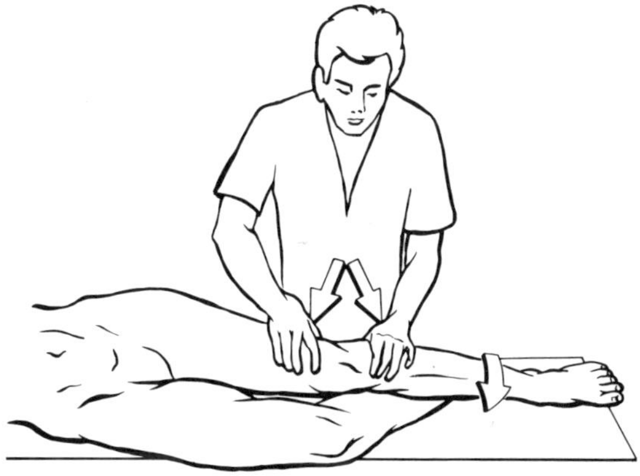

209

Dynamische Tests in Außenrotationsstellung

Ohne Durchführung von dynamischen Tests in Außenrotationsstellung ist eine Untersuchung des Kniegelenkes nicht vollständig. Diese Tests suchen ein laterales Schnappen in Außenrotation nachzuweisen.

Der Test in Außenrotations-, Valgus- und Extensionsstellung (pivot shift reverse test, Abb. 210) besteht prinzipiell aus den gleichen Bewegungskomponenten wie der Test nach MacIntosh. Nur wird durch die den Fuß haltende Hand eine Außen- anstatt einer Innenrotation durchgeführt. Eine Beugung von 60° bis 90° ist die Ausgangsstellung. Das Knie wird langsam gestreckt, gleichzeitig wird von lateral Druck ausgeübt. Bei etwa 30° (Abb. 211) zeigt der laterale Femurkondylus ein plötzliches, deutliches Schnappen. Er „springt" auf die hintere Gelenkfacette der lateralen Tibiagelenkfläche.

Bei gebeugtem und außenrotiertem Kniegelenk (Abb. 212) subluxiert der laterale Femurkondylus nach vorn (V) auf die anteriore Gelenkfacette der lateralen Tibiafläche (Pfeil 1); das hintere rupturierte Kreuzband hindert ihn nicht. Mit zunehmender Streckung (Abb. 213) „wandert" der Tractus iliotibialis (T. i) vor den Kontaktpunkt zwischen Femurkondylus und Tibiafläche. Der Femurkondylus wird nach hinten in seine normale Position (Abb. 212, gestrichelt) zurückverlagert. Er „springt" ruckartig über den Scheitel der tibialen Gelenkfläche, um schließlich mit deren posterioren, nach schräg unten abfallenden Facette zu artikulieren (Pfeil 2). Das sowohl vom Patienten als auch vom Untersucher wahrnehmbare Schnappen hat seine Ursache in der plötzlichen Aufhebung der anterioren Subluxationsstellung des lateralen Femurkondylus. Zugrunde liegt eine Ruptur des hinteren Kreuzbandes.

Der Test in Außenrotations-, Valgus- und Flexionsstellung (Abb. 214) beschreibt den prinzipiell gleichen Bewegungsablauf, geht aber von der Streckstellung aus. Das bei 30° Beugung wahrnehmbare Schnappen geht auf die anteriore Subluxation (Abb. 212) des lateralen Femurkondylus zurück. Dieser „springt" aus seiner normalen, posterioren Position (Pfeil 2) in die vordere, anormale Stellung (Pfeil 1), was nur bei rupturiertem hinteren Kreuzband möglich ist.

Mit Hilfe dreier weiterer Tests ist es möglich, eine Läsion der posterolateralen Kapselwand und des vorderen Kreuzbandes bei intaktem hinteren Kreuzband zu diagnostizieren.

– Posterolaterale Schublade (drawer test nach Hughston). Der Patient liegt auf dem Rücken, die Hüftgelenke sind 45°, die Kniegelenke 90° gebeugt. Die Fußsohlen haben Kontakt mit der Liegefläche. Der Untersucher setzt sich auf die Vorfüße und blockiert die Kniegelenke in Neutralnull-, dann in 15° Innenrotations- und schließlich in 15° Außenrotationsstellung. Er faßt mit beiden Händen das proximale Tibiaende und versucht, in diesen drei Stellungen eine hintere Schublade auszulösen.

Der Test ist positiv, wenn sich bei Außenrotationsstellung des Fußes eine posterolaterale Subluxation des lateralen Tibiokondylus bei unbeweglichem medialen Kondylus nachweisen läßt. Das Schubladenphänomen ist in Neutralnullstellung nur noch schwach, und bei Innenrotation nicht mehr nachweisbar, da sich das hintere Kreuzband mehr und mehr anspannt.

– Der Test nach Bousquet wird bei 60° Kniebeugung durchgeführt. Man übt einen kräftigen Druck auf das proximale Tibiaende aus, um ein Gleiten des Tibiakopfes nach hinten und unten zu erreichen. Mit einem schnellen Schnappen dreht sich der Fuß nach außen (Schublade mit Außendrehung).

Der Recurvatum-Außenrotationstest kann bei gut entspanntem M. quadriceps auf zweierlei Weise durchgeführt werden.

– Beide gestreckten Beine werden am Vorfuß gefaßt und angehoben. Auf der verletzten Seite zeigt das Kniegelenk eine Rekurvation mit Außenrotation, erkennbar an der Seitverlagerung der Tuberositas tibiae. Die posterolaterale Subluxation des lateralen Tibiakondylus läßt das Bild eines Genu varum entstehen.

– Bei gebeugtem Knie unterstützt eine Hand den Fuß, die andere das Knie. Läßt man das Knie in Streckung gehen, so ist die posterolaterale Subluxation der Tibia deutlich zu erkennen. In Endstellung zeigt sich ein Genu recurvatum et varum; die Tuberositas tibiae ist nach außen gedreht.

Die Durchführung aller Tests wird durch ungenügende Muskelentspannung erschwert. In Vollnarkose zeitigen sie in jedem Fall ein eindeutiges Resultat.

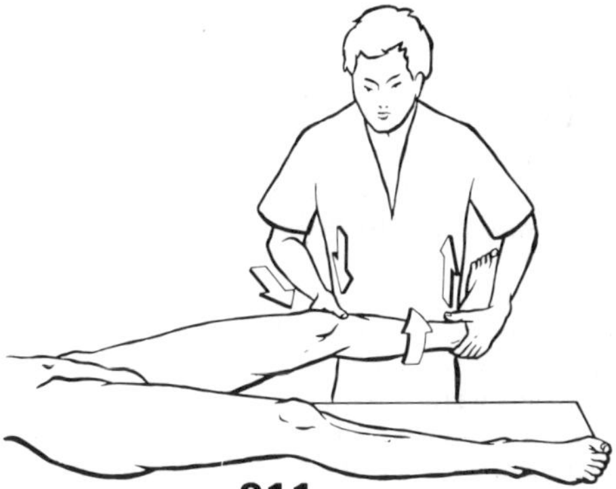

211

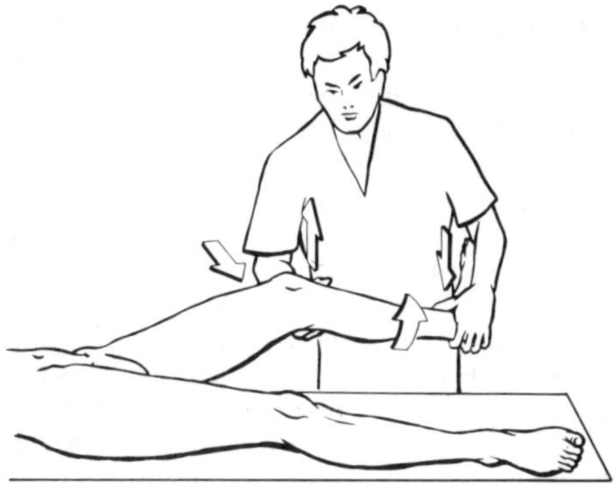

214

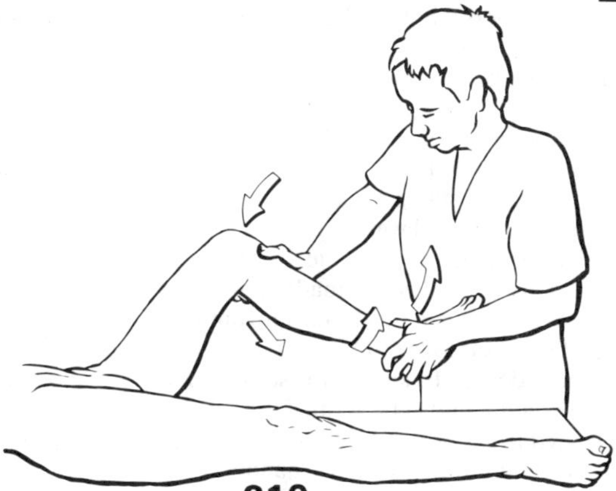

210

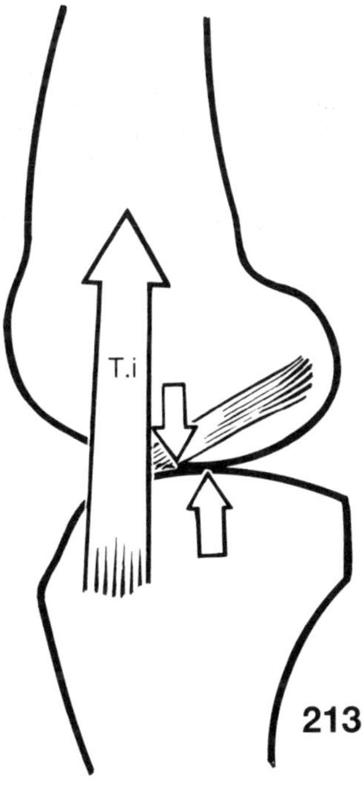

213

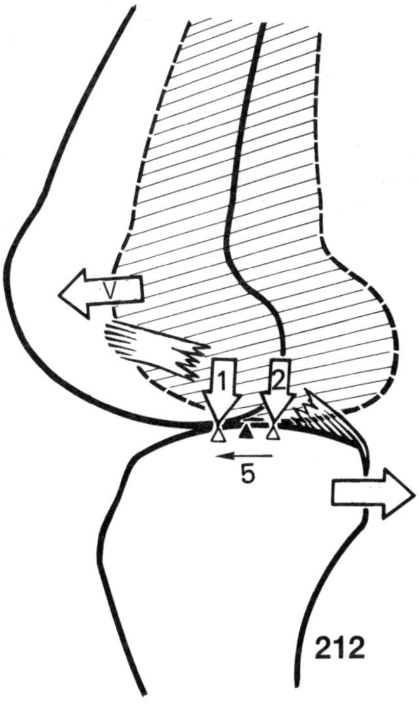

212

Streckmuskulatur des Kniegelenks

Der M. quadriceps femoris ist der Strecker des Kniegelenks. Es handelt sich um einen sehr kräftigen Muskel (physiologischer Querschnitt 148 cm^2) mit großer Arbeitsleistung. Er überwiegt die Beuger um ein Dreifaches an Leistung. Dies ist plausibel, da er gegen die Schwerkraft arbeiten muß. Erwähnt wurde allerdings bereits, daß bei einer Überstreckung des Kniegelenks der Muskel nicht zur Standerhaltung gebraucht wird (s. S. 110). Bei der geringsten Beugung jedoch wird der Muskel aktiv, um ein Einknicken zu verhindern.

Der M. quadriceps femoris (Abb. 215) wird, wie sein Name zum Ausdruck bringt, von vier Muskelköpfen gebildet. Diese inserieren über eine gemeinsame Sehne an der Tuberositas tibiae. Die Mm. vasti intermedius (1), lateralis (2) und medialis (3) sind eingelenkig; zweigelenkig ist der M. rectus femoris (4), dessen spezielle Funktion auf der folgenden Seite analysiert werden wird.

Die drei eingelenkigen Muskeln sind ausschließlich Strecker des Kniegelenks. Der weiter nach distal herunterreichende laterale Vastusmuskel ist kräftiger als der mediale. Sein Übergewicht sorgt dafür, daß die Patella nicht nach lateral luxiert. Eine ausgeglichene Kontraktion der Mm. vasti lateralis et medialis führt zu einer in Richtung der Oberschenkelachse wirkenden Zugkraft. Dominiert einer der beiden Muskeln, so beispielsweise der M. vastus lateralis über einen insuffizienten M. vastus medialis, dann „entweicht" die Patella nach lateral. Es ist einer von mehreren Faktoren, die eine rezidivierende Subluxation der Patella nach lateral bedingen. Durch ein gezieltes Auftrainieren des M. vastus medialis ist es möglich, der nach lateral gerichteten Luxationstendenz der Patella entgegenzuwirken.

Die Patella ist als Sesambein in den Streckapparat des Kniegelenkes eingelagert. Sie verbindet die proximale Quadricepssehne mit dem distalen Ligamentum patellae. Sie erhöht das Drehmoment des M. quadriceps, indem sie den virtuellen Hebelarm vergrößert. Hiervon kann man sich schnell überzeugen, wenn man in einer zeichnerischen Kräfteanalyse die Patella nicht berücksichtigt.

Die an der Patella angreifende Kraft Q des M. quadriceps femoris (Abb. 216) kann in zwei Vektoren zerlegt werden. Eine Teilkraft Q_1 ist gegen das Drehzentrum gerichtet, sie preßt die Kniescheibe gegen die Facies patellaris femoris. Die zweite Kraft Q_2 wirkt in Richtung des Ligamentum patellae. Diese an der Tuberositas tibiae angreifende Kraft kann ihrerseits in zwei Komponenten zerlegt werden, die rechtwinklig zueinander ausgerichtet sind. Die Kraft Q_3 ist gegen das Drehzentrum gerichtet, sie preßt die Tibia an das Femur. Die Kraft Q_4 ist diejenige, die ausschließlich extendiert.

Nehmen wir an, daß die Kniescheibe nicht mehr vorhanden ist (operative Entfernung: Patellektomie), dann wirkt die (als gleich groß angenommene) Kraft Q des M. quadriceps femoris (Abb. 217) direkt an der Tuberositas tibiae. Sie kann in zwei Vektoren zerlegt werden, in eine Kraft Q_5, die die Tibia gegen das Femur drückt und eine Kraft Q_6, die rein extendiert. Die Kraft Q_6 ist kleiner, die Kraft Q_5 größer geworden.

Vergleicht man nun die streckwirksamen Teilkräfte miteinander (Abb. 218), so ist Q_4 um 50% größer als Q_6. Die Kniescheibe vergrößert den Abstand zwischen Muskelhauptlinie und Drehzentrum des Gelenkes. Die Effektivität des M. quadriceps femoris wird vergrößert. Bei entfernter Kniescheibe ist die den Gelenkschluß fördernde Kraft zwar vergrößert; gleichzeitig aber verringert sich die Flexionsamplitude, da der Streckapparat verkürzt und generell geschwächt ist. Die Patella bringt wichtige mechanische Vorteile; die Patellektomie erzielt ein schlechtes Ergebnis und wird nur selten durchgeführt.

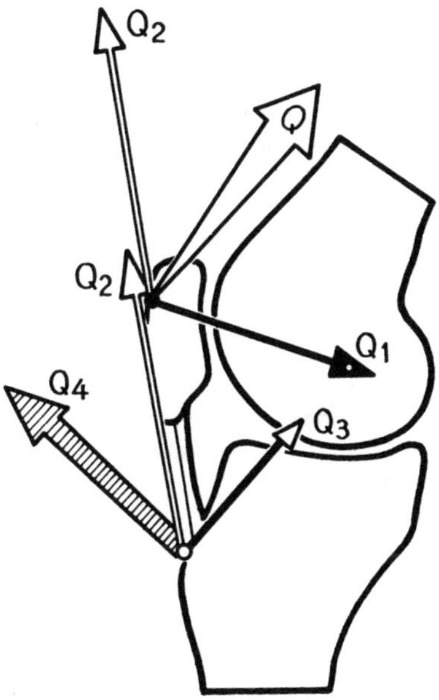

216

215

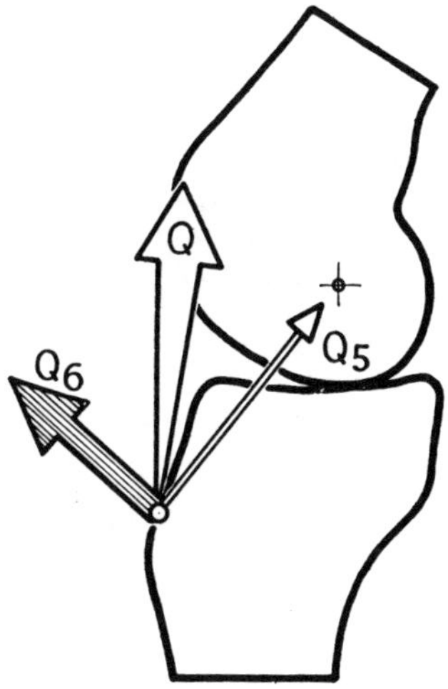

217

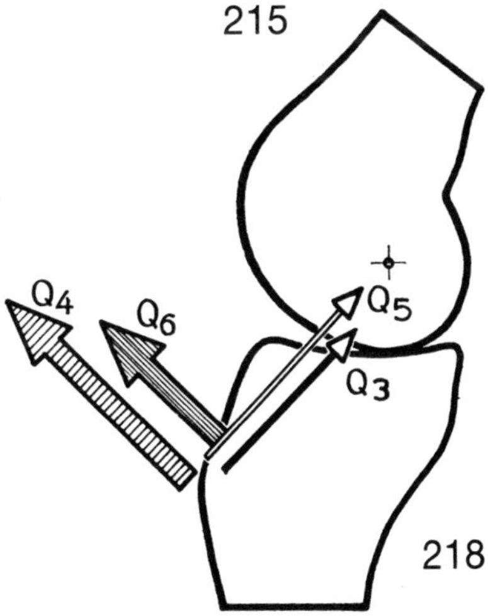

218

Funktion des M. rectus femoris

Der M. rectus femoris macht nur ein Fünftel der Gesamtkraft des M. quadriceps femoris aus; er allein kann keine vollständige Streckung erzielen. Als zweigelenkiger Muskel allerdings verdient er eine besondere Betrachtung.
Da er sowohl vor der Beuge- Streckachse des Hüft- als auch des Kniegelenks verläuft, ist er zum einen Beuger im Hüft-, und zum anderen Strecker im Kniegelenk (Abb. 220). Seine Wirkung als Kniestrecker hängt jedoch von der Hüftgelenksstellung, umgekehrt seine Streckwirkung im Hüftgelenk von der Position des Kniegelenkes ab. Die Erklärung hierfür (Abb. 219) ergibt sich aus der Beobachtung, daß die Strecke zwischen Spina iliaca anterior superior (a) und dem Oberrand der Facies patellaris femoris bei Beugung (ac) kürzer als bei Streckung (ab) ist. Diese Distanzverkürzung führt zu einer relativen Verlängerung des Muskels; wird das Hüftgelenk gebeugt, so beugt sich das Knie allein durch das Wirken des Gewichtes des Unterschenkels (II). Unter diesen Bedingungen bedarf es für die Streckung des Kniegelenks des Einsatzes der übrigen drei Muskelköpfe, die effizienter sind als der M. rectus femoris. Dessen Verkürzungsmöglichkeit ist durch die Hüftgelenksbeugung bereits weitgehend erschöpft.
Wird hingegen das Hüftgelenk maximal gestreckt (von I nach IV), dann wächst die Distanz um den Betrag (f) auf die Länge (ad). Der M. rectus femoris wird nun vorgedehnt, seine absolute Verkürzungsmöglichkeit wird größer. Dies geschieht beim Laufen oder Gehen, bevor das hintere Bein vom Grund abgehoben wird (Abb. 223). Die Gesäßmuskeln strecken im Hüftgelenk; Knie- und oberes Sprunggelenk werden ebenfalls gestreckt. Der M. quadriceps femoris erlangt seine größte Effektivität, da der M. rectus femoris stark vorgedehnt wird. Der M. glutaeus maximus wirkt synergistisch-antagonistisch mit dem M. rectus femoris. Bezüglich des Hüftgelenks wirkt er antagonistisch, bezüglich des Kniegelenks synergistisch.
Schwingt das Bein beim Gehen nach vorn (Abb. 222), dann kontrahiert sich der M. rectus femoris, um gleichzeitig eine Beugung im Hüftgelenk und eine Streckung im Kniegelenk auszuführen. Der M. rectus femoris als zweigelenkiger Muskel ist beim Gehen für beide Beine wichtig, sowohl für das abstoßende, hintere Standbein, als auch für das nach vorne schwingende Spielbein.
Der M. rectus femoris spielt beim Aufrichten aus der Hockstellung eine führende Rolle. Er ist der einzige Muskelkopf des M. quadriceps, der während dieses Bewegungsablaufes nicht an Effektivität einbüßt. Während sich das Kniegelenk streckt, wird gleichzeitig durch den M. glutaeus maximus das Hüftgelenk extendiert.
Durch die Hüftstreckung wird der M. rectus femoris „nachgedehnt“, so daß er trotz seiner Kontraktion annähernd gleiche Länge behält. Es handelt sich hier erneut um ein Beispiel von Kraftübertragung. Der an der Wurzel der Extremität gelegene M. gluteaus maximus überträgt seine Kraft auf das weiter distal gelegene Kniegelenk unter Einschaltung des zweigelenkigen M. rectus femoris.
Umgekehrt begünstigt die Kniebeugung durch die ischiocruralen Muskeln die Beugung des Hüftgelenks durch den M. rectus femoris. Beim Sprung mit gebeugten Kniegelenken (Abb. 221) hat der M. rectus femoris wesentlichen Anteil an der Beugung im Hüftgelenk. Auch dies ist ein Beispiel für ein antagonistisch-synergistisches Verhältnis zwischen den ischiocruralen Muskeln, die das Kniegelenk strecken und das Hüftgelenk beugen, und dem M. rectus femoris, der im Hüftgelenk beugt und im Kniegelenk streckt.

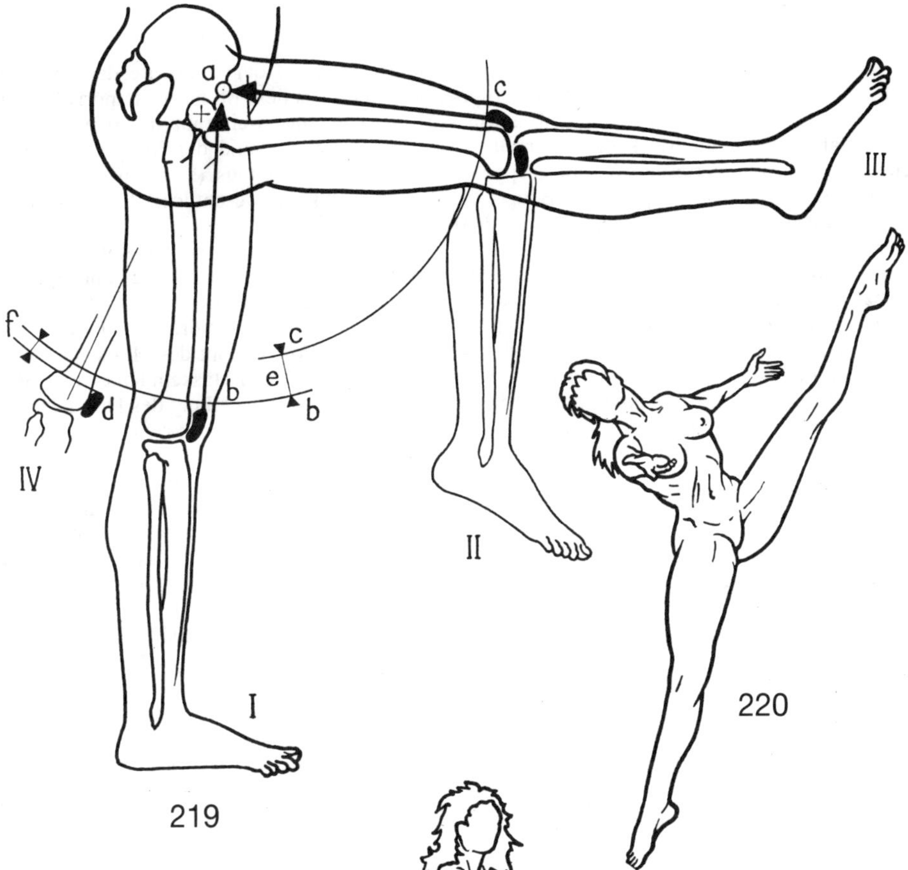

219

220

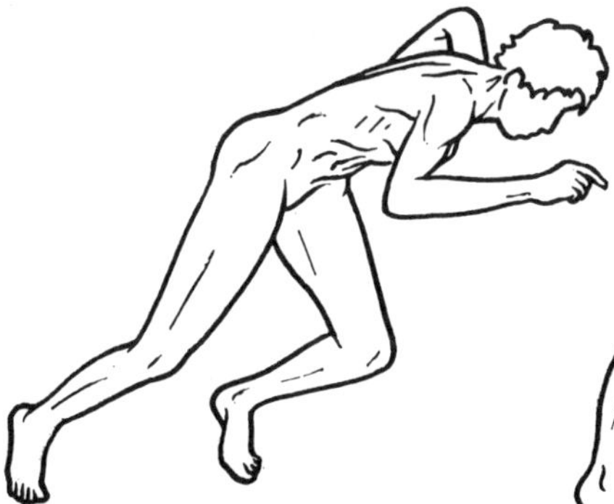

223

222

221

Beugemuskulatur des Kniegelenks

Die das Kniegelenk beugenden Muskeln liegen grundsätzlich auf der Rückseite des Oberschenkels (Abb. 224). Es ist die ischiocrurale Muskelgruppe, bestehend aus dem M. biceps femoris (1), M. semitendinosus (2) und dem M. semimembranosus (3). Beuger sind weiterhin die den Pes anserinus (superficialis) bildenden Muskeln: M. gracilis (4), M. sartorius (5) und der M. semitendinosus, der gleichzeitig zur ischiocruralen Muskelgruppe gehört. Der M. popliteus (s. nächste Seite) und der M. gastrocnemius (6 und 7) spielen als Beuger des Kniegelenks keine wesentliche Rolle. Der letztere ist Plantarflexor im oberen Sprunggelenk (s. S. 206).
Der M. gastrocnemius stabilisiert das Kniegelenk. Er entspringt mit seinen beiden Köpfen oberhalb der Femurkondylen. Er kontrahiert sich in der Abstoßphase des Beines, wenn Knie- und Sprunggelenk gleichzeitig gestreckt werden. Durch seine Kontraktion werden die Femurkondylen nach vorn gedrückt. Der M. gastrocnemius arbeitet antagonistisch-synergistisch mit dem M. quadriceps femoris.
Mit Ausnahme von zweien sind alle Muskeln zweigelenkig; der kurze Kopf des M. biceps femoris und der M. popliteus sind eingelenkig (s. nächste Seite). Die zweigelenkigen Muskeln haben eine Streckwirkung im Hüftgelenk, ihre Wirkung auf das Kniegelenk hängt von der Stellung des Hüftgelenks ab.
Der M. sartorius (5) ist Beuger, Abduktor und Außenrotator im Hüftgelenk; gleichzeitig beugt er das Kniegelenk und rotiert den Unterschenkel nach innen. Der M. gracilis (4) ist hauptsächlich Adduktor, darüberhinaus Hüftgelenksbeuger. Im Kniegelenk beugt er und rotiert nach innen (s. S. 142).
Die ischiocruralen Muskeln strecken im Hüft- (s. S. 42) und beugen im Kniegelenk; ihre Wirkung im Kniegelenk wird durch die Hüftgelenksstellung beeinflußt (Abb. 225). Wird das Hüftgelenk gebeugt, dann wächst die Strecke (ab) zwischen Ursprung und Ansatz der Muskeln, da das Drehzentrum O des Hüftgelenks nicht mit dem Ursprungspunkt a der Muskeln identisch ist. Je stärker das Hüftgelenk gebeugt wird, desto mehr werden die Muskeln vorgedehnt und passiv gespannt. Bei einer Hüftbeugung von 40° (Position II) kann die Spannung der Muskeln noch durch eine passive Beugung des Knies kompensiert werden (ab = ab'). Bei einer Beugung von 90° hingegen (Stellung III) kommt es trotz der rechtwinkligen Beugung des Kniegelenks zu einer passiven Spannung der Muskeln (f). Eine Hüftbeugung über 90° (Position IV) macht es schwierig, das Kniegelenk gestreckt zu halten (Abb. 226). Die Dehnfähigkeit (g) der Muskeln findet ihre Grenze, wobei sich diese Dehnbarkeit bei mangelnder Übung noch verringern kann. Die Vordehnung der ischiocruralen Muskeln durch eine Hüftgelenksbeugung erhöht deren Beugewirkung im Kniegelenk. Wird beispielsweise beim Klettern (Abb. 227) ein Bein nach vorne gesetzt, so begünstigt die Hüftbeugung die Beugung im Kniegelenk. Umgekehrt wird bei gestrecktem Knie die Extensionswirkung der ischiocruralen Muskeln im Hüftgelenk erhöht. Dies ist z. B. der Fall, wenn der vorn übergebeugte Rumpf aufgerichtet werden soll (Abb. 226), oder auch beim Klettern (hinteres, weiter unten stehendes Bein).
Wird das Hüftgelenk gestreckt (Abb. 225, Stellung V), dann erfahren die ischiocruralen Muskeln eine relative Verlängerung (e), was erklärt, daß die Kniebeugung nun weniger weitführend ist (s. Abb. 13). Nun wird die Bedeutung der eingelenkigen Muskeln (M. popliteus und kurzer Kopf des M. biceps femoris) deutlich, die ihre Wirkung unabhängig von der Hüftgelenksstellung immer beibehalten.
Die Arbeitsleistung der Kniegelenksbeuger insgesamt ist etwas größer als ein Drittel der Leistung des M. quadriceps femoris.

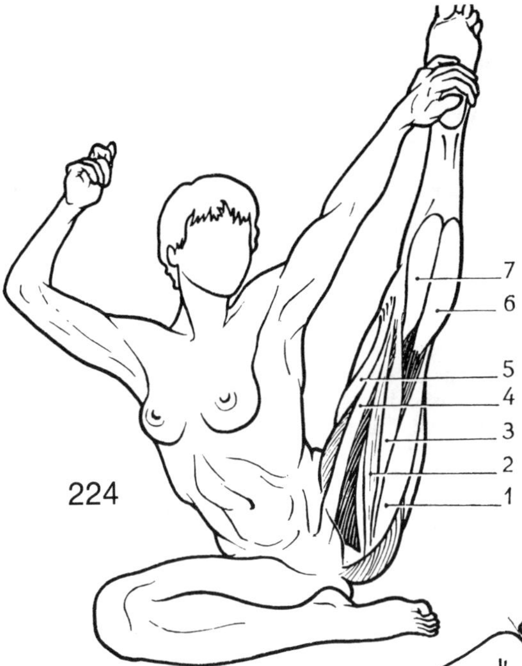

224

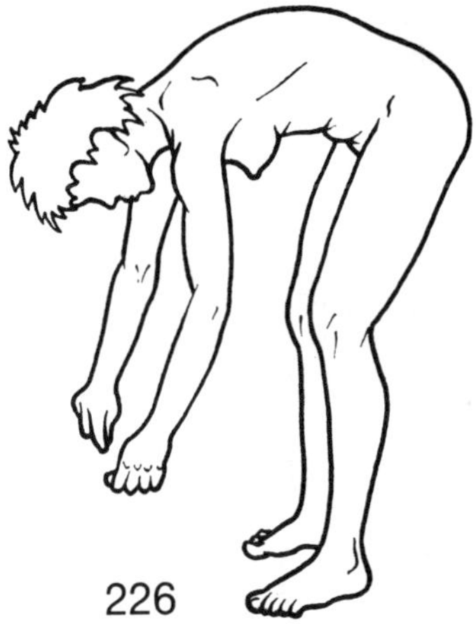

226

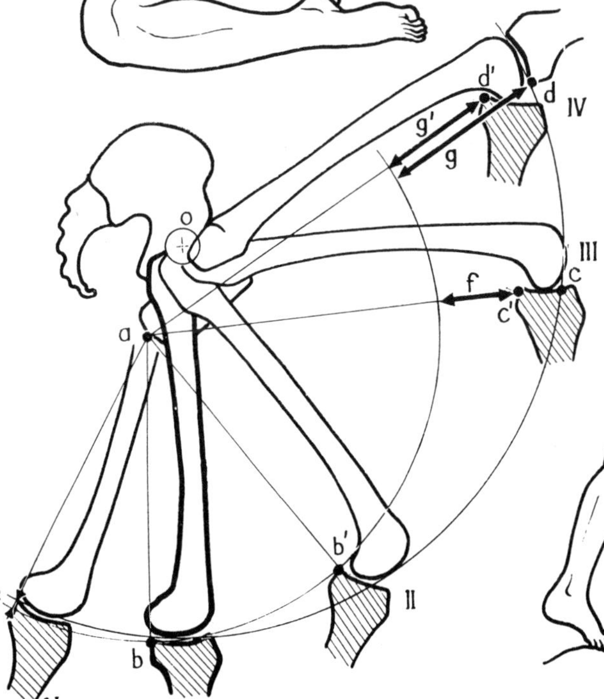

225

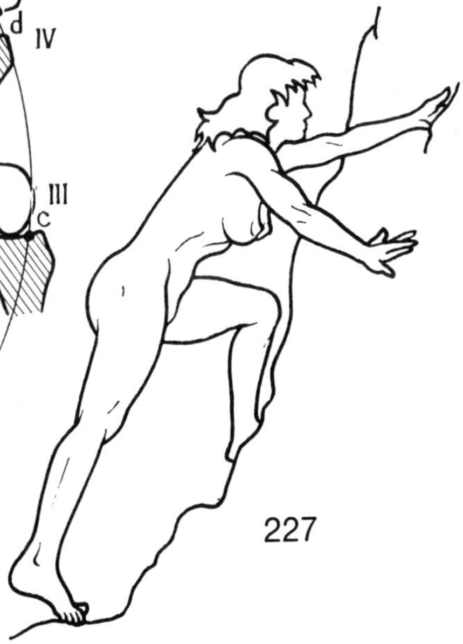

227

Rotatoren des Kniegelenks

Die Kniegelenksbeuger sind gleichzeitig auch Rotatoren. Sie gliedern sich gemäß ihrem Ansatz am Unterschenkelskelett in zwei Gruppen (Abb. 228):

– Muskeln, die lateral der vertikalen Drehachse XX' inserieren, sind Außenrotatoren (A). Es sind dies (Abb. 231) der M. biceps femoris (1) und der M. tensor fasciae latae (2). Wenn sie sich kontrahieren, bringen sie das Tibiaplateau (Abb. 229) nach außen; der Unterschenkel dreht sich derart, daß die Fußspitze nach lateral schaut. Der M. tensor fasciae latae ist nur Beuger und Außenrotator, wenn das Kniegelenk gebeugt ist. Beim gestreckten Kniegelenk verliert er sein Rotationsmoment und er wird zum Strecker, er „verriegelt" die Streckung. Das Caput breve des M. biceps femoris (Abb. 232, 1') ist der einzige eingelenkige, auswärtsdrehende Muskelbauch. Die Stellung des Hüftgelenks hat auf seine Funktion keinen Einfluß.

– Muskeln, die medial der vertikalen Achse XX' des Kniegelenks inserieren, sind Innenrotatoren (B). Es sind (Abb. 231) der M. sartorius (3), der M. semitendinosus (4), der M. semimembranosus (5), der M. gracilis (6) und der M. popliteus (Abb. 232, 7). Sie drehen das Tibiaplateau nach innen (Abb. 230), die Fußspitze schaut nach medial. Die Muskeln bremsen die Außenrotation im gebeugten Kniegelenk. Auf diese Weise schützen sie den Kapselbandapparat des Standbeins vor einer Überbeanspruchung bei einer heftigen Drehung des Körpers zur medialen Seite. Der M. popliteus (Abb. 234, Ansicht von hinten) nimmt eine Sonderstellung ein. Er setzt an der Rückseite des proximalen Tibiaendes an und zieht unter dem Ligamentum popliteum arcuatum hindurch (s. auch Abb. 147), wo er bereits sehnig ist. Eine Sehnenabspaltung verbindet sich mit der Rückseite des lateralen Meniskus. Unter der Sehne findet sich der Recessus subpopliteus, der mit dem Gelenkraum des Kniegelenks in Verbindung steht. Die Sehne des Muskels läuft zwischen dem fibularen Kollateralband und dem Außenmeniskus heran an eine kleine Grube im Bereich der Außenfläche des lateralen Femurkondylus. Er ist der einzige eingelenkige Innenrotator, die Stellung des Hüftgelenks hat keinen Einfluß auf seine Wirkung. Eine Ansicht auf das Tibiaplateau von oben (Abb. 233) läßt seine Wirkung erkennen; er (schwarzer Pfeil) dreht die Tibiarückseite nach außen. Obwohl auf der Rückseite des Gelenks gelegen, ist der M. popliteus ein Strecker des Kniegelenks. Bei der Flexion wird der Muskelursprung nach proximal und vorn verlagert (Abb. 232). Der Muskel wird gedehnt, seine innenrotatorische Wirkung verstärkt sich. Kontrahiert sich der M. popliteus bei gebeugtem und eventuell außenrotiertem Unterschenkel, dann bewegt er seinen Ursprung (als Punctum mobile) nach unten-hinten. Der laterale Femurkondylus gleitet im Sinne einer Extension. Der M. popliteus ist folglich Strecker und Innenrotator im Kniegelenk. Zusammen sind die Innenrotatoren kräftiger, sie überwiegen die Außendreher leicht.

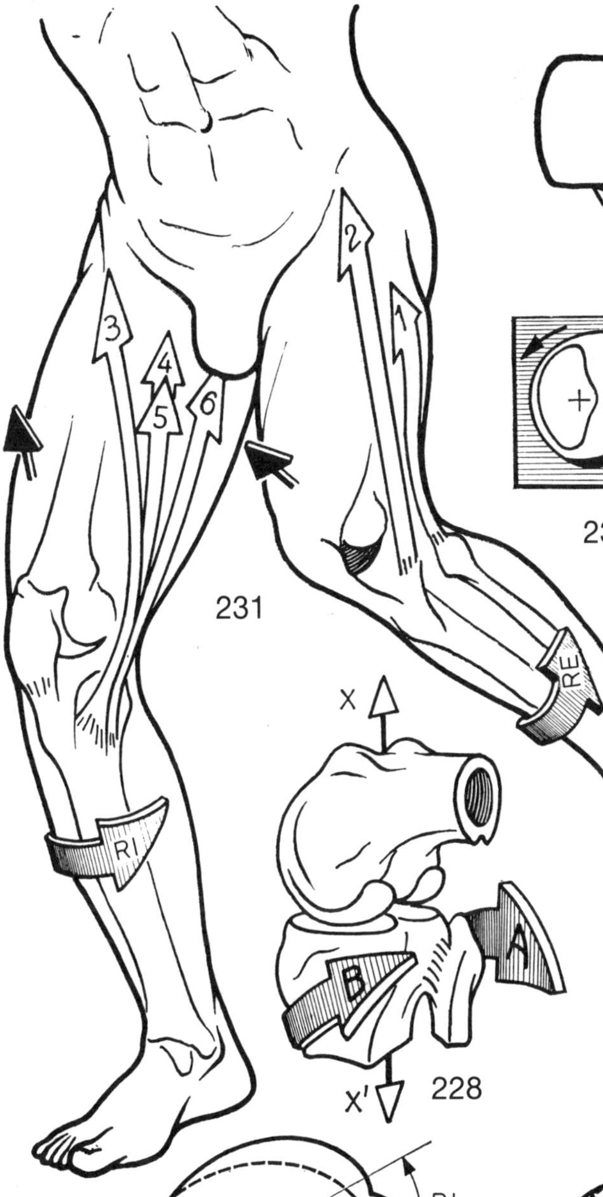

231

228

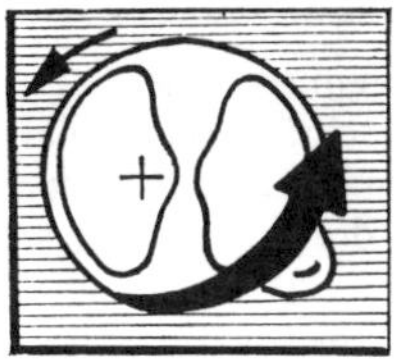
233

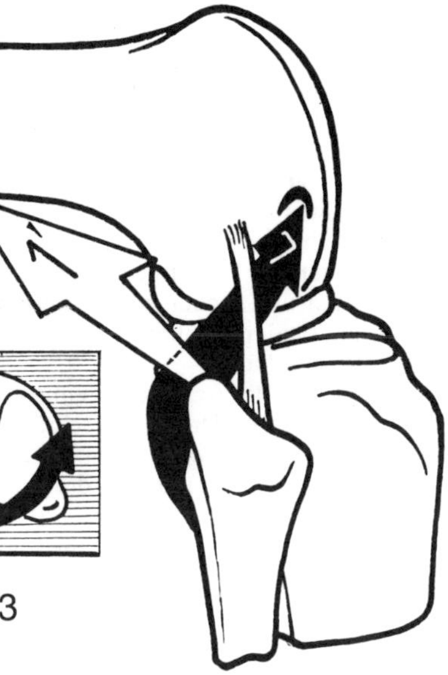
232

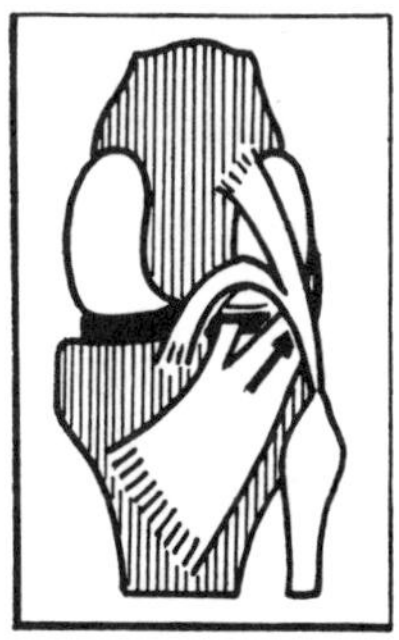
234

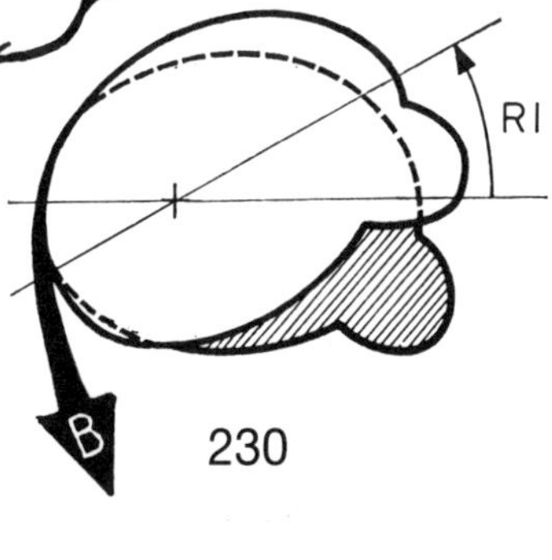

230

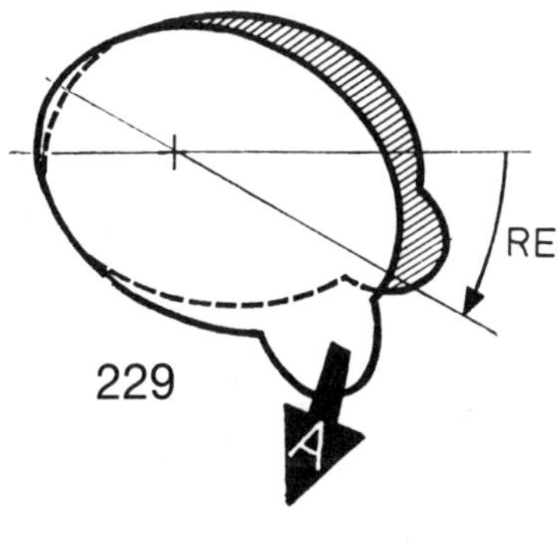

229

Schlußrotation im Kniegelenk

In der letzten Phase der Kniegelenksstreckung findet, wie bereits erwähnt (S. 72), eine geringe Außendrehung der Tibia statt, bei Beginn der Beugung eine leichte Innendrehung. Es handelt sich um automatisch ablaufende Bewegungen. Roud hat am anatomischen Präparat diese Schlußrotation genauer untersucht und beschrieben.
– Man bringt in das Tibiaplateau (Abb. 235, Ansicht von oben) und durch die Femurkondylen zwei Metalldrähte, die bei Streckstellung des Kniegelenks in der Horizontalen und Transversalen exakt parallel stehen.
– Beugt man das Femur gegen die feststehende Tibia (Abb. 236), so sieht man, wie sich die Femurachse nach hinten und medial neigt (Betrachtung für ein rechtes Kniegelenk). Bei einer Beugung von 90° bilden die beiden Drähte in der Horizontalen einen nach außen und hinten offenen Winkel von 30° (Roud gibt 45° an).
– Richtet man die Achse des Femurs in der Sagittalen aus (Abb. 237), so stellt man fest, daß der durch die Tibia gedrehte Draht nun schräg von medial-hinten nach lateral-vorne orientiert ist. Er zeigt eine Innenrotation der Tibia gegenüber dem Femur an. Der Draht bildet einen Winkel von 20° mit einer Geraden, die rechtwinklig auf der Femurachse steht. Die Beugung im Kniegelenk ist folglich mit einer automatischen Innenrotation von 20° kombiniert. Der Unterschied von 10° ist dadurch bedingt, daß der durch das Femur gebohrte Draht (nicht dargestellt) aufgrund der physiologischen Valgusstellung des Knies nicht rechtwinklig zur Diaphysenachse des Femurs ausgerichtet ist, sondern mit dieser einen Winkel von 80° bildet (s. Abb. 3).
– Der beschriebene Versuch ist auch umgekehrt ausführbar. Bei der rechtwinkligen Beugung divergieren die beiden Drähte (Abb. 236), in Streckstellung sind sie parallel (Abb. 235); d. h., die Kniegelenksstreckung wird von einer automatischen Außenrotation begleitet.
Da bei der Beugung im Kniegelenk (Tibia steht still) der laterale Kondylus mehr nach hinten verlagert wird als der mediale (Abb. 238), ergibt sich eine Außenrotation des Oberschenkels. Beim gestreckten Kniegelenk liegen die Punkte a und b auf einer transversalen Achse Ox. Bei einer Flexion verlagert sich der mediale Kondylus von a nach a' (5–6 mm), der laterale von b nach b' (10–12 mm). Die Punkte a' und b' liegen auf einer Geraden Oy, die mit der Geraden Ox einen Winkel xOy von 20° bilden.
Die ungleich weite Rückverlagerung der Kondylen bei der Beugung wird durch drei Faktoren bestimmt:
1. *Durch die unterschiedliche Länge der femoralen Kondylenprofile* (Abb. 239 und 240): Werden die Längen der Gelenkflächen des medialen (Abb. 239) und des lateralen (Abb. 240) Kondylus gemessen, indem die Kondyli auf einer ebenen Fläche abgerollt werden, dann zeigt sich, daß die Strecke bd' für den lateralen Kondylus etwas länger ist als die für den medialen (ac' = bc').
2. *Durch die differente Kontur der tibialen Gelenkflächen:* Der mediale Kondylus verlagert sich nur gering, da er mit der konkaven Tibiagelenkfläche artikuliert (Abb. 241). Der laterale Kondylus gleitet ausgiebiger über den hinteren Abhang der konvexen tibialen Gelenkfläche (Abb. 242).
3. *Durch den Verlauf der Kollateralbänder:* Verlagern sich die Kondylen nach hinten, spannt sich das mediale Kollateralband eher an (Abb. 241) als das laterale (Abb. 242). Der laterale Kondylus hat so eine weiträumigere Bewegungsfreiheit.
– Unterstützend wirkt die Aktion der beugenden und die Tibia innenrotierenden Muskeln (Abb. 243): Die Muskeln, die den Pes anserinus (superficialis) bilden (schwarzer Pfeil), und der M. popliteus (weißer Pfeil).
– Die Anspannung des hinteren Kreuzbandes in Streckstellung des Kniegelenks bedingt eine Außenrotation der Tibia (Abb. 244)*.

* Anm. des Übersetzers: Die sog. Schlußrotation des Kniegelenks besteht nach allgemeiner Auffassung in einer zwangsläufigen Außenrotation der Tibia um etwa 5° oder einer gleichgroßen Innenrotation des Femurs bei feststehender Tibia. Bei der Schlußrotation werden die gespannten Kreuzbänder etwas voneinander abgewickelt, so daß sie eine weitere Streckung zulassen. Die automatische Schlußrotation wird bei der Flexion des Kniegelenkes aus der Extensionsstellung wieder rückgängig gemacht.

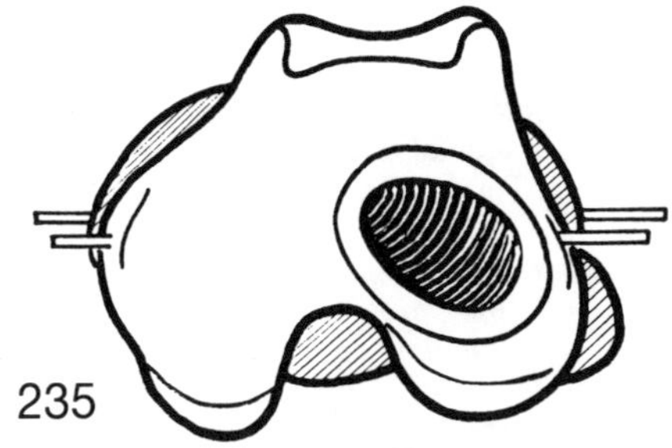

235

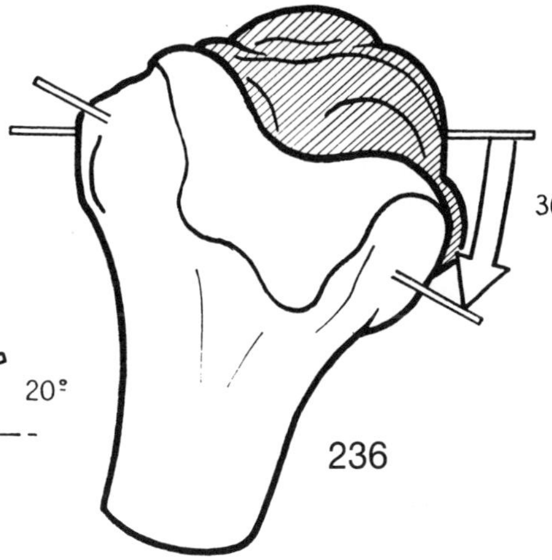

236

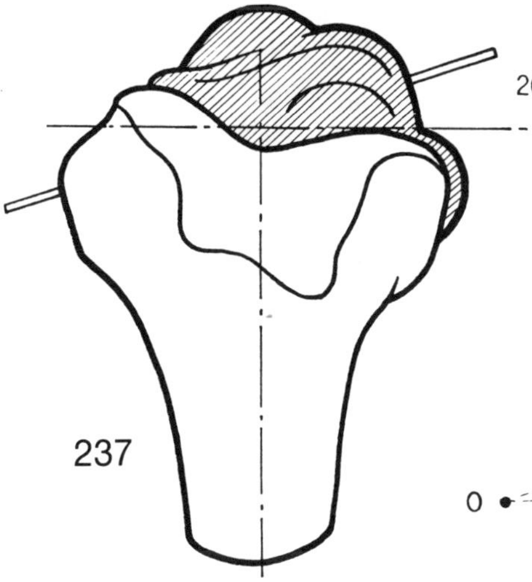

237

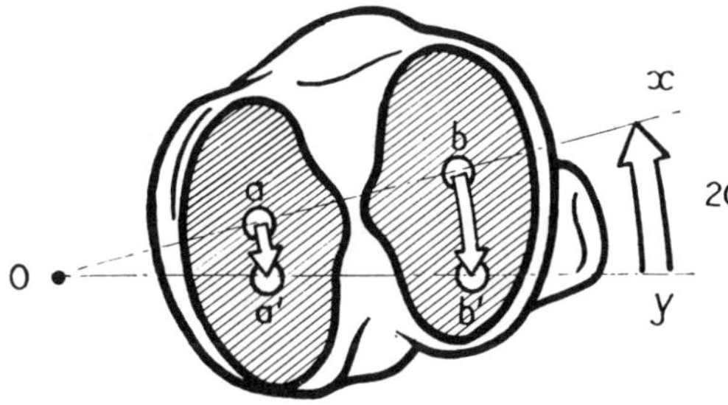

238

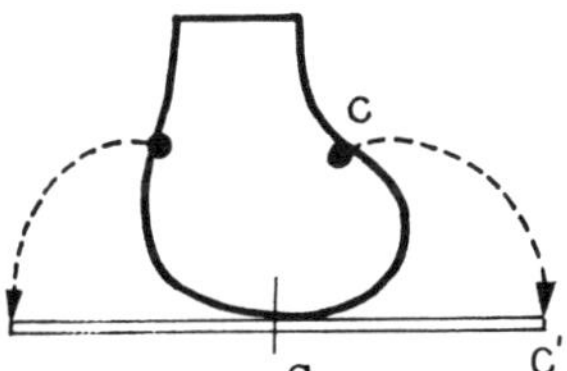

239

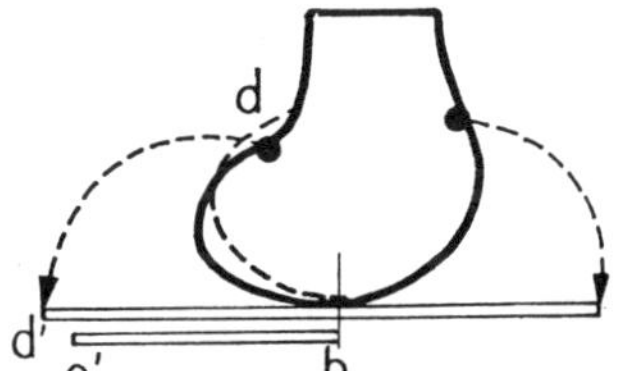

240

241

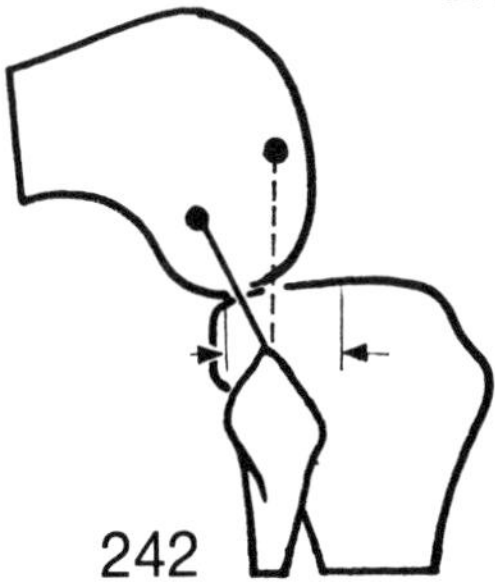

242

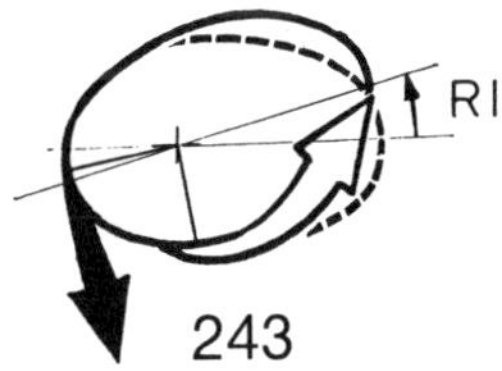

243

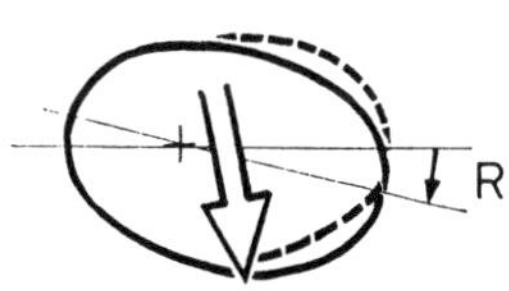

244

Dynamisches Gleichgewicht im Kniegelenk

Auch am Ende des Kapitels erscheint es noch ein wenig rätselhaft, in welcher Weise das nicht knöchern gesicherte Kniegelenk ausreichend stabilisiert wird. Anhand einer synoptischen Schemazeichnung (Abb. 245) sollen noch einmal kurz die wichtigsten klinischen Tests und die entsprechenden Strukturen dargestellt werden.

Auswahl, Bedeutung und Interpretation dieser Tests werden zur Diskussion veranlassen; die vorgenommene Klassifizierung ist als eine vorläufige anzusehen.

1. Ein vorderes Schubladenphänomen im nicht gedrehten Kniegelenk kann bis zu einem gewissen Grad physiologisch sein. Es muß ein Vergleich mit dem kontralateralen Gelenk erfolgen. Die vordere Schublade kann, wenn sie deutlich ist, auf einen Riß des vorderen Kreuzbandes hinweisen. Ist sie sehr markant, dann liegt zusätzlich eine Ruptur des tibialen Kollateralbandes vor. Zu beachten ist, daß die Reposition einer durch Ruptur des hinteren Kreuzbandes bedingten, posterioren Subluxation einer vorderen Schubladenbewegung entspricht.
2. Ein vorderes Schubladenphänomen in Innenrotationsstellung von 15° läßt auf den Riß des vorderen Kreuzbandes und eventuell des posterolateralen Kapselbereiches schließen.
3. Ein vorderes Schubladenphänomen bei 30° Innenrotation ist auslösbar bei Riß des vorderen und hinteren Kreuzbandes. Ein zusätzliches Schnappen gilt als Hinweis auf eine Ablösung des Hinterhorns des Außenmeniskus.
4. Die Tests nach MacIntosh und Hughston weisen einen Riß des vorderen Kreuzbandes sicher nach.
5. Eine mäßige vordere Schublade in Außenrotation indiziert die Verletzung des posterolateralen Kapselbereiches. Ein zusätzliches Schnappen ist typisch für den Ausriß des Hinterhorns des Innenmeniskus.
6. Ein hinteres Schubladenphänomen im nicht rotierten Kniegelenk ist bei Riß des hinteren Kreuzbandes nachweisbar.
7. Der pivot-shift-reverse-Test ist positiv, wenn das hintere Kreuzband rupturiert ist.
8. Eine hintere Schublade in Außenrotationsstellung zeigt sich bei Läsion des posterolateralen Kapselbereiches; zusätzlich kann das hintere Kreuzband rupturiert sein.
9. Eine hintere Schublade in Innenrotation ist typisch für den Riß des hinteren Kreuzbandes, kombiniert mit einer Verletzung der posteromedialen Kapselwand.
10. Ein mediales Aufklappen in Extension, zu einer leichten Valgusstellung führend, ist charakteristisch für einen Riß des tibialen Kollateralbandes. Ist die Valgusstellung ausgeprägt, dann ist an eine zusätzliche Läsion der medialen Polkappe zu denken. Bei einer extremen Valgusstellung kann desweiteren das vordere Kreuzband gerissen sein.
11. Ein mediales Aufklappen in leichter Beugestellung (10°–30°) weist auf eine Verletzung des tibialen Kollateralbandes, der medialen Polkappe und des posteromedialen Kapselbereiches hin. Zusätzlich ist das Hinterhorn des Außenmeniskus verletzt.
12. Ein laterales Aufklappen in Extension, zu einer leichten Varusstellung führend, ist Zeichen für die Ruptur des fibularen Seitenbandes. Der Tractus iliotibialis kann mitverletzt sein. Bei ausgeprägter Varusstellung ist zusätzlich die laterale Polkappe und der posterolaterale Kapselbereich geschädigt.
13. Ein laterales Aufklappen in leichter Flexionsstellung (10°–30°) ist ebenfalls für die oben genannten Verletzungen typisch. Auszuschließen ist jedoch ein Riß des Tractus iliotibialis.
14. Der Recurvatum-Außenrotationstest fällt positiv aus bei einer Ruptur des fibularen Kollateralbandes und des posterolateralen Kapselabschnittes.

Das dynamische Gleichgewicht am sich bewegenden Kniegelenk wird durch mehrere, gleichzeitig wirkende Faktoren geschaffen. Das Zusammenspiel der drei wesentlichen Faktoren läßt sich am Beispiel des Windsurfers (Abb. 246) erläutern.

– Das Wasser und das von ihm getragene Brett bilden die sich gegeneinander bewegenden Gelenkflächen.
– Der das Segel blähende Wind repräsentiert die bewegende Muskelkraft.
– Der Windsurfer, der die Bewegungen in Reaktion auf Wind- und Wasserverhältnisse steuert, entspricht dem Bandsystem.

In jeder Bewegungsphase wird das Kniegelenk durch das abgestimmte Wirkungsverhältnis dieser drei Faktoren ins Gleichgewicht gebracht.

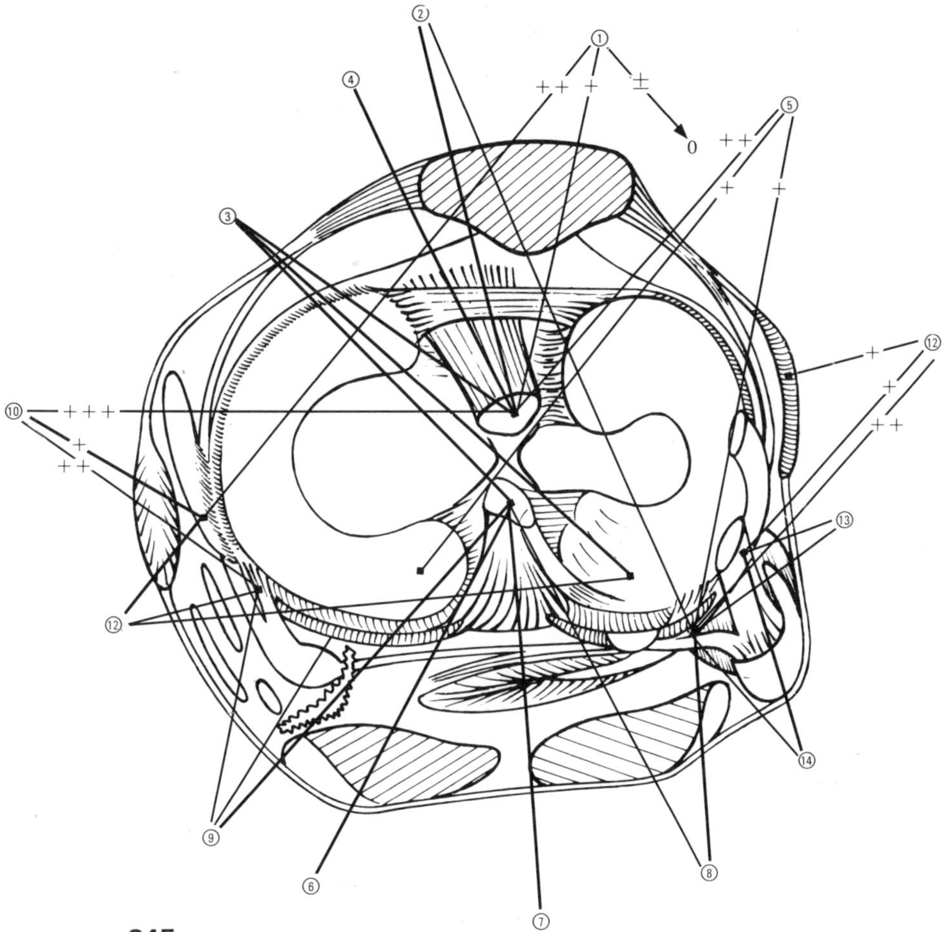

245

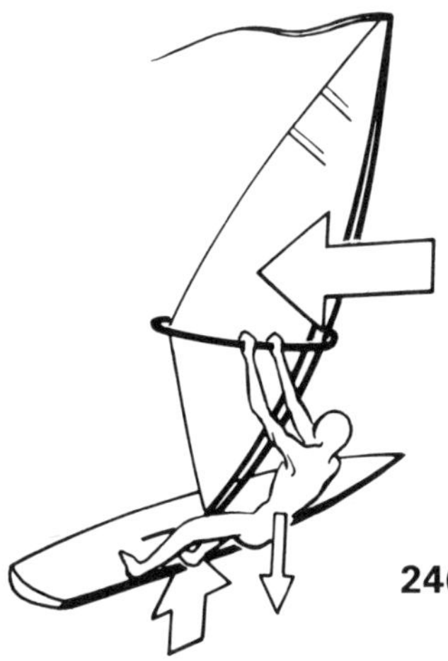

246

Oberes Sprunggelenk

Das obere Sprunggelenk, Articulatio talocruralis, ist das distale Gelenk der unteren Extremität. Es ist prinzipiell ein Scharniergelenk mit einem Grad der Freiheit, es legt die in der sagittalen Ebene erfolgenden Bewegungen des Unterschenkels gegenüber dem Fuß fest. Es ist unentbehrlich für die Fortbewegung auf ebenem wie auch auf unebenem Untergrund.

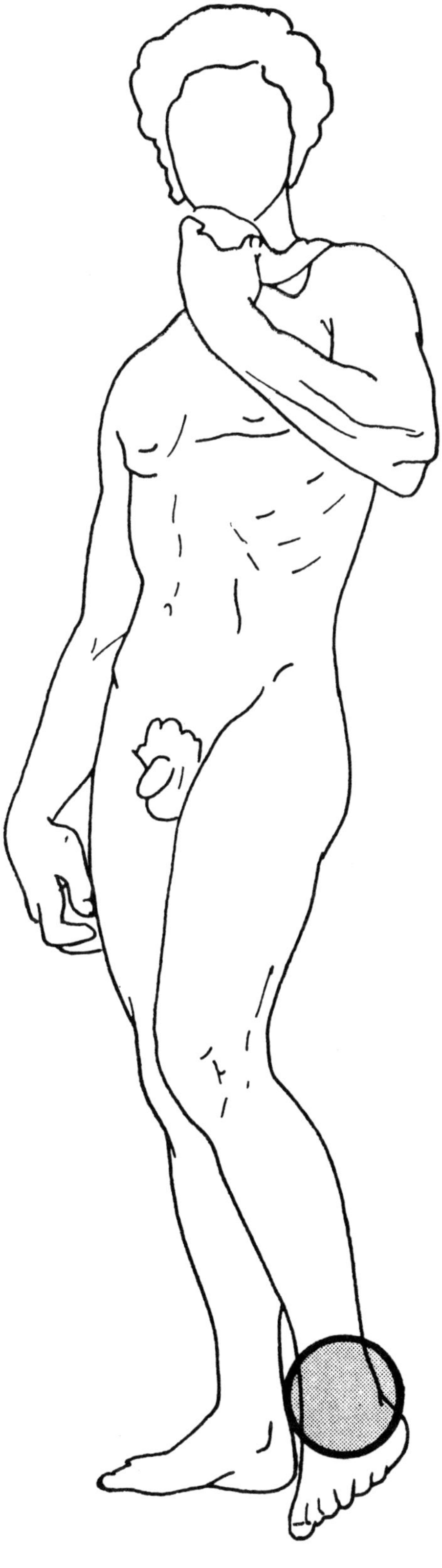

Der Gelenkkomplex des Fußes

Das obere Sprunggelenk, Articulatio talocruralis, ist vielleicht als das funktionell bedeutsamste Gelenk im Fußwurzelbereich anzusehen. Die Gesamtheit der Gelenke der Fußwurzel hat, gemeinsam mit der Drehmöglichkeit im Kniegelenk, den Charakter eines dreiachsigen Gelenkes, das dem Fuß erlaubt, eine beliebige Stellung im Raum einzunehmen. Es besteht eine Analogie mit der oberen Extremität, an der die Gelenke der Handwurzel und die Pro- und Supination die Hand in die Lage versetzen, sich in allen Ebenen des Raumes einzustellen. Allerdings ist das Ausmaß der Beweglichkeit des Fußes wesentlich kleiner als das der Hand.

Die drei Hauptachsen des Fußwurzelgelenkkomplexes (Abb. 1) schneiden sich annähernd im Bereich des Tarsus. Befindet sich der Fuß in Neutralstellung, dann verlaufen die Achsen rechtwinklig zueinander. Die Darstellung des Fußes (in Abb. 1) zeigt, daß eine Plantarflexion die Richtung der Achse Z verändert.

Die transversale Achse XX' geht durch die beiden Knöchel, sie entspricht der Achse des oberen Sprunggelenkes. Grob betrachtet liegt sie in einer frontalen Ebene und bestimmt die Beuge- und Streckbewegungen des Fußes (s. S. 152), die in einer sagittalen Ebene ablaufen.

Die Längsachse Y des Unterschenkels ist vertikal ausgerichtet und legt die Ab- und Adduktionsbewegungen des Fußes in einer transversalen Ebene fest. Diese Bewegungen sind, wie bereits erwähnt (s. S. 72), nur möglich aufgrund der Drehbarkeit des gebeugten Kniegelenkes. Zu einem geringen Betrag sind Ab- und Adduktion auch in den Fußwurzelgelenken durchführbar, allerdings sind diese dann stets mit Bewegungen um die dritte Achse kombiniert (s. S. 168).

Die Fußlängsachse Z verläuft in einer sagittalen Ebene. Sie „bestimmt" die Ausrichtung der Fußsohle, die entweder nach unten, nach lateral oder medial schauen kann. In Analogie zur oberen Extremität bezeichnet man die Lateralbewegung „Pronation", die Medialbewegung „Supination".

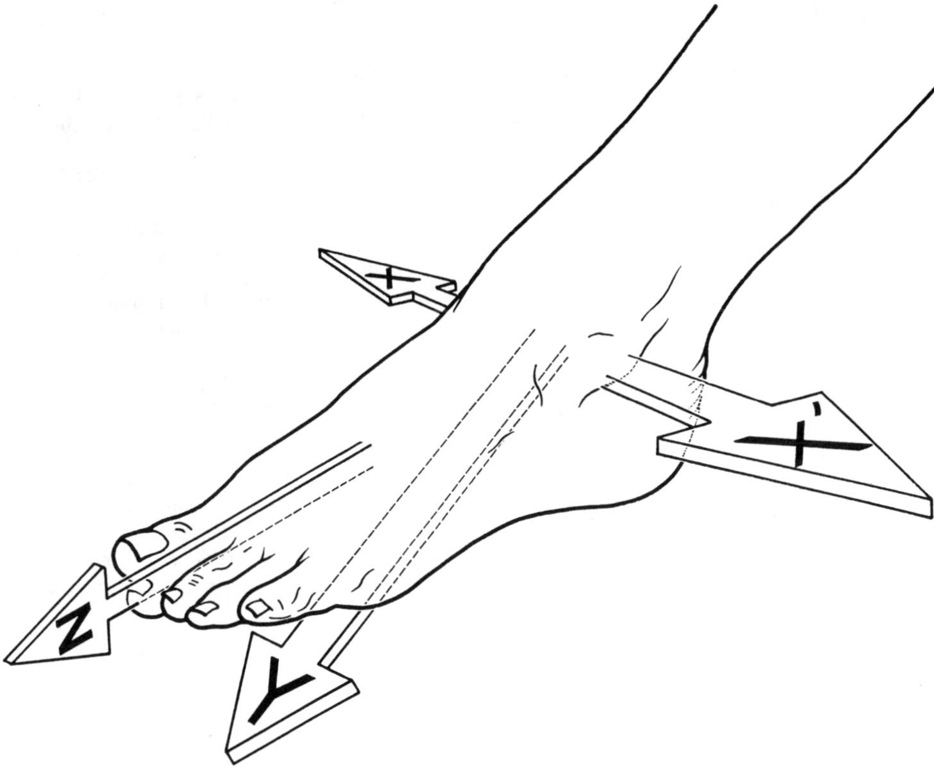
X
X'
Z
Y

Flexion und Extension des Fußes

Die Neutralnullstellung ist eingenommen (Abb. 2), wenn die Fußsohle rechtwinklig zur Unterschenkelachse steht (A). Aus dieser Position heraus wird im oberen Sprunggelenk dorsalextendiert (B), indem der Fußrücken sich der Unterschenkelvorderfläche nähert. Diese Bewegung wird auch als Dorsalflexion bezeichnet.

Umgekehrt kommt es bei der Plantarflexion (l) zu einer Entfernung des Fußrückens von der Unterschenkelvorderseite, der Fuß stellt sich mehr und mehr in die Unterschenkellängsachse ein. Die Bezeichnung „Plantarflexion" kann unter dem Gesichtspunkt, daß eine Beugung grundsätzlich ein Körperglied an den Rumpf heranführt, als unzutreffend angesehen werden. Die Abbildung macht deutlich, daß die Plantarflexion wesentlich weiträumiger als die „Dorsalflexion" ist. Um die Bewegungsamplituden zu messen, ist es leichter, sie durch den Winkel anzugeben, der von Fußsohle und Unterschenkellängsachse gebildet wird, als sie auf das Zentrum des oberen Sprunggelenkes zu beziehen (Abb. 3).

– Ist der Winkel ein spitzer (b), dann ist „dorsalflektiert". Die „Dorsalflexion" beträgt 20–30°. Der gestreifte Bereich gibt den individuell unterschiedlichen, über 20° hinausgehenden Bewegungssektor an (bis max. +10°).

– An einem stumpfen Winkel (c) erkennt man die Plantarflexion. Sie beträgt 30–50°. Individuell unterschiedlich ist der Bewegungsausschlag innerhalb des weiterführenden, gestreiften Sektors von 20°.

Bei Extrembewegungen ist nicht allein das obere Sprunggelenk involviert. Die Fußwurzelgelenke beteiligen sich mit kleinen, akzessorischen Bewegungen, die aber nicht zu vernachlässigen sind. Bei der extremen Dorsalextension (Abb. 4) steuern, während sich die Fußsohle abflacht, die Fußwurzelgelenke einige Grade (+) zu. Umgekehrt kommt es bei der äußersten Plantarflexion durch Wölbung der Fußsohle zu einer Amplitudenvergrößerung (+).

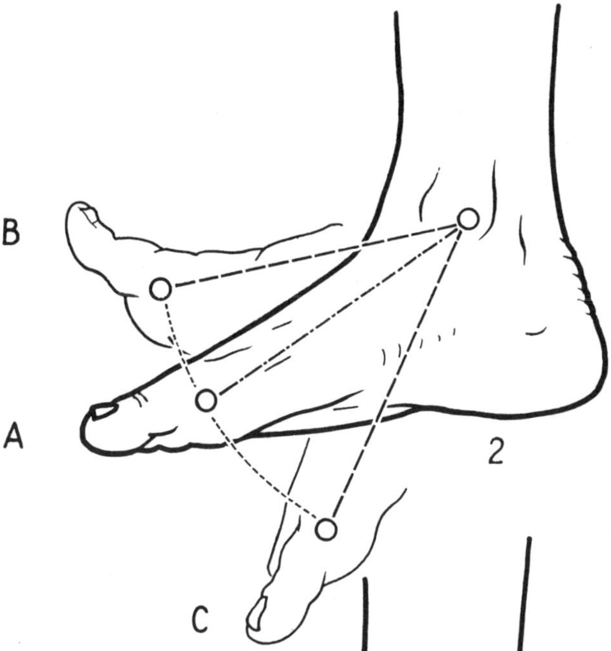

2

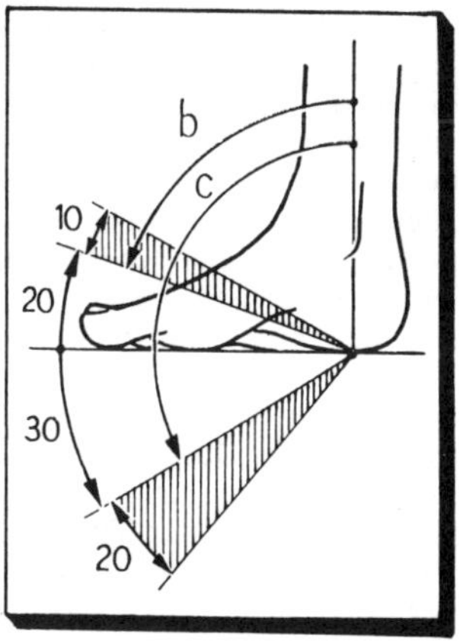

3

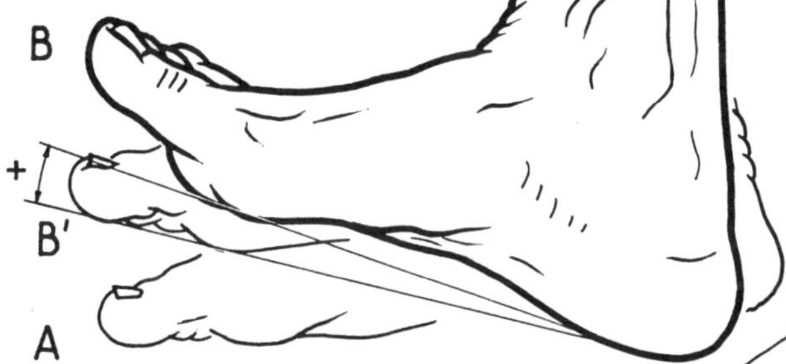

4

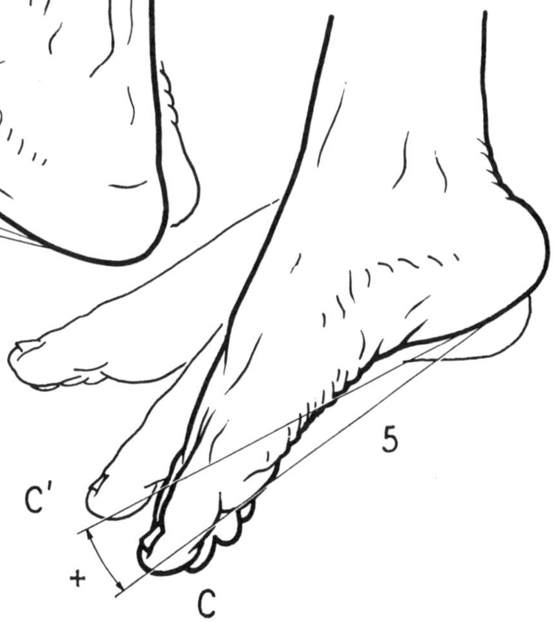

5

Gelenkflächen des oberen Sprunggelenks

(in allen Abbildungen geben gleiche Ziffern gleiche Strukturen an)

Ein grobes mechanisches Modell (Abb. 6) des oberen Sprunggelenkes besteht aus folgenden Elementen:
- Ein distales Element (A), der Talus, besitzt (in erster Annäherung) eine zylindrische Oberfläche, die Achse des Zylinders ist transversal orientiert (XX').
- Das proximale Element (B), gebildet von der distalen Tibia und der distalen Fibula, bildet einen Block, der – durchscheinend gedacht – derart ausgekehlt ist, daß er dem Zylinder bündig aufsitzt. Der in die zylindrische Aushöhlung eingepaßte Zylinder kann, geführt von den massiven Flanken der Aushöhlung, eine Dorsalextension (E) und eine Plantarflexion (F) um die Achse XX' ausführen. Betrachtet man die genauen anatomischen Verhältnisse (Abb. 7, Ansicht eines eröffneten oberen Sprunggelenks von vorne-medial; Abb. 8, Ansicht von hinten-lateral, Gelenkkörper voneinander entfernt), dann entspricht der Zylinder der Talusrolle, Trochlea tali. Diese trägt drei Gelenkflächenfacetten, eine superiore, eine laterale und eine mediale.

Die Facies superior der Rolle ist sagittal konvex, in ihrer Mitte weist sie eine longitudinale Rinne (1) auf, die von einer medialen (2) und einer lateralen Wange (3) begrenzt wird. In Dorsalansicht (Abb. 9) zeigt sich, daß diese Rinne nicht exakt sagittal verläuft, sondern leicht nach vorne-lateral orientiert ist (Pfeil Z). Die Längsachse des Fußes zeigt die gleiche Ausrichtung. Der den Kopf tragende Talushals hingegen ist mit seiner Achse nach vorne-medial ausgerichtet (Pfeil T), der Talus ist folglich in sich selbst torquiert. Bei Dorsalansicht wird desweiteren deutlich, daß die Trochlea des Talus vorne wesentlich breiter (L) ist als hinten (l). Die Facies superior der Trochlea artikuliert mit einer reziprok gestalteten Gelenkfläche an der Tibia (Abb. 7 und 8). Die Facies articularis inferior tibiae ist sagittal konkav (Abb. 12, Sagittalschnitt, laterale Ansicht) und weist einen seichten First auf (4), der sich in die Rinne der Facies superior der Trochlea tali einpaßt (Abb. 11, Frontalschnitt, Ansicht von vorn). Medialer (5) und lateraler (6) Gelenkflächenabschnitt artikulieren mit den entsprechenden Wangen an der Trochleafläche.

Die Facies malleolaris medialis (7) ist fast plan (Abb. 10, Medialansicht eines Talus) und sagittal gestellt (Abb. 9); nur vorn ist sie leicht nach medial abgeschrägt (Abb. 7). Sie artikuliert mit der malleolaren Gelenkfläche (8) der Tibia (9). Der Knorpel der Facies articularis malleoli tibiae geht nahtlos in die Facies articularis inferior der Tibia über. Der von den beiden Flächen gebildete Winkel (10) artikuliert mit der Kante (11) der Talusrolle. Die Facies malleolaris lateralis (12) der Talusrolle ist nach lateral abgeschrägt (Abb. 8) und bikonkav (Abb. 11 und 9). Sie artikuliert mit der Facies articularis malleoli (13, Abb. 7) der Fibula (14). Die fibulare Gelenkfläche ist von der tibialen Fläche durch den Syndesmosenspalt (15) getrennt, der von einer synovialen Falte (16) ausgefüllt wird (s. S. 164). Diese kommt mit der lateralen Kante (17) der Trochlea tali in Kontakt. Die Rollenkante ist vorne (18) und hinten (19) abgeschrägt (s. S. 162). Die malleolaren Gelenkflächen der Talusrolle artikulieren mit den beiden Knöcheln, die sehr unterschiedlich gestaltet sind.
- Der äußere Knöchel, Malleolus lateralis, ist massiger als der innere, er reicht deutlich weiter nach distal (m, Abb. 11).
- Er liegt weiter hinten als der innere Knöchel (Abb. 9); dies bedingt, daß die Achse XX' leicht schräg (20°) nach hinten-außen verläuft.

Nach Destot wird gelegentlich ein dritter Knöchel beschrieben (Abb. 12); es handelt sich um die distale, hintere Tibiakante (20), die deutlich weiter nach distal auslädt (p) als die Vorderkante.

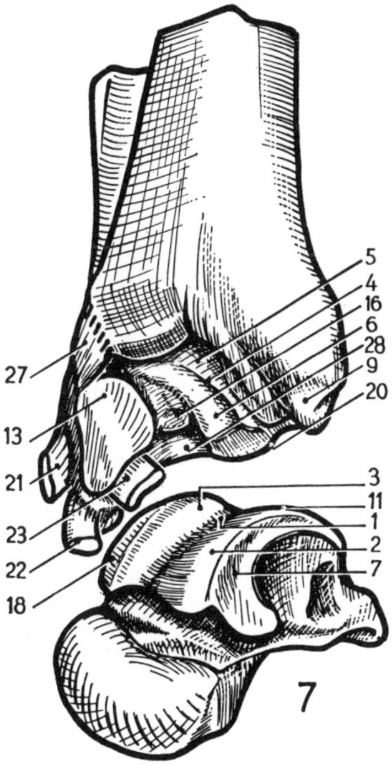
27
13
21
23
22
18
5
4
16
6
28
9
20
3
11
1
2
7

7

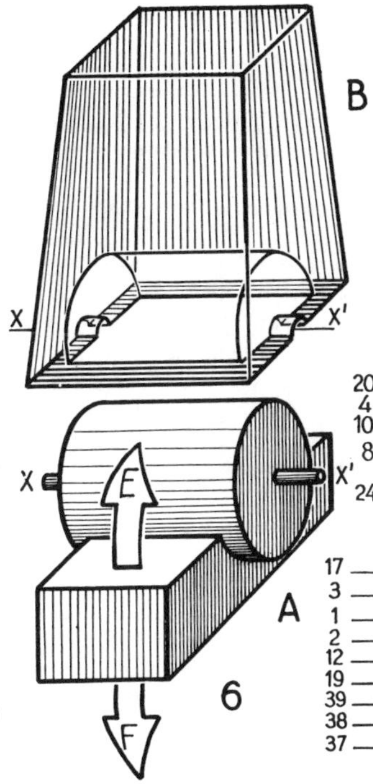
B
X
X'
X
X'
E
A
F

6

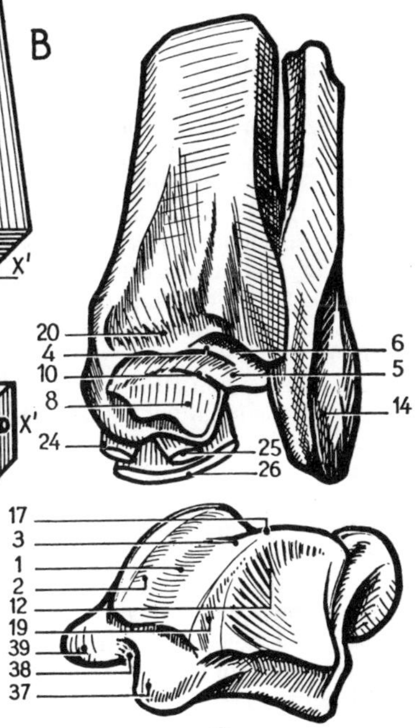
20
4
10
8
24
6
5
14
25
26
17
3
1
2
12
19
39
38
37

8

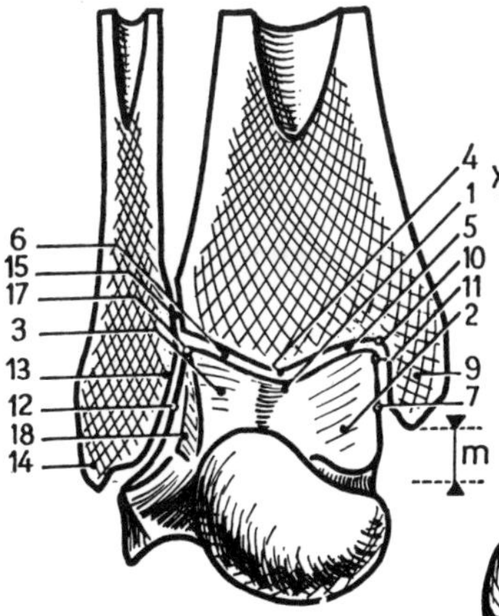
6
15
17
3
13
12
18
14
4
1
5
10
11
2
9
7
m

11

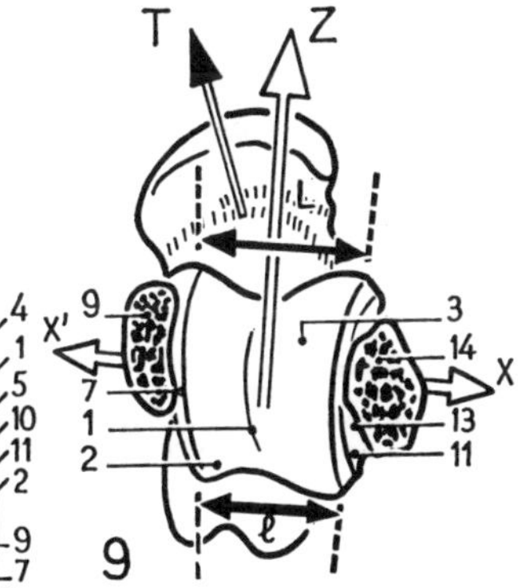
T
Z
L
9
X'
7
1
2
3
14
X
13
11
ℓ

9

11
7
+
37
38
39

10

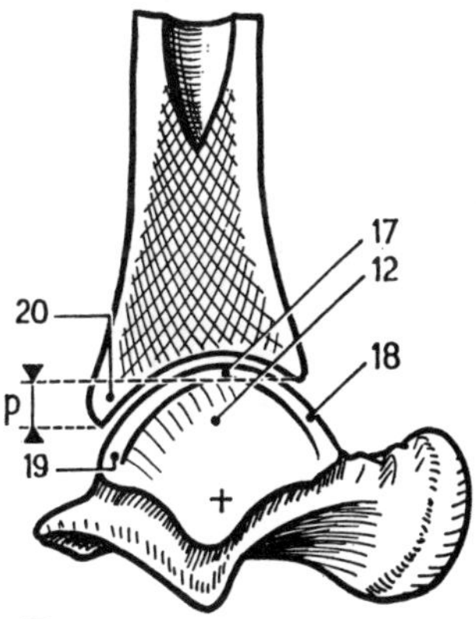
20
p
19
17
12
18
+

12

Bänder des oberen Sprunggelenks

(Abbildungen nach ROUVIÈRE; gleiche Ziffern weisen auf gleiche Strukturen hin)

Die Bänder des oberen Sprunggelenks bilden zwei Hauptgruppen, die lateralen und die medialen Kollateralbänder, und zwei Nebengruppen als vordere und hintere Bänder. Die Kollateralbänder bilden auf jeder Seite des Gelenks kräftige, straff bindegewebige Fächer, deren Spitze am betreffenden Knöchel nahe des „Durchstoßpunktes" der Achse XX' fixiert ist. Distal strahlen die Bandfächer an die beiden Knochenelemente des Rückfußes.
Das laterale Bandsystem (Abb. 13, Lateralansicht) setzt sich aus drei Ligamenten zusammen. Zwei Bänder ziehen an den Talus, eines an den Calcaneus.
– Das Ligamentum talofibulare anterius (21) zieht von der Vorderkante des fibularen Malleolus (14) schräg nach vorne-unten an den Talus oberhalb des Sinus tarsi.
– Das Ligamentum calcaneofibulare (22) verbindet die Malleolenspitze mit der Außenseite des Calcaneus. Es hat einen schräg nach hinten-unten gerichteten Verlauf. Der Unterrand des Bandes wird von einem Ligamentum talocalcaneare laterale (32) begleitet.
– Das Ligamentum talofibulare posterius (23) entspringt an der Innenseite des lateralen Malleolus (s. Abb. 7) hinter der Gelenkfläche. Es läuft fast horizontal nach medial und leicht nach hinten, um am Tuberculum laterale des Processus posterior tali (37) zu inserieren. Lage und Verlaufsrichtung des Bandes zeigen sich am deutlichsten in einer Ansicht von hinten (Abb. 14). Es wird durch ein kleines Ligamentum talocalcaneum posterius (31) fortgesetzt.
Am lateralen Malleolus sind desweiteren die Ligamenta tibiofibularia (Abb. 14 und 15), das anteriore (27) und posteriore (28), fixiert, auf deren Bedeutung noch eingegangen wird.
Das mediale Kollateralband (Abb. 16, Medialansicht) gliedert sich in eine tiefe und eine oberflächliche Schicht. Die tiefe Bandschicht besteht aus zwei Ligamenta tibiotalaria.
– Das Ligamentum tibiotalare anterius (25) ist schräg nach unten und vorne gerichtet, es inseriert an der medialen Fläche des Talushalses.
– Das Ligamentum tibiotalare posterius (24) läuft schräg nach hinten-unten. Es ist in einer Grube (Abb. 10) des Talus nahe dem Tuberculum mediale des Processus posterior tali fixiert. Die hinteren Faserbündel des Bandes ziehen bis an das Tuberculum (39) heran.
Die oberflächliche Schicht, breit und dreieckig, bildet das Ligamentum deltoideum (26). Es bedeckt die tiefgelegenen Bänder; schneidet man es von vorn ein und klappt es beiseite, dann wird das Ligamentum tibiotalare anterius (25) sichtbar (Abb. 15, Ansicht von vorn). In Abbildung 16 ist das Ligamentum deltoideum durchscheinend dargestellt. Vom Malleolus medialis (36) erstreckt es sich vorn bis zur Tuberositas ossis navicularis (33), zum medialen Rand des Ligamentum calcaneonaviculare plantare (34; s. S. 178) und zum Sustentaculum tali (35) des Calcaneus. Somit ist das Ligamentum deltoideum, wie das Ligamentum calcaneofibulare, nicht am Talus fixiert.
Vorderes (Abb. 15, Ansicht von vorn) und hinteres Band (Abb. 14, Ansicht von hinten) des oberen Sprunggelenks sind lokale Verdickungen der Kapsel. Das anteriore Band (29) verläuft schräg von der Vorderfläche des distalen Tibiaendes an den Talushals (Abb. 13). Das hintere Band (30) wird durch von der Tibia und von der Fibula entspringende Faserzüge gebildet. Diese vereinigen sich und ziehen an das Tuberculum mediale (39) des Processus posterior tali. Tuberculum mediale und laterale (37) bilden die tiefe Rinne (38) für die Sehne des M. flexor hallucis longus, die dann unter dem Sustentaculum tali weiterläuft (s. auch S. 202).

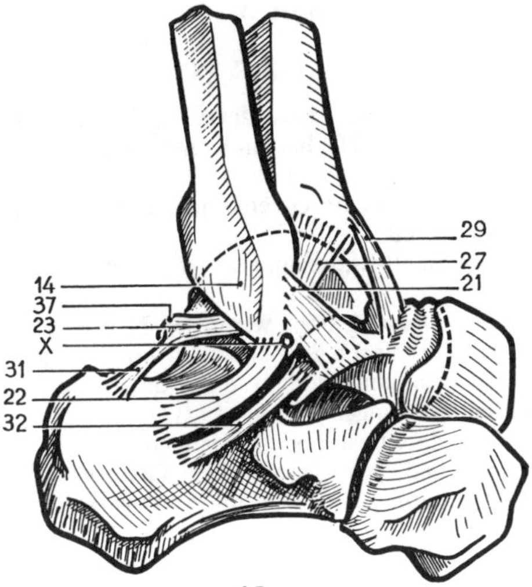

29
27
21
14
37
23
X
31
22
32

13

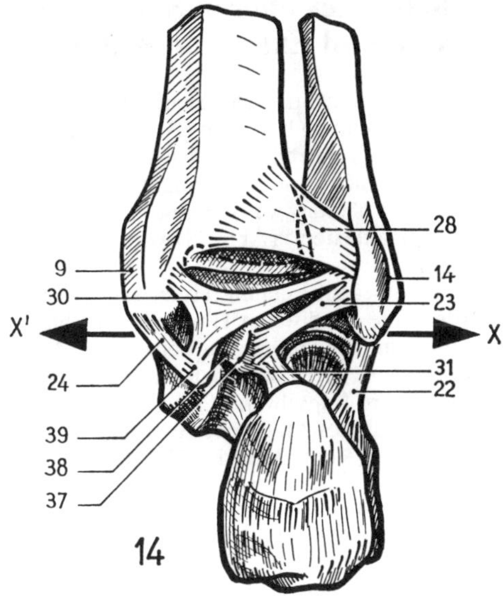

28
9
14
30
23
X'
X
31
24
22
39
38
37

14

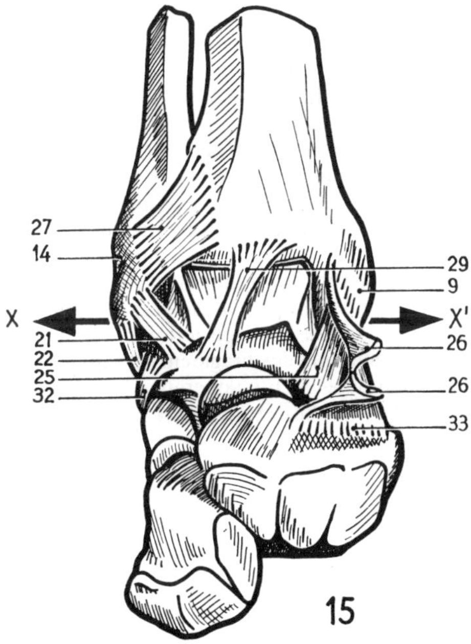

27
14
29
9
X
X'
21
26
22
25
32
26
33

15

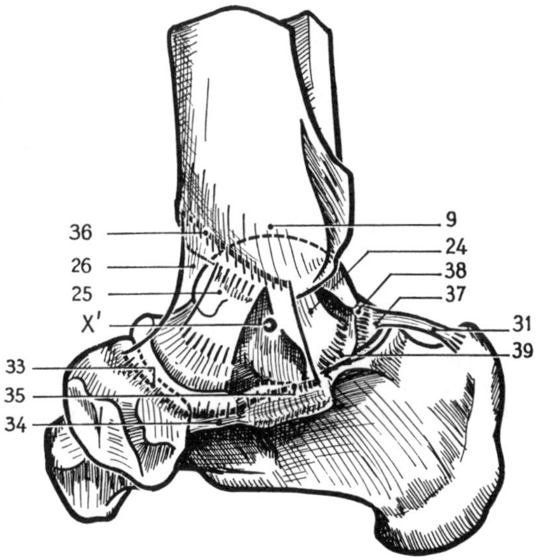

9
36
24
26
38
25
37
X'
31
39
33
35
34

16

Stabilität des oberen Sprunggelenks in der Sagittalen – Flexion und Extension begrenzende Faktoren

Die Beuge- und Streckbewegungen sind in erster Linie durch die Länge der Gelenkflächen in der sagittalen Richtung bestimmt (Abb. 17). Die tibiale Artikulationsfläche hat ein Kreisbogenmaß von 70°, während die Talusrolle ein Maß von 140–150° besitzt. Durch Subtraktion des kleineren vom größeren Wert ergibt sich eine Bewegungsamplitude von 70° bis 80°. Die talare Gelenkfläche reicht rückwärtig weiter nach plantar, was die absolut größere Plantarflexion erklärt.
Die „Dorsalflexion" (Abb. 18) wird durch Knochen, den Band-Kapselapparat sowie durch Muskeln gehemmt.
– Eine Knochenhemmung ergibt sich bei der maximalen Dorsalflexion, wenn der Talushals an die Vorderkante des distalen Tibiaendes anschlägt (1). Ist das Anschlagen sehr kräftig, dann kann der Hals frakturieren. Die vordere Kapselwand wird normalerweise nicht eingeklemmt, da sie durch den Zug der Strecksehnen, deren Scheiden mit der Kapsel verwachsen sind, angehoben wird (2).
– Die hintere Kapselwand (3) und das Ligamentum talofibulare posterius (4) spannen sich an.
– Der Tonus des M. triceps surae (5) wirkt bereits hemmend, bevor die übrigen Faktoren wirksam werden. Eine Kontraktur des Muskels wird folglich die Amplitude der „Dorsalflexion" verkleinern, so daß sich sogar eine dauerhafte Plantarflexionsstellung ergeben kann (Pes equinus, Spitzfuß). In derartigen Fällen wird man die Fehlstellung durch operative Verlängerung der Achillessehne beheben.
Die Plantarflexion erfährt durch die gleichen Faktoren eine Hemmung (Abb. 19).
– Die Tubercula des Processus posterior tali, insbesondere das laterale, bekommen mit der Hinterkante des distalen Tibiaendes Kontakt (1). Relativ selten kommt es zum Abbruch des lateralen Höckers bei einer extremen Plantarflexion. Zu beachten ist, daß das Tuberculum häufiger als anatomische Variante vom Talus isoliert ist (Os trigonum). Eine Kapseleinklemmung wird, wie bei der Dorsalflexion, mittelbar durch Sehnenzug verhindert (2).
– Die vordere Kapselwand (3) und das Ligamentum talofibulare anterius (4) werden angespannt.
– Die Extensoren (5) begrenzen durch ihren Tonus die Plantarflexion. Eine Kontraktur der Muskeln führt zur Fußfehlstellung (Pes calcaneus, Hackenfuß).
In der Sagittalen werden Flächenkontakt und Stabilität im oberen Sprunggelenk einmal (Abb. 20) durch die Last des Körpergewichtes erreicht, die Tibia und Talus aneinander preßt (1). Vorder- (2) und Hinterkante (3) der Tibia verhindern ein Herausgleiten des Talus nach vorne oder hinten. Die Kollateralbänder (4) sind passive, die Muskeln (nicht eingezeichnet) aktive Stabilisatoren des Gelenks.
Wird das normale Maß der Dorsal- oder Plantarflexion überschritten, dann muß eines der limitierenden Elemente nachgeben. Bei einer übermäßigen „Dorsalflexion" (Abb. 21) kann es zu einer Luxatio posterior mit begleitender, partieller oder vollständiger Ruptur des Kapselbandapparates kommen. Möglich ist auch ein Abbruch der Tibiahinterkante (Abb. 22), was zu einer posterioren Subluxation führt. Die Subluxationstendenz bleibt auch nach korrekter Reponierung des Fragments erhalten, wenn dieses mehr als ein Drittel der gesamten tibialen Gelenkfläche ausmacht. Eine operative Fixierung des Fragments wird nötig. In gleicher Form kann eine übermäßige Plantarflexion eine Luxatio anterior (Abb. 23) oder einen Abbruch der Tibiavorderkante bedingen (Abb. 24).

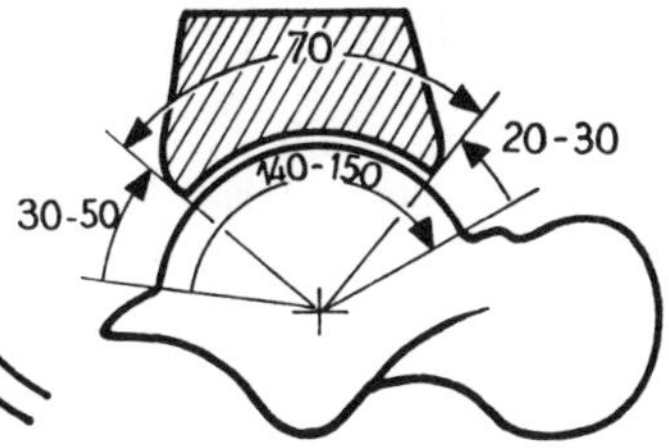

17

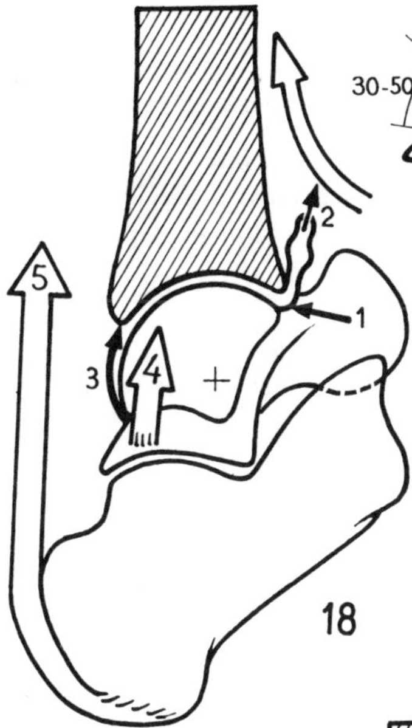

18

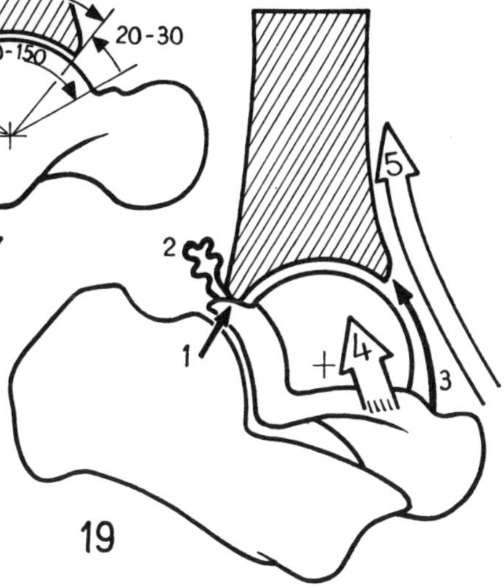

19

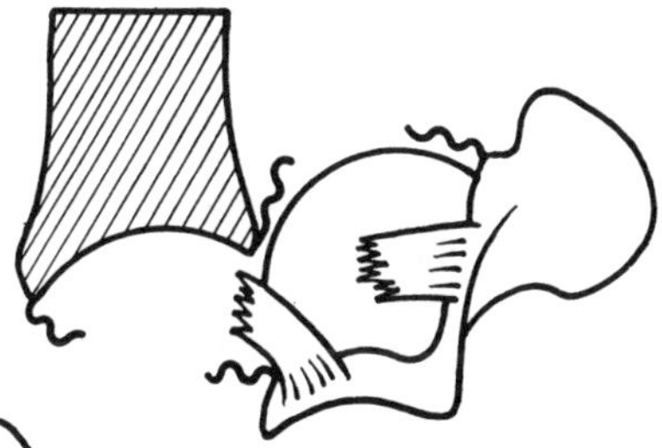

23

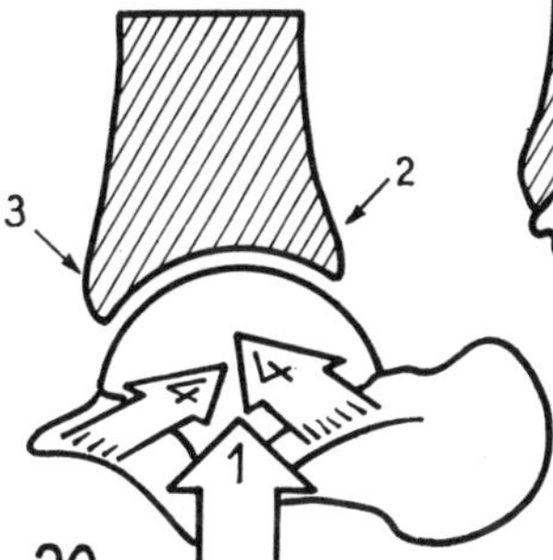

20

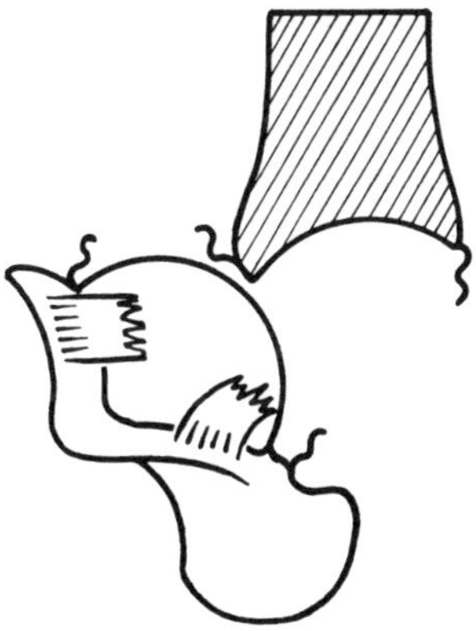

21

22

24

Stabilität des oberen Sprunggelenks in der Transversalen

Als Gelenk mit einem Grad der Freiheit kann, bedingt durch seine Anatomie, die Articulatio talocruralis keine Bewegungen um eine der beiden anderen Achsen ausführen. Das Gelenk wird stabil durch die Zapfen-Nut-Verbindung der beteiligten Elemente. Der Talus fügt sich zapfenartig in die Malleolengabel (Abb. 25) ein. Die beiden Knöchel als Zinken der Gabel umgreifen den Talus, wobei die Distanz zwischen lateralem (A) und medialem Knöchel (B) unveränderlich bleibt. Voraussetzung ist allerdings, daß die beiden Knöchel selbst und die Ligamenta tibiofibularia anterius und posterius (1) nicht versehrt sind. Das kräftige laterale (2) und mediale Kollateralband (3) schließlich verhindern jegliche Drehbewegung des Talus um seine Längsachse.

Bei einer den Fuß abrupt nach lateral verkantenden Abduktion stemmt sich die äußere Talusgelenkfläche gegen den fibularen Knöchel, was mehrere Konsequenzen haben kann.

– Die Malleolengabel wird gesprengt (Abb. 26), die tibiofibularen Bänder reißen (1); es resultiert eine Diastase der beiden Unterschenkelknochen. Der Talus wird nicht mehr sicher geführt, er bewegt sich nach medial oder lateral. Darüberhinaus kann er Drehbewegungen um seine Längsachse ausführen (Abb. 27), begünstigt eventuell durch eine Zerrung des Kollateralbandes (3). Schließlich besteht die Möglichkeit, daß er sich um seine vertikale Achse dreht (Abb. 32, Pfeil Abd.), und daß dann der hintere Abschnitt der Talusrolle die hintere Tibiakante abbrechen läßt (Pfeil 2).

– Bei einer sehr heftigen Zerrung des medialen Kollateralbandes (Abb. 31) kann dieses reißen (3). Es besteht nun eine Diastase mit Riß des medialen Bandapparates.

– Möglich ist der Abbruch des medialen (Abb. 29, B) und des lateralen (A) Malleolus, wobei letzterer oberhalb der tibiofibularen Bänder (1) frakturiert. Gelegentlich bricht die Fibula auch wesentlich weiter proximal in ihrem Halsbereich (nicht dargestellt).

– Häufig halten die tibiofibularen Bänder den einwirkenden Kräften stand (Abb. 28), insbesondere das anteriore. In einer solchen Situation tritt eine Fraktur des medialen Malleolus (B) und eine des lateralen Knöchels auf, wobei an diesen die Frakturlinie unterhalb oder in Höhe der Syndesmosis tibiofibularis verläuft. Es kann vorkommen, daß der mediale Knöchel nicht selbst abbricht (Abb. 30), sondern daß das mediale Kollateralband reißt (3). Bei dieser Frakturform bricht nicht selten auch die Hinterkante der Tibia ab, sei es als isoliertes Element oder als Block mit dem inneren Knöchel.

Neben den durch eine abrupte Abduktion bedingten Frakturen kann auch eine heftige Adduktion zu Brüchen der Malleolengabel führen (Abb. 33). Wird der Fuß adduziert, dann dreht sich der Talus um seine vertikale Achse (Abb. 32, Pfeil Add.). Die mediale Talusfläche stemmt sich (Pfeil 3) gegen den Innenknöchel (B). Durch Verkantung des Talus frakturiert der laterale Knöchel (A) unterhalb der tibiofibularen Bänder.

Es versteht sich von selbst, daß Frakturen der Malleolusgabel sorgfältiger Behandlung bedürfen, damit die Stabilität und die normale Funktion des oberen Sprunggelenks wiederhergestellt wird.

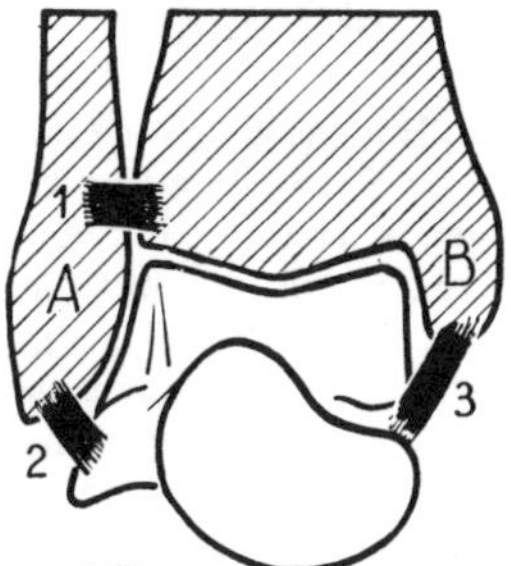

25

27

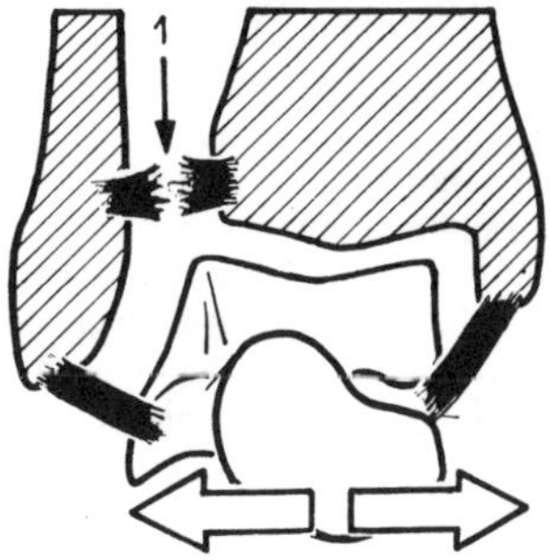

26

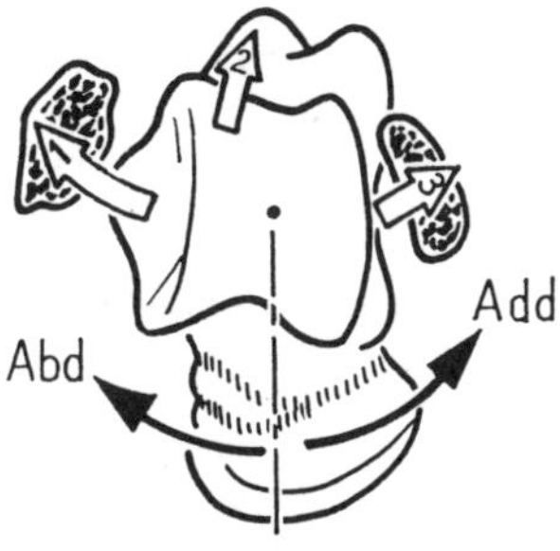

32

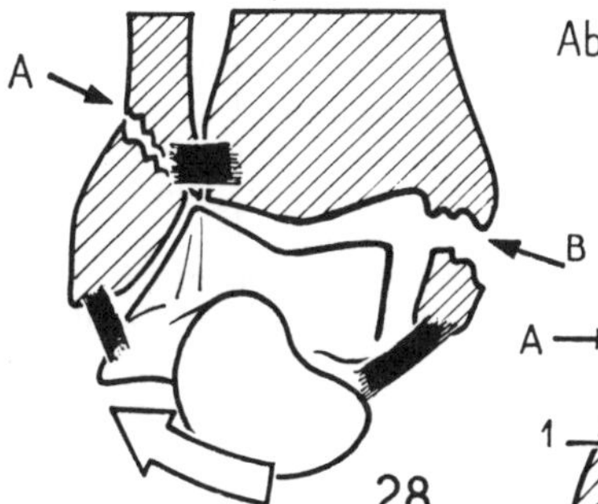

28

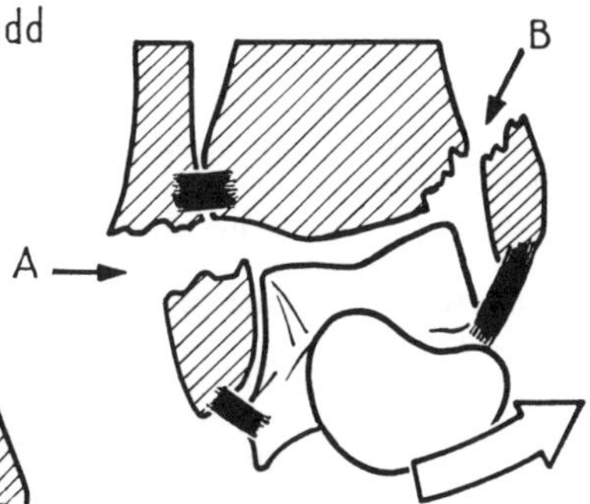

33

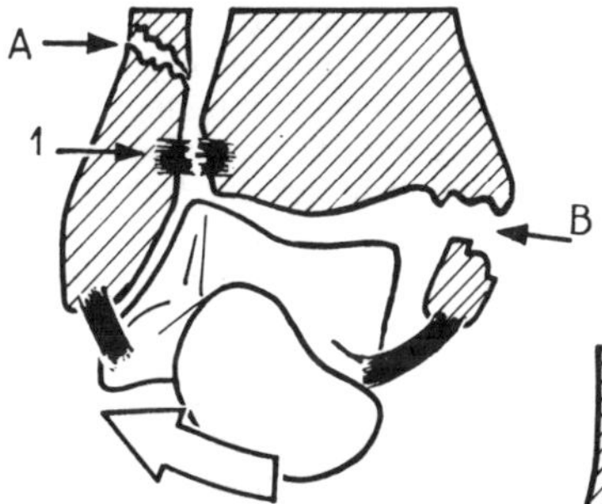

29

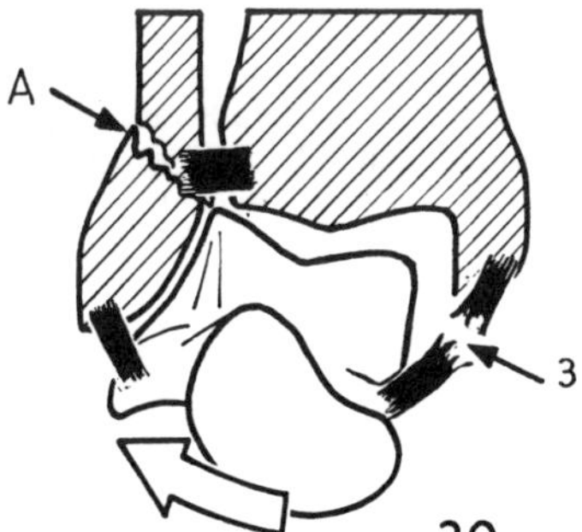

30

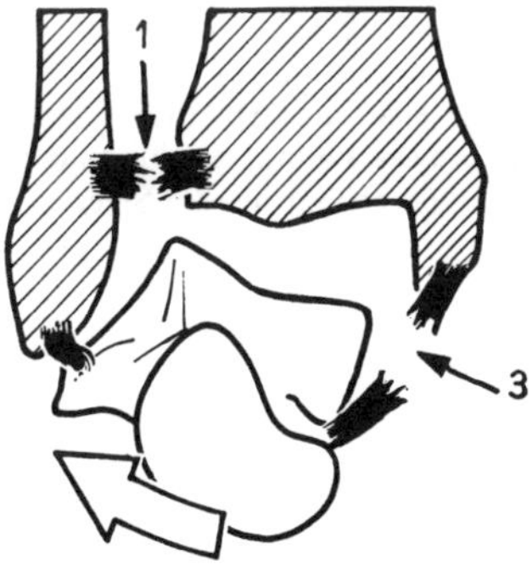

31

Verbindungen zwischen Tibia und Fibula

Tibia und Fibula sind mit ihren proximalen Enden durch ein Gelenk (Abb. 34 bis 36), mit ihren distalen Enden durch eine Syndesmose (Abb. 37 bis 39) verbunden. Wie auf der folgenden Seite geschildert werden wird, sind die beiden Verbindungen mechanisch mit dem oberen Sprunggelenk verknüpft. Von daher ist es angebracht, sie im Zusammenhang mit diesem Gelenk zu besprechen.

Die Articulatio tibiofibularis ist gut inspizierbar (Abb. 34), wenn man nach Durchtrennung des Ligamentum capitis fibulae anterius (1) und der vorderen Sehnenausstrahlung (2) des M. biceps femoris (3) das Wadenbein nach außen dreht. Das Gelenk öffnet sich, indem die Fibula, gefesselt an das Ligamentum capitis fibulare posterius (4), nach lateral schwenkt. Es handelt sich um ein straffes Gelenk (Amphiarthrose), in dem zwei ovale und gering konvexe Gelenkflächen miteinander artikulieren. Die tibiale Gelenkfläche (5) liegt hinten-lateral am Tibiakopf. Sie schaut leicht nach hinten, unten und lateral (Pfeil). Die fibulare Gelenkfläche (6) befindet sich am Caput fibulae, sie steht der Tibiagelenkfläche gegenüber. Sie wird von einem griffelartigen Fortsatz (7) der Fibula überragt, an dem die Sehne des M. biceps femoris inseriert (3). Das laterale Kollateralband des Kniegelenks (8) befestigt sich zwischen Bicepsansatz und Gelenkfläche. Die Lateralansicht (Abb. 35) zeigt deutlich die posteriore Lage der Fibula in Relation zur Tibia. Das Ligamentum capitis fibulae anterius (Abb. 35, 1) ist kurz und viereckig; die kräftige vordere Abspaltung (2) der Bicepssehne setzt an der Außenseite der Tuberositas tibiae an. Der M. popliteus (9) besitzt eine enge topographische Beziehung zur Articulatio tibiofibularis, indem er über das Ligamentum capitis fibulae posterius (4) hinwegzieht (Abb. 36, Ansicht von hinten).

Die Syndesmosis tibiofibularis, in gleicher Weise eröffnet (Abb. 37), entbehrt überknorpelter Gelenkflächen, es ist eine Bandhaft. Die Incisura fibularis tibiae (1) ist aufgerauht und leicht konkav. Sie wird durch zwei leicht erhabene Knochenleisten begrenzt. Die fibulare Fläche (2) ist entweder leicht konvex, plan oder sogar konkav. Sie liegt oberhalb der Malleolusgelenkfläche (3), in deren Nähe das Ligamentum talofibulare posterius (4) verankert ist. Das Ligamentum tibiofibulare anterius (5), ein kräftiges, glänzendes Band, verläuft schräg von medial nach lateral-unten (Abb. 38, Ansicht von vorn). Sein distaler Rand reicht lateral über den tibiofibularen Winkel der Malleolengabel hinaus; bei einer extensiven Dorsalflexion kommt die laterale Facette der Talusrolle mit dem Unterrand des Bandes in Kontakt (zweiköpfiger Pfeil). Das Ligamentum tibiofibulare posterius (6) ist noch wesentlich stärker und setzt breitbasig an der Tibia an (Abb. 39, Ansicht von hinten). Bei einer weiträumigen Plantarflexion berühren sich Bandunterkante und laterale Facette der Talusrolle.

Die beiden Unterschenkelknochen werden nicht nur durch die beiden tibiofibularen Bänder, sondern darüberhinaus durch die Membrana interossea cruris fixiert. Die Zwischenknochenhaut ist an den Margines interossei (punktierte Linien in den Abb. 34 und 37) der beiden Knochen verankert.

Die beiden Knochen des Unterschenkels werden durch die Syndesmosis tibiofibularis nicht direkt aneinandergebracht. Zwischen sie ist von distal her eine von Fettgewebe eingelagerte Falte der Synovialmembran der oberen Sprunggelenkskapsel eingeschoben. Im Röntgenbild (a.–p.) ist diese „Spalte“ sichtbar (Abb. 40). Normalerweise überlagert die Fibula (c) die laterale, vordere Kante (a) der Tibia um etwa 8 mm. Fibula und Hinterkante (b) der Tibia sind etwa 2 mm voneinander entfernt. Ist die Distanz cb größer als die Strecke ac, so kann man von einer tibiofibularen Diastase sprechen.

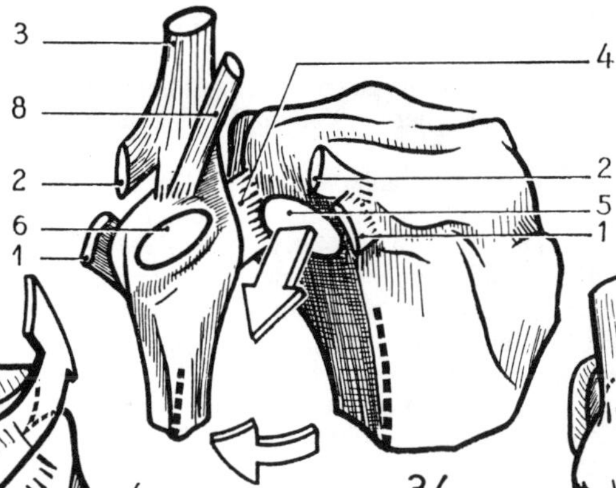

34

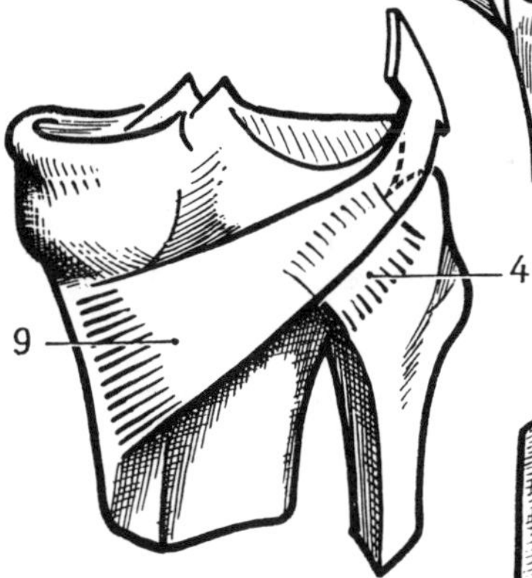

36

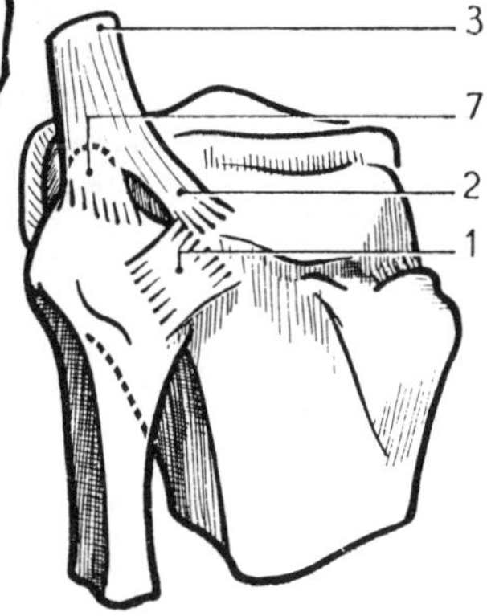

35

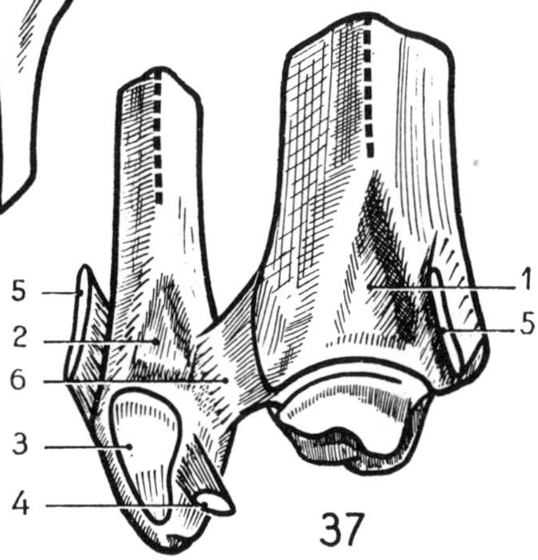

37

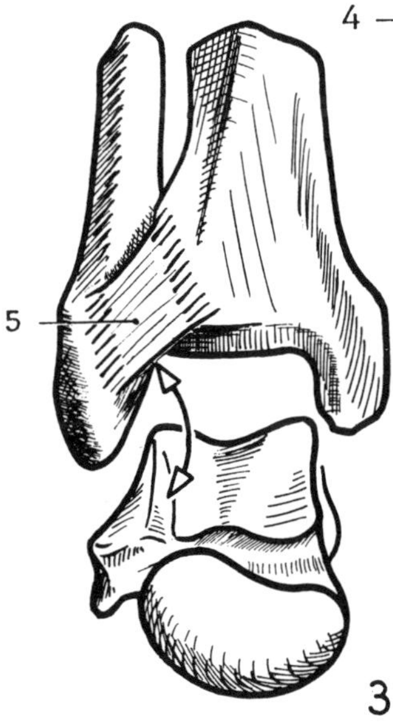

38

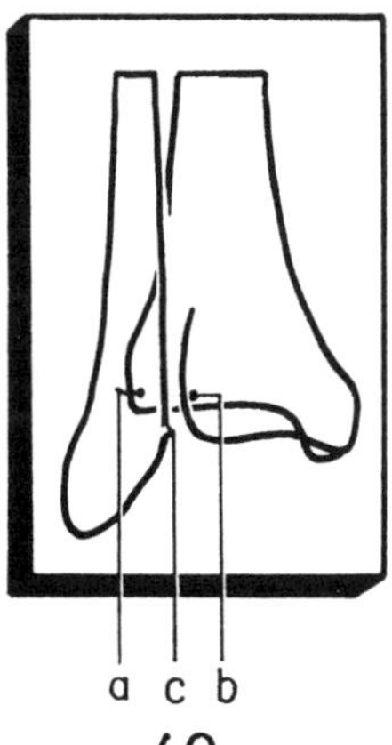

40

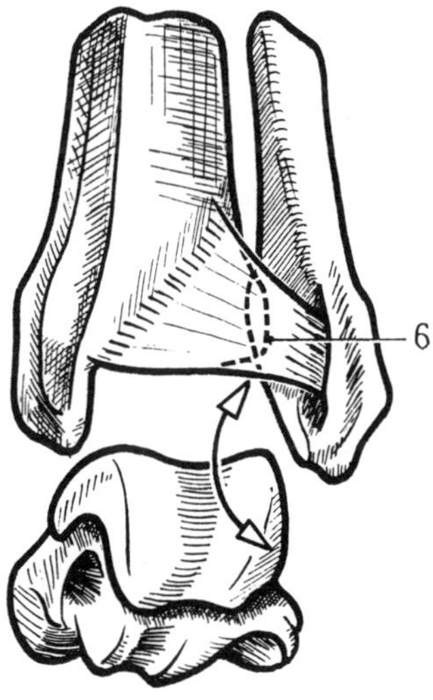

39

Mechanik der tibiofibularen Verbindungen

Plantar- und Dorsalflexion im oberen Sprunggelenk rufen automatisch Mitbewegungen in der Articulatio und der Syndesmosis tibiofibularis hervor. Sie sind mit dem oberen Sprunggelenk mechanisch verknüpft.

Die Syndesmosis tibiofibularis, deren Mechanik von Pol le Coeur (1938) analysiert wurde, soll zuerst betrachtet werden. Ihre Mitbewegungen werden vor allem durch die Form der Trochlea tali bestimmt (Abb. 41, Ansicht von oben). Die Facies malleolaris medialis (M) ist sagittal, die Facies malleolaris lateralis (L) jedoch schräg nach vorne lateral ausgerichtet. Die Trochlea tali ist demzufolge hinten (aa') weniger breit als vorn (bb'); die Differenz macht 5 mm aus. Soll in jeder Stellung ein Gelenkflächenkontakt mit der Malleolengabel bestehen, dann muß die Gabel in gewissen Grenzen verstellbar sein. Bei Plantarflexion (Abb. 42, Ansicht von distal) ist sie eng, bei „Dorsalflexion" (Abb. 43) weiter gestellt. Am anatomischen Präparat kann der Fuß plantarflektiert werden, indem man die Malleolen in der Transversalen kräftig zusammendrückt. Am Präparat (Abb. 42 und 43) ist darüberhinaus festzustellen, daß eine Erweiterung oder Verengung der Malleolengabel von einer Drehbewegung des lateralen Knöchels begleitet wird; das Ligamentum tibiofibulare anterius (1) ist hierbei sozusagen Angelpunkt. Die Rotation wird leicht wahrnehmbar, wenn man einen Drahtstift horizontal durch den lateralen Knöchel treibt. Von der Plantarflexion (Abb. 42, nn') bis zur „Dorsalflexion" (Abb. 43, mm') ändert sich die Position des Drahtstiftes um 30°. Das Ligamentum tibiofibulare posterius (2) wird angespannt. Betont werden muß allerdings, daß die Rotation des Außenknöchels beim Lebenden wesentlich geringer ausfällt, jedoch deutlich nachweisbar ist. Die synoviale Falte (f) zwischen den distalen Knochenenden ragt bei Plantarflexion (Abb. 44) nach distal (1), während sie bei der „Dorsalflexion" (Abb. 45, 2) nach oben steigt.

Die Fibula führt zusätzlich vertikale Bewegungen aus (Abb. 46 und 47, Fibula schematisch als Vierkantstab dargestellt). Die Fibula ist mit der Tibia durch schräg von oben-medial nach unten-lateral ausgerichtete Fasermassen der Membrana interossea cruris verbunden (zum besseren Verständnis ist exemplarisch nur ein Faserbündel eingezeichnet). Entfernt sich die Fibula von der Tibia (Abb. 47), dann bewegt sie sich gleichzeitig ein wenig nach proximal; umgekehrt wandert sie nach distal bei der Annäherung an die Tibia (Abb. 46).

Zusammenfassend ergeben sich folgende Bewegungen:

„Dorsalflexion" des Fußes (Abb. 48):

- Der laterale Malleolus entfernt sich etwas von der Tibia (Pfeil 1).
- Gleichzeitig bewegt sich die Fibula leicht nach proximal (Pfeil 2), die tibiofibularen Bänder und die Fasern der Membrana interossea nehmen einen der Horizontalen sich annähernden Verlauf (xx').
- Schließlich rotiert das Wadenbein nach innen (Pfeil 3).

Plantarflexion des Fußes (Abb. 49):

- Der Malleolus lateralis nähert sich dem medialen Knöchel (Pfeil 1). Es ist eine aktive Bewegung; durch Kontraktion des M. tibialis posterior, der an beiden Unterschenkelknochen entspringt, wird die Malleolengabel gefestigt (Abb. 50, Schnitt durch einen rechten, distalen Unterschenkel; Pfeile symbolisieren die Kontraktion des M. tibialis posterior). Die Trochlea tali wird somit in jedweder Stellung des Gelenks sicher umfaßt.
- Das Wadenbein bewegt sich leicht nach distal (Pfeil 2), die Bandfasern stellen sich schräg (yy').
- Die Fibula zeigt eine leichte Außenrotation (Pfeil 3). Die proximal gelegene Articulatio tibiofibularis zeigt Bewegungen in Abhängigkeit vom lateralen Malleolus.
- Bei „Dorsalflexion" des Fußes (Abb. 47) gleitet die fibulare Gelenkfläche nach proximal, der Gelenkspalt klafft, bedingt durch das Auseinanderweichen der Malleolen und durch die Innenrotation des Außenknöchels, unten und hinten ein wenig.
- Bei Plantarflexion des Fußes (Abb. 46) beobachtet man die entgegengesetzten Bewegungen.

Auch wenn das Maß der genannten Bewegungen sehr klein ist, so sind sie doch eindeutig nachweisbar. Daß die Articulatio tibiofibularis nicht ankylosiert, ist ein eindeutiger Hinweis auf die Existenz dieser Bewegungen.

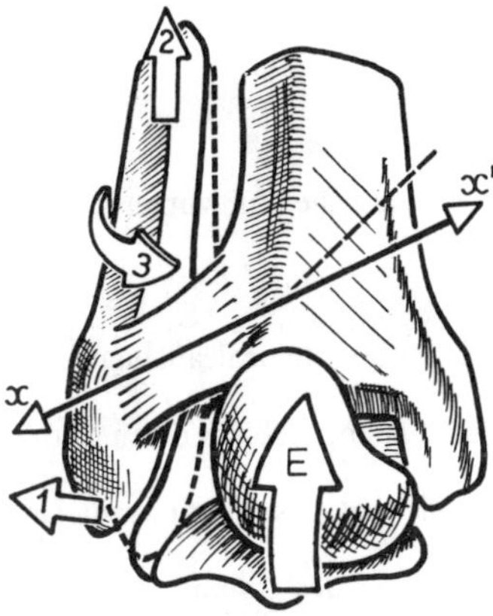

48

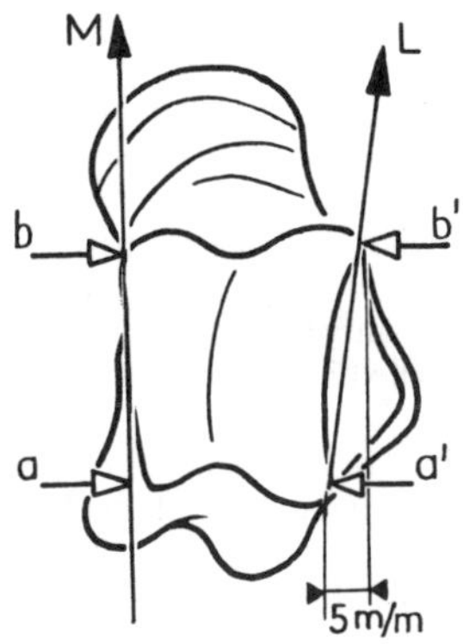

41

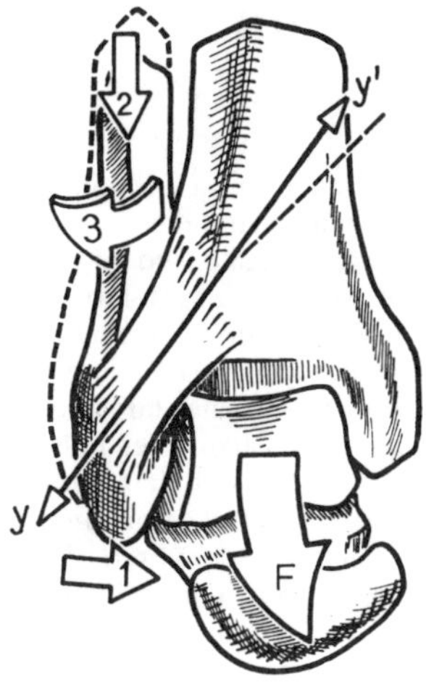

49

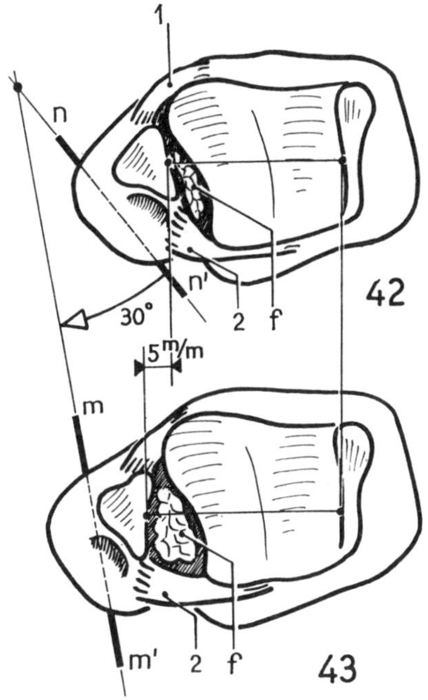

42

43

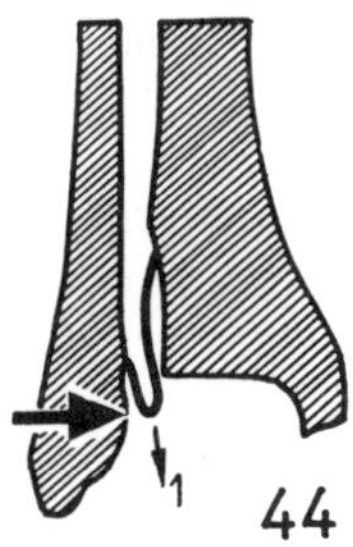

44

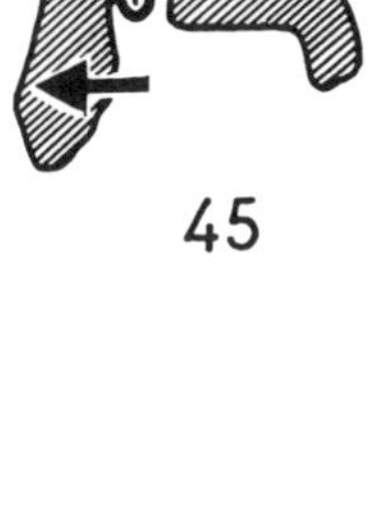

45

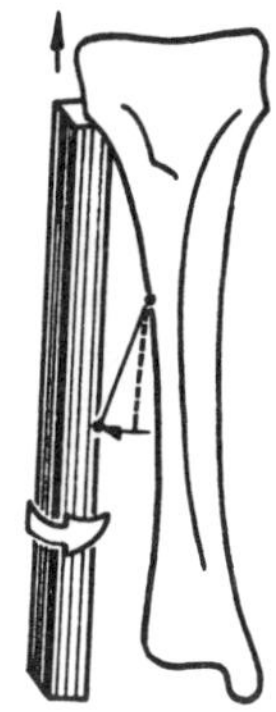

47

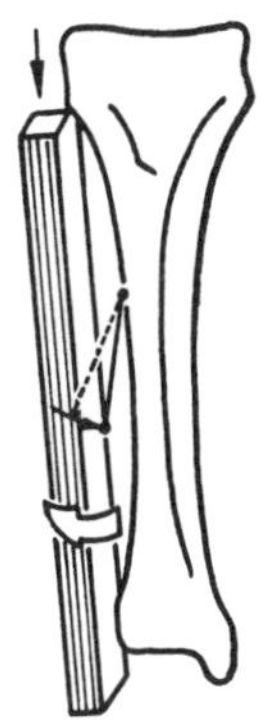

46

50

Der Fuß

Die Gelenke des Fußes sind zahlreich und komplexer Natur. Sie verbinden die Fußwurzelknochen untereinander und diese wiederum mit dem Mittelfußskelett.
Folgende Gelenke sind zu nennen:
- Die Articulatio subtalaris zwischen Talus und Calcaneus
- Die Articulatio tarsi transversa (CHOPARTsches Gelenk) faßt die Articulationes talocalcaneonavicularis et calcaneocuboidea zum queren Fußwurzelgelenk zusammen.
- Die Articulationes tarsometatarseae, die die LISFRANCsche Gelenklinie bilden, verbinden den Mittelfuß mit dem Tarsus, der Fußwurzel.
- Die Gelenke zwischen dem Os naviculare und dem Os cuboideum sowie den Ossa cuneiformia sind Amphiarthrosen. Die genannten Gelenke haben eine doppelte Funktion.
- Zum einen orientieren sie den Fuß in den beiden verbleibenden Ebenen des Raums (das obere Sprunggelenk orientiert ihn in der Sagittalen), so daß die Fußsohle stets dem Untergrund aufliegt, gleich welche Stellung der Unterschenkel hat und welche Neigung der Untergrund aufweist.
- Zum anderen verändern sie die Wölbungen des Fußes, so daß dieser an Unebenheiten des Untergrundes angepaßt wird. Die Fußwölbungen haben „Stoßdämpferfunktion" zwischen Unterschenkel und tragendem Fuß, sie machen das Aufsetzen des Fußes weich und elastisch.

Die Bedeutung der Gelenke ist groß. Die Mittelfußzehen- und Zehengelenke haben, im Vergleich mit den entsprechenden Gelenken an der Hand, eine weniger wichtige Funktion.
Wichtig für das Abrollen des Fußes ist das Grundgelenk der Großzehe.

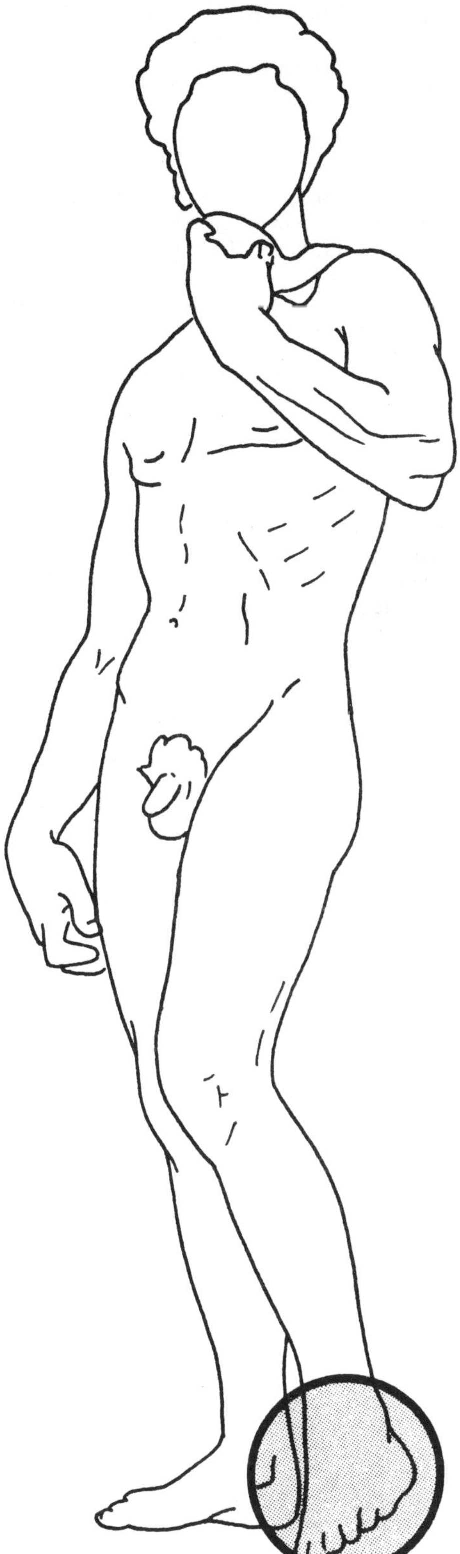

Dreh- und Seitbewegungen des Fußes

Neben der im oberen Sprunggelenk stattfindenden Plantar- und Dorsalflexion kann der Fuß Bewegungen um die vertikale Achse des Unterschenkels (Achse Y, S. 150) und um seine horizontale Längsachse (Achse Z) ausführen.
Um die vertikale Achse Y bewegt sich der Fuß in der Horizontalebene, er wird ad- oder abduziert.
- Die Adduktion (Abb. 2) bringt die Fußspitze nach medial in Richtung Körpersymmetrieebene.
- Die Abduktion (Abb. 3) führt die Fußspitze weg von der Symmetrieebene nach lateral.

Das Gesamtmaß der allein im Fußbereich möglichen Ab- und Adduktionsbewegung beträgt 35–45° (ROUD). Allerdings kann eine Fußbewegung in der Horizontalen auch durch Innen- oder Außenrotation im gebeugten Kniegelenk, oder durch eine Drehung des gesamten Beines im Hüftgelenk (bei gestrecktem Knie) bewirkt werden. Somit wird die Ab- und Adduktionsamplitude größer, bei Ballettänzerinnen können es in jeder Richtung 90° sein. Bei Bewegungen um die longitudinale Achse Z verändert sich die Stellung der Fußsohle.
- Wird sie medial ausgerichtet (Abb. 4), so spricht man in Analogie zur oberen Extremität von einer Supination.
- Blickt die Fußsohle nach außen (Abb. 5), dann ist eine Pronation erfolgt.

Das Maß der Supination liegt bei 52° (BIESALSKI und MAYER, 1916), es ist wesentlich größer als das der Pronation mit 25–30°.
Die definierten Bewegungen der Ab- und Adduktion sowie der Pro- und Supination treten allein und in reiner Form allerdings nur theoretisch auf. Vielmehr ist zu beachten, daß eine Gelenkbewegung in einer Ebene begleitet wird von akzessorischen Bewegungen in den übrigen beiden Ebenen. Die Adduktion (Abb. 2 und 4) ist zwangsläufig mit einer Supination und einer leichten Plantarflexion kombiniert. Durch diese Bewegungskombination wird die Inversionsstellung des Fußes charakterisiert. Wird die Plantarflexionskomponente durch eine gleich große „Dorsalflexion" rückgängig gemacht, dann steht der Fuß in Varusstellung. Wird schließlich durch eine Außenrotation im Kniegelenk die Adduktionskomponente egalisiert, dann befindet sich der Fuß in einer Stellung, die durch eine annähernd reine Supination erreicht wird.
Umgekehrt (Abb. 3 und 5) ist die Abduktion mit einer Pronation und einer leichten „Dorsalflexion" gekoppelt, der Fuß ist evertiert. Aufhebung der „Dorsalflexion" durch eine Palmarflexion (in den Abbildungen ist die „Dorsalflexion" hyperkompensiert) führt zur Valgusstellung des Fußes. Erfolgt eine Egalisierung der Abduktion durch eine Innenrotation im Kniegelenk, dann verbleibt eine annähernd reine Pronationsstellung.
Klammert man die Bewegungen, die nicht im Fußbereich stattfinden, aus, dann ist es nicht möglich, daß eine Adduktion mit einer Pronation, und umgekehrt eine Abduktion mit einer Supination kombiniert ist. Die Konstruktion der Fußgelenke läßt diese Bewegungskombinationen nicht zu.

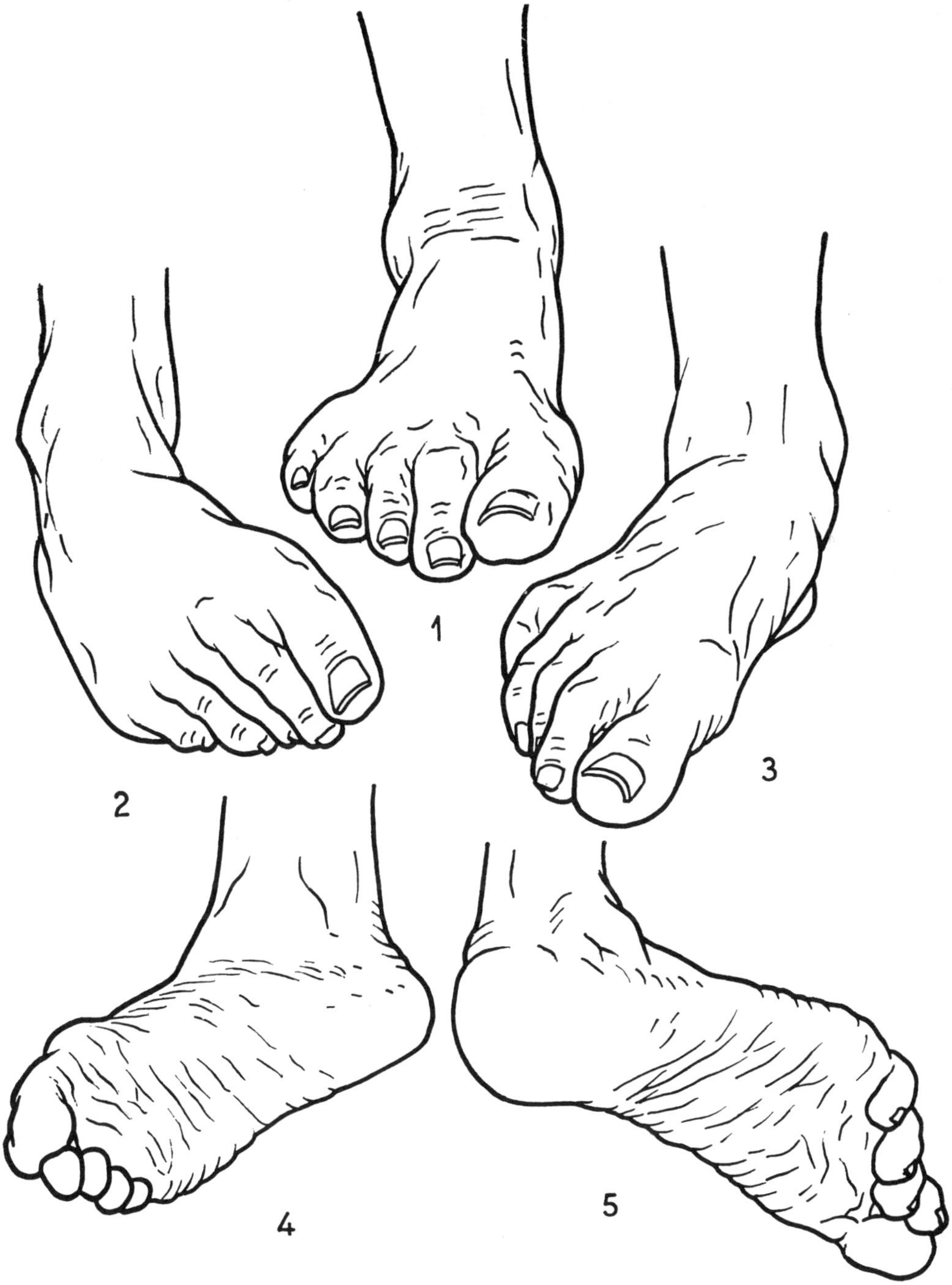
1
2
3
4
5

Gelenkflächen des unteren Sprunggelenks

(Hinweise gelten für alle Abbildungen)

Die Unterfläche des Talus artikuliert (A, Abb. 6; die beiden Knochenelemente sind voneinander getrennt, der Talus ist um die Achse xx' um 180° geschwenkt) mit der Oberfläche des Calcaneus (B, Abb. 6).
Die Facies articularis calcanea posterior (a) des Talus gelenkt mit der Facies articularis talaris posterior (a') des Calcaneus. Sie bilden die hintere Kammer des unteren Sprunggelenkes, Articulatio subtalaris. Durch Bänder und eine eigene Kapsel abgeschlossen, handelt es sich anatomisch um ein eigenständiges Gelenk.
Die Facies articularis calcanea media (b), an der Unterfläche des Talushalses gelegen, artikuliert mit der Facies articularis talaris media (b') des Calcaneus. Die mittlere Calcaneusgelenkfläche wird vom Sustentaculum tali und dem Hals des Calcaneus getragen; mit der am Kopf des Talus gelegenen vorderen Gelenkfläche (d), der vorderen Gelenkfläche des Calcaneus und der konkaven Artikulationsfläche des Os naviculare (d') entsteht insgesamt die vordere Kammer des unteren Sprunggelenks, die Articulatio talocalcaneonavicularis. Sie bildet den medialen Abschnitt der CHOPARTschen Gelenklinie, Articulatio tarsi transversa.
Bevor die Funktion der Gelenkkammern analysiert wird, muß auf die Gestalt der Gelenkflächen eingegangen werden. Es handelt sich zum Teil um plane Gelenke.
– Die hintere Calcaneusfläche (a') ist annähernd oval; die lange Achse läuft schräg nach vorne-außen, die Fläche ist in Achsenrichtung konvex (Abb. 7, Lateralansicht; Abb. 8, Medialansicht). Rechtwinklig zu dieser langen Achse ist die Fläche plan oder gar leicht konkav. Sie ähnelt dem Flächenabschnitt eines Zylindermantels (f), wobei die Zylinderachse von hinten-oben-lateral nach vorne-unten-medial verläuft. Die mit ihr artikulierende hintere Talusfläche (a) ist ebenfalls zylindrisch mit einer gleichen Achse und einer gleichen Krümmung, allerdings ist die Zylinderfläche konkav (Abb. 7).
– Der Kopf des Talus ist prinzipiell kugelförmig; die Gelenkfläche ist als Kugelkappe vorstellbar, die einer Kugel (punktierte Linie) mit dem Zentrum g (Abb. 6) aufsitzt. Vordere und mittlere Calcaneusfläche (b') sind bikonkav, während die Talusfläche (b) bikonvex gestaltet ist. Die beiden Calcaneusflächen gehen oft kontinuierlich ineinander über, sie zeigen insgesamt Schuhsohlenform (Abb. 6). Sie können auch voneinander getrennt sein (Abb. 7 und 8), wobei die eine (b'_1) vom Sustentaculum tali, die andere (b'_2) vom Calcaneushals getragen wird. Gelegentlich können auch zwei entsprechend getrennte Flächen am Talus vorliegen (b_1 und b_2).
Die Calcaneusflächen (b' oder b'_1 und b'_2) sind ihrerseits Teil einer Kugelschale, die dann auch die konkave Gelenkfläche (d') des Naviculare und die Innenseite des Ligamentum calcaneonaviculare plantare (c') umfaßt. Das Band verknüpft die beiden Gelenkflächen miteinander. Mit dem Ligamentum deltoideum und der Kapsel wird eine Pfanne für den Kopf des Talus gebildet. Am Caput tali finden sich korrespondierende Gelenkflächenfacetten. Die Facies articularis navicularis (d) artikuliert mit dem Os naviculare; zwischen dieser Fläche (d) und der Fläche (b) liegt ein dreieckiges Feld (c), das mit dem Ligamentum calvaneonaviculare plantare (c') artikuliert.

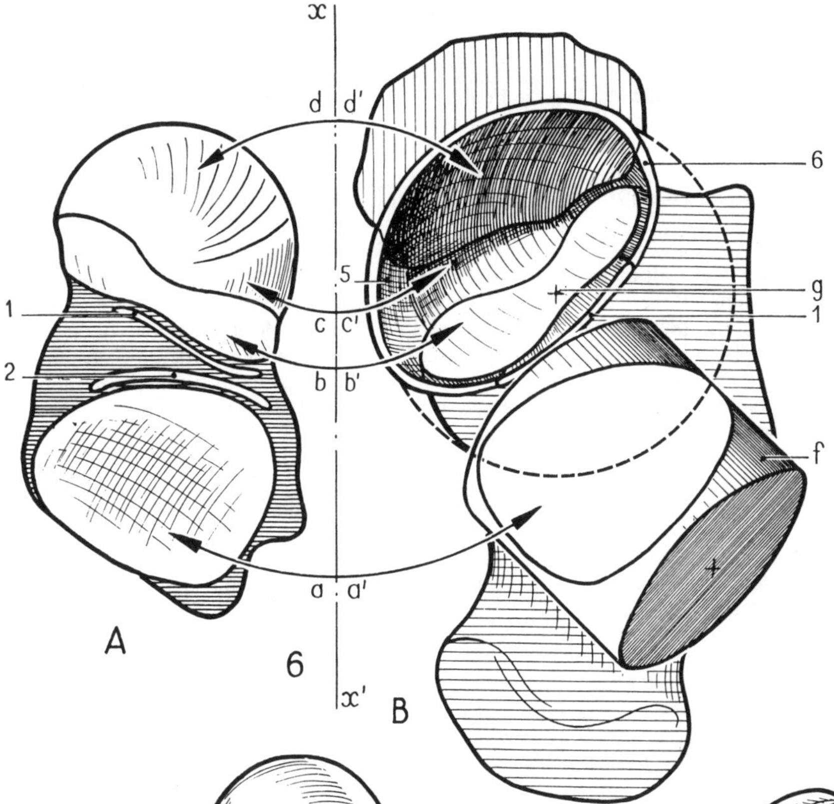

6

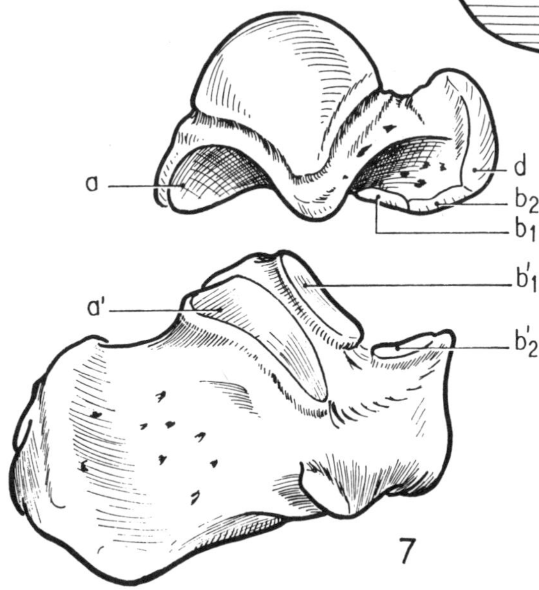

7

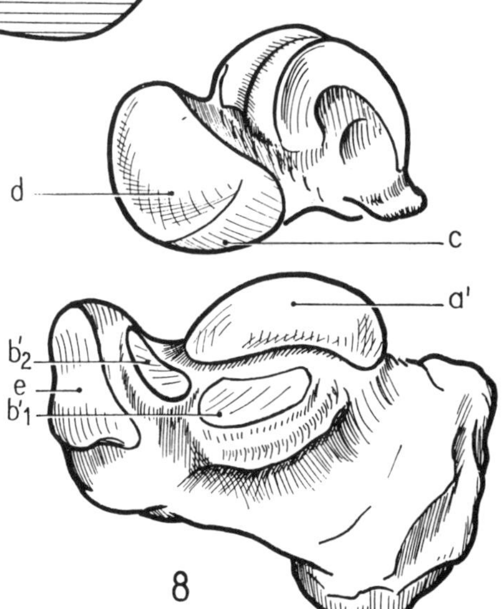

8

Kongruenz und Inkongruenz des unteren Sprunggelenkes

Die bisherige Beschreibung des unteren Sprunggelenkes beschränkt sich auf die Lagebestimmung der korrespondierenden Artikulationsflächen. Um die Funktion des Gelenkes zu erfassen, müssen insbesondere die Gelenkflächen der vorderen Gelenkkammer noch eingehender analysiert werden. Wird das untere Sprunggelenk eröffnet, indem der Talus um seine sagittale Längsachse herumgeschwenkt wird (Abb. 9 und 10), dann schaut man auf dessen Unterseite. Vom Calcaneus wird der vordere Teil sichtbar, man blickt auf seine Oberseite (Abb. 10; gleiche Hinweise für gleiche Strukturen in den Abbildungen dieser Seite).

Die an der Unterseite des Talushalses (Abb. 9) gelegene Gelenkfacette (b) korrespondiert mit der Facies articularis talaris media (b') des Calcaneus (Abb. 10). Am Taluskopf (Abb. 9) findet sich zum einen (e) die mit dem Naviculare, zum anderen die mit dem Ligamentum calcaneonaviculare plantare artikulierende Facette (d). Die überknorpelte untere Halsfläche des Talus läßt drei Bezirke unterscheiden (c_1, c_2, c_3, von medial nach lateral). Diese artikulieren mit der zwei Facetten bildenden vorderen Calcaneusfläche (c'_1, c'_2, von lateral nach medial). Rückwärtig sind die beiden Artikulationsflächen der hinteren Gelenkkammer zu erkennen: Facies articularis talaris posterior (a') des Calcaneus, Facies articularis calcanea posterior (a) des Talus.

Nur in der Mittelstellung (Neutralnullstellung) ist das untere Sprunggelenk kongruent. Der Fuß steht rechtwinklig zum Talus, er ist weder in- noch evertiert. Ein gesunder Fuß (weder Platt- noch Hohlfuß) nimmt diese Stellung ein, wenn man mit beiden Füßen ruhig auf einer horizontalen Fläche steht. Die Gelenkflächen der hinteren Kammer kommen exakt zur Deckung. Die Talushalsfläche (b) ruht auf der vom Sustentaculum getragenen Facette (b'), die mittlere Taluskopffacette (c_2) hat mit der horizontal stehenden Facette (c'_1) des Calcaneushalses Kontakt. In dieser Stellung werden die Gelenkflächen allein durch die zu tragende Last und nicht durch Bandkräfte aneinander gepreßt. Die Stellung der Kongruenz ist stabil und kann lange aufrecht erhalten werden. Alle übrigen Positionen sind instabil und mehr oder weniger inkongruent.

Bei der Eversion des Fußes verlagert sich das vordere Ende des Calcaneus (Abb. 11, kraniale Aufsicht auf einen rechten Fuß, Talus durchsichtig gezeichnet) nach lateral; man hat den Eindruck, als wolle er sich auf seine mediale Seite „legen“ (Abb. 12, Ansicht von vorn). Bei dieser Bewegung bleiben die beiden Facetten (b und b') in Kontakt, während die hintere Talusfläche (a) auf der posterioren Calcaneusfläche (a') nach unten und vorn gleitet und schließlich an den Boden des Sinus tarsi stößt. Der hintere Bereich der posterioren Calcaneusfläche liegt frei. Im vorderen Gelenkabschnitt gleitet die kleine Talusfacette (c_2) auf die schräge Facette (c'_2) am Calcaneus. Diese beiden Teilflächen (c_2 und c'_2) können folglich als „Eversionsfacetten“ bezeichnet werden.

Bei der Inversionsbewegung erfährt der Calcaneus eine entgegengesetzte Stellungsveränderung. Seine vordere Partie verlagert sich nach medial (Abb. 13); der Calcaneus „legt“ sich auf seine Außenseite (Abb. 14).

Die beiden Facetten b und b' bleiben in Kontakt, während die hintere Talusfläche (a) nach rückwärts gleitet und so den anterioren Abschnitt der hinteren Calcaneusfläche freigibt. Vorn gleitet die „Inversionsfacette“ (c_1) des Talus auf die am Calcaneushals gelegene horizontale Facette (c'_1; Abb. 14).

Eversion und Inversion sind instabile und inkogruente Fußstellungen mit maximal gespannten Bandsystemen. Sie können nur für eine relativ kurze Zeit aufrecht erhalten werden.

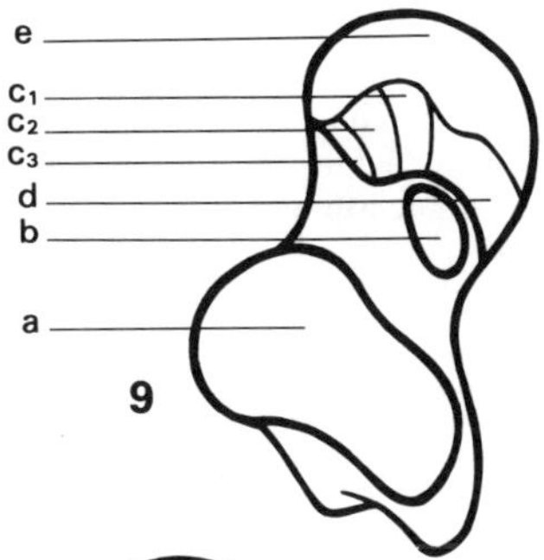

9

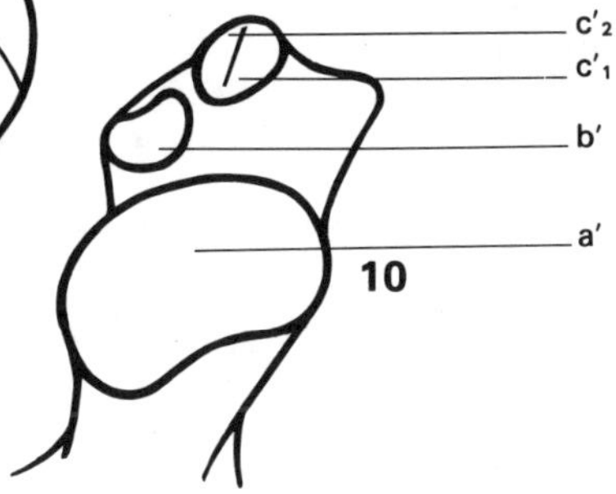

10

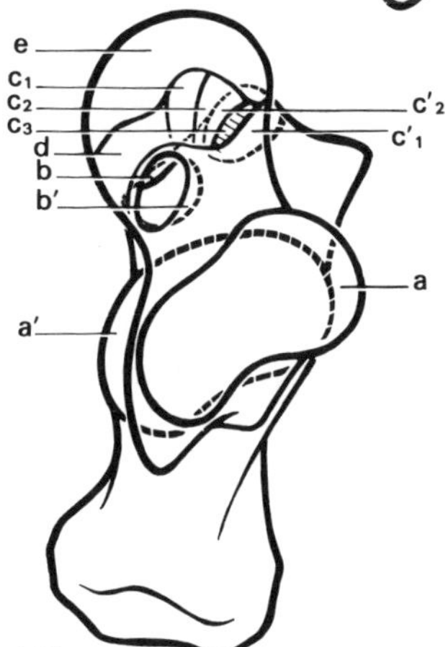

11

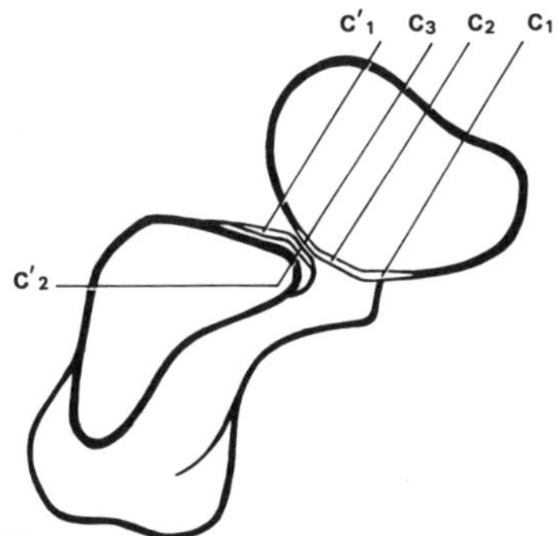

12

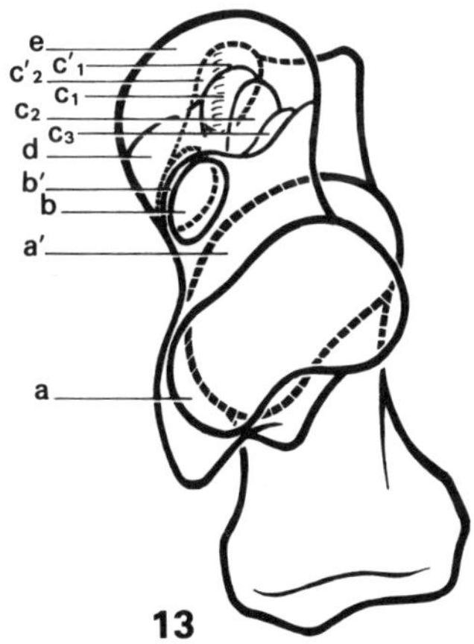

13

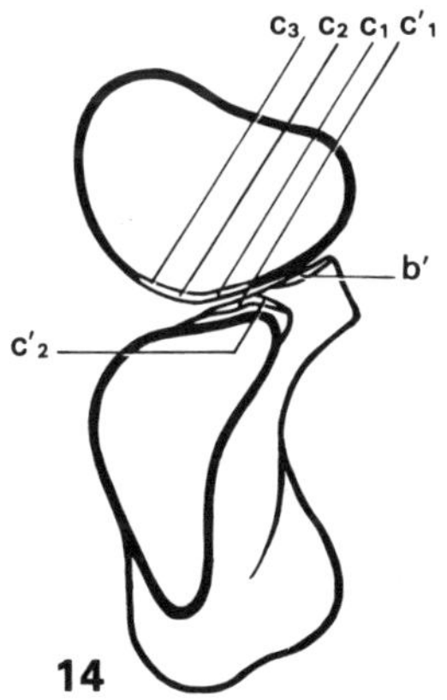

14

Sonderstellung des Talus

Im Bereich der Fußwurzel nimmt der Talus unter drei Gesichtspunkten eine besondere Stellung ein.
– Den Gipfel des Rückfußskelettes bildend, überträgt er allein die Last auf das gesamte Fußskelett (Abb. 15). Über die Talusrolle werden Kräfte (Pfeil 1) aufgenommen und in drei Richtungen „weitergeleitet“. Fersenwärts (d. h., zum Tuber calcanei, Pfeil 2) weden Kräfte über die Articulatio subtalaris übertragen; nach vorn medial (Pfeil 3) werden sie über das „Talonaviculargelenk“ zum medialen Bogen der Fußwölbung, nach vorn lateral (Pfeil 4) über das „vordere Talocalcaneargelenk“ zum lateralen Bogen der Fußwölbung übertragen.
Die Belastung des Knochens ist groß; mechanisch spielt er eine Schlüsselrolle.
– Am Talus setzen keine Muskeln an (Abb. 16). Sämtliche Unterschenkelmuskeln ziehen mit ihren Sehnen an ihm vorbei. Es sind dies der

1. M. extensor digitorum longus
2. M. peronaeus tertius (inkonstant)
3. M. peronaeus brevis
4. M. peronaeus longus
5. M. triceps surae (Achillessehne)
6. M. tibialis posterior
7. M. flexor hallucis longus
8. M. flexor digitorum longus
9. M. extensor hallucis longus
10. M. tibialis anterior

– Der Talus trägt ausgedehnte Gelenkflächen und zahlreiche Bänder sind an ihm fixiert (Abb. 17):

1. Ligamentum talocalcaneum interosseum
2. Ligamentum talocalcaneum laterale
3. Ligamentum talocalcaneum posterius
4. Ligamentum talofibulare anterius
5. Ligamentum tibiotalare anterius
6. Ligamentum tibiotalare posterius
7. Ligamentum talofibulare posterius
8. Verstärkungen der vorderen Kapselwand des oberen Sprunggelenkes
9. Verstärkungen der hinteren Kapselwand des oberen Sprunggelenkes
10. Ligamentum talonaviculare

Die arterielle Blutversorgung des Talus erfolgt, da keine Muskeln an ihm ansetzen, über die Band- und Kapselinsertionen. Die Versorgung ist normalerweise ausreichend. Bei Fraktur des Talushalses und Luxation des Taluskörpers kann unter Pseudarthrosenbildung die Ernährung des Körpers beeinträchtigt sein. Nicht selten kommt es zur aseptischen Nekrose des Taluskörpers.

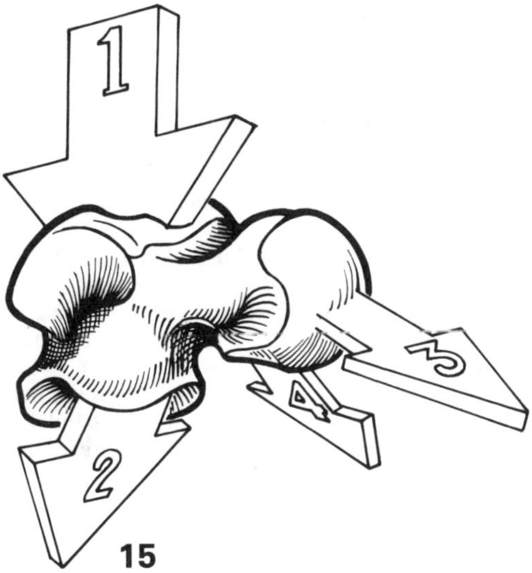

15

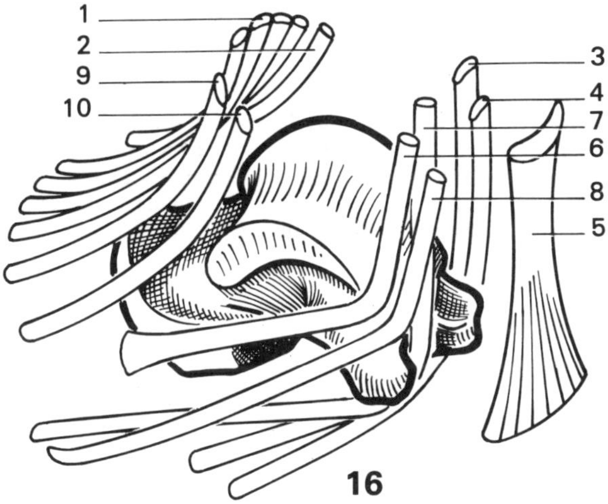

16

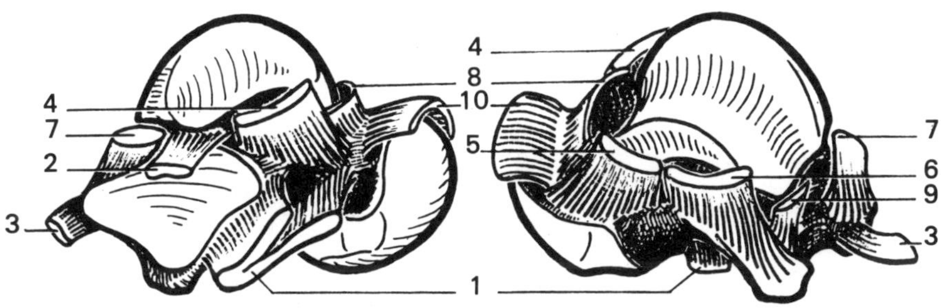

17

Bänder des unteren Sprunggelenks

(Hinweise entsprechen zum Teil denen auf der vorigen Seite)

Talus und Calcaneus sind durch kurze und kräftige Bänder verbunden, die während des Gehens, Laufens und Springens großen Belastungen ausgesetzt sind.
Das kräftigste Band ist das Ligamentum talocalcaneum interosseum, dessen sich zum Teil überkreuzende Fasern den Sinus tarsi (Abb. 18, Ansicht von vorne-lateral) weitgehend ausfüllen. Man kann zwei annähernd viereckige Bandzüge erkennen.
– Ein vorderes Bündel (1) ist am Sulcus calcanei, der den Boden des Sinus tarsi bildet, unmittelbar hinter der anterioren Gelenkfläche befestigt. Die kräftigen, glänzenden Faserbündel ziehen schräg nach oben, vorne und lateral, um am Sulcus tali zu inserieren. Der Sulcus tali liegt an der Halsunterfläche des Talus, er bildet das Dach des Sinus tarsi (Abb. 6, A). Das Bündel setzt unmittelbar hinter der Kopffläche des Talus an.
– Ein hinteres Bündel (2) liegt hinter dem erstgenannten, es ist gleich vor der Articulatio subtalaris am Boden des Sinus tarsi befestigt. Die ebenfalls sehr kräftigen Faserbündel ziehen schräg nach oben, hinten und lateral an das Dach des Sinus tarsi (Abb. 6, A) und inserieren dort gleich vor der posterioren Fläche des Talus.
Die Ausrichtung der beiden Bündel des interossären Bandes wird deutlich, wenn man – unter der Annahme die Bänder seien elastisch – den Talus vom Calcaneus abhebt (Abb. 19). Der Talus ist mit dem Calcaneus durch zwei weitere, schwächere Bänder verknüpft (Abb. 18 und 19).
– Das Ligamentum talocalcaneum laterale (3) zieht vom Tuberculum laterale des Processus posterior tali schräg nach unten-hinten an die Außenseite des Calcaneus. Es verläuft annähernd parallel zum Ligamentum calcaneofibulare.
– Das Ligamentum talocalcaneum posterius (4) ist dünn, es erstreckt sich zwischen Tuberculum mediale des Processus posterior tali und Oberfläche des Tuber calcanei.
Das Ligamentum talocalcaneum interosseum hat große Bedeutung für die Stabilität des statisch und dynamisch belasteten unteren Sprunggelenks. Es nimmt eine zentrale Stellung ein, wie das Schema (Abb. 20), in dem eine durchsichtige Trochlea tali auf die Calcaneusgelenkflächen aufgesetzt ist, zeigt. Das vom Unterschenkelskelett auf die Trochlea tali übertragene Körpergewicht verteilt sich auf die hintere sowie auf die mittlere und vordere Gelenkfläche des Calcaneus. Das Schema läßt erkennen, daß das Ligamentum talocalcaneum interosseum genau in Verlängerung der Unterschenkelachse gelegen ist (Kreuz), so daß es verdrillt wird und Zugspannungen ausgesetzt ist (s. S. 180).

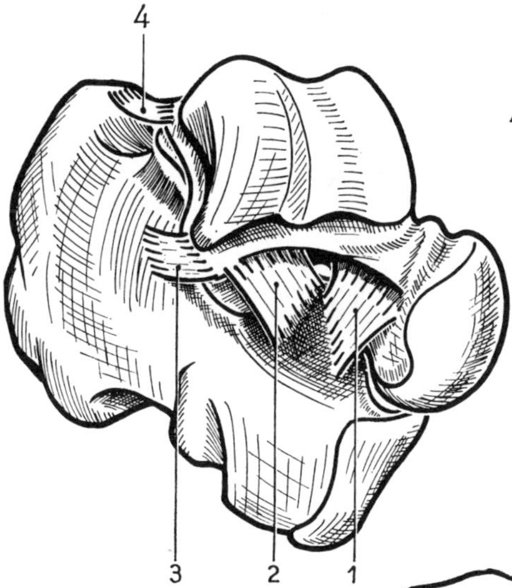

18

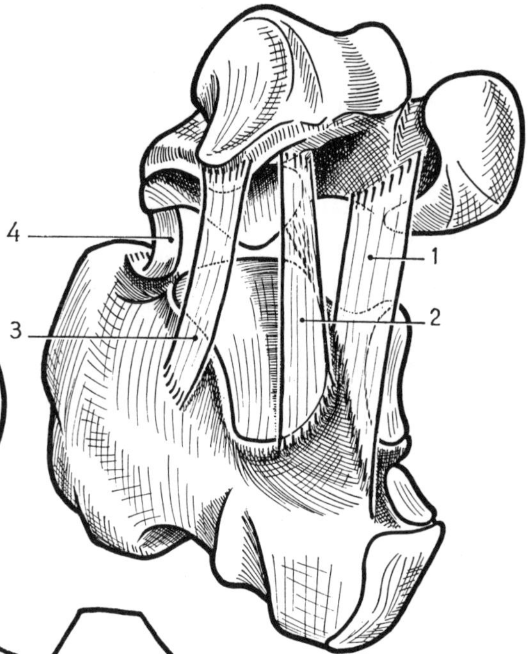

19

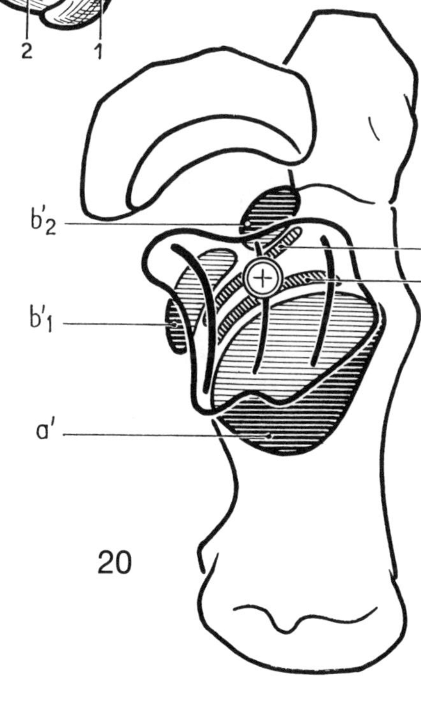

20

Die Articulatio tarsi transversa und ihre Bänder

(gleiche Hinweise wie auf den beiden vorhergehenden Seiten)

Eröffnet man das quere Fußwurzelgelenk und klappt die Ossa naviculare et cuboideum nach distal-unten (Abb. 21, nach ROUVIÈRE), dann sieht man, daß das Gelenk aus zwei Kompartimenten besteht. Das Talonaviculargelenk liegt medial, der Gelenkspalt ist nach hinten konkav (s. S. 170). Lateral befindet sich das Calcaneocuboidgelenk, dessen Gelenkspalt nach vorne leicht konkav ist. In der Ansicht von oben hat die CHOPARTsche Gelenklinie folglich einen s-förmigen Verlauf. Die Facies articularis cuboidea (e) des Calcaneus ist komplex gestaltet. In der Transversalen ist der obere Flächenbereich konkav, der untere konvex. Von dorsal nach plantar ist sie zuerst konkav, dann konvex. Die mit ihr artikulierende Gelenkfläche des Cuboids (e') ist reziprok geformt. Häufig (Abb. 26, Ansicht der Ossa cuboideum und naviculare von hinten) besitzt diese eine Facette (e'_2), die mit dem Os naviculare artikuliert. Die eigentlichen Kontaktflächen der beiden Knochen sind plan (h und h'), sie werden durch die Ligamenta cuboideonaviculare dorsale (5), plantare (6) und interosseum (7) fest aufeinander gepreßt. Alle drei Bänder sind kurz und kräftig (in der Darstellung sind die beiden Knochen voneinander entfernt). Insgesamt fünf Bänder überbrücken den Gelenkspalt der Articulatio tarsi transversa.

- Das Ligamentum calcaneonaviculare plantare (c') verbindet den Calcaneus mit dem Naviculare (Abb. 22); es ist an der Bildung der Pfanne der Articulatio talocalcaneonavicularis beteiligt (s. S. 170). Sein medialer Rand (8) ist mit der Basis des Ligamentum deltoideum (s. S. 156) verschmolzen.
- Das Ligamentum talonaviculare dorsale (9) zieht von der dorsalen Halsregion des Talus an die Oberfläche des Naviculare (Abb. 25).
- Das Ligamentum bifurcatum (Abb. 22 und 25) bildet sozusagen den Schlüssel für das Gelenk. Es besteht aus zwei Anteilen, die gemeinsam von der Dorsalfläche des distalen Fersenbeinendes (10) entspringen. Das mediale Bündel, Ligamentum calcaneonaviculare (11), verläuft vertikal zum lateralen Rand des Kahnbeinrückens. Der plantare Rand des Bandes ist gelegentlich mit dem Ligamentum calcaneonaviculare plantare verschmolzen, so daß dann die Articulatio tarsi transversa in zwei Kammern gegliedert ist. Das Ligamentum calcaneocuboideum als laterales Bündel (12) ist weniger kräftig; es bildet eine horizontale Platte, die zum Rücken des Cuboids zieht. Die beiden Bündel stehen in einem rechten, nach oben-lateral offenen Winkel zueinander (Abb. 24, schematische Darstellung, Ansicht von distal).
- Das Ligamentum calcaneocuboideum dorsale (13) ist ein plattes (oft in mehrere Teilzüge gegliedertes) Band (Abb. 22 und 25), das dorsolateral die beiden Knochen verbindet.
- Das Ligamentum calcaneocuboideum plantare, kräftig und dick, erstreckt sich auf der Plantarseite der Knochen. Es besteht aus zwei Lagen. Eine tiefe Schicht (14) verbindet (Abb. 23, Plantaransicht, die oberflächliche Lage ist durchtrennt und zurückgeschlagen) ein Tuberculum anterius an der Calcaneusunterseite mit der Plantarfläche des Cuboids. Am Cuboid inseriert sie unmittelbar hinter der Rinne für die Sehne des M. peronaeus longus (PL). Eine oberflächliche Schicht (15) ist weiter hinten an der Plantarfläche des Fersenbeins fixiert. Distal ist sie vor der Rinne für die Sehne des M. peronaeus longus am Cuboid befestigt; Ausläufer (16) strahlen an die Basis der Ossa metatarsi II–V. Die Rinne des Cuboids wird zu einem osteofibrösen Kanal verschlossen, durch den die Sehne des M. peronaeus longus von lateral nach medial zieht (17, Abb. 25). Die Medialansicht (Abb. 27) eines Präparates, an dem zwei paramediane Schnitte geführt wurden (Abb. 28 gibt die Schnittführung an) zeigt, wie die Sehne sich vom Cuboid entfernt.

Die beiden beschriebenen Bandschichten bilden zusammen das Ligamentum plantare longum; dieses ist eine der Strukturen, die entscheidend zur Aufrechterhaltung der Längswölbung des Fußes beitragen (s. S. 222).

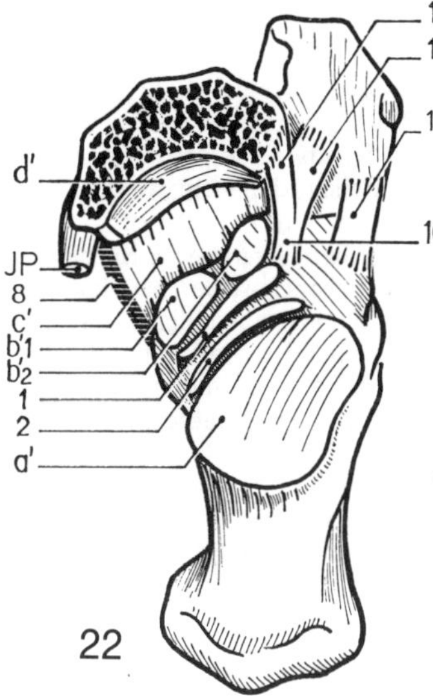

22

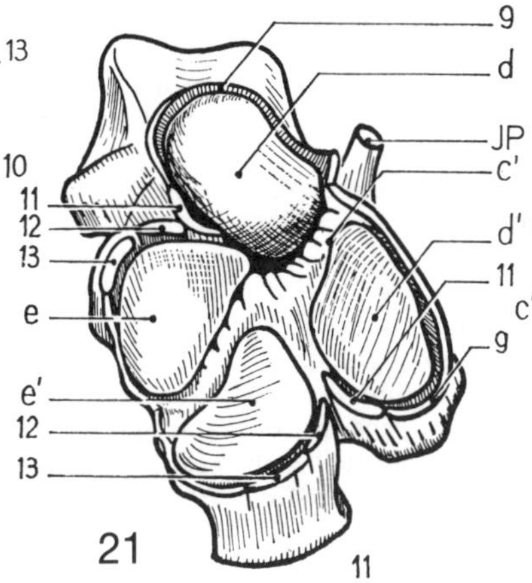

21

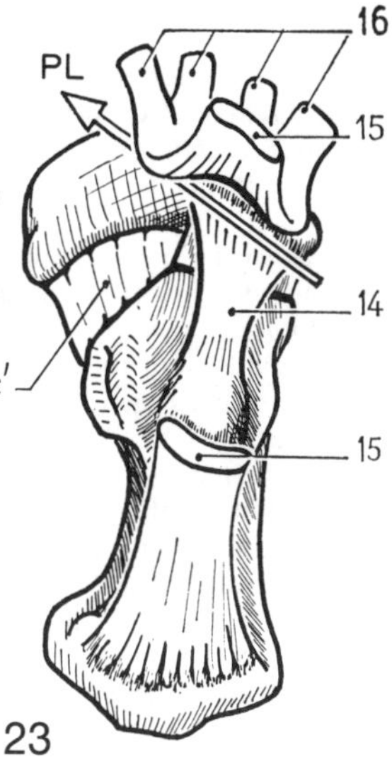

23

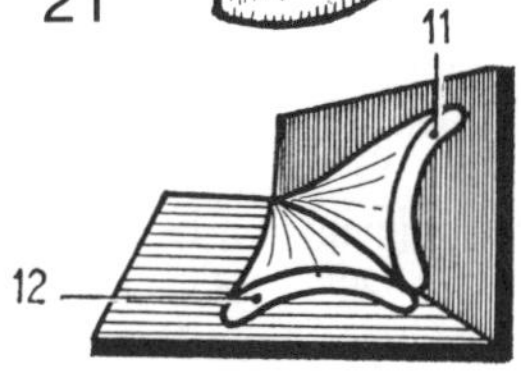

24

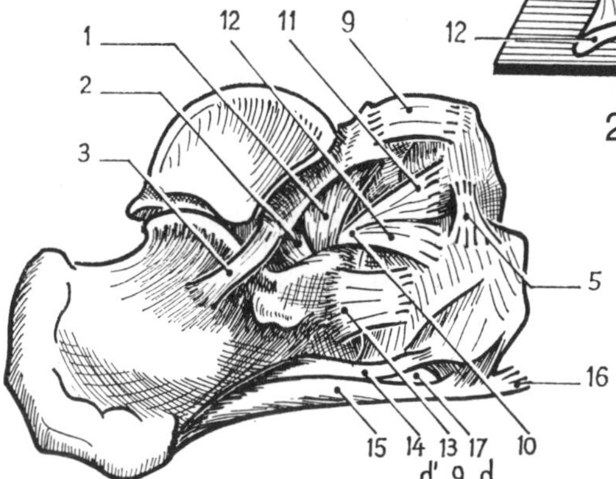

25

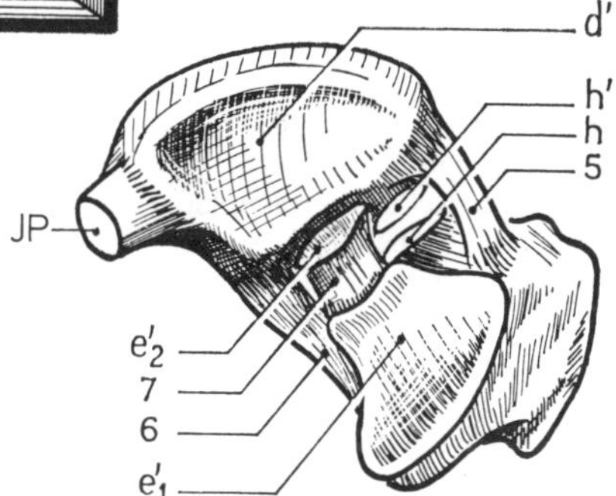

26

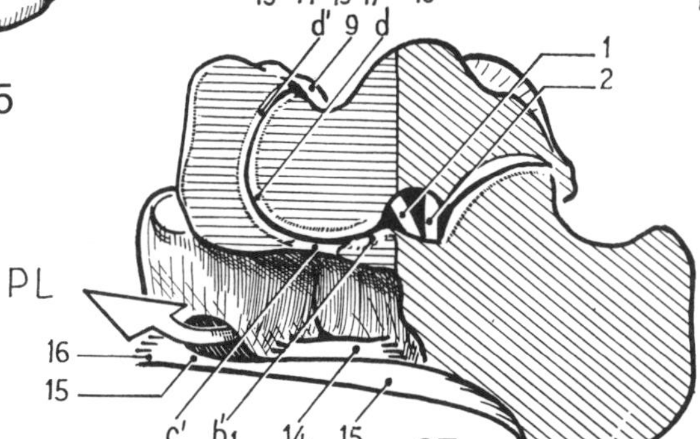

27

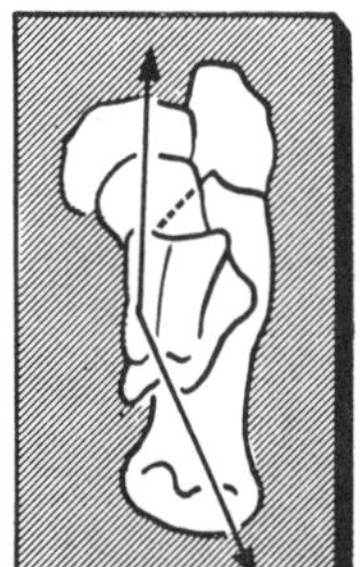

28

Bewegungen im unteren Sprunggelenk

Bei isolierter Betrachtung der Gelenkfacetten des unteren Sprunggelenks können diese grob mit geometrischen Flächen verglichen werden. Die hintere Gelenkfläche des Calcaneus ist beispielsweise Teil eines Zylindermantels, der Taluskopf ist Teil einer Kugel. Das untere Sprunggelenk muß prinzipiell jedoch als Articulatio plana angesehen werden; mechanisch ist es nicht möglich, daß sich zwei kugelige und zwei zylindrische Flächen innerhalb eines Gelenkes gleichzeitig gegeneinander bewegen, es sei denn, es wird der Flächenkontakt in einem der beiden Teilgelenke aufgehoben. Das untere Sprunggelenk läßt ein gewisses „Spiel“ zu, ganz im Gegensatz zum Hüftgelenk beispielsweise, bei dem die Gelenkflächen fast vollkommen kongruent sind und ein solches „Spiel“ nahezu ausschließen. In der Mittelstellung sind die Gelenkflächen des unteren Sprunggelenkes ausreichend kongruent, um über große kraftübertragende Flächen die Last des Körpergewichts übertragen zu können. In den Extrempositionen ergeben sich beträchtliche Inkongruenzen und eine Reduktion des Flächenkontaktes. Gleichzeitig verringert sich aber auch die Belastung der Gelenke.

Aus der Mittelstellung (Abb. 29, Distalansicht von Talus und Calcaneus, z. T. durchscheinend) erfolgt eine Mischbewegung des Fersenbeins gegenüber dem festgestellten Sprungbein in allen drei Raumebenen. Bei einer Inversion des Fußes (s. S. 168) erfährt der Calcaneus folgende Positionsveränderung (Abb. 30; Ausgangsstellung gestrichelt):

- Er neigt sich gering (t), der Fuß wird leicht „dorsalflektiert“.
- Er wird im Sinne einer Adduktion nach medial verlagert (v).
- Seine Fläche neigt sich supinatorisch nach außen (r). (Eine umgekehrte Positionsveränderung findet bei der Eversion statt).

Die Bewegungen des Fersenbeines sind prägnant von Farabeuf beschrieben: „Der Calcaneus stampft, schlingert und schaukelt unter dem Talus“. Der Vergleich mit einem Schiff ist durchaus gerechtfertigt (Abb. 33).

- Es stampft, der Vordersteven taucht ins Wellental ein (a).
- Es schlingert (b);
- es schaukelt, indem es sich auf die Seite legt (c).

Alle drei Bewegungen erfolgen gleichzeitig, wenn das Schiff eine Welle schräg herabfährt (e).

Durch geometrische Ableitung läßt sich zeigen, daß eine zusammengesetzte Bewegung, deren Teilkomponenten um drei bekannte Achsen erfolgen, auf eine Bewegung um eine schräg zu diesen drei Achsen verlaufende Achse reduziert werden kann. Für den Calcaneus, schematisiert als Parallelepiped dargestellt (Abb. 31), läuft diese Achse mn schräg von medial, oben und vorne nach lateral unten und hinten. Eine Drehung um diese Achse (Abb. 32) bewirkt die beschriebenen Positionsänderungen. Die auf Henke zurückgehende Achse tritt von medial-oben in den Talushals ein, zieht durch den Sinus tarsi und verläßt den Calcaneus lateral, hinten und unten (s. S. 186). Die Henkesche Achse ist nicht allein die für das untere Sprunggelenk maßgebliche, sondern auch die für die Articulatio tarsi transversa. Sie bestimmt alle Bewegungen der Fußwurzel unter dem oberen Sprunggelenk.

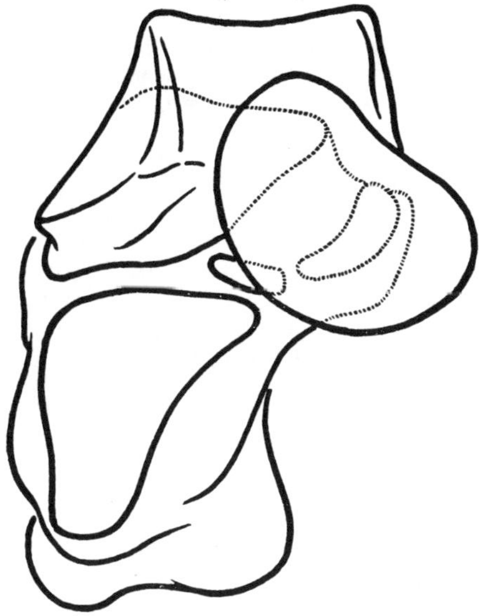

29

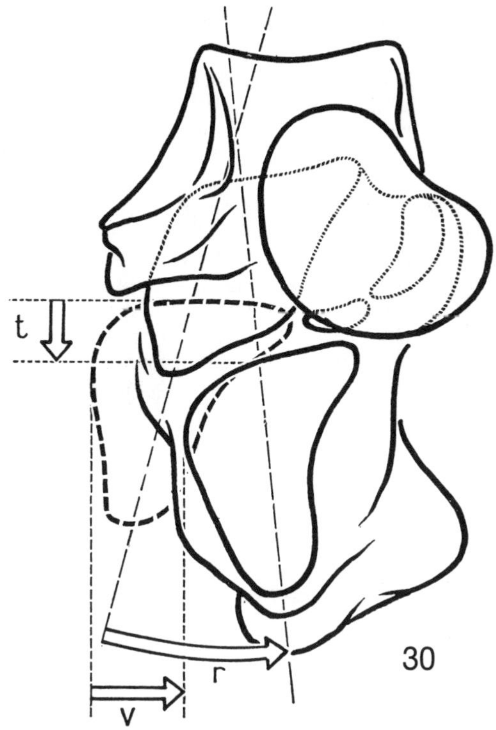

30

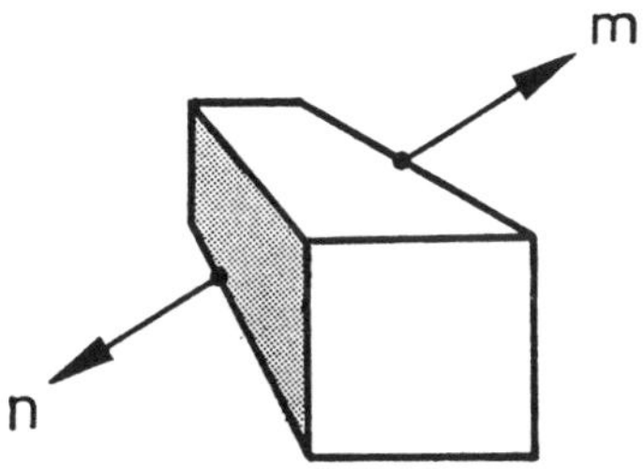

31

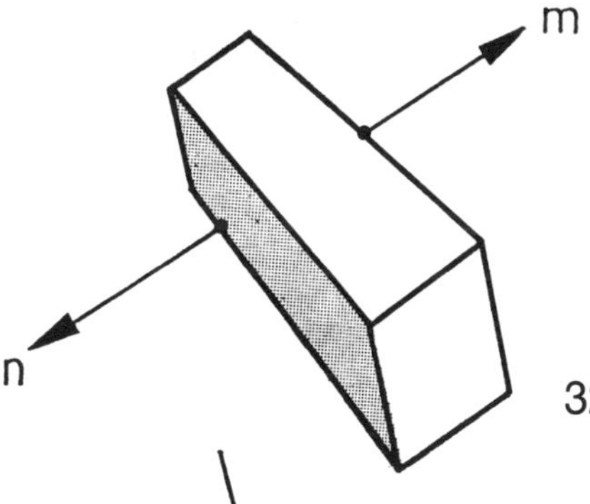

32

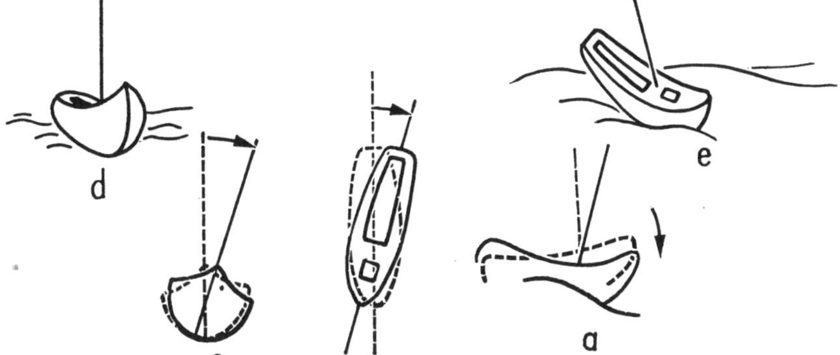

Bewegungen im unteren Sprunggelenk und im queren Fußwurzelgelenk

Bewegungen der Fußwurzelknochen sind am anatomischen Präparat analysierbar, indem man Röntgenaufnahmen in Inversions- und Eversionsstellung des Fußskeletts anfertigt. Wird zudem durch jeden Knochen ein Metallstift getrieben (a = Talus, b = Calcaneus, c = Naviculare, d = Cuboid), dann sind auch die Winkelmaße bestimmbar.

Dorsoplantare Röntgenaufnahmen in Eversions- (Abb. 34) und Inversionsstellung (Abb. 35) lassen – bei feststehendem Talus – folgende Bewegungskomponenten erkennen.

- Das Naviculare (c) gleitet auf dem Taluskopf nach medial und kippt dabei um 5°.
- Das Cuboid (d) folgt dem Naviculare, es dreht sich um 5° und verlagert sich gegenüber dem Calcaneus und dem Naviculare nach medial.
- Der Calcaneus (b) bewegt sich leicht nach vorn und dreht sich ebenfalls um 5° unter den Talus.

Alle drei Drehbewegungen erfolgen im Sinne einer Adduktion in die gleiche Richtung.

Anterior-posteriore Röntgenaufnahmen in Eversions- (Abb. 36) und Inversionsstellung (Abb. 37) zeigen – bei feststehendem Talus – folgende Bewegungen.

- Das Naviculare (c) dreht sich um 25° und überragt dabei den Talus medial.
- das Cuboid (d) dreht sich um 18° und verschwindet vollständig hinter dem Schatten des Calcaneus.
- Der Calcaneus (b) dreht sich um 20° unter dem Talus nach medial.

Die Drehbewegungen erfolgen sämtlich im Sinne einer Supination, wobei das Naviculare stärker rotiert als der Calcaneus und das Cuboid.

Seitliche Röntgenaufnahmen in Eversions- (Abb. 38) und Inversionsstellung (Abb. 39) schließlich lassen folgende Bewegungen erkennen.

- Das Naviculare (b) gleitet unter den Taluskopf, wobei es sich um 45° dreht. Seine distale Fläche schaut nach plantar.
- Auch das Cuboid (d) gleitet nach plantar. Seine Positionsänderung gegenüber Talus und Calcaneus ist beträchtlicher als die des Naviculare gegenüber dem Talus. Beim Herabgleiten dreht sich das Cuboid um 12°.
- Der Calcaneus schließlich verlagert sich nach vorn, so daß die hintere Kante des Talus über das Niveau der hinteren Begrenzung der posterioren Calcaneusgelenkfläche hinausragt. Gleichzeitig dreht sich das Fersenbein um 10° in die gleiche Richtung wie das Naviculare.

Alle drei Bewegungen erfolgen gleichgerichtet im Sinne einer Plantarflexion.

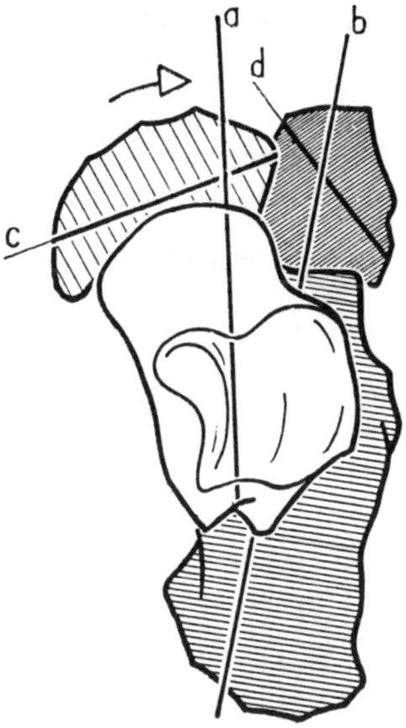

34

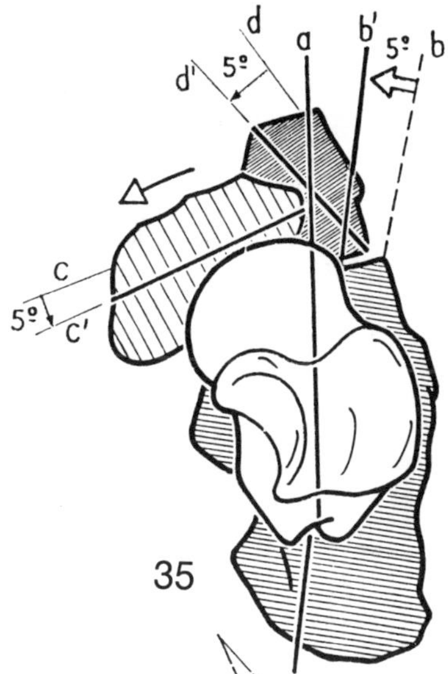

35

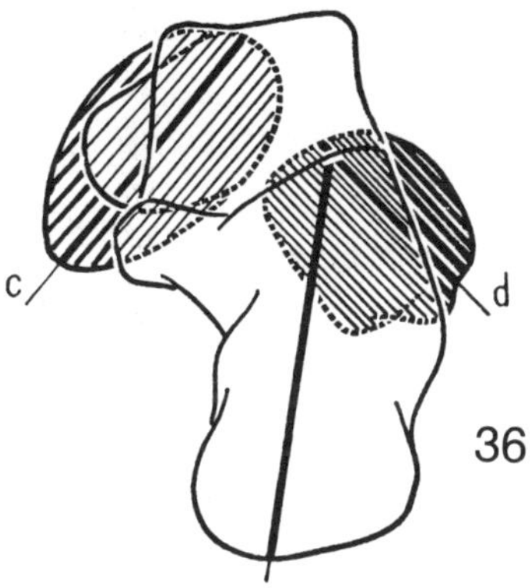

36

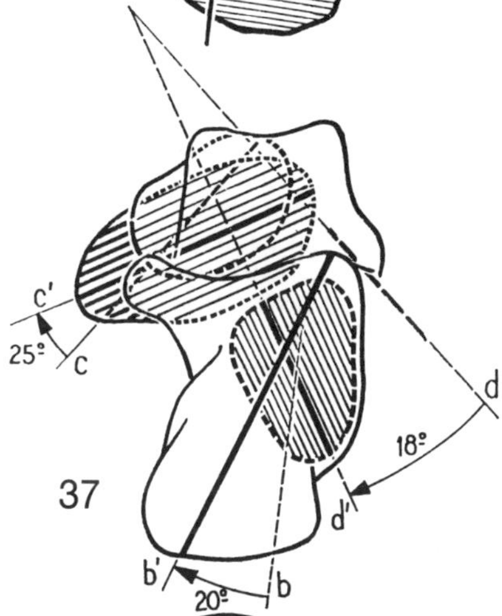

37

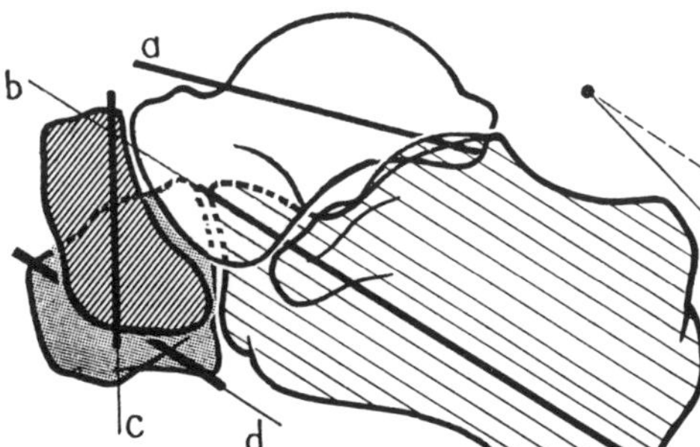

38

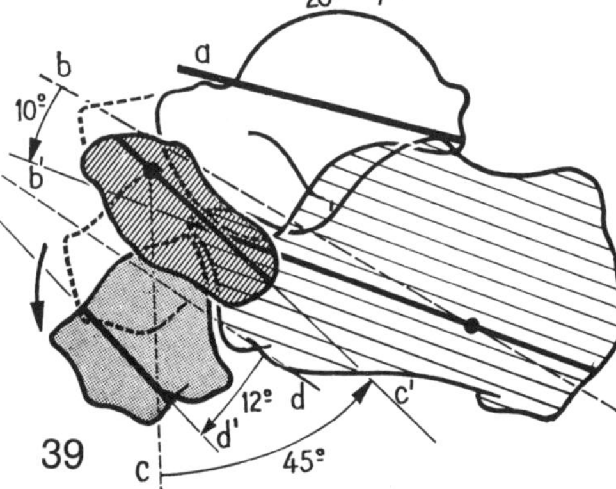

39

Bewegungen im queren Fußwurzelgelenk

Bewegungen in der Articulatio tarsi transversa werden durch die Form der Gelenkflächen und den Verlauf der Bänder bestimmt. Grob ist die Lage der Gelenkflächen durch eine Achse xx' (Abb. 40) definierbar; die Achse verläuft schräg von medial-oben nach lateral-unten in einem Winkel von 45° zur Horizontalen. Sie stellt quasi die Scharnierachse dar, um die sich die Ossa naviculare und cuboideum gemeinsam entweder nach unten-medial (Pfeile N und C) oder oben-lateral bewegen können. Die ovale Gelenkfläche des Taluskopfes ist mit ihrem langen Durchmesser YY' um 45° gegen die Horizontale geneigt und somit in Richtung dieser Bewegung breiter.
Das Naviculare bewegt sich gegenüber dem Taluskopf tatsächlich nach medial (Abb. 41) und nach plantar (Abb. 42). Hervorgerufen werden die Bewegungen durch Kontraktion des M. tibialis posterior (TP), dessen Sehne an der Tuberositas ossis navicularis ansetzt. Das sich anspannende Ligamentum talonaviculare dorsale (a) begrenzt die Bewegung. Die Stellungsänderung des Naviculare bewirkt über die Ossa cuneiformia und die ersten drei Ossa metatarsi eine Adduktion und für die mediale Fußkante eine Akzentuierung der Längswölbung (s. S. 220). Das Naviculare verlagert sich gleichzeitig gegenüber dem Calcaneus. In Eversionsstellung (Abb. 43, Ansicht von oben, Talus entfernt) sind das Pfannenband (b), der Unterrand des Ligamentum deltoideum (c) und das Ligamentum calcaneonaviculare (d) angespannt. Bei Inversion des Fußes (Kontraktion des M. tibialis posterior, Abb. 44) nähert sich das Naviculare dem Calcaneus; der Talus gleitet auf der posterioren Fersenbeingelenkfläche nach hinten (gestreifter Pfeil) und die gesamten Bänder entspannen sich. Es wird nun verständlich, warum die vordere Calcaneusgelenkfläche nicht bis unmittelbar an das Naviculare heranreicht; eine von einem knöchernen Vorsprung getragene Artikulationsfläche würde die Bewegungen des Naviculare in Relation zum Calcaneus nicht erlauben. Die gewisse Flexibilität des Pfannenbandes (b) allerdings ist, wie noch gezeigt werden wird (S. 220), wichtig für die Plastizität der Fußlängswölbung.
Bewegungen des Cuboids gegenüber dem Calcaneus nach oben (Abb. 45, Ansicht von medial) werden durch zwei Faktoren sehr eingeschränkt.
- Der anteriore Fortsatz des Calcaneus (Pfeil) wirkt wie ein Prellbock für das Cuboid.
- Die Anspannung des kräftigen Ligamentum calcaneocuboideum plantare (f) bremst frühzeitig ein Aufklappen des Gelenkspaltes plantar (α).

Nach plantar hingegen (Abb. 46) gleitet das Cuboid auf der Konvexität der Calcaneusfläche solange ungehindert, bis das Ligamentum calcaneocuboideum (e) unter Spannung gerät.
In der transversalen Ebene (Abb. 47, Horizontalschnitt in Höhe von AB in Abb. 40) gleitet das Cuboid ausgiebiger nach medial, gebremst wird es durch Anspannung des Ligamentum calcaneocuboideum dorsale (g). Zusammenfassend läßt sich feststellen, daß sich das Cuboid vorzugsweise nach plantar und medial verlagert.

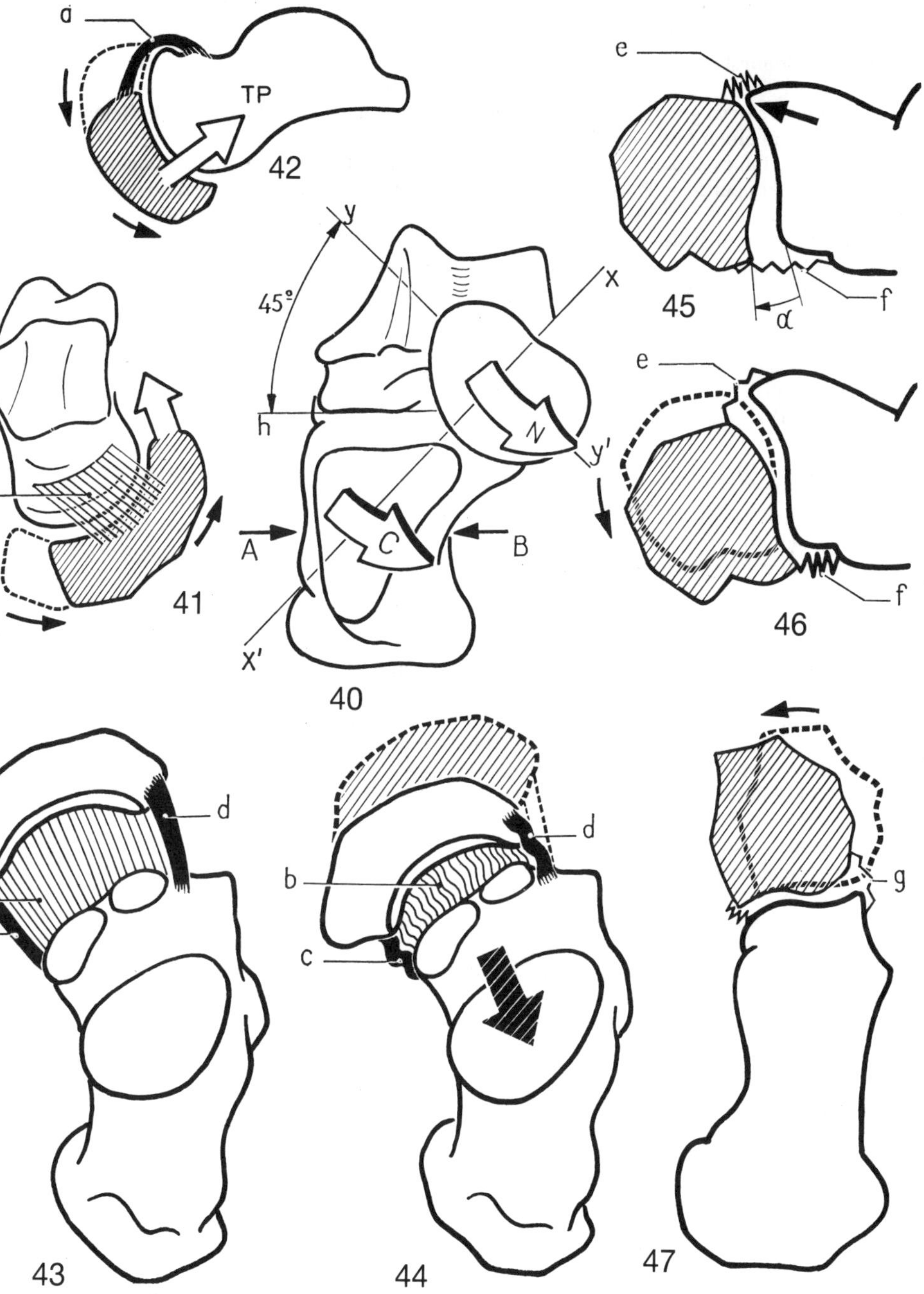
a
TP
42
e
45
f
α
y
45°
h
x
N
y'
A
C
B
x'
40
a
41
e
46
f
d
b
c
43
d
b
c
44
g
47

Gesamtfunktion der hinteren Fußwurzelgelenke

(gleiche Abbildungshinweise wie auf S. 178)

Eine Analyse der Bewegungen am anatomischen Präparat macht deutlich, daß alle Gelenke der hinteren Fußwurzelregion einen funktionell ineinander verzahnten Komplex bilden. Dessen Aufgabe ist es, die Wölbungen des Fußes äußeren Gegebenheiten anzupassen. Unteres Sprung- und queres Fußgelenk sind mechanisch gekoppelt; sie bilden ein gemeinsames Gelenk mit einem Freiheitsgrad. Bewegungen erfolgen um die HENKEsche Achse (mn). Die Schemata zeigen die vier Knochenelemente der hinteren Fußwurzel in einer Ansicht von vorne-lateral (Abb. 48 und 50) und unmittelbar von vorne (Abb. 49 und 51). Die Abbildungen sind so angeordnet, daß die Inversions- (Abb. 48 und 49) und die Eversionsposition (Abb. 50 und 51) jeweils in zwei nebeneinander liegenden Darstellungen analysiert werden können. So ist es möglich, die Verlagerung der Ossa naviculare und cuboideum gegenüber dem Talus, der fixiert sein soll, genau zu erfassen.

Inversionsbewegung (Abb. 48 und 49)

– Der M. tibialis posterior dreht das Naviculare (Nav) derart, daß der dorsolaterale Bereich des Taluskopfes (d) sichtbar wird.

– Das Naviculare führt das durch Ligamente an es gefesselte Cuboid (Cub) mit.

– Das Cuboid wiederum bestimmt die Bewegung des Calcaneus (Calc), der unter dem Talus (Tal) nach vorne wandert.

– Der Sinus tarsi weitet sich maximal (Abb. 48), die beiden Anteile des Ligamentum interosseum (1 und 2) spannen sich an.

– Die posteriore Fersenbeingelenkfläche wird vorne-lateral (a') frei, indem sich der Talus nach oben-hinten verlagert. Insgesamt ergibt sich folgende Bewegung:

– Naviculare und Cuboid (Abb. 49) bewegen sich gemeinsam nach medial (Pfeil Add.), so daß der gesamte Vorfuß nach distal-medial gebracht wird (Pfeil I, Abb. 48).

– Gleichzeitig drehen sich die beiden Knochenelemente um eine durch das Ligamentum bifurcatum hindurchziehende, anterior-posteriore Achse. Das Ligament spannt sich und wird etwas verdrillt. Diese Rotation, bedingt durch ein Ansteigen des Naviculare und eine Absenkung des Cuboids, stellt eine Supinationsbewegung dar (Pfeil Supin.). Die Fußsohle schaut nach medial, die Längswölbung des Fußes flacht im Bereich der Fußinnenkante ab. Die der Basis des fünften Mittelfußknochens (Vm) gegenüberstehende Cuboidfacette ist nach unten-vorne gerichtet, während sich die Facette des Naviculare, die mit dem Os cuneiforme mediale artikuliert (I c), nach vorne orientiert.

Eversionsbewegung (Abb. 50 und 51)

– Der an der Tuberositas des fünften Metatarsale ansetzende M. peronaeus brevis zieht das Cuboid nach lateral und hinten.

– Das Cuboid nimmt das Naviculare mit, das nun den Taluskopf dorsomedial freigibt.

– Der Calcaneus verlagert sich unter dem Talus nach hinten.

– Der Sinus tarsi verengt sich (Abb. 50) soweit, bis der Talus an dessen Boden anschlägt.

– Die posteriore Calcaneusgelenkfläche ist hinten (a') unbedeckt.

Insgesamt resultiert folgender Bewegungsablauf:

– Naviculare und Cuboid (Abb. 51) verlagern sich gemeinsam nach lateral (Pfeil Abd.), der Vorfuß wird nach vorne-lateral orientiert (Pfeil E, Abb. 50).

– Gleichzeitig dreht er sich im Sinne einer Pronation (Pfeil Pron.), bedingt durch ein Absinken des Naviculare und eine Abduktion des Cuboids, dessen mit dem fünften Metatarsale artikulierende Gelenkfläche (Vm) nach vorne-lateral schaut.

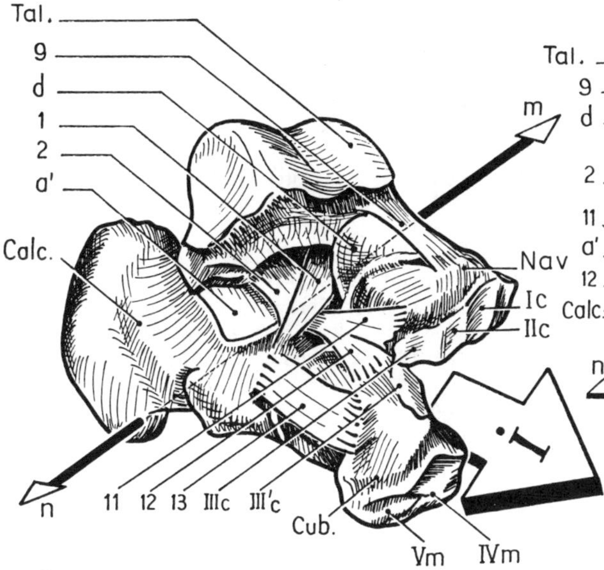
Tal.
9
d
1
2
a'
Calc.
m
Nav
Ic
IIc
I
n
11
12
13
IIIc
III'c
Cub.
Vm
IVm

48

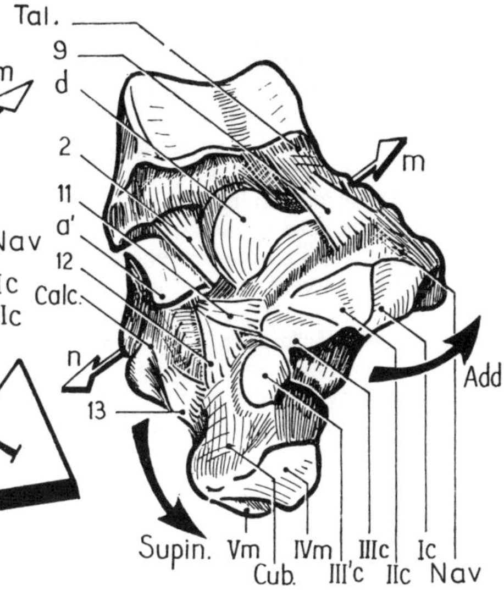
Tal.
9
d
2
11
a'
12
Calc.
m
n
Add
13
Supin.
Vm
Cub.
IVm
III'c
IIIc
IIc
Ic
Nav

49

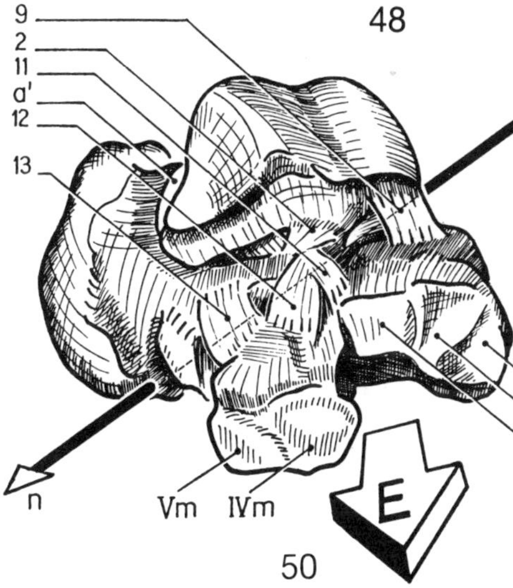
9
2
11
a'
12
13
m
Ic
IIc
IIIc
n
Vm
IVm
E

50

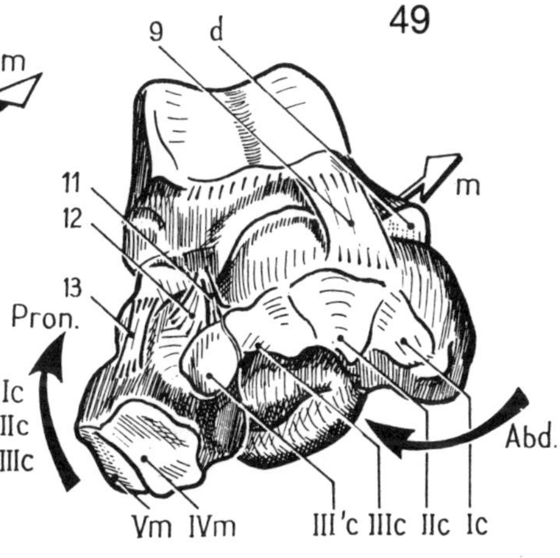
9
d
m
11
12
13
Pron.
Abd.
Vm
IVm
III'c
IIIc
IIc
Ic

51

Das „heterokinetische“ Kardangelenk der hinteren Fußwurzel

Die HENKEsche Achse, deren Verlauf ohne weitere Beschreibung gut vorstellbar ist, ist starr und ortsfest. Real ist sie jedoch beweglich, da sie ihre Lage während der Bewegung ändert. An Röntgenserienaufnahmen der hinteren Fußwurzel läßt sich, wenn der Fuß aus der Inversionsstellung evertiert wird, die Wanderung der Achse aufzeigen. Trägt man in die Röntgenaufnahmen das jeweilige Drehzentrum ein, so bemerkt man, daß sie nicht in einem Punkt zusammenfallen. Man kann hypothetisch von einer evolutiven HENKEschen Achse (Abb. 52) sprechen. Sie hat eine Ausgangs- (1) und eine Endposition (2); zwischen den beiden Extrempositionen bestreicht sie eine Fläche, in der die Mittelpositionen gelegen sind. Für die hintere Fußwurzel existieren folglich zwei bewegliche, nicht parallel zueinander verlaufende Achsen. Es sind dies die obere Sprunggelenksachse und die HENKEsche Achse; letztere ist, wie noch geschildert werden wird, die gemeinsame Achse für das untere Sprung- und das quere Fußwurzelgelenk. Als technisches Vergleichsgelenk für den Gelenkkomplex der hinteren Fußwurzel läßt sich das Kardangelenk heranziehen. Ein Kardangelenk ist durch zwei rechtwinklig zueinander ausgerichtete Achsen definiert, die von den beiden Gelenkelementen umfaßt werden (Abb. 53). Kardangelenke übertragen axiale Drehbewegungen von einem Element auf das andere, gleich welche Winkelstellung die beiden Elemente zueinander haben. Mittels Kardangelenke sind beim Automobil Motor und angetriebene Vorderräderachsen verbunden. Derartige Kardangelenke werden als „homokinetisch“ bezeichnet.

Der passive Bewegungsapparat weist drei derartige Gelenktypen auf.

- Die Articulatio sternoclavicularis als Sattelgelenk.
- Die Articulatio radiocarpea als Eigelenk.
- Die Articulatio carpometacarpea pollicis als weiteres Sattelgelenk; die Funktionsweise dieses Gelenks ist eingehend beschrieben (s. Band I).

Die hintere Fußwurzel hingegen stellt ein sogenanntes heterokinetisches Kardangelenk dar. Es handelt sich um kein „normales“ Kardangelenk. Die Achsen sind nicht rechtwinklig, sondern schräg zueinander ausgerichtet. Zur Veranschaulichung ist im Schema (Abb. 54) das mechanische Modell dieses „heterokinetischen Kardangelenkes“ eingezeichnet. Im einzelnen erkennt man:

- Die Skelettelemente von Unterschenkel (A) und Vorfuß (B);
- Die Achse XX’ des oberen Sprunggelenks, die annähernd transversal von lateral-oben nach medial-unten verläuft.
- Die HENKEsche Achse, schräg von hinten-unten und lateral nach vorn-oben und medial ziehend.
- Ein Mittelstück (C), dem unmittelbar keine Knochenelemente entsprechen, hat etwa die Form eines Tetraeders. Zwei gegenüberliegende Kanten sind durch die beiden Kardanachsen markiert.

Die beiden schräg zueinander ausgerichteten Achsen bestimmen die spezifischen Bewegungen des hinteren Fußwurzelkomplexes. Die um die beiden Achsen gruppierten Muskeln (s. S. 204) können letztlich nur zwei Bewegungen hervorrufen:

- Die Inversion (Abb. 55), die den Fuß plantarflektiert und die Fußsohle nach medial orientiert.
- Die Eversion (Abb. 56), die den Fuß dorsalflektiert und die Fußsohle nach lateral schauen läßt.

Der Mechanismus des „heterokinetischen Kardangelenks“ vermittelt das Verständnis für Muskelaktionen, für die spezifische Ausrichtung der Fußsohle und letztlich für die Statik und Dynamik des gesamten Fußes.

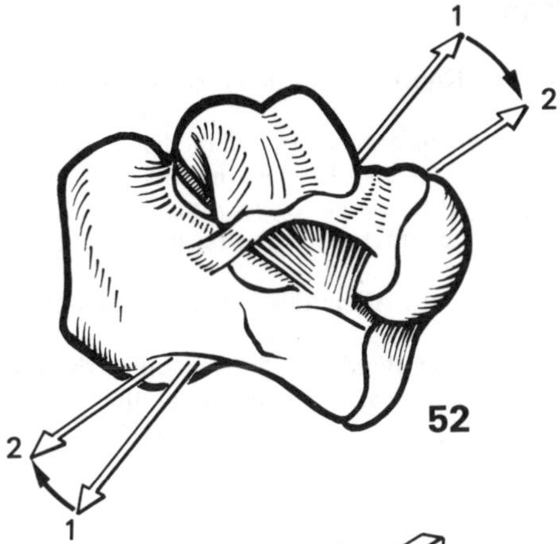

52

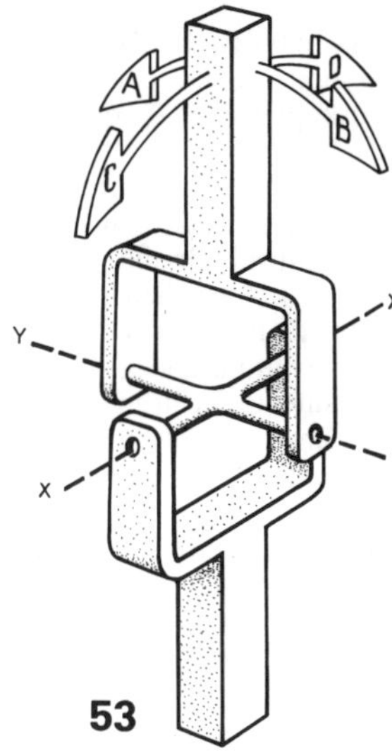

53

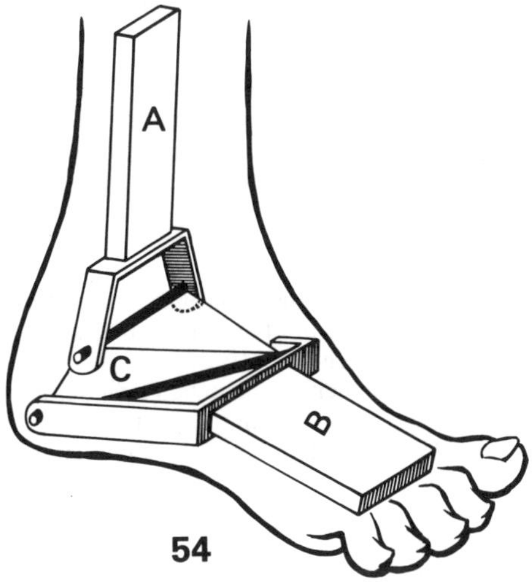

54

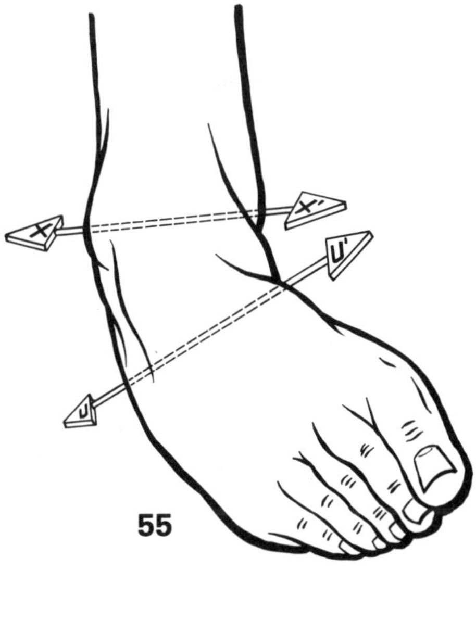

55

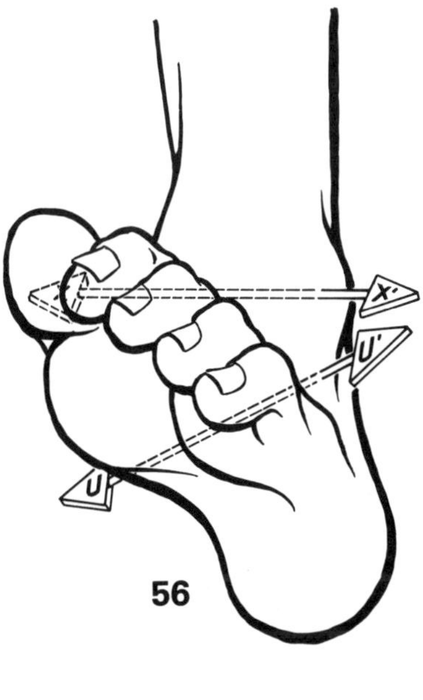

56

Inversion und Eversion hemmende Bandsysteme

Inversion und Eversion des Fußes werden entweder durch Knochen oder durch Bänder gehemmt.
Hemmung der Inversionsbewegung
Es wurde bereits dargestellt, wie bei der Inversion der Calcaneus nach unten und medial „kippt" und der Talus auf den hohen Teil der hinteren Calcaneusfläche wandert. Er wird hierbei nicht knöchern gehemmt, so daß der tiefere, anteriore Calcaneusflächenteil frei liegt. Gleichzeitig wird ein Teil des Taluskopfes frei, da das Os naviculare, ohne knöchern gehemmt zu werden, nach unten und medial gleitet.
Die Inversionsbewegung wird folglich nicht knöchern gehemmt. Allein der Innenknöchel stemmt sich gegen die mediale Talusrollenwange.
Entscheidend für die Bewegungshemmung ist eine Kette von Bändern, die sich sukzessiv anspannt (Abb. 57). Ausgehend vom lateralen Knöchel spannt sich zuerst das Ligamentum talofibulare anterius (1) an. Es folgen das

- Ligamentum talocalcaneum interosseum (2)
- Ligamentum calcaneocuboideum (3)
- Ligamentum calcaneocuboideum laterale (4)
- Ligamentum calcaneocuboideum plantare (nicht dargestellt)
- Ligamentum calcaneonaviculare (5).

Schließlich kommt es zur Anspannung des Ligamentum talonaviculare dorsale (6).
Ausgehend vom medialen Knöchel spannt sich das Ligamentum tibiotalare anterius und dann das Ligamentum talocalcaneum posterius an (beide nicht dargestellt). Von den sich bei der Inversion anspannenden Bändern sind zwei, die an den Talus heranziehen und drei, die ihren Ursprung an ihm haben.
Hemmung der Eversionsbewegung (Abb. 58)
Bei der Eversionsbewegung gleitet die hintere Talusfläche auf der posterioren Calcaneusfläche nach unten und vorn, um schließlich am Boden des Sinus tarsi anzustoßen. Die laterale Talusrollenwange drängt sich gegen den Außenknöchel und würde ihn bei Fortsetzung der Bewegung abbrechen lassen. Die knöcherne Hemmung ist für die Eversion entscheidend.
Zusätzlich kommt es zur Anspannung vornehmlich des medialen Kollateralbandapparates (Ligamentum deltoideum (1) und des Ligamentum calcaneonaviculare plantare (2). Weiterhin spannt sich das Ligamentum interosseum und das den Calcaneus mit den Ossa cuboideum und naviculare verbindende Ligamentum bifurcatum an. Das Ligamentum bifurcatum sichert die drei Knochenelemente sowohl bei In- als auch bei Eversion. An der Fußsohlenseite wird das Knochengefüge durch das Ligamentum plantare longum gesichert (nicht dargestellt).
An der Fußaußenseite werden Bänder angespannt, die ihren Ursprung am Malleolus fibularis haben.

- Ligamentum talofibulare posterius (nicht eingezeichnet); es folgt die Anspannung des Ligamentum talocalcaneare laterale (5).
- Ligamentum calcaneofibulare (6), das an den Calcaneus heranzieht.

Bei der Eversion werden zwei am Talus inserierende und zwei von ihm entspringende Bänder angespannt. Zusammenfassend ist zu schließen, daß bei der Inversion die Gefahr der Bandruptur (vor allem des Ligamentum talofibulare anterius) und bei der Eversion die Gefahr der Fraktur (vor allem des Außenknöchels) gegeben ist.

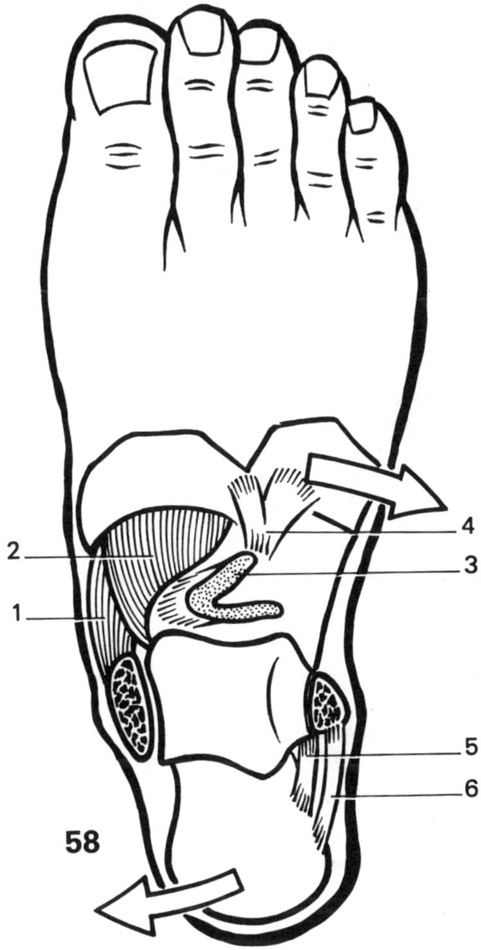

58

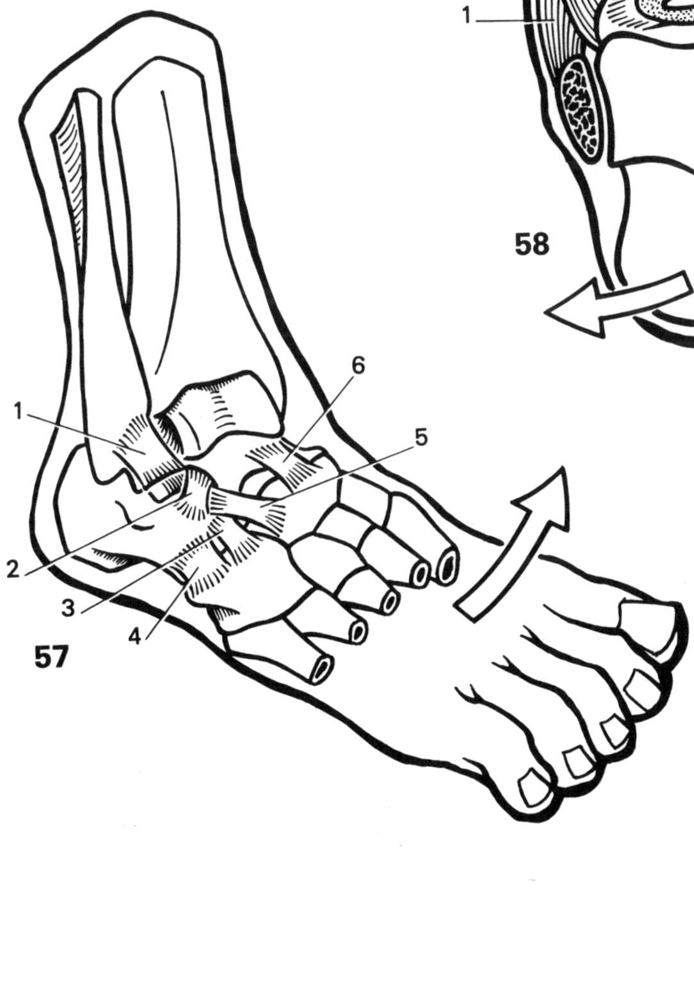

57

Articulatio cuneonavicularis, Gelenke zwischen den Ossa cuneiformia und Tarsometatarsalgelenke

(Abbildungshinweise sind die gleichen wie auf S. 178 + 186)

Alle genannten Gelenke sind Amphiarthrosen. Bewegungen der annähernd planen Artikulationsflächen gegeneinander sind von geringem Umfang.
Naviculare und Cuboid lassen in Ansicht von vorn (Abb. 59) je drei Gelenkfacetten erkennen. Das Naviculare artikuliert mit den Cuneiformia mediale, intermedium und laterale (Ic, IIc, IIIc), das Cuboid mit dem fünften (Vm) und vierten Metatarsale (IV m) sowie mit dem Cuneiforme laterale (III'c). Das Cuboid ist gelenkig mit der lateralen Kante des Naviculare verbunden (inkonstant; weiße Pfeile).
Eine perspektivische Ansicht von vorne-lateral (Abb. 60) zeigt, wie die drei Ossa cuneiformia (C_1, C_2, C_e) mit dem Naviculare und dem Cuboid artikulieren. Der doppelköpfige Pfeil verdeutlicht die Lage des lateralen Cuneiforme auf dem Cuboid; die Gelenkfläche (III'c) liegt unmittelbar vor der Artikulation mit dem Naviculare.
Die Gelenke zwischen den Ossa cuneiformia (Abb. 61, Ansicht des cuneonavicularen, der intercuneiformen und einiger tarsometatarsaler Gelenke von dorsal) weisen entsprechende Facetten und interossäre Bänder auf. Das Ligamentum interosseum zwischen den Cuneiformia mediale und intermedium ist durchtrennt (19), während das zwischen Cuneiformia intermedium und laterale intakt ist (20).
Die Articulationes tarsometatarseae (LISFRANCsche Gelenklinie) werden zum einen von den drei Cuneiformia (C_1, C_2, C_3; Abb. 63, Dorsalansicht) und dem Cuboid (cub.) gebildet. Zum anderen sind die Basen der fünf Ossa metatarsi (M_1 bis M_5) beteiligt. Es handelt sich um straffe, zum Teil ineinander verzahnte Gelenke. Bei Eröffnung von dorsal (Abb. 62, nach ROUVIÈRE) erkennt man die tarsalen Gelenkfacetten und die korrespondierenden Flächen an den Basen der Mittelfußknochen. Die Basis des zweiten Metatarsale (M II) ist zapfenartig zwischen die drei Ossa cuneiformia eingelassen. Sie wird umfaßt von der lateralen Facette (II m C_1) des medialen (C_1), der distalen Facette (II m C_2) des intermediären (C_2) und der medialen Facette (II m C_3) des lateralen Cuneiforme (C_3). Die Articulationes tarsometatarseae werden durch kräftige Bänder gesichert. Diese sind gut erkennbar, wenn die Gelenke von plantar eröffnet werden (Abb. 61), das Metatarsale I um seine Längsachse gedreht (Pfeil 1) und das dritte Metatarsale nach lateral gebracht wird (Pfeil 2).
– Medial erkennt man das sog. LISFRANCsche Band (18, Ligamentum tarsometatarseum dorsale), das von der lateralen Fläche des Cuneiforme mediale an die Innenseite des zweiten Metatarsale zieht. Es ist das „Schlüsselband" bei einer Exartikulation.
– Lateral verlaufen dorsale Bänder direkt zwischen C_2 und M_{II} (21) sowie zwischen C_3 und M_{III} (22); schräge Bänder verbinden C_3 mit M_{II} (23) und C_2 mit M_{III} (24).
Über diese Ligamente hinaus festigen noch zahlreiche weitere Bänder die Fußwurzel-Mittelfußgelenke (Abb. 63, Dorsalansicht; Abb. 64, Plantaransicht). Sie verbinden benachbarte Knochenelemente auf kürzester Distanz in longitudinaler und querer Richtung. Auf der Dorsalseite (Abb. 63) strahlen Ligamente von der Basis des zweiten Metatarsale fächerförmig zu benachbarten Elementen; plantar (Abb. 64) ist das Cuneiforme mediale mit den ersten drei Mittelfußknochen ligamentös verbunden. Die Sehne des M. peronaeus longus (PL) inseriert an der plantaren Fläche des Os metatarsale I, nachdem sie vorweg ihre plantare Rinne durchlaufen hat (25, unterbrochene Linie).

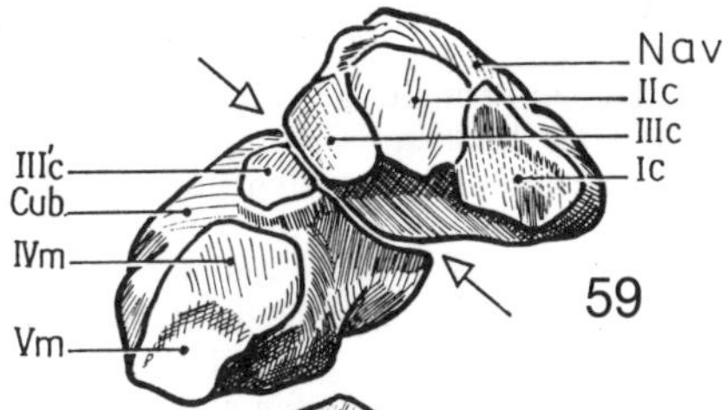

59

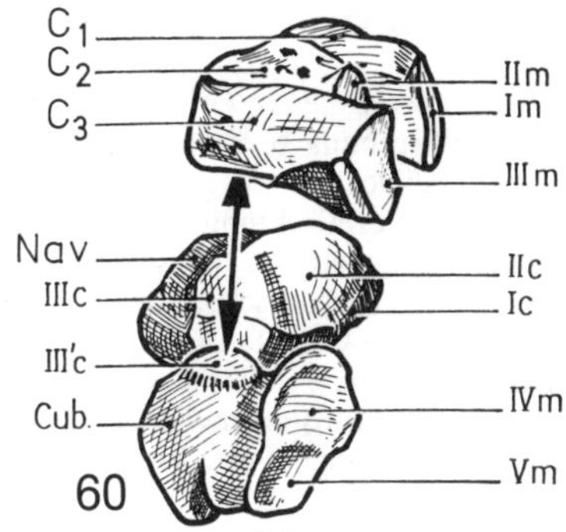

60

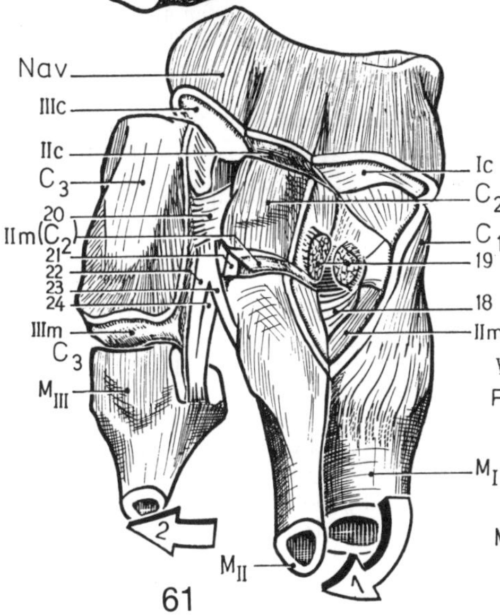

61

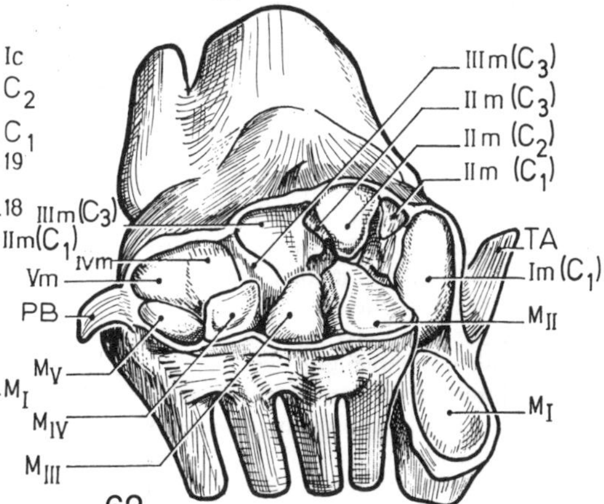

62

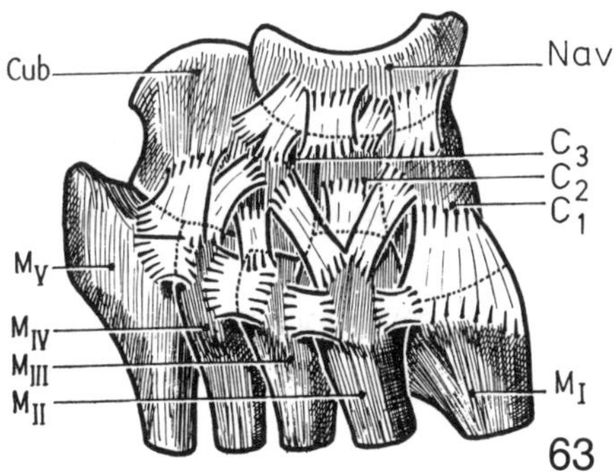

63

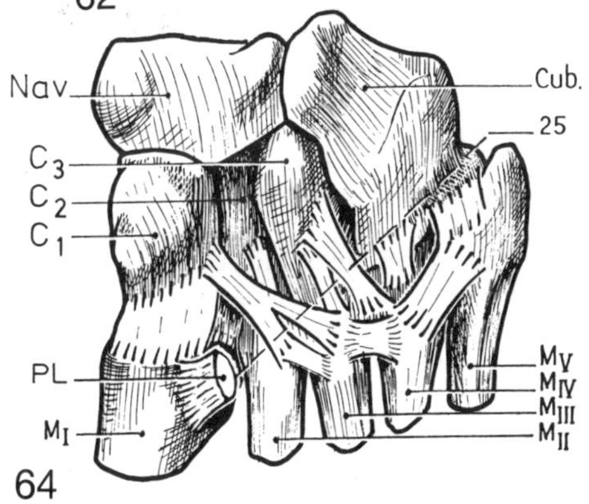

64

Bewegungen in den intercuneiformen und tarsometatarsalen Gelenken

Die intercuneiformen Gelenke (Abb. 65, Frontalschnitt) erlauben geringfügige vertikale Bewegungen, die die quere Fußwölbung beeinflussen (s. S. 226). Das laterale Keilbein (C_3) ruht auf dem Cuboid (Cub.), dessen mediales Mittel (gestreift) dem von den drei Keilbeinen gebildeten Bogen als Konsole dient. In longitudinaler Richtung (Abb. 66, Sagittalschnitt) modifizieren die Ossa cuneiformia durch leichte Bewegungen gegenüber dem Naviculare (Nav.) die Längswölbung des Fußes (s. S. 220).
Bewegungen in der LISFRANCschen Gelenklinie sind eindeutig durch die anatomischen Gegebenheiten, insbesondere durch die Orientierung der Gelenkfacetten, bestimmt (Abb. 67, Dorsalansicht).
– Die Gelenklinie verläuft schräg von medial, oben und vorne nach lateral, unten und hinten. Medial beginnt sie 2 cm weiter fußspitzenwärts als lateral. Die schräge Orientierung dieser Flexions-Extensionsachse unterstützt in gleicher Form wie der schräge Verlauf der HENKEschen Achse die Eversions- und Inversionsbewegung.
– Das Cuneiforme laterale (C_3) ragt distal um 2 mm über das Cuboid (Cub.) und 4 mm über das Cuneiforme intermedium (C_2) hinaus. Das mediale Keilbein (C_1) überragt das Cuneiforme intermedium um 8 mm.
Auf diese Weise bilden die drei Keilbeine die Nut, in die die Basis des Os metatarsale II eingezapft ist. Das zweite Metatarsale wird somit zum unbeweglichsten aller Mittelfußknochen, es bildet den First der Fußwölbung (s. S. 224).
– Die beiden Endabschnitte der Gelenklinie weisen eine entgegengesetzt schräge Orientierung auf. Zwischen M_I/C_1 läuft der Gelenkspalt schräg nach lateral-vorn; wird er verlängert, dann durchschneidet er das fünfte Metatarsale etwa in der Mitte. Der Gelenkspalt zwischen dem fünften Metatarsale und dem Cuboid ist nach vorne-medial orientiert, er läuft, nach medial verlängert, etwa durch den Kopf des ersten Mittelfußknochens.
Hieraus ergibt sich, daß die Beuge-Streckachse der randständigen Mittelfußknochen (die die beweglichsten sind) nicht rechtwinklig, sondern schräg zu den Längsachsen der Metatarsalia ausgerichtet ist. Die beiden Mittelfußknochen bewegen sich folglich nicht in einer sagittalen Ebene, sie folgen einer Kegelfläche. Bei ihrer Beugung richten sie sich gleichzeitig nach medial oder lateral in Richtung der Fußlängsachse (Abb. 69, schematische Darstellung der LISFRANCschen Gelenklinie und der Metatarsalia I und V, Ansicht von dorsolateral).
– Die Bewegung aa' des Kopfes des ersten Metatarsale besteht aus einer Beugekomponente (F) sowie aus einer Abduktion (Abd.) von 15° (FICK).
– Der Kopf des fünften Mittelfußknochens führt eine Bewegung bb' aus, die eine Flexions- (F) und eine Adduktionskomponente enthält (Add.).
Die Köpfe der beiden randständigen Mittelfußknochen nähern sich bei der Plantarflexion der Fußlängsachse; so kommt es zwangsläufig (Abb. 70) zu einer Akzentuierung der queren Wölbung des Fußes in diesem Bereich. Umgekehrt resultiert aus einer Dorsalextension eine Abflachung der queren Fußwölbung.
Die Annäherung der randständigen Mittelfußknochen erfolgt gemäß der schrägen transversalen Achsen xx' und yy' der korrespondierenden tarsalen Knochenelemente (Abb. 68). Die Bewegung wird von den beiden Doppelkopfpfeilen angezeigt.
Die quere Fußwölbung in Höhe der Mittelfußknochen wird durch Bewegungen in den Articulationes tarsometatarseae beeinflußt.

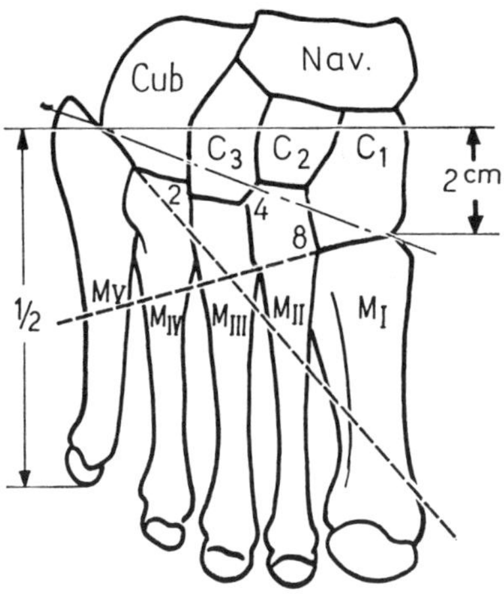

67

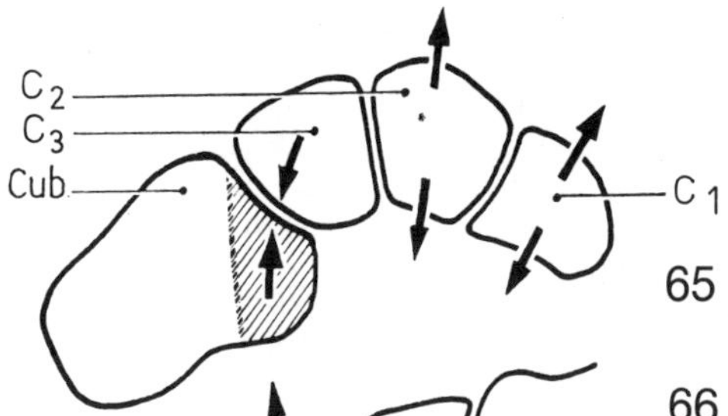

65

66

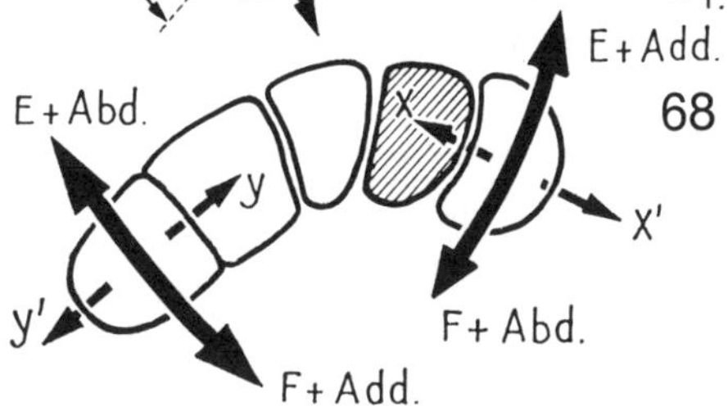

68

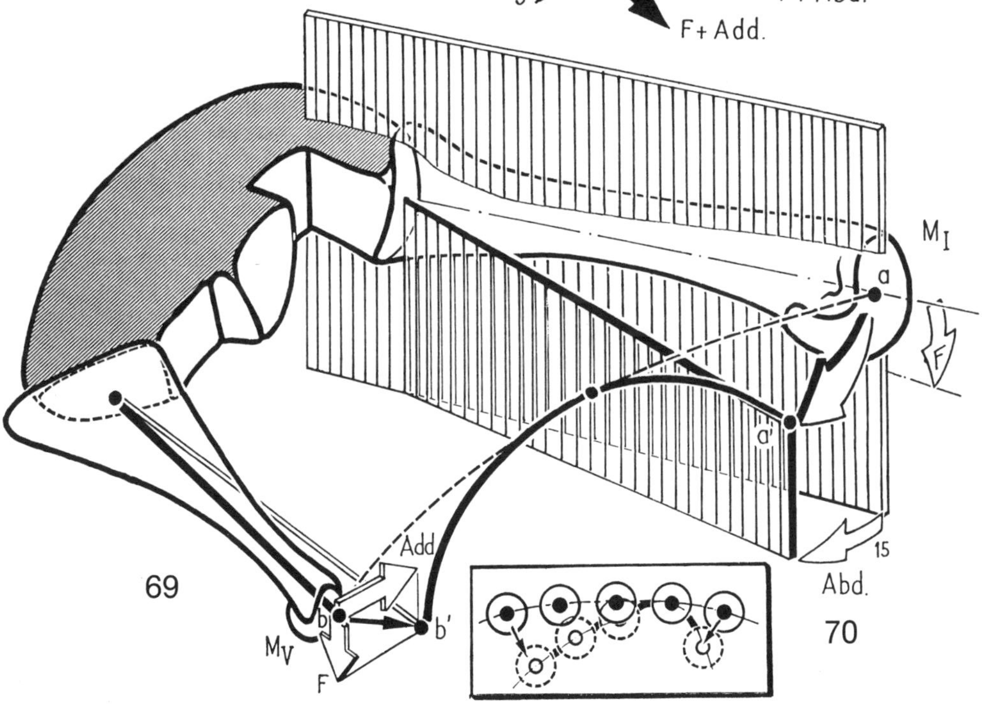

69

70

Streckung der Zehen

Es wäre falsch, die Metatarsophalangeal- und die Zehengelenke in gleicher Weise zu beschreiben wie die Grund- und Interphalangealgelenke der Finger (s. Band I). Zwar bestehen morphologische Übereinstimmungen, funktionell ergeben sich jedoch Unterschiede, im besonderen für die Zehengrundgelenke. Hier ist das Ausmaß der Dorsalextension größer als das der Plantarflexion (im Gegensatz zu den Fingergrundgelenken).

- Die aktive Streckung beträgt 50–60° gegenüber 30–40° aktiver Beugung.
- Die passive Extension, zu beobachten in der letzten Phase des Fußabrollens (Abb. 71), erreicht oder überschreitet 90°; eine passive Beugung ist auf 45–50° möglich.

Seitbewegungen der Zehen in den Grundgelenken sind sehr geringgradig im Vergleich zu denen in den Fingergrundgelenken. Der Großzeh des Menschen hat, im Gegensatz zum Hallux der Primaten, die Oppositionsfähigkeit verloren. Der menschliche Fuß ist an die ausschließlich bipede Fortbewegungsweise angepaßt. Die aktive Streckung der Zehen wird durch drei Muskeln ausgeführt; es sind dies die extrinsischen Mm. extensores digitorum longus und hallucis longus und als intrinsischer Muskel der M. extensor digitorum brevis. Der M. extensor digitorum brevis (Abb. 72) liegt am Dorsum pedis. Er besteht aus vier Muskelköpfen, die vom Calcaneus nahe dem Eingang zum Sinus tarsi und von einem Schenkel des Retinaculum mm. extensorum inferius entspringen. Die dünnen Sehnen ziehen von lateral an die Sehnen des M. extensor digitorum longus heran und verschmelzen mit diesen. Die an den Großzeh abgegebene Sehne (= M. extensor hallucis brevis) inseriert unmittelbar an der dorsalen Fläche der Basis der Grundphalanx. Die Kleinzehe erhält keine Sehne vom M. extensor digitorum brevis. Der Muskel streckt die Grundgelenke der Zehen I bis IV (Abb. 73).

Die Bäuche der Mm. extensores digitorum longus und hallucis longus finden sich in der Streckerloge des Unterschenkels. Ihre Ansätze an den Zehenknochen werden noch beschrieben werden (s. S. 198).

Die Sehne des M. extensor digitorum longus (Abb. 74) verläuft vorne über die Sprunggelenksregion, gehalten vom Retinaculum mm. extensorum superius. Sie teilt sich in vier Sehnenzüge auf, die die Zehen II–V erreichen, indem sie unter dem Retinaculum mm. extensorum inferius ihren Weg nehmen (s. auch Abb. 89). Die Kleinzehe wird folglich allein durch diesen Muskel gestreckt. Der M. extensor digitorum longus ist, wie sein Name sagt, Strecker der Zehen; er ist aber auch (und zwar vornehmlich, s. S. 204) ein Muskel, der im oberen Sprunggelenk dorsalextendiert („dorsalflektiert"). Soll er allein die Zehen strecken, dann müssen sich gleichzeitig die Köpfe des M. triceps surae als Antagonisten kontrahieren (Pfeil T gibt die Zugrichtung der Achillessehne an).

Die Sehne des M. extensor hallucis longus (Abb. 75) zieht unter den Retinacula mm. extensorum superius und inferius zum Dorsum pedis (s. auch Abb. 89) und inseriert an den beiden Phalangen der Großzehe. An der Grundphalanx setzt er an Innen- und Außenfläche, an der Endphalanx auf der Dorsalfläche an. Der Muskel streckt die Großzehe, er extendiert aber auch das obere Sprunggelenk. Auch für ihn gilt, daß eine alleinige Streckung der Großzehe nur möglich ist, wenn sich die Flexoren als Antagonisten gleichzeitig kontrahieren. Nach Duchenne de Boulogne ist der eigentliche Zehenstrekker der M. extensor digitorum brevis. Es wird noch gezeigt werden, daß diese Annahme richtig ist.

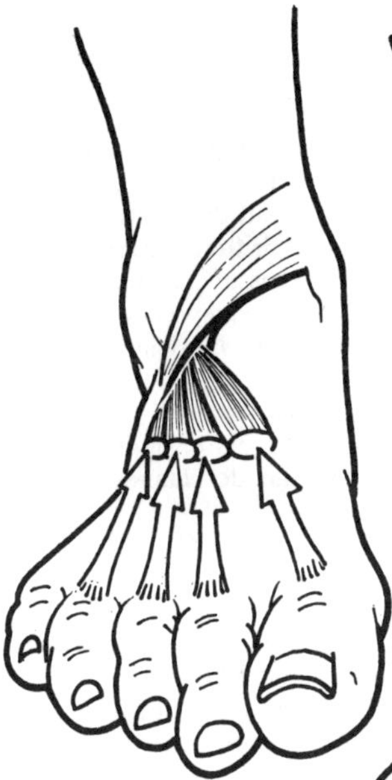

72

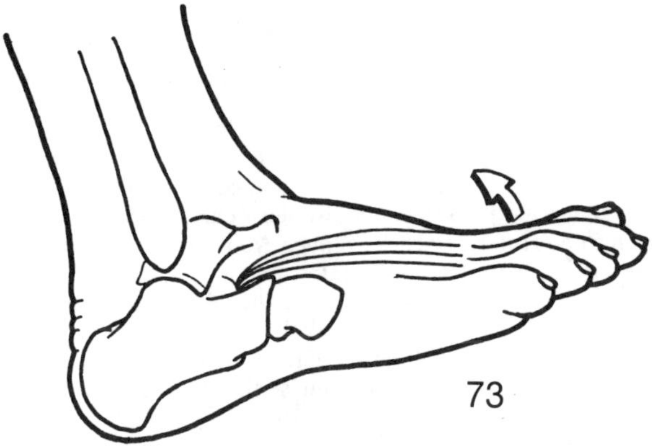

73

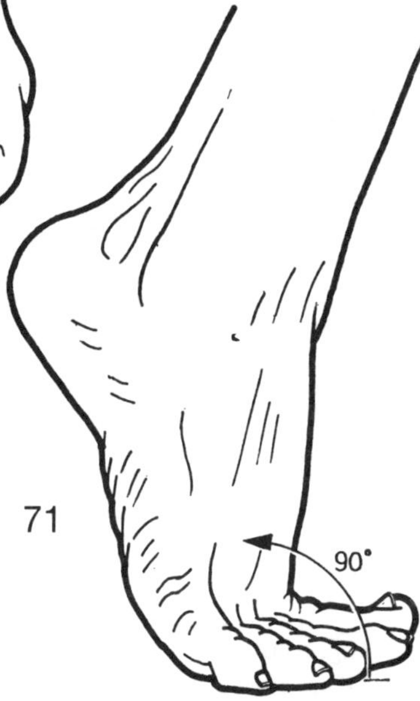

71

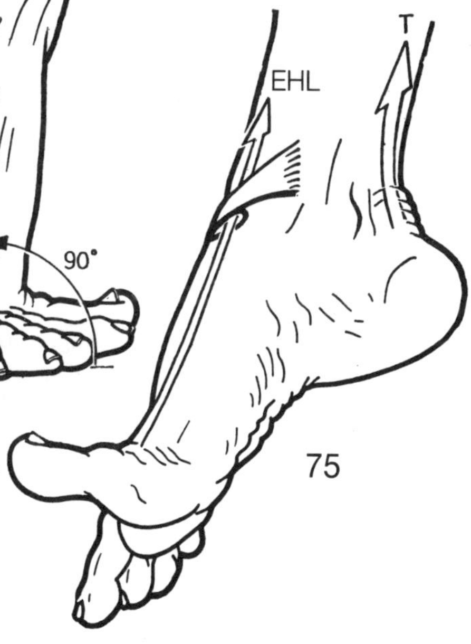

75

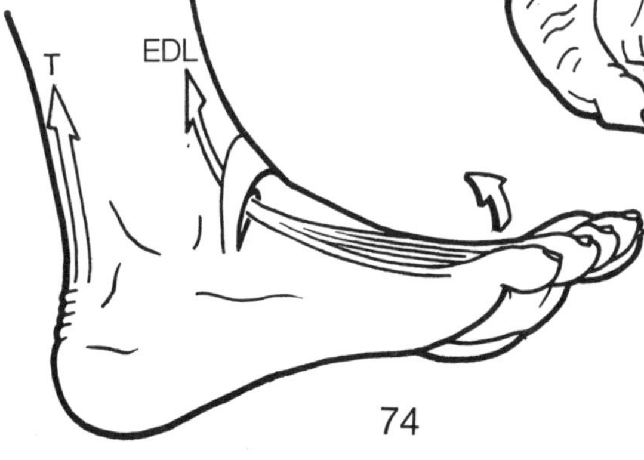

74

Musculi interossei und lumbricales

(gleiche Hinweise für alle Abbildungen)

Wie an der Hand, bilden die Mm. interossei eine dorsale und eine plantare Gruppe. Ihre Anordnung am Fuß ist aber eine etwas andere (Abb. 76, Frontalschnitt durch den Mittelfuß). Die vier dorsalen Interossei (Ix.d) sind auf das zweite Metatarsale hin zentriert (an der Hand auf das dritte Metacarpale); sie inserieren (weiße Pfeile) an der zweiten Zehe (Interossei I + II), an der dritten (Interosseus III) und der vierten Zehe (Interosseus IV; s. auch Abb. 83). Die drei plantaren Interossei (Ix.p) entspringen von der Innenseite der drei letzten Metatarsalia und inserieren (Abb. 84) an der entsprechenden Zehe.
Die Insertion der Interossei am Fuß ist ähnlich der an der Hand (Abb. 77, Dorsalansicht des Streckapparats; Abb. 79, Ansicht der Zehenmuskeln von lateral).
- Die Sehne zieht zum einen an die laterale Fläche der Grundphalanxbasis (1).
- Zum anderen (2) gliedert sie sich dem seitlichen Zügel (3) der Sehne des M. extensor digitorum longus an. Die Sehne des M. extensor digitorum longus (EDL) inseriert, wie an der Hand, an allen drei Phalangen.
- Faserzüge (4) laufen an die Seitenflächen der Grundphalanx (nicht an die Basis).
- Ein mittlerer Strang (5) zieht an die Basis der Mittelphalanx.
- Seitliche Zügel (3) reichen bis an die Basis der Endphalanx.

Proximal des Zehengrundgelenks (Abb. 78, Dorsalansicht) gliedert sich den Sehnen des langen Streckers (zweite, dritte und vierte Zehe) lateral die Sehne des kurzen Streckers (EDB) an.
Wie an der Hand, sind vier Mm. lumbricales vorhanden (Abb. 76, 78, 88). Sie entspringen an den Sehnen des M. flexor digitorum longus (homolog dem M. flexor digitorum profundus der Finger). Die Muskeln befinden sich medial der Flexorsehnen (Abb. 88), ihr Ansatz ist gleich dem eines Interosseus (Abb. 78 und 79). Die Insertion erfolgt einmal an der Basis der Grundphalanx (6), zum anderen am seitlichen Zügel (7) der langen Streckersehne. Die Sehne des M. flexor digitorum longus (FDL) verhält sich wie die des M. flexor digitorum profundus an den Fingern (Abb. 79 und 88). Sie hat Verbindung mit dem Ligamentum plantare (8) der Grundgelenkskapsel, perforiert die Sehne des M. flexor digitorum brevis (FDB), und inseriert letztlich an der Basis der Endphalanx. Der M. flexor digitorum brevis ist das Äquivalent des M. flexor digitorum superficialis der Finger. Er liegt oberflächlich und ist der „M. perforatus“, seine Insertion erfolgt an den Außenseiten der Mittelphalanx. Der M. flexor digitorum longus beugt im Endgelenk (Abb. 81), der kurze Flexor beugt im Mittelgelenk. Die Interossei und die Lumbricales sind, wie an der Hand, Beuger im Grundgelenk (Abb. 80), Strecker in Mittel- und Endgelenk der Zehe. Sie spielen eine wesentliche Rolle für die Stabilisierung der Zehen. Indem sie das Grundgelenk beugen, bieten sie den Zehenstreckern bei der Dorsalextension des oberen Sprunggelenkes ein sicheres Punctum fixum. Sind die Interossei und die Lumbricales insuffizient, so resultiert als Fehlstellung die Hammerzehe (Abb. 82). Die Grundphalanx wird nicht mehr ausreichend stabilisiert, unter der Wirkung des Streckers gerät das Gelenk in Hyperextensionsstellung. Die Gelenkpfanne gleitet dorsal auf den Kopf des Metatarsale. Die Fehlstellung wird durch Luxation der Interossei nach dorsal (über die Beuge-Streckachse des Grundgelenks (+) hinaus) fixiert. Mittel- und Endphalanx stehen in Beugestellung, bedingt durch eine relative Verkürzung der Beugersehnen. Im proximalen Interphalangealgelenk manifestiert sich eine dorsal gerichtete Subluxation (schwarzer Pfeil), die fixiert wird durch die palmare Verlagerung der seitlichen Zügel der Extensorsehne. Der Extensor wird zum Beuger.
Die Stellung der Zehen hängt von der ausgewogenen Aktion verschiedener Muskeln ab. Es stellt sich heraus, daß, wie Duchenne de Boulogne es formuliert hat, der M. extensor digitorum brevis in der Tat der unmittelbar einzige Zehenstrecker ist, während die übrigen Strecker vor allem das obere Sprunggelenk extendieren. Nach Duchenne wäre es vorteilhafter, wenn diese Muskeln direkt an den Metatarsalia ansetzten.

76

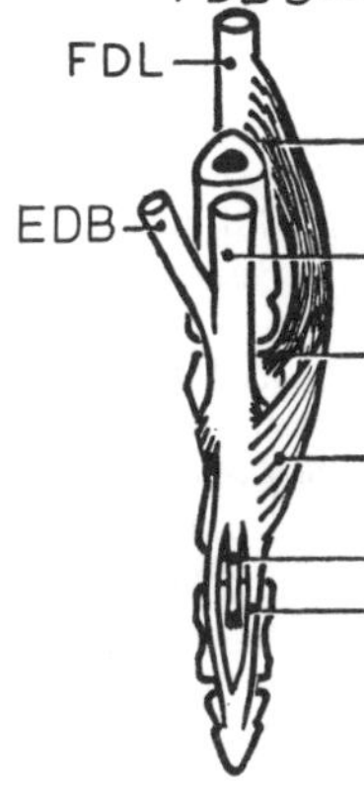

78

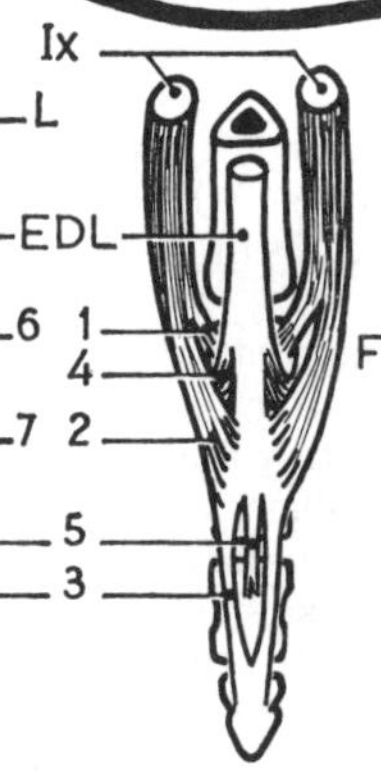

77

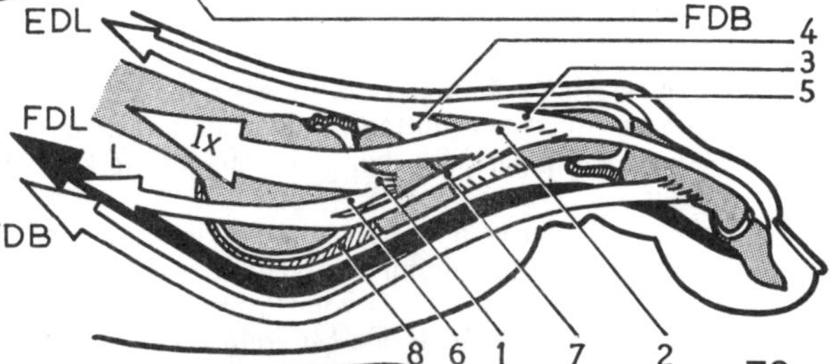

79

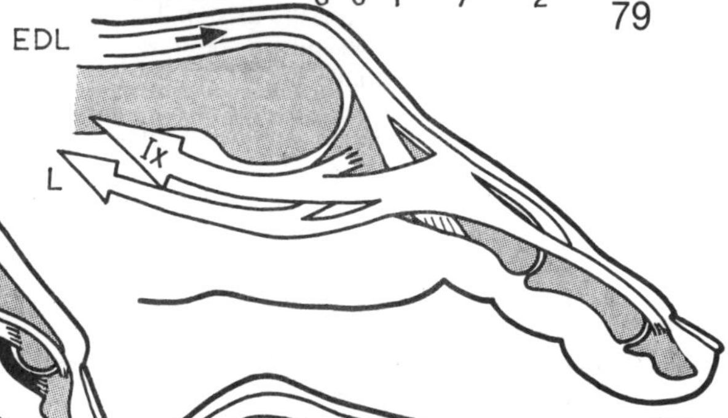

80

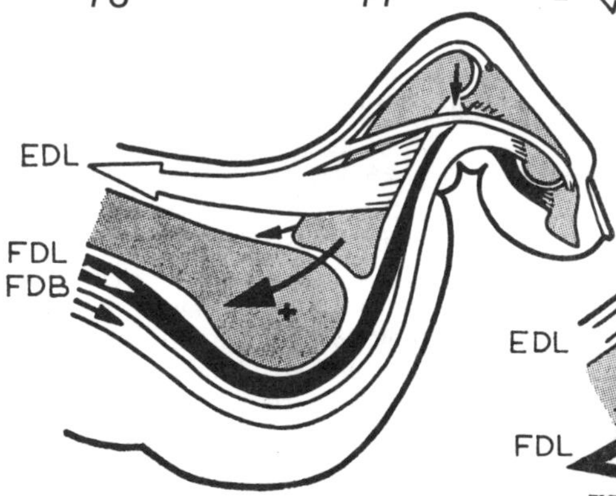

82

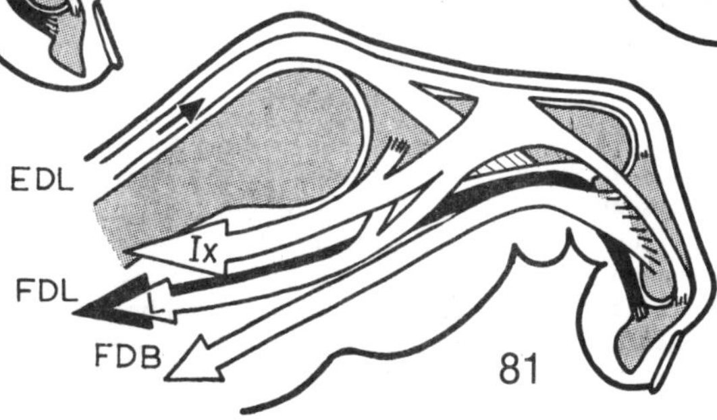

81

Plantare Fußmuskeln

(gleiche Hinweise wie auf der vorigen Seite)

Die plantaren Fußmuskeln liegen in drei Schichten übereinander.
A. Die tiefe Schicht besteht aus den Mm. interossei sowie der Groß- und Kleinzehenmuskulatur.
– Die Mm. interossei dorsales (Abb. 83, Plantaransicht) beugen oder strecken nicht nur, sie abduzieren die Zehen von der Fußlängsachse (Metatarsale II, zweite Zehe). Die Abduktion der Großzehe erfolgt durch den M. abductor hallucis (Ab.H.), die der Kleinzehe durch den M. abductor digiti minimi (Ab.5). Diese beiden Muskeln sind funktionell dorsale Interossei.
– Die Mm. interossei plantares (Abb. 84, Plantaransicht) bringen die drei letzten Zehen an die zweite heran. Der Großzeh erfährt eine Annäherung an die Fußachse durch den M. adductor hallucis, der aus zwei Köpfen besteht.
– Das Caput obliquum (Ad.1) entspringt von Elementen des anterioren Tarsus.
– Das Caput transversum (Ad.2) entspringt von den Ligamenta plantaria der letzten drei Zehengrundgelenke und vom Ligamentum metatarseum profundum. Es zieht die Grundphalanx der Großzehe nach lateral. Der Muskelkopf ist funktionell bedeutsam für die quere Fußwölbung (s. S. 224).
Die Kleinzehenmuskulatur (Abb. 85, Plantaransicht), aus drei Muskeln bestehend, befindet sich innerhalb des Kleinzehenfaches.
– Der M. opponens digiti minimi (Op.5), ganz in der Tiefe liegend, entspringt vom Ligamentum plantare longum und setzt am fünften Metatarsale an. Er hat prinzipiell die gleiche Funktion wie der M. opponens des Kleinfingers, ist aber weit weniger effektiv. Wichtig ist er für die Verspannung der Fußlängswölbung.
– Die beiden weiteren Muskeln inserieren meist gemeinsam an einem lateralen Höcker der Grundphalanxbasis. Der M. flexor digiti minimi brevis (FDB 5) entspringt u. a. vom Ligamentum plantare longum, der M. abductor digiti minimi (Ab.5) vom Processus lateralis tuberis calcanei (Abb. 86) und von der Tuberositas ossis metatarsalis V. Beide Muskeln verspannen das Fußlängsgewölbe (s. S. 222).
– In der Großzehenkammer liegen die drei Halluxmuskeln (Abb. 85), der M. adductor ausgenommen. Sie inserieren über die beiden Sesambeine des Großzehengrundgelenks an der Basis der Grundphalanx. Medial sind es das Caput mediale des M. flexor hallucis brevis (FHB) und der M. abductor hallucis (Ab.H), die am medialen Sesambein und an der Grundphalanx ansetzen. Der M. abductor hallucis entspringt vom Processus medialis des Fersenhöckers (Abb. 86); er ist bedeutsam für die Verspannung der Längswölbung des Fußes (s. S. 220). Über das laterale Sesambein inserieren die beiden Köpfe des M. adductor hallucis (Ad. 1 und 2) und das Caput laterale des M. flexor hallucis brevis (FHB), der von den anterioren Tarsalknochen entspringt.
Die an den Sesambeinen ansetzenden Muskeln sind kräftige Beuger der Großzehe. Sie sind wichtig für die Stabilisierung des Hallux und für die letzte Phase des Fußabrollens (s. S. 230). Ihre Insuffizienz kann zur Hammerzehenfehlstellung führen.
B. Die mittlere Schicht besteht aus den Sehnen der langen Flexoren (Abb. 87). Der M. flexor digitorum longus (FDL) überkreuzt mit seiner Sehne die des M. flexor hallucis longus (FHL) unterhalb des Sustentaculum tali. Durch Sehnenbündel sind beide miteinander verbunden (9). Die Sehne des langen Beugers spaltet sich in vier Endsehnen für die Zehen II bis V auf. Die Mm. lumbricales (Abb. 88) entspringen, mit Ausnahme des ersten (L_1), von je zwei benachbarten Flexorsehnen. Diese ziehen als „Tendines perforantes" bis zur Endphalanx. Die schräge Zugrichtung der Sehnen wird durch eine kräftige Muskelplatte (Abb. 87), den M. quadratus plantae (X), korrigiert. Der Muskel liegt in der Achse des Fußes, er entspringt von der Plantarfläche des Fersenbeins und inseriert an der Außenseite der Kleinzehensehne. Er wird gelegentlich auch als „M. flexor accessorius" bezeichnet. Durch seine Kontraktion werden die langen Beugersehnen mehr in Fußachsenrichtung gebracht.
Der M. flexor hallucis longus (FHL, Abb. 85 und 87) zieht mit seiner Sehne zwischen den beiden Sesambeinen an das distale Großzehenglied, das er kräftig beugt.
C. Die oberflächliche Schicht besteht aus nur einem Muskel (Abb. 86), der gemeinsam mit den Sehnen des langen Beugers in der mittleren Plantarkammer gelegen ist. Der M. flexor digitorum brevis (FDB) entspringt von der Unterseite des Fersenhöckers und inseriert mit vier Sehnen an den Zehen II bis V. Er ist der „M. perforatus" (Abb. 88), seine Sehnen inserieren an der Mittelphalanx, die er beugt.

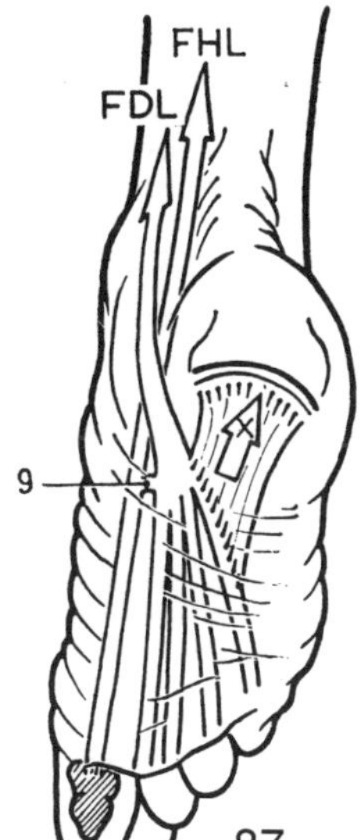

87

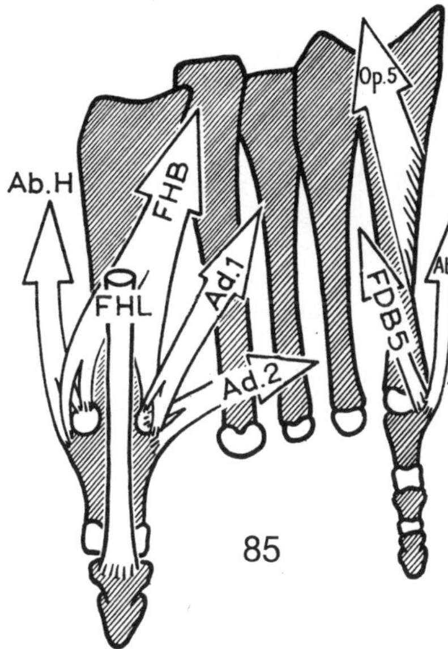

85

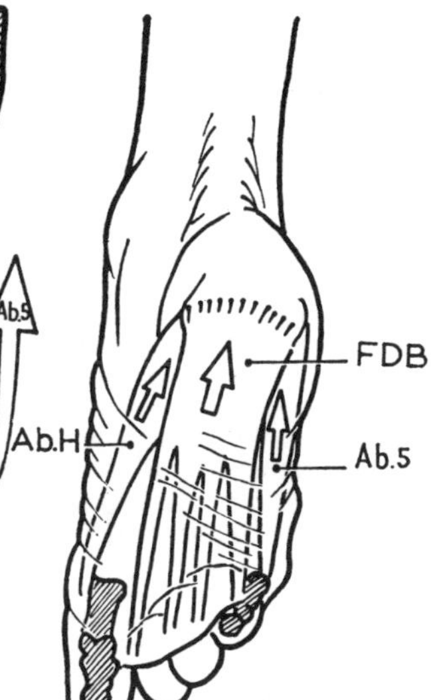

86

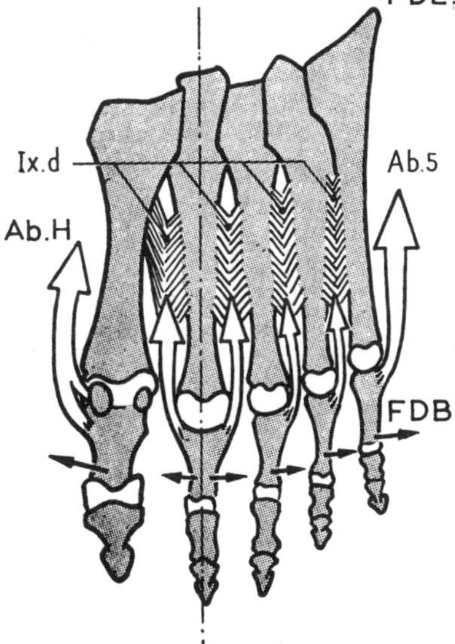

83

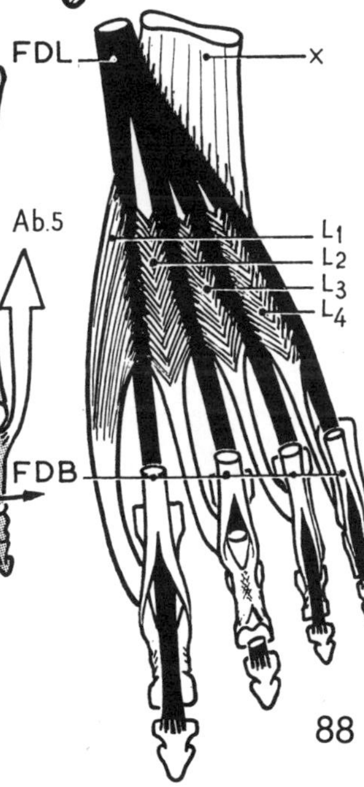

88

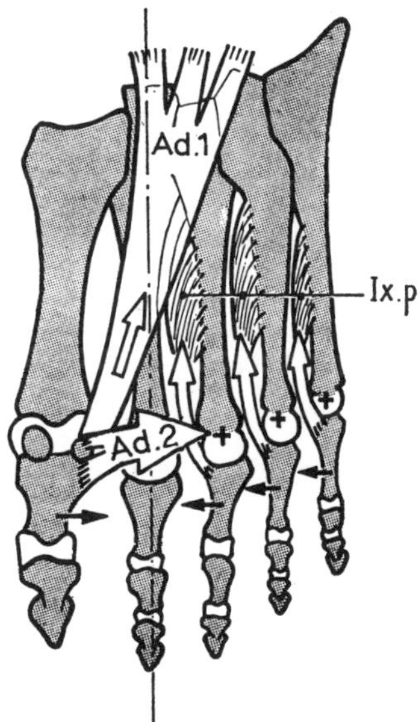

84

Retinacula im Bereich des oberen Sprunggelenkes und des Fußes

Das Retinaculum mm. extensorum inferius (Abb. 89) heftet die vier vorderen Sehnen (Sehnenscheiden) am Dorsum pedis fest; sie werden in ihrer Lage gehalten, unabhängig vom Grad der Dorsalextension im oberen Sprunggelenk. Als verstärkter Fascienteil kommt das Retinaculum vom Sinus tarsi, überquert den Sulcus calcanei und teilt sich in zwei Schenkel auf.
- Der untere Schenkel (a) verliert sich am Fußinnenrand.
- Der obere Schenkel (b) befestigt sich an der medialen Tibiakante oberhalb des Innenknöchels.

Der obere Schenkel besteht aus zwei Schichten.
- Medial umhüllen die oberflächliche und die tiefe Schicht die Sehne des M. tibialis anterior (TA), die etwa zweifingerbreit oberhalb des Retinaculum von der Sehnenscheide umkleidet wird.
- Lateral bilden die beiden Schichten zwei voneinander getrennte Schlingen. Die eine Schlinge umgibt die Sehne des M. extensor hallucis longus (EHL), dessen Sehnenscheide proximal kaum über die Begrenzung des Retinaculum hinausragt. Die laterale Schlinge umfaßt die Sehnen des M. extensor digitorum longus (EDL) und die Sehne des M. peronaeus tertius (PT). Die zugehörige Sehnenscheide beginnt proximal des Retinaculum.

Alle übrigen Sehnen verlaufen durch Kanäle, die hinter den Malleolen gelegen sind. Hinter dem lateralen Knöchel (Abb. 90) werden die Sehnen der Mm. peronaei brevis (PB) und longus (PL) in einem osteofibrösen Kanal (1) geführt, indem sich das Retinaculum mm. peronaeorum superius über sie spannt. Die Sehne des M. peronaeus brevis liegt vorne-oben, die des M. peronaeus longus hinten-unten. Unterhalb der Knöchelspitze biegen sie scharf nach vorne um und laufen in zwei osteofibröse Kanäle (3 und 4), die von der Außenseite des Calcaneus, einem zwischen den Sehnen liegenden Knochenhöcker (5) und dem Retinaculum mm. peronaeorum inferius gebildet werden. An dieser Stelle zweigt sich die bis dahin gemeinsame Sehnenscheide in zwei Schenkel auf. Der M. peronaeus brevis (PB) setzt an der Tuberositas ossis metatarsalis V (6), gelegentlich auch an der Basis des vierten Metatarsale an. Ein kleines Stück der Sehne (7) ist herausgelöst, um die Sehne des M. peronaeus longus überblicken zu können, die – in Abänderung ihres Verlaufes – in die vom Cuboid gebildete Rinne eintritt. Plantar verläuft sie (Abb. 91), umhüllt von einer Vagina synovialis, durch einen osteofibrösen Kanal. Dieser wird zum einen von tarsalen Knochenelementen, zum anderen von oberflächlichen Zügen des Ligamentum plantare longum (Abb. 91 zeigt tiefe Züge des Bandes, 8) gebildet. Das Band zieht vom Calcaneus an das Cuboid und an die Basen aller Ossa metatarsi (x). Schließlich wird die Sehne des M. peronaeus longus von Sehnenausläufern (10) des M. tibialis posterior (TP) überspannt. Die Sehne des M. peronaeus longus setzt primär an der Basis des Os metatarsale I an (11), mit Abspaltungen erreicht sie das Metatarsale II und das Cuneiforme mediale. In der Sehne ist gelegentlich am Eingang in den Kanal ein Sesambein eingelagert (12).

Die Planta pedis beherbergt drei Band-Sehnen-Systeme.
- In Fußlängsrichtung verläuft das Ligamentum plantare longum.
- Die Sehne des M. peronaeus longus zieht schräg nach vorne-medial.
- Der M. tibialis posterior erreicht mit seinen schräg nach vorne-lateral orientierten Sehnenausläufern alle tarsalen Elemente und die Metatarsalia I bis IV.

Hinter dem Innenknöchel (Abb. 92) ziehen drei Sehnen, die, von Sehnenscheiden umhüllt, einen osteofibrösen Kanal passieren. Gebildet wird der Kanal von der Tibia und dem Retinaculum mm. flexorum.
- Die Sehne des M. tibialis posterior (TP) liegt vorne-oben, sie zieht unmittelbar um die Spitze des Innenknöchels. Dort wendet sie sich nach vorn und erreicht die Tuberositas ossis navicularis (14). Darüberhinaus strahlt sie in mehrere Stränge aus (10).
- Die Sehne des M. flexor digitorum longus (FDL) läuft unmittelbar hinter der des M. tibialis posterior, liegt dann dem Sustentaculum tali an (15, s. auch Abb. 94), und unterkreuzt (16) schließlich die Sehne des M. flexor hallucis longus.
- Die Sehne des M. flexor hallucis longus (FHL) ist zunächst im Sulcus tendinis (17) zwischen den Tubercula mediale und laterale des Processus posterior tali gelegen (s. auch S. 156) und zieht dann unter dem Sustentaculum tali (18) nach vorn (s. auch Abb. 94). Sie ändert zweimal ihre Zugrichtung.

Zwei Frontalschnitte in Höhe der Pfeile A und B (angegeben in Abb. 90 und 92) zeigen die Anordnung von Sehnen und Sehnenscheiden in den retromalleolären Kanälen. Der Schnitt A (Abb. 93) liegt auf Höhe der Malleolen, der Schnitt B (Abb. 94) weiter vorne in Höhe des Sustentaculum tali und der Trochlea peronaealis.

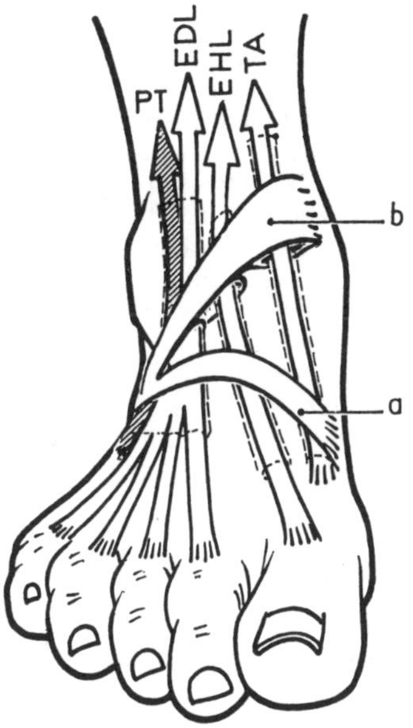

89

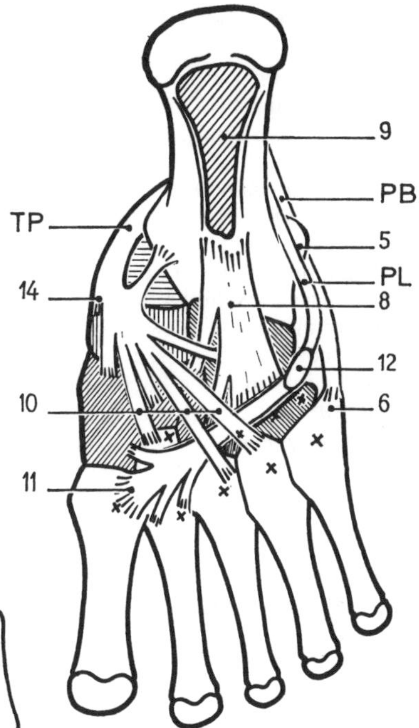

91

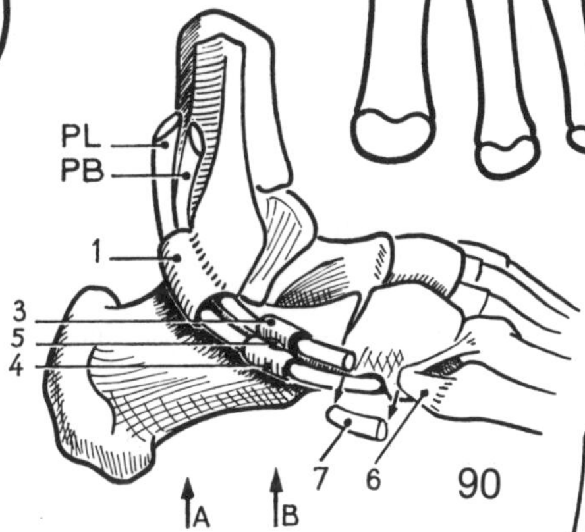

90

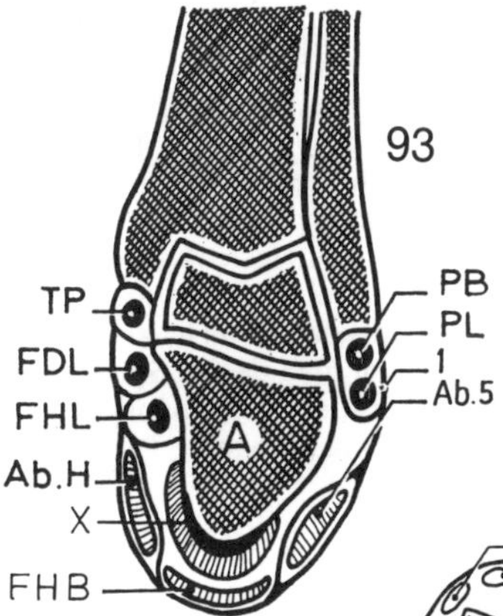

93

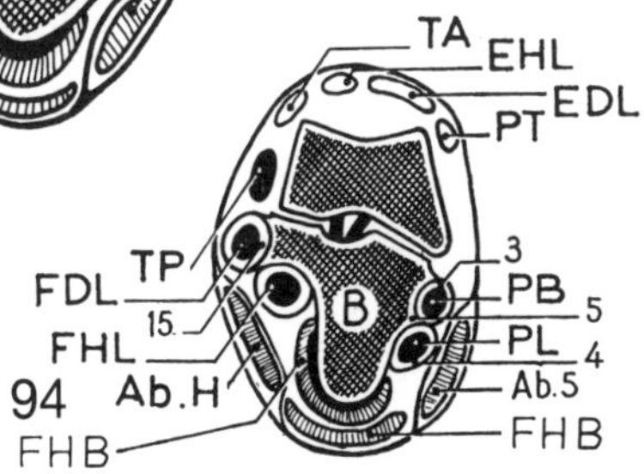

94

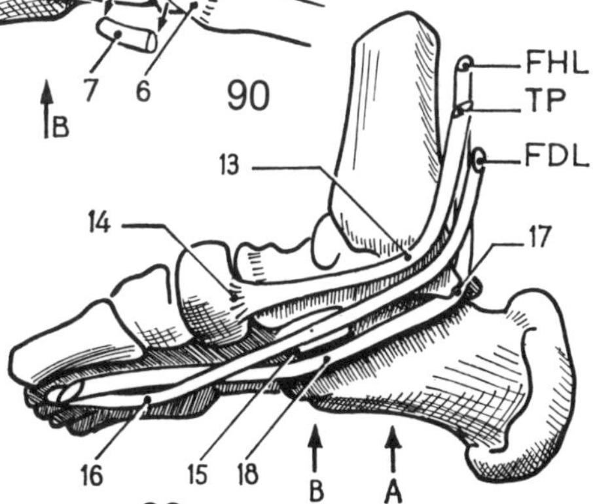

92

Beugemuskeln des oberen Sprunggelenks

Bewegungen des Fußes werden durch die am Unterschenkel liegenden Beuger und Strecker ausgeführt. Die Wirkung der einzelnen Muskelaktion ist durch die Orientierung der Achsen des hinteren Fußwurzelgelenkkomplexes bestimmt. Die Achsen waren als typisch für ein „heterokinetisches Kardangelenk" definiert worden (Abb. 95). Es gilt somit, das alte Schema von D'OMBREDANNE, in dem die Achsen XX' und ZZ' fast rechtwinklig zueinander verlaufen (Abb. 96), aufzugeben; es entspricht nicht der Realität. Die Achsen XX' und UU' des „heterokinetischen Kardangelenkes" sind nicht rechtwinklig zueinander orientiert. Hierdurch werden bevorzugte Bewegungsrichtungen induziert. Die beiden Achsen grenzen vier Quadrantenfelder ab, auf die sich zehn Muskeln mit insgesamt dreizehn Sehnen verteilen.
Alle vor der transversalen Achse XX' gelegenen Muskeln sind Beuger. Bezüglich der HENKEschen Achse UU' können diese in zwei Gruppen gegliedert werden.
– Muskeln medial dieser Achse (M. extensor hallucis longus [EHL], M. tibialis anterior [TA]) sind gleichzeitig Adduktoren und Supinatoren. Der M. tibialis anterior adduziert und supiniert kräftiger als der M. extensor hallucis longus, da er weiter von der Achse entfernt ist.
– Die beiden lateral der Achse gelegenen Muskeln (M. extensor digitorum longus [EDL], M. peronaeus tertius [PT]) sind gleichzeitig Abduktoren und Pronatoren. Der M. peronaeus tertius ist von beiden der effektvollere Abduktor und Pronator. Eine reine Dorsalextension („Dorsalflexion") ohne jegliche Adduktions- Supinations- oder Abduktions-Pronationskomponente erfolgt nur, wenn die beiden Muskelgruppen ausgewogen zusammenarbeiten. Sie sind sowohl Antagonisten als auch Synergisten. Von den vier Beugermuskeln inserieren zwei direkt an Tarsus oder Metatarsus.
– Der M. tibialis anterior (Abb. 97) setzt am Cuneiforme mediale und am ersten Metatarsale an.
– Der M. peronaeus tertius (Abb. 98) als inkonstanter, aber recht häufig ausgebildeter Muskel (90% der Fälle) inseriert an der Basis des Metatarsale V.
Ihre Wirkung auf den Fuß ist eine direkte und bedarf keiner Mithilfe von anderen Muskeln.
Dies ist nicht der Fall bei den beiden weiteren Beugern des Sprunggelenks. Der M. extensor digitorum longus und der M. extensor hallucis longus wirken über die Zehen auf den Fuß. Wenn die Zehen in gerader oder in flektierter Stellung durch die Interossei (Ix) stabilisiert werden (Abb. 98), dann kann der M. extensor digitorum longus im oberen Sprunggelenk dorsalextendieren. Bei einer Lähmung der Interossei führt die Dorsalextension im Sprunggelenk zur Hammerzehenstellung (Abb. 102). In gleicher Weise (Abb. 97) ermöglicht die Stabilisierung des Hallux durch die kurzen Großzehenmuskeln (S), daß der M. extensor hallucis longus das Sprunggelenk dorsalextendiert. Bei Lähmung der kurzen Muskeln kommt es zur krallenartigen Fehlstellung der Großzehe (Abb. 100), wenn im Sprunggelenk dorsalextendiert wird. Aus der nicht selten vorkommenden Lähmung oder Insuffizienz der Streckergruppe am Unterschenkel resultiert der „Pes equinus" (Pferdefuß). Die Zehenspitzen können nicht angehoben werden (Abb. 99). Der Betroffene muß beim Gehen den Fuß soweit anheben, daß dessen Spitze nicht den Untergrund berührt („Steppergang"). In manchen Fällen hat der M. extensor digitorum longus noch eine verringerte Wirkung (Abb. 101). Der herabhängende Fuß ist nach lateral abgewinkelt („Pes equinovalgus").

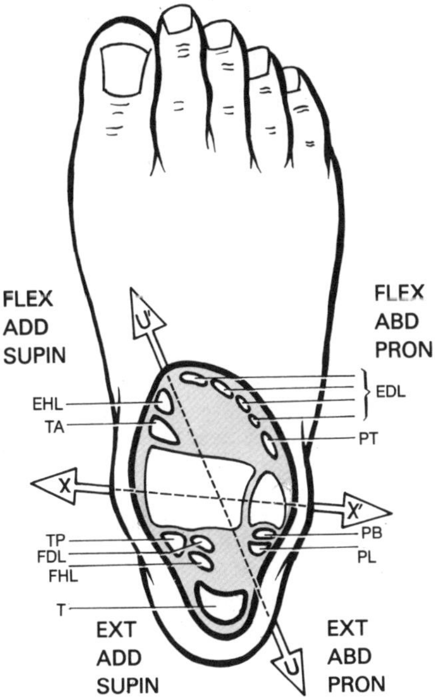

95

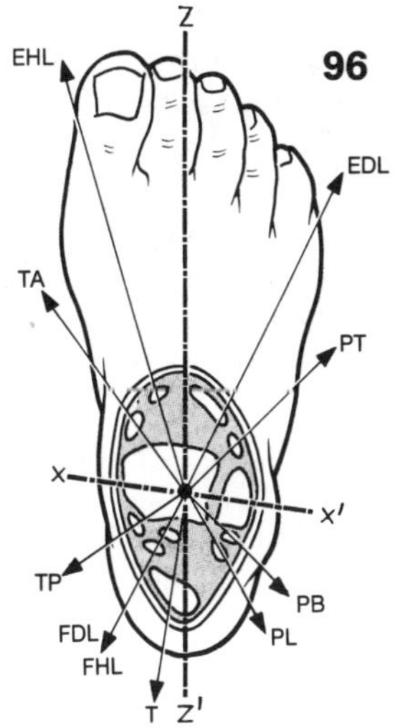

96

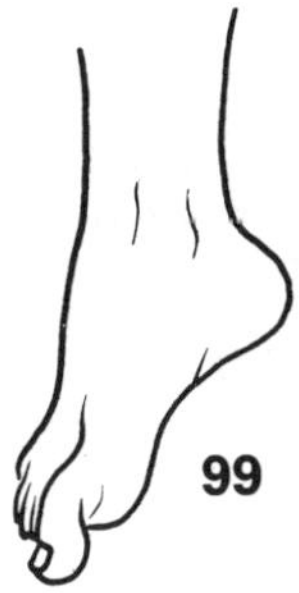

99

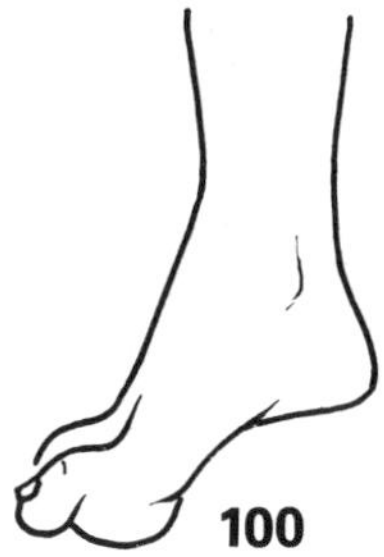

100

101

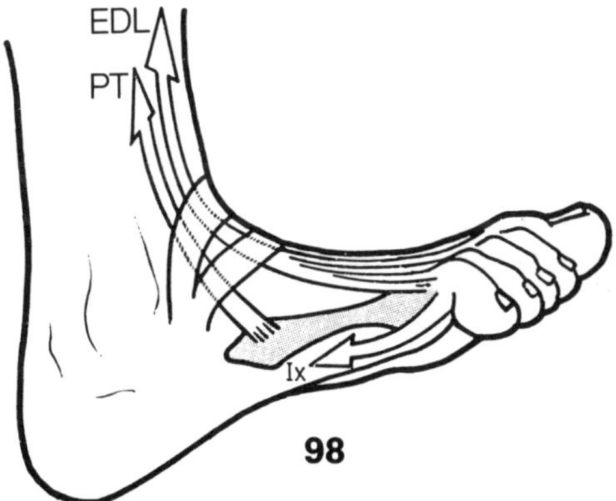

98

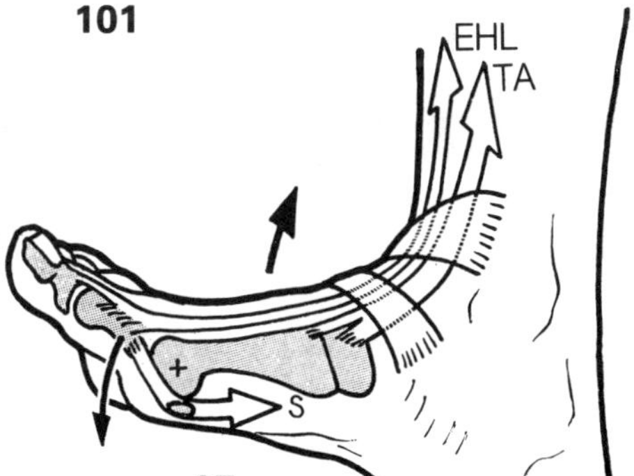

97

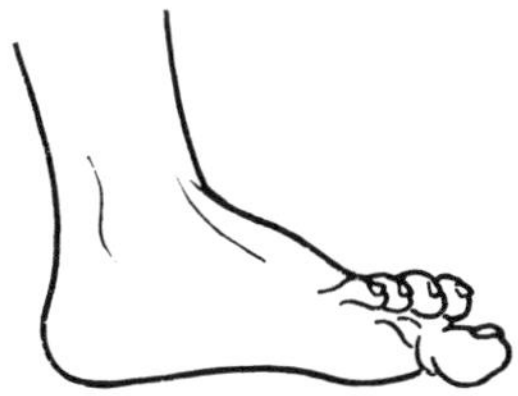

102

M. triceps surae

Die Plantarflektoren des Fußes verlaufen hinter der Flexions-Extensionsachse XX' (Abb. 95). Theoretisch existieren sechs das obere Sprunggelenk plantarflektierende Muskeln (der M. plantaris ist vernachlässigbar). Praktisch bedeutsam ist allerdings nur der M. triceps surae. Es handelt sich um einen der kräftigsten Skelettmuskeln; nur der M. glutaeus maximus und der M. quadriceps femoris übertreffen ihn noch. Seine fast axiale Lage macht ihn zu einem hauptsächlichen Plantarflexor.
Wie sein Name verrät, setzt sich der Muskel aus drei Köpfen zusammen (Abb. 103), die mit einer gemeinsamen Sehne, Tendo calcaneus (1, Achillessehne), am Tuber calcanei ansetzen (s. nächste Seite). Einer der drei Köpfe, der M. soleus (2), ist eingelenkig. Er entspringt von Tibia und Fibula und einem die beiden verbindenden Sehnenbogen, Arcus tendineus m. solei (3). Er liegt, bedeckt vom M. gastrocemius, in der Tiefe. Unmittelbar zu sehen ist er nur distal von der Unterschenkelrückseite beiderseits der Achillessehne. Die beiden Köpfe des M. gastrocnemius sind zweigelenkig. Das Caput laterale (4) entspringt proximal des Condylus lateralis femoris und z.T. auch von der Gelenkkapsel („Polkappe"). Die Sehne enthält gelegentlich ein Sesambein. Das Caput mediale (5) hat seinen Ursprung am Condylus medialis und an der Kapsel des Kniegelenks. Die beiden Köpfe konvergieren distalwärts zur Mittellinie und bilden so das distale V der rautenförmig begrenzten Kniekehle (Fossa poplitea, 10). Die Ursprungsportionen der beiden Köpfe werden lateral und medial von ischiocruralen Muskeln flankiert. Diese bilden, auseinanderweichend, das obere, auf dem Kopf stehende V der Fossa poplitea. Lateral befindet sich der M. biceps femoris (6), medial die Muskeln des Pes anserinus (7). Das Gleiten der Gastrocnemiusköpfe und der ischiocruralen Muskelsehnen gegeneinander wird durch Schleimbeutel erleichtert, die die Sehnen unterlagern. Die Bursa subtendinea m. gastrocnemii medialis und die Bursa m. semimembranosi (8) kommunizieren häufig mit dem Kniegelenk. Eine Bursa subtendinea m. gastrocnemii lateralis sowie eine Bursa m. bicipitis femoris (9) sind nicht immer vorhanden. Von den Schleimbeuteln kann eine Zystenbildung ausgehen. Die Mm. soleus und gastrocnemius verflechten sich aponeurotisch und bilden gemeinsam die Achillessehne.
Bei Kontraktion verkürzen sich die Muskelköpfe unterschiedlich stark (Abb. 104). Der M. soleus verkürzt sich um 44 mm (Cs), der M. gastrocnemius (Cg) um 39 mm. Von Bedeutung ist, daß die Wirksamkeit des zweigelenkigen M. gastrocnemius unmittelbar vom Maß der Beugung im Kniegelenk abhängt (Abb. 105). Wird das Knie maximal gebeugt und maximal gestreckt, dann führt die Verlagerung des Muskelursprungs zu einer relativen Verlängerung oder Verkürzung des Muskels (e), wobei diese Strecke gleich oder größer sein kann als die Verkürzungsstrecke des Muskels. Bei gestrecktem Knie (Abb. 106) ist der M. gastrocnemius passiv gedehnt, er ist jetzt besonders effektiv; ein Teil der Kraft des M. quadriceps femoris wird sozusagen auf das Sprunggelenk übertragen. Ist das Knie jedoch gebeugt (Abb. 108), dann verliert der entspannte M. gastrocnemius gänzlich seine Wirkung (e ist größer als Cg). Nur der M. soleus ist noch aktiv; seine Kraft wäre für das Gehen, Laufen oder Springen allerdings nicht ausreichend. Zweckmäßigerweise fordern diese Aktivitäten auch die Streckung des Kniegelenks. Zu bemerken gilt es, daß der M. gastrocnemius für die Kniebeugung nicht bedeutend ist.
Bewegungsabläufe, die gleichzeitig eine Kniestreckung und eine Plantarflexion erfordern, z. B. Klettern (Abb. 107) oder Laufen (Abb. 109 und 110) begünstigen den Einsatz des M. gastrocnemius. Der M. triceps surae entwickelt seine größte Kraft, wenn er, ausgehend von der Kniestreckung und der Dorsalextension des Fußes (Abb. 109), plantarflektiert (Abb. 110) und somit das vortreibende Moment liefert.

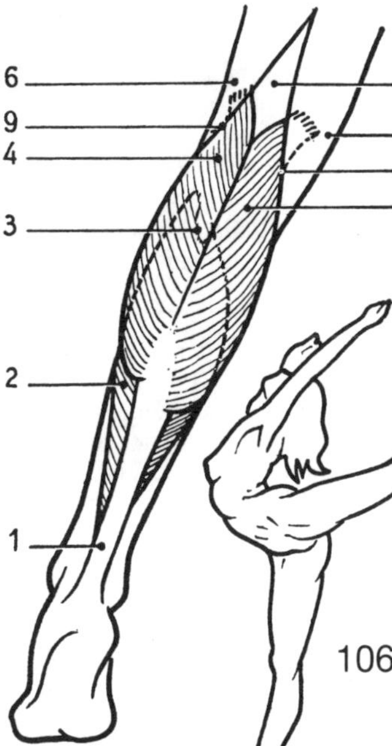

103

106

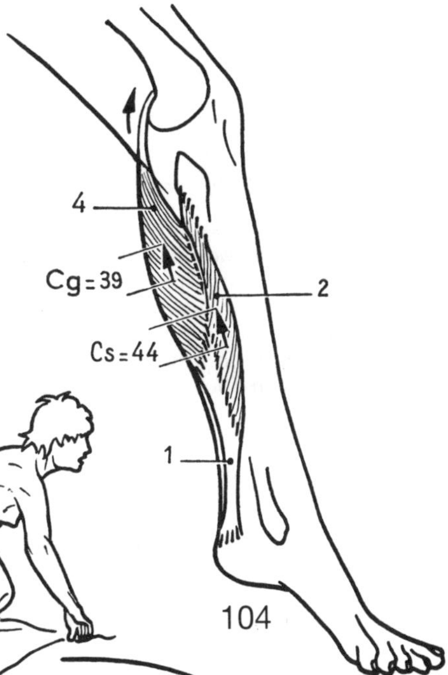

104

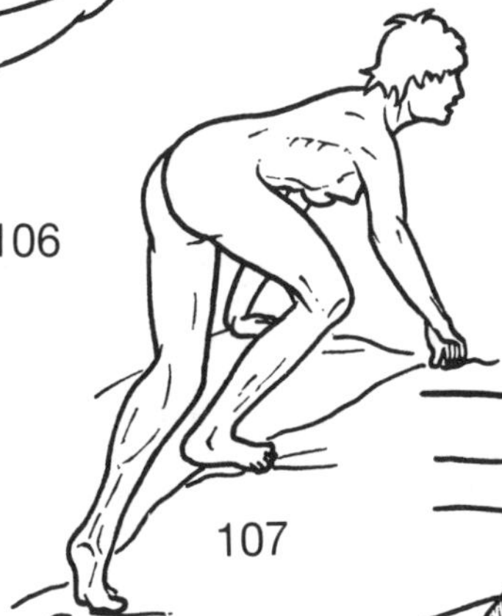

107

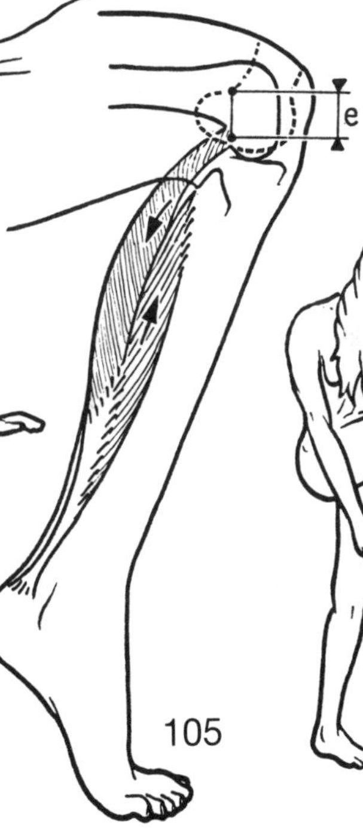

105

108

109

110

M. triceps surae (Fortsetzung)

Das Sehnengefüge des M. triceps surae ist sehr komplex (Abb. 111; Ansicht von vorn, die Tibia ist entfernt). Es setzt sich aus Ursprungs- und Ansatzsehnen zusammen; letztere bilden die Achillessehne. Der Muskel besitzt drei proximale Ursprungssehnenblätter.
– Der Ursprung der beiden Gastrocnemiuskopfsehnen (Caput mediale 1, Caput laterale 2) liegt seitlich oberhalb der Femurkondylen.
– Die kräftige Sehnenplatte des M. soleus (3) entspringt von Tibia und Fibula. Zwischen den beiden Fixpunkten spannt sich die Sehnenarkade aus. Nach distal läuft die Sehnenplatte auf der Rückseite des Muskels in einer medialen (4) und lateralen (5) Zunge aus.
Der Muskel besitzt zwei distale Sehnenblätter.
– Ein gemeinsames kräftiges Sehnenblatt (6), dessen Fasern parallel zu denen der Soleussehnenplatte verlaufen, setzt sich in die Achillessehne (A) fort, die letztlich am Calcaneus (C) inseriert.
– Ein zweites, sagittal gestelltes Sehnenblatt (7) ist rechtwinklig zum oben genannten gestellt und mit diesem verwachsen. Sich zuspitzend, zieht es nach proximal bis an die Innenfläche der Soleussehnenplatte. Von hinten nach vorn stößt man folglich auf drei Sehnenaponeurosen: Zuerst auf die des Gastrocnemius, dann auf das gemeinsame, die Achillessehne bildende Sehnenblatt und schließlich auf die Sehnenplatte des M. soleus, auf der das sagittale Sehnenblatt rechtwinklig steht. Die Muskelfasern des M. triceps surae gruppieren sich in bezug auf das Sehnengefüge derart (Abb. 112), daß die Fasern des M. gastrocnemius (C.m und C.l) bogenförmig von der Innenseite der überhalb der Kondylen des Femurs gelegenen Sehnenplatten entspringen. Sie ziehen in Richtung der Unterschenkellängsachse nach distal-vorn, um an der Rückseite der gemeinsamen Endsehnenplatte zu inserieren.
Die Fasern des M. soleus fügen sich zu zwei Lagen zusammen. Fasern der posterioren Lage (Sp) gelangen an die Vorderfläche der gemeinsamen Sehnenplatte und teilweise auch an die Außenfläche der sagittalen Aponeurose. Von der anterioren Muskellage gelangen mediale Fasern (Sam) an die Innenfläche, laterale Fasern (Sal) an die Außenfläche der sagittal gestellten Aponeurose. Die Faserbündel der Achillessehne haben spiraligen Verlauf, erhöhen somit deren Elastizität.
Der Zug der Achillessehne wirkt auf das hintere Ende des Fersenbeins (Abb. 113). Zugrichtung der Sehne und Hebelarm AO schließen einen recht großen Winkel ein. Die Zerlegung der Kraft T als Sehnenkraft in die Teilkräfte t_1 (rechtwinklig zum Hebelarm) und t_2 zeigt, daß die wirksame Komponente t_1 größer als t_2 ist. Der Muskel arbeitet unter mechanisch günstigen Voraussetzungen.
Der Vektor t_1 ist stets größer als t_2, gleich welche Stellung das obere Sprunggelenk einnimmt. Bedingt ist dies durch die spezifische Verankerung der Achillessehne (Abb. 114). Sie inseriert distal an der Tuberrückseite (Punkt K), während sie proximal von einem Schleimbeutel unterlagert wird. Die bewegende Kraft wirkt nicht am Insertionspunkt (K), sondern an der Stelle, wo die Sehne der Tuberrückfläche anliegt (A). Bei Dorsalextension (a, Abb. 114) liegt der Punkt A relativ weit proximal an der Tuberrückfläche. Wird plantarflektiert (b, Abb. 114), dann „rollt die Sehne ab" und entfernt sich von der Rückseite des Tuber calcanei. Der Kontaktpunkt A' liegt zwar mehr distal, der Hebelarm A'O bleibt jedoch weiterhin horizontal orientiert und verändert den Winkel zwischen ihm und der Achillessehne nicht. Die spezifische Insertion der Achillessehne ermöglicht ein Abrollen auf einem von der Tuberrückfläche gebildeten Windensegment, dem Hypomochlionwirkung zukommt. Die Verhältnisse sind vergleichbar mit denen am Olekranon, an dem der M. triceps brachii ansetzt (s. Band I).
Bei maximaler Kontraktion des M. triceps (Abb. 115) tritt zur Plantarflexion eine Adduktions- Supinationskomponente, die die Planta pedis nach hinten und medial verlagert (Pfeil). Diese Beobachtung erklärt sich aus der Tatsache, daß der M. triceps surae über die Articulatio subtalaris auf das obere Sprunggelenk wirkt (Abb. 116). Er ruft sukzessiv in den Gelenken Bewegungen hervor (Abb. 117). Zuerst kommt es im Talocruralgelenk zu einer Plantarflexion von 30°, geführt um die transversale Achse XX'; dann wird der Calcaneus um die Henkesche Achse mm gekippt, was zu einer Adduktion von 13° und einer Supination von 12° führt (Biesalski und Mayer, 1916).

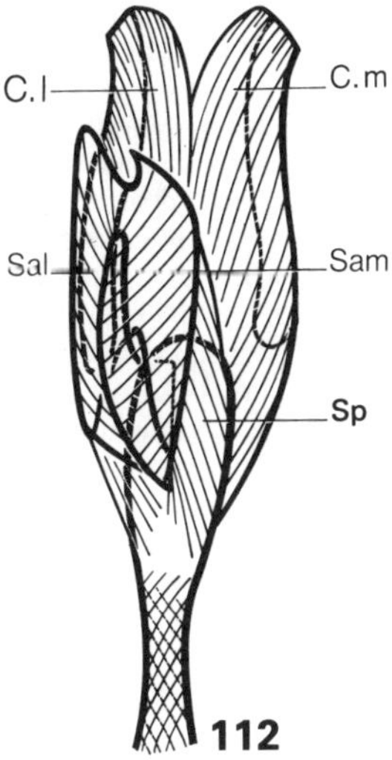

112

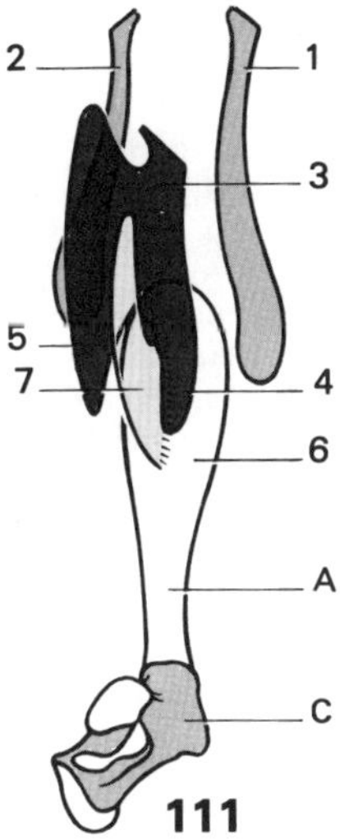

111

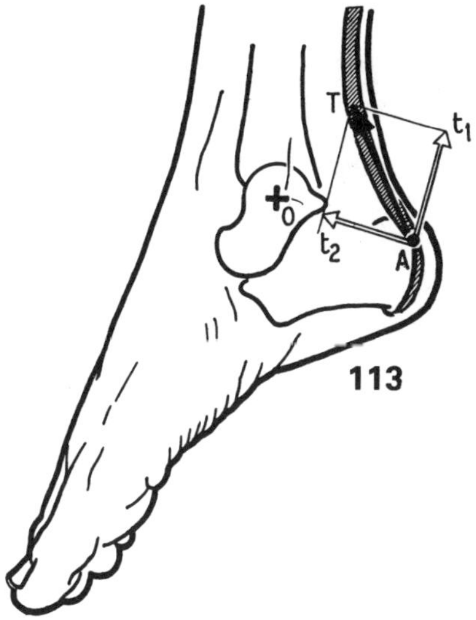

113

114

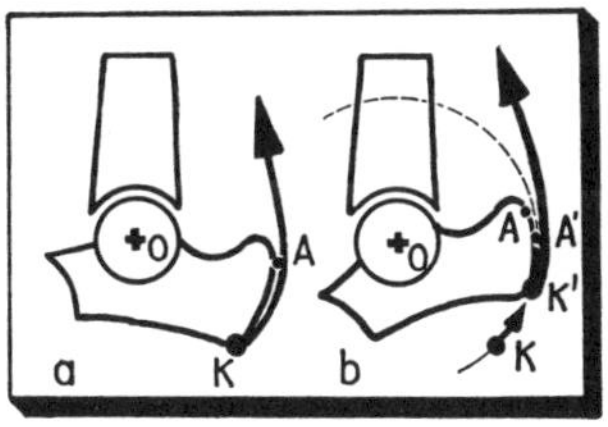

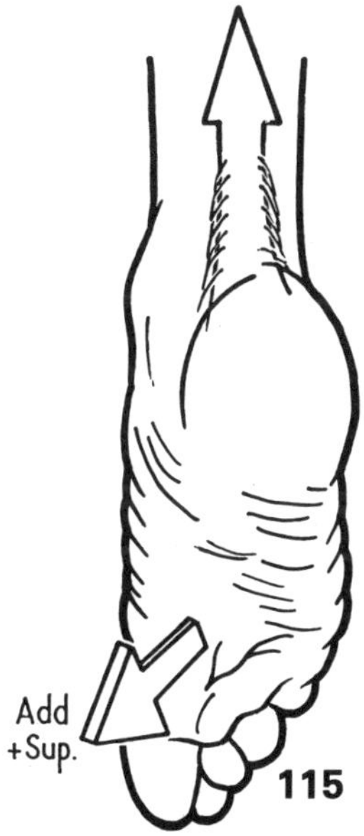

115

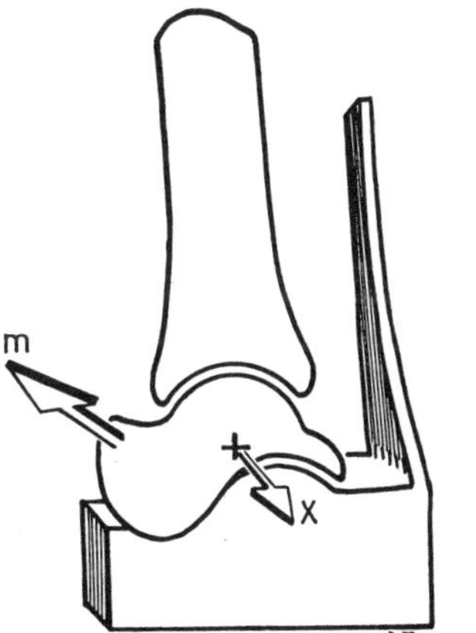

116

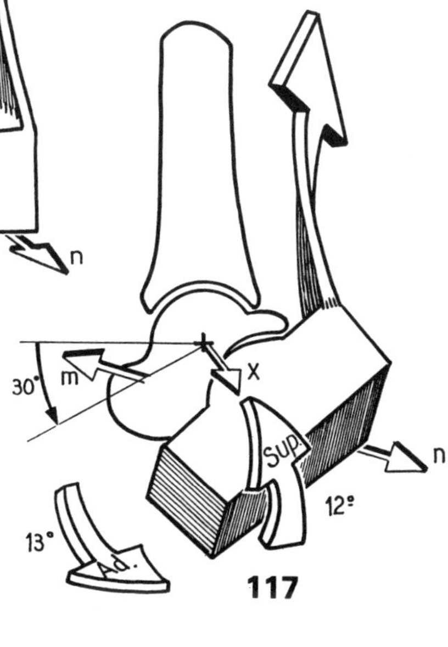

117

Die übrigen Flexoren des Fußes

Alle Muskeln, die die transversale Beuge-Streckachse XX' rückwärtig passieren, sind Flexoren. Neben dem M. triceps surae (T) haben fünf weitere Muskeln eine beugende Wirkung auf das obere Sprunggelenk. Der M. plantaris ist nicht berücksichtigt, da seine Wirkung unerheblich ist. er hat als Sehnenspender für Transplantationen Bedeutung, leider ist er nicht immer vorhanden.
Lateral (Abb. 119) befinden sich die Mm. peronaei brevis (PB) und longus (PL); sie liegen lateral der HENKEschen Achse UU' (Abb. 95), so daß sie gleichzeitig Abduktoren und Pronatoren sind (s. nächste Seite). Medial (Abb. 120) der Achse UU' liegen die Mm. tibialis posterior (TP), flexor digitorum longus (FDL) und flexor hallucis longus (FHL), die Adduktoren und Supinatoren sind (s. S. 214).
Eine reine Plantarflexion kommt beim synergistisch-antagonistischen Zusammenspiel der beiden Muskelgruppen zustande. Die Wirkung dieser Muskeln, die man als Hilfsbeuger bezeichnen kann, ist im Vergleich mit der des M. triceps surae gering (Abb. 121). Die Arbeitsleistung des M. triceps surae allein ist weit größer als die gesamte Leistung (f) der übrigen Beuger (6,5 kgm und 0,5 kgm). Letztere bringen nur ein Vierzehntel der Streckleistung auf. Parameter zur Bestimmung der Arbeitsleistung eines Muskels sind sein physiologischer Querschnitt und seine Verkürzungsmöglichkeit. Schematisch können diese in Form eines Quaders dargestellt werden, wobei die Basis die Querschnittsfläche und die Seitenkante die Verkürzungsmöglichkeit angibt. Der M. soleus (Sol) mit einem physiologischen Querschnitt von 20 cm^2 und einer Verkürzungsmöglichkeit von 44 mm bringt eine etwas geringere Leistung auf als der M. gastrocnemius (G) mit einem Querschnitt von 23 cm^2 und einer Verkürzung von 39 mm. Die Arbeitsleistung der Mm. peronaei (grauer Würfel) macht die Hälfte der Gesamtleistung der akzessorischen Beuger aus. Der M. peronaeus longus wiederum ist doppelt so leistungsfähig wie der M. peronaeus brevis.

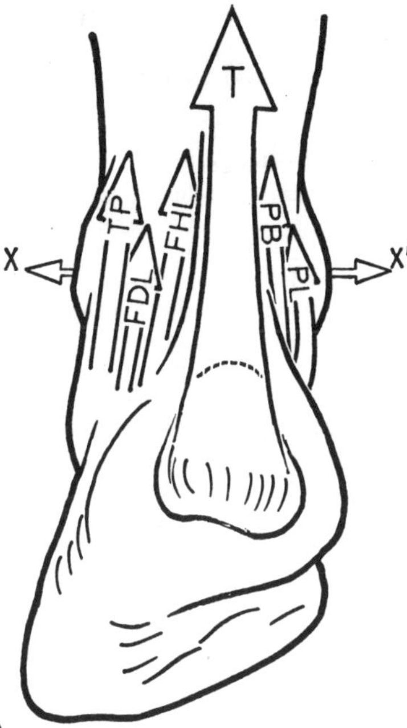

118

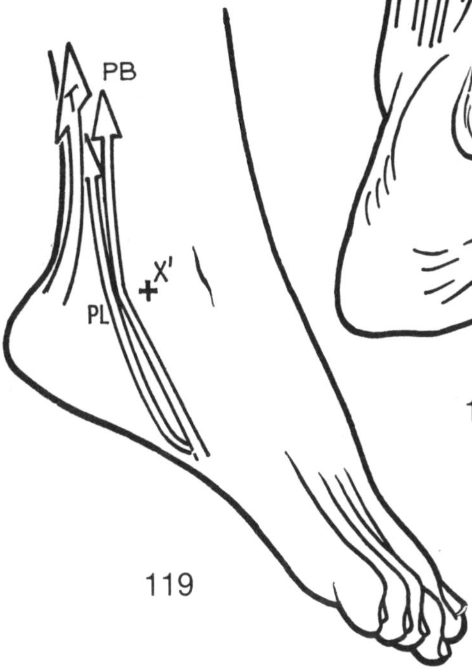

119

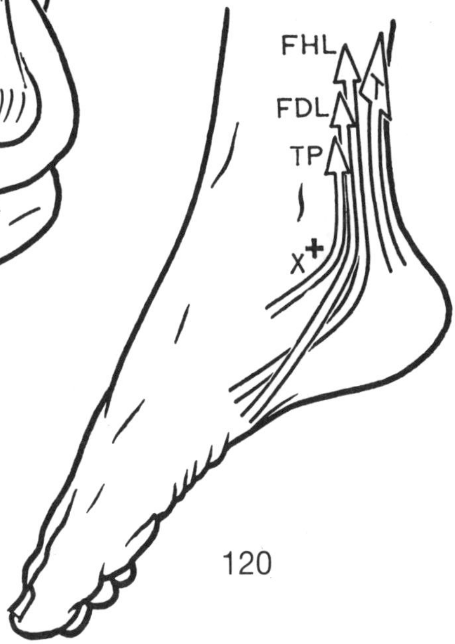

120

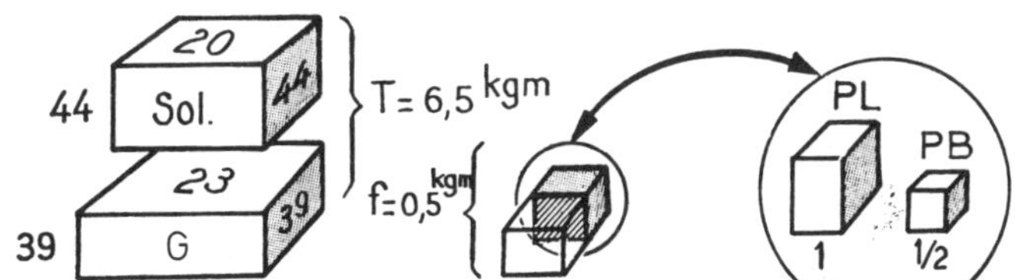

121

Abduktorisch-pronatorisch wirksame Muskeln – Mm. peronaei

Die Mm. peronaei verlaufen hinter der transversalen Achse XX' und lateral der HENKEschen Achse UU'. Sie haben folgende Funktionen (Abb. 122):
- sie sind Beuger (Pfeil 1);
- sie abduzieren (Pfeil 2), die Achse ZZ' richtet sich nach lateral.
- Die Muskeln pronieren (Pfeil 3), die Fußsohle schaut nach lateral-unten.

Der M. peronaeus brevis (PB), der an der Tuberositas ossis metatarsalis V inseriert (Abb. 124), ist in erster Linie Abduktor. Nach DUCHENNE DE BOULOGNE ist es der einzige unmittelbare Abduktor des Fußes (s. auch Abb. 131). Als Abduktor ist er zweifellos wirksamer als der M. peronaeus longus. Er beteiligt sich an der Pronation (Abb. 124, Pfeil 3) des Vorfußes, indem er die lateralen Metatarsalia anhebt (Pfeil a). Er wird dabei durch den M. peronaeus tertius (PT) und den M. extensor digitorum longus (nicht dargestellt) unterstützt; diese sind abduktorisch und pronatorisch wirksam, extendieren den Fuß im oberen Sprunggelenk aber gleichzeitig („Dorsalflexion"). Eine reine Abduktion-Pronation erfolgt durch simultanen Einsatz der Mm. peronaei, des M. peronaeus tertius und des M. extensor digitorum longus.

Der M. peronaeus longus (PL, Abb. 123 und 125) spielt eine wichtige Rolle für die Fußbewegung und die Statik und Dynamik der Fußwölbung.

1. Er ist, wie der M. peronaeus brevis, ein Abduktor; er bringt den Vorfuß nach lateral (Abb. 127), der mediale Knöchel tritt deutlich hervor.
2. Direkt und indirekt plantarflektiert er; direkt (Abb. 124 und 125) senkt er (Pfeil b) den Kopf des ersten Metatarsale. Indirekt wirkt er als Flexor, indem er das Metatarsale nach lateral zieht (Pfeil 5, Abb. 125), und so die medialen mit den lateralen Metatarsalia verklammert. Der M. triceps surae (Abb. 126) hat nur auf die lateralen Metatarsalia (als solider Balken dargestellt) direkten Einfluß. Indem der M. peronaeus longus die medialen mit den lateralen Metatarsalia verklammert (Pfeil 5), ermöglicht er dem M. triceps surae, seine Wirkung auf alle Mittelfußknochen zu entfalten. Dieser Zusammenhang bestätigt sich sozusagen bei Lähmung des M. peronaeus longus; nur die Fußaußenkante wird durch den M. triceps surae plantarflektiert, der Fuß insgesamt gerät in Supinationsstellung. Die reine Plantarflexion des Fußes ist das Ergebnis des synergistisch-antagonistischen Zusammenspiels der Mm. peronaeus longus und triceps surae. Sie wirken synergistisch bei der Plantarflexion und antagonistisch bei der Pro- und Supination.
3. Der Muskel ist ein Pronator (Abb. 124); er senkt den Kopf des Metatarsale I, wenn der Fuß keinen Kontakt mit dem Untergrund hat. Die Pronation (Pfeil 3) ist dadurch charakterisiert, daß die Fußaußenkante angehoben (a) und die Innenkante gesenkt wird (b).

Es wird noch beschrieben werden (S. 224), welche Bedeutung der M. peronaeus longus für die Fußwölbungen hat.

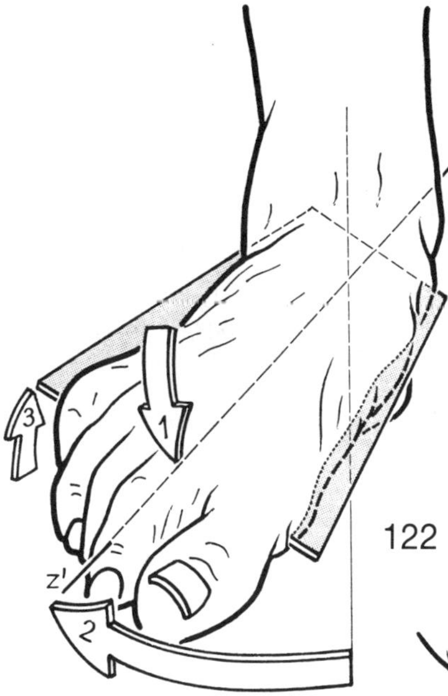

122

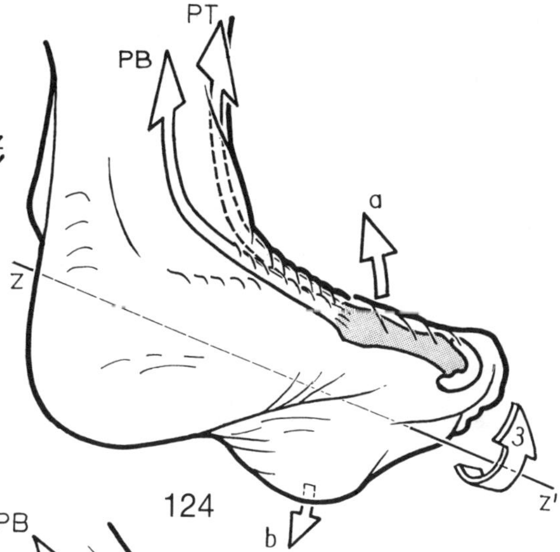

124

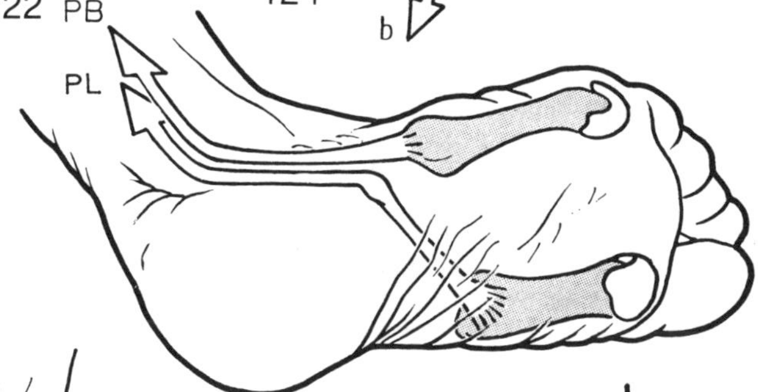

123

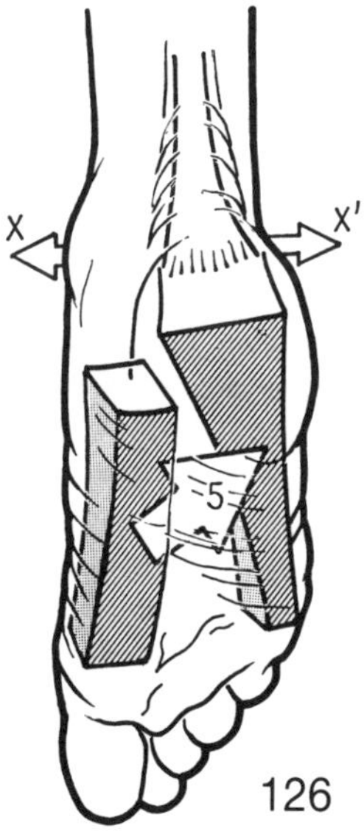

126

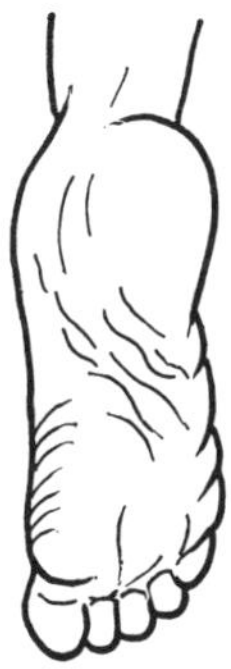

127

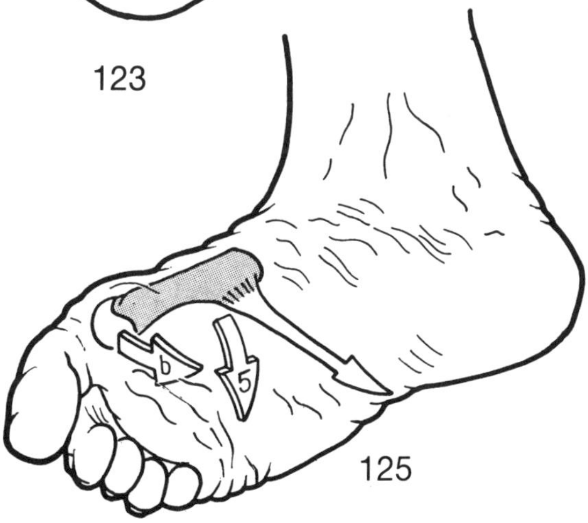

125

Adduktorisch-supinatorisch wirksame Muskeln – Mm. tibiales

Die drei hinter dem Innenknöchel verlaufenden Muskeln liegen hinter der Achse XX' und medial der Achse UU' (Abb. 95); sie haben folgende Wirkungen (Abb. 128):
- Es sind Plantarflexoren (Pfeil 1);
- sie adduzieren (Pfeil 2), die Achse UU' schwenkt nach medial.
- Die Muskeln supinieren (Pfeil 3), die Fußsohle richtet sich nach medial-unten.

Der M. tibialis posterior (TP) als funktionell bedeutsamster der drei Muskeln inseriert (Abb. 129) am Tuberculum ossis navicularis (Os naviculare grau). Er überquert die Articulationes talocruralis, subtalaris und tarsi transversa, die er sämtlich beeinflußt.
- Indem er das Os naviculare nach medial (Abb. 130) zieht, wird er zum effektvollen Adduktor (nach Duchenne de Boulogne ist er mehr Adduktor als Supinator). Er ist der direkte Gegenspieler des M. peronaeus brevis, der über das Metatarsale V den Fuß nach lateral bringt (Abb. 131).

Da der Muskel mit mehreren Sehnenausläufern an Tarsus und Metatarsus inseriert (s. Abb. 91), kann er supinieren. Bedeutung hat er zudem für die Stabilität der Fußwölbung (s. S. 224). Ein angeborenes Fehlen seiner plantaren Ausstrahlungen wird mit dem Pes plano-valgus in Zusammenhang gebracht. Die Supination beträgt maximal 52°, wobei 34° auf das subtalare und 18° auf das quere Fußwurzelgelenk entfallen (Biesalski und Mayer).
- Der Muskel ist ein Plantarflexor (Abb. 132) nicht nur im oberen Sprunggelenk (Pfeil a), sondern auch in der Articulatio tarsi transversa, indem das Naviculare gesenkt wird (Pfeil b). Der Vorfuß setzt die Bewegung im oberen Sprunggelenk fort (s. S. 153, Abb. 5).

Als Plantarflexor und Adduktor wird der Muskel von den Mm. flexores hallucis longus und flexor digitorum longus unterstützt.

Der M. tibialis anterior (TA) und der M. extensor hallucis longus (EHL) ziehen vor der transversalen Achse XX' (Abb. 133) und medial der longitudinalen Achse UU' (Abb. 95). Sie sind Dorsalextensoren („Dorsalflexoren") im oberen Sprunggelenk, gleichzeitig adduzieren und supinieren sie. Der M. tibialis anterior (Abb. 128) supiniert stärker als er adduziert. Er hebt den medialen Fußrand an (Abb. 132).
- Gegenüber dem Cuneiforme mediale hebt er das Metatarsale I (Pfeil c).
- Er hebt das Cuneiforme gegenüber dem Naviculare (Pfeil d), das Naviculare gegenüber dem Talus (Pfeil e), schließlich erfolgt die Dorsalextension im oberen Sprunggelenk (Pfeil f). Der Muskel supiniert und flacht dabei den medialen Fußrand ab; er ist der unmittelbare Gegenspieler des M. peronaeus longus.
- Seine Adduktionswirkung ist geringer als die des M. tibialis posterior.
- Er ist Dorsalextensor im oberen Sprunggelenk, durch gemeinsame Kontraktion mit dem M. tibialis posterior wird eine reine Adduktion-Supination ohne kombinierte Beugung oder Streckung erzielt.
- Bei seiner Kontraktur beobachtet man einen Pes talo-varus mit Beugestellung der Zehen, insbesondere der Großzehe (Abb. 134). Der M. extensor hallucis longus (Abb. 133) ist ein bedeutend schwächerer Adduktor und Supinator als der M. tibialis anterior. Er kann den letztgenannten Muskel zwar funktionell als Dorsalextensor ersetzen, bedingt dabei aber nicht selten eine „Klauenstellung" der Großzehe.

Die Arbeitsleistung der Supinatoren übertrifft die der Pronatoren. Der frei bewegliche Fuß nimmt spontan eine Supinationsstellung ein. Dieses Ungleichgewicht kompensiert von vornherein die Tendenz des belasteten Fußes, eine Pronationsstellung einzunehmen (s. S. 226).

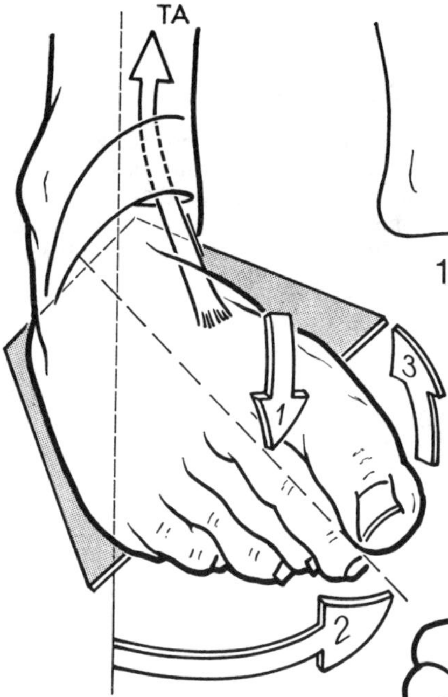

128

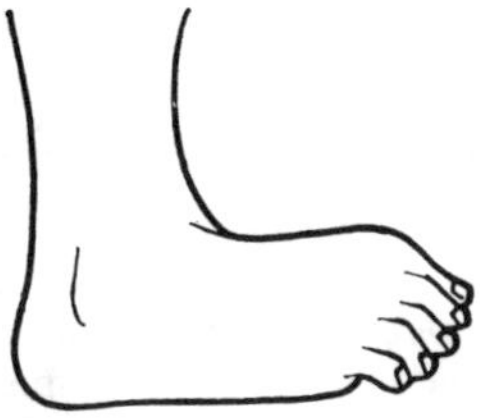
134

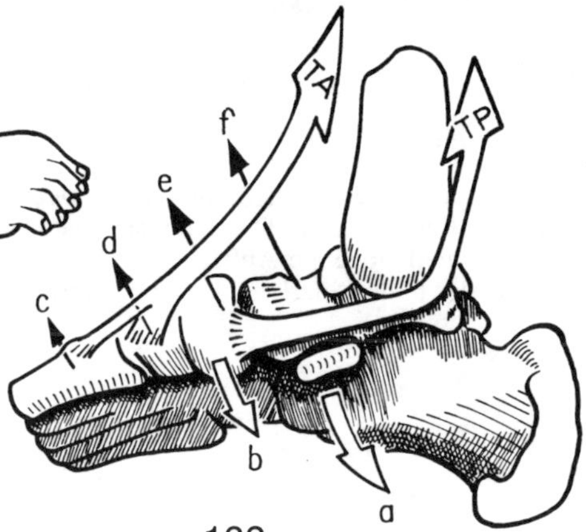

132

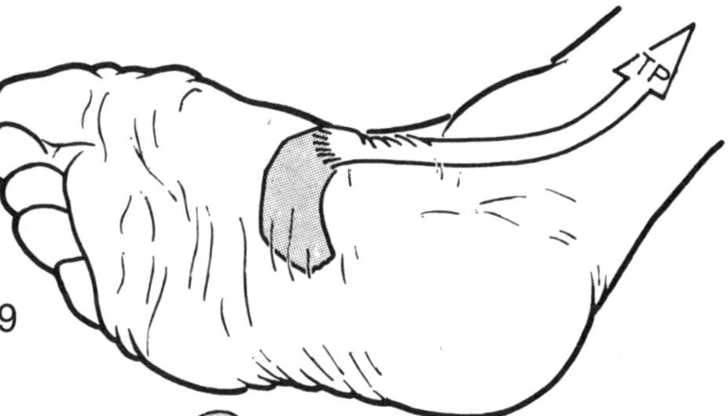

129

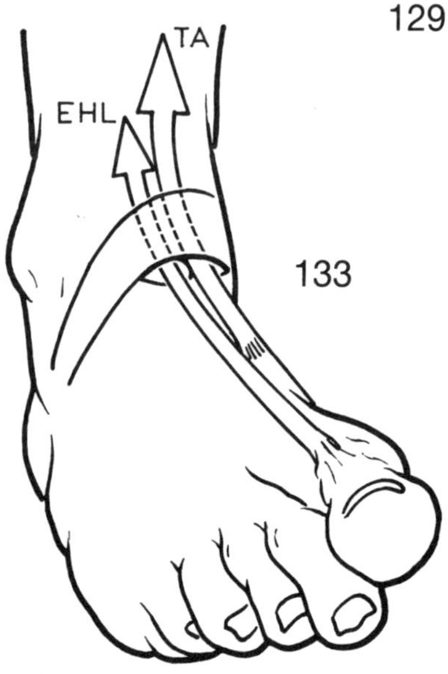

133

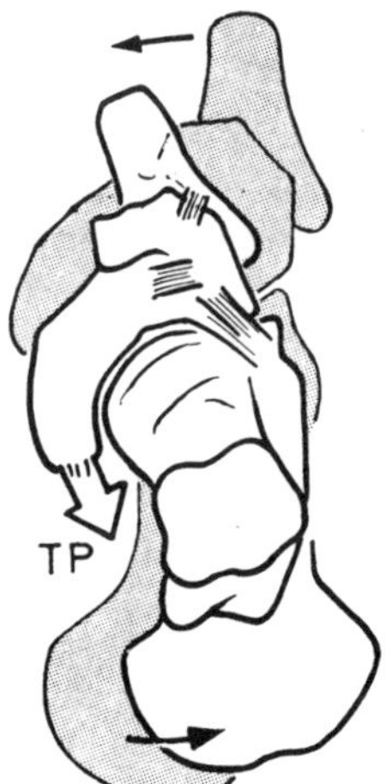

130

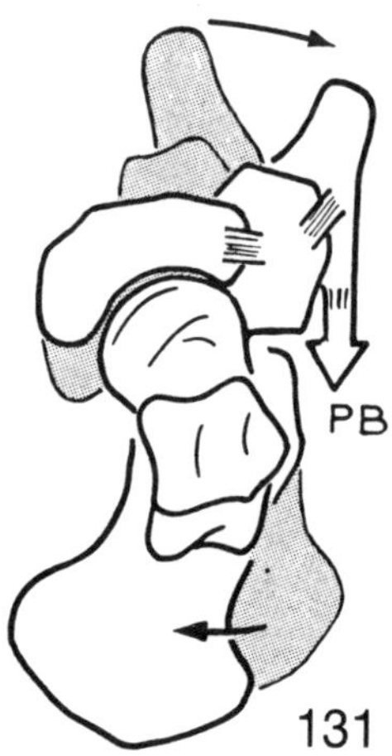

131

Wölbungen des Fußes

Die Wölbungen (Gewölbe) des Fußes fügen Knochen, Bänder und Muskeln harmonisch zusammen. Elastizität und veränderliche Form erlauben, daß sich die Wölbungen an Unebenheiten des Untergrundes anpassen. In jedweder Situation geschieht die Übertragung von Druckkräften unter mechanisch optimalen Bedingungen. Die Fußwölbungen haben Stoßdämpferfunktion, sie verleihen dem Gang Elastizität. Pathologische Abflachung oder Akzentuierung der Wölbungen stören in hohem Maße die Funktion des Fußes, die Last des Körpergewichtes zu tragen und fortzubewegen.

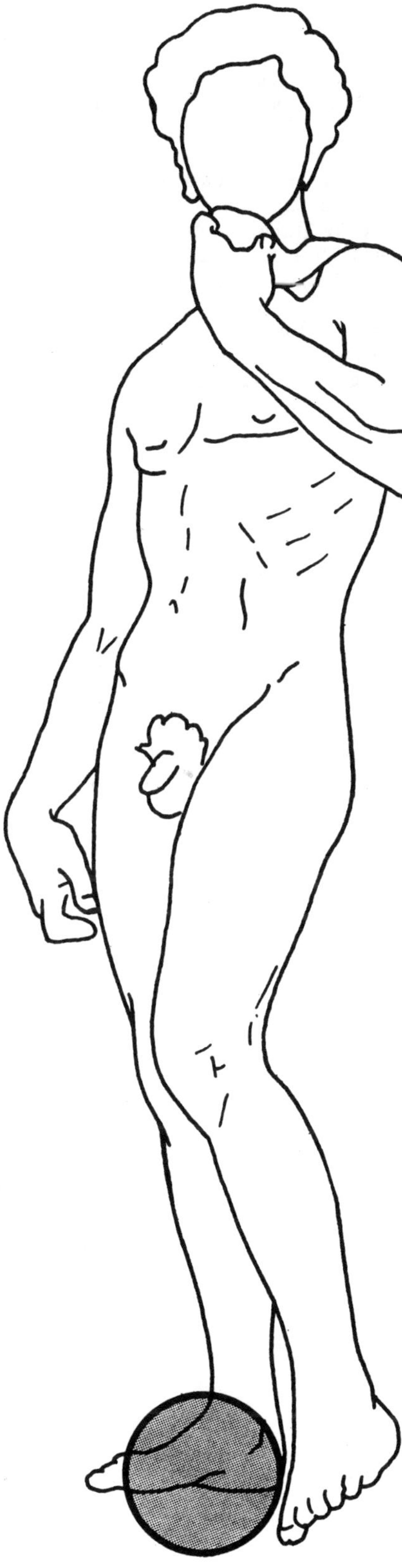

Die Gewölbekonstruktion des Fußes

Architektonisch kann die Planta pedis mit einem Gewölbe verglichen werden, das von drei Bögen getragen wird (Abb. 1). Auf dem Grund ruht es an den drei Punkten A, B und C, die an den Ecken eines gleichseitigen Dreiecks liegen (Abb. 2). Zwischen jeweils zwei benachbarten Punkten AB, BC und CA spannt sich ein Bogen, der das Gewölbe randständig begrenzt. Das zu tragende Gewicht lastet auf dem Schlußstein (Abb. 3, Pfeil) und verteilt sich auf die beiden Gewölbepfeiler in Richtung der Stützpunkte A und B, die als Widerlager bezeichnet werden können.

Nach Lapidus kritisieren einige Autoren (z. B. De Doncker und Kowalski) das Gewölbekonzept. Sie betrachten es als zu statisch und meinen mit einer gewissen Berechtigung, daß lateraler und vorderer Bogen nur theoretisch existieren. Sie ziehen es vor, den Fuß mit einem Dachstuhl zu vergleichen (Abb. 4), der aus zwei Dachstuhlsäulen (SA und SB) besteht. Am First (S) sind die Säulen miteinander verbunden. Ein Spannriegel (AB) an der Basis verhindert das Aufspreizen der Konstruktion bei Belastung vom First her. Der Fuß gleicht tatsächlich eher einem Dachstuhl mit einem Haupt- und zwei Nebenspannriegeln, die von den kräftigen plantaren Bändern und den Fußmuskeln gebildet werden. Diese Vorstellung entspricht eher den anatomischen Gegebenheiten, da insbesondere die Muskeln und Bänder als Zugverspannungen wirken und mit Spannriegeln verglichen werden können. Die Begriffe „Gewölbe“ und „Bogen“ sind allerdings im Sprachgebrauch so tief verwurzelt, daß sie parallel zu den Begriffen „Dachstuhl“ und „Spannriegel“ weiterhin verwendet werden sollten. Wie so oft schließen sich zwei Betrachtungsweisen, die auf den ersten Blick absolut gegensätzlich sind, nicht völlig aus, sondern steuern beide zu einer Synthese bei. Es soll im weiteren von Fußgewölbe, Wölbungen und Bögen gesprochen werden.

Das Fußgewölbe (Abb. 5, Medialansicht) stellt kein gleichseitiges Dreieck dar; es ist jedoch, da es drei Bögen und drei Auflagepunkte besitzt, mit einem solchen grob vergleichbar. Die Auflagepunkte (Abb. 6, Aufsicht auf einen transparenten Fuß von oben) liegen innerhalb der plantaren Kontaktfläche, im Bereich des Fußsohlenabdrucks (gestreift). Sie entsprechen dem Kopf des ersten Metatarsale (A), dem Kopf des fünften Metatarsale (B) und den Processus medialis und lateralis tuberis calcanei (C). Jeder Punkt wird von zwei Bögen erreicht.

Zwischen den Auflagepunkten A und B spannt sich der vordere, quere Bogen, der der kürzeste und flachste ist. Die beiden lateralen Punkte B und C werden durch den lateralen Bogen verbunden, der von mittlerer Länge und mäßig konkav ist. Auf den beiden medialen Punkten C und A schließlich fußt der mediale Bogen, der der längste und akzentuierteste ist. Er ist unter statischen wie dynamischen Gesichtspunkten der wichtigste.

Die Form des Fußgewölbes (untere Hälfte der Abb. 5) gleicht der eines vom Wind geblähten Stagsegels. Der Scheitelpunkt des Gewölbes ist nach hinten verlagert, das zu tragende Körpergewicht lastet vorzugsweise auf dem hinteren Pfeiler (Pfeil in Abb. 5, schwarzes Kreuz in Abb. 6).

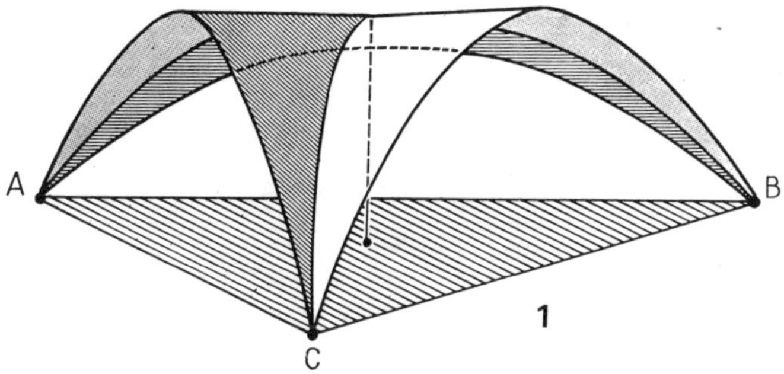

1

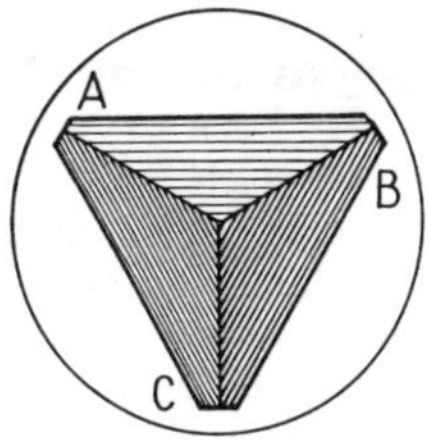

2

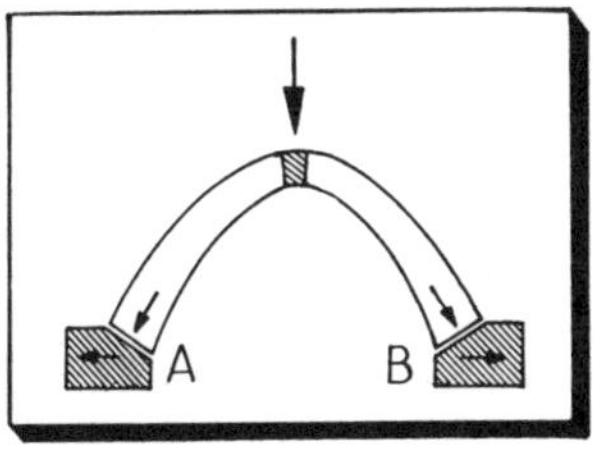

3

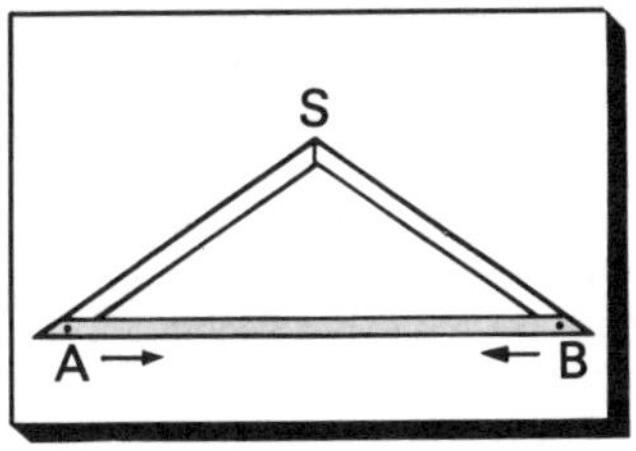

4

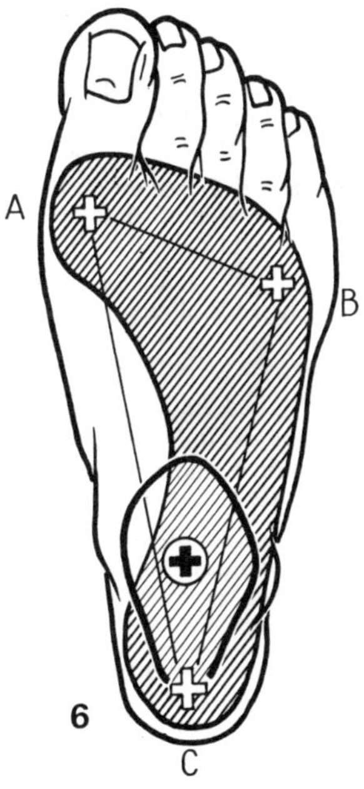

6

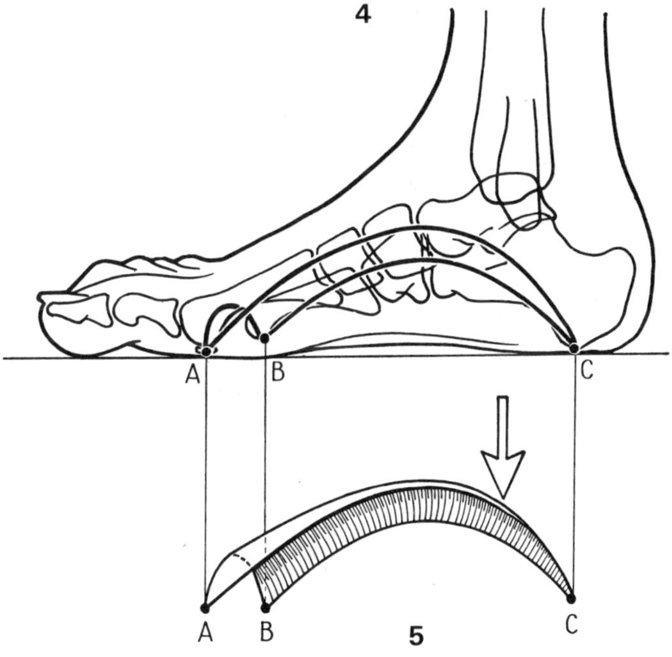

5

Medialer Bogen des Fußgewölbes (Längswölbung des Fußes)

Zwischen vorderem (A) und hinterem (C) Stützpunkt des medialen (tibialen) Bogens (Abb. 7) liegen fünf Knochenelemente (von vorne nach hinten):
- Das OS metatarsale I (M_1), welches nur mit dem Kopf Bodenkontakt hat (A).
- Das Os cuneiforme mediale (C_1) hat keinen Bodenkontakt.
- Das Os naviculare (Nav) repräsentiert den Schlußstein (gestreift), es liegt 15–18 mm über dem Untergrund.
- Der Talus (Tal) überträgt Kräfte vom Unterschenkel auf das Fußgewölbe (s. Abb. 34).
- Der Calcaneus (Calc) hat nur mit seinem hinteren Ende Kontakt mit dem Boden.

Die Übertragung der Körperlast spiegelt sich in der Architektur (Abb. 8, grob schematisch) der Spongiosa wider.
- Spongiosabündel von der vorderen Corticalis der Tibia ziehen schräg nach unten und hinten. Als Hauptstrebe des Rückfußes laufen sie durch den Körper des Talus und erreichen den Calcaneus; dort enden sie im Bereich des hinteren Stützpunktes.
- Spongiosazüge von der hinteren Tibiacorticalis laufen nach vorne-unten in Hals und Kopf des Talus; als Hauptstrebe des Vorfußes durchziehen sie die Ossa naviculare, cuneiforme und metatarsale.

Die Konkavität des inneren, tibialen Bogens wird durch Bänder und Muskeln aufrechterhalten (Abb. 7). Zahlreiche plantare Ligamente verbinden die Knochen miteinander, so Bänder zwischen Cuneiforme und Metatarsale, sowie Naviculare und Cuneiforme. Vor allem sind es aber die Ligg. calcaneonaviculare plantare (1) und talocalcaneum interosseum (2). Die Bänder sichern bei hohen, kurzfristigen Belastungen, während die Muskeln Dauerbelastungen standhalten.
Die Muskeln verbinden zwei Punkte, die unterschiedlich weit voneinander entfernt innerhalb des Bogens liegen; sie verspannen den gesamten Bogen oder Teile von ihm. Es sind echte Zugverspannungen.
Der M. tibialis posterior (TP) bildet eine Teilverspannung (Abb. 10) nahe dem Scheitelpunkt des Bogens. Er bringt das Naviculare nach unten und hinten (Abb. 9) unter den Kopf des Talus (gestrichelter Kreis). Bereits ein geringfügiger Zug der Sehne führt zur Lageveränderung des Naviculare und somit zur steileren Stellung des vorderen Bogenpfeilers. Die plantaren Ausstrahlungen der Sehne (3, Abb. 7) verflechten sich mit dem Ligamentum plantare longum und wirken auf die drei medialen Metatarsalia.
Der M. peronaeus longus (PL) nimmt Einfluß auf den medialen Bogen; er verstärkt dessen Konkavität (Abb. 11), indem er das Metatarsale I plantarflektiert. Auch das Cuneiforme mediale zieht er gegenüber dem Naviculare nach unten (Abb. 9; s. auch die Wirkung des Muskels auf die quere Wölbung des Fußes, S. 224).
Der M. flexor hallucis longus (FHL) verspannt nahezu den gesamten Bogen (Abb. 12). Unterstützt durch den ihn unterkreuzenden M. flexor digitorum longus (FDL, Abb. 13) hält er die Konkavität des medialen Bogens aufrecht. Der Muskel stabilisiert außerdem Talus und Calcaneus. Indem seine Sehne im Sulcus tendinis zwischen den beiden Tubercula des Processus posterior tali verläuft, setzt er sich (Abb. 14) der Rückverlagerung des Talus (r) unter dem Druck des Naviculare (weißer Pfeil) entgegen. Das Ligamentum interosseum (2) spannt sich, der Talus wird durch die angespannte Sehne in die ursprüngliche Stellung nach vorne gebracht. Ähnlich wirkt die Sehne auf den Calcaneus, da sie unterhalb des Sustentaculum tali verläuft (Abb. 15). Sie hebt den vorderen Calcaneus, den der Taluskopf herunterzudrücken trachtet (weißer Pfeil).
Der M. abductor hallucis (Ab.h) verspannt den gesamten tibialen Bogen (Abb. 16). Durch Kontraktion verstärkt er die Konkavität, die Bogenenden nähern sich an.
Im Gegensatz dazu flachen die Mm. extensor hallucis longus (EHL) und tibialis anterior (TA), die an der konvexen Seite des Bogens inserieren, den Bogen ab (Abb. 17).

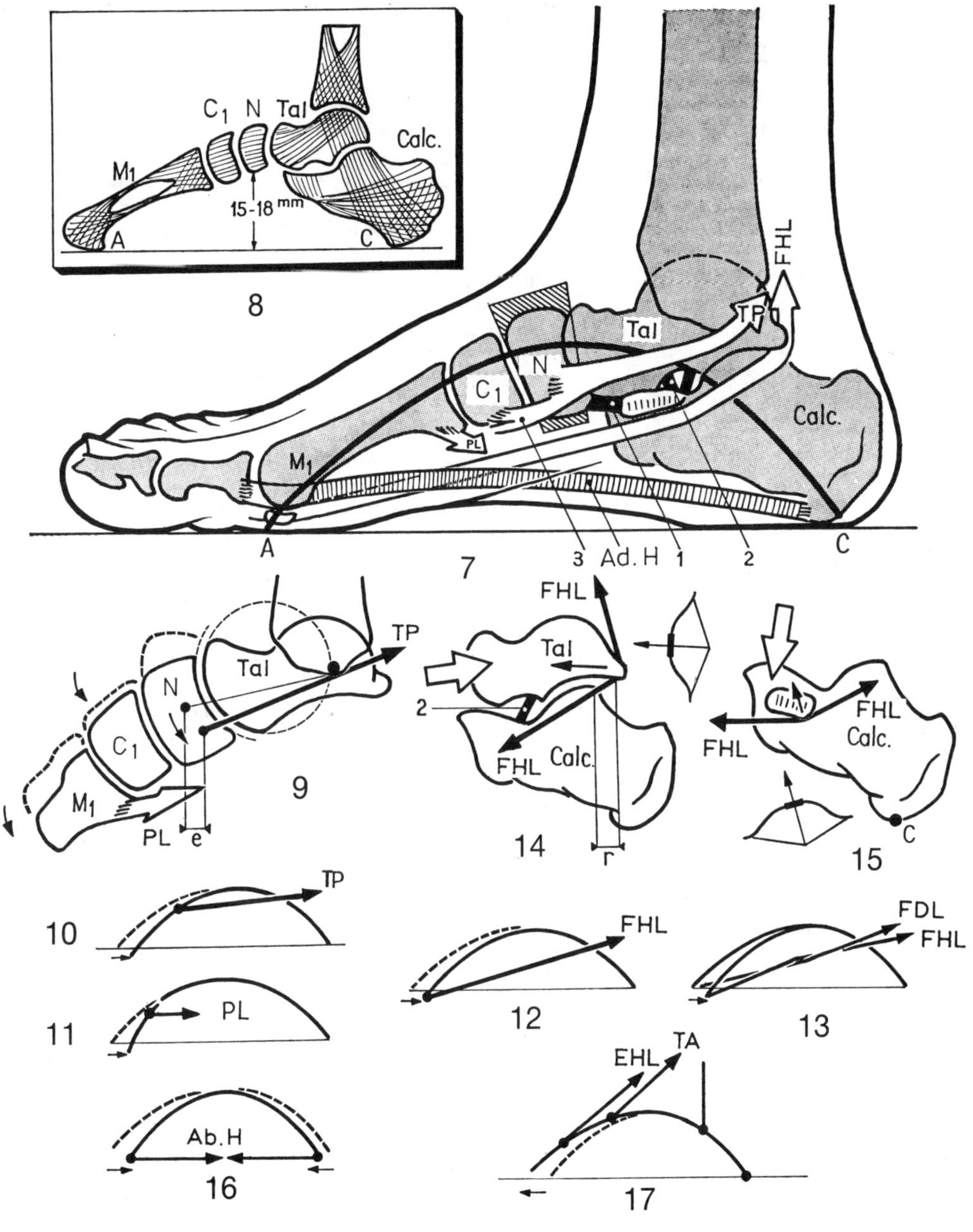

C1
N
Tal
Calc.
M1
15-18 mm
A
C
8
FHL
TP
Tal
N
C1
Calc.
PL
M1
A
3
Ad. H
1
2
C
7
TP
Tal
N
C1
M1
PL
e
9
FHL
Tal
2
FHL
Calc.
14
r
FHL
FHL
Calc.
C
15
TP
10
PL
11
FHL
12
FDL
FHL
13
EHL
TA
Ab. H
16
17

Lateraler Bogen des Fußgewölbes (Längswölbung des Fußes)

Der laterale (fibulare) Bogen setzt sich aus nur drei Knochenelementen zusammen (Abb. 18).
– Der Kopf des Os metatarsale V (M_5) stellt den vorderen Stützpunkt (B) des fibularen Bogens dar.
– Das Os cuboideum (Cub) hat keinen Bodenkontakt.
– Der Calcaneus (Calc) bildet mit seinen Processus medialis et lateralis tuberis den hinteren Stützpunkt (C) des Bogens.
Der laterale Bogen ist, im Gegensatz zum medialen, nur wenig hoch (3–5 mm) und hat über Weichteile Kontakt mit dem Untergrund.
Die Übertragung von Druckkräften vom Talus auf und über den Calcaneus wird prinzipiell durch zwei Züge von Spongiosabälkchen widergespiegelt (Abb. 19, grob schematisch).
– Ausgehend von der anterioren Corticalis der Tibia zieht ein hinterer Strebepfeiler in den Körper des Fersenbeins.
– Ein vorderer Strebepfeiler entspringt der posterioren Corticalis der Tibia, zieht durch den Talus, dessen Kopf teilweise dem Sustentaculum tali des Calcaneus aufliegt, und erreicht über das Cuboid das fünfte Metatarsale, dessen Kopf den vorderen Stützpunkt bildet.
Neben diesen beiden Spongiosazügen ist der Calcaneus durch zwei weitere Trabekelsysteme charakterisiert.
– Ein nach plantar konkaves Druckbündel verdichtet sich markant am Boden des Sinus tarsi.
– Ein Zugbündel, nach proximal konkav, verdichtet sich in Höhe der plantaren Corticalis des Calcaneus.
Zwischen den beiden Bündeln liegt ein relativ spongiosaarmes Areal (+).
Während der mediale Bogen aufgrund der Beweglichkeit des Talus gegenüber dem Calcaneus sehr flexibel ist, besitzt der laterale Bogen eine auffällige Starrheit, die die Übertragung der vortreibenden Kraft des M. triceps surae ermöglicht (Abb. 125, S. 213).
Der Bogen wird gefestigt durch das Ligamentum plantare longum, dessen tiefer (4) und oberflächlicher Anteil (5) ein Aufklappen des Gelenkspalts zwischen Calcaneus und Cuboid sowie Cuboid und Metatarsale V (Abb. 20) unter der Last des Körpergewichtes (Pfeil) verhindern. Den Schlußstein des Bogens bildet der Processus anterior (D) des Fersenbeins, hier stoßen hinterer (CD) und vorderer Bogenpfeiler (BD) aneinander. Aus einer extremen, unphysiologisch hohen Belastung des Bogens in vertikaler Richtung – z. B. bei einem Sturz aus größerer Höhe auf die Füße – können zwei Verletzungen resultieren (Abb. 21).
– Das Ligamentum plantare longum bleibt unversehrt, der Bogen bricht am Scheitelpunkt ein, indem der vordere Calcaneusfortsatz abbricht.
– Die hintere Gelenkfläche des Calcaneus bricht ein, so daß der BOEHLERsche Winkel (PTD), der normalerweise nach plantar hin offen ist (Abb. 20), aufgehoben oder sogar nach proximal offen ist (PT'D).
– Medial bricht häufig das Sustentaculum sagittal ab (nicht dargestellt).
Derartige Calcaneusfrakturen sind schwierig zu behandeln, da nicht nur die posteriore Gelenkfläche reponiert werden muß, sondern auch das Sustentaculum, will man nicht den Zusammenbruch des medialen Bogens in Kauf nehmen. Drei Muskeln wirken aktiv verspannend auf den lateralen Bogen.
– Der M. peronaeus brevis (PB) verspannt ihn teilweise (Abb. 22); er verhindert, wie das Ligamentum plantare longum, ein plantares Aufklappen der Gelenke (Abb. 23).
– Der M. peronaeus longus (PL), dessen Sehne mit der des M. peronaeus brevis bis zum Cuboid parallel verläuft, hat die gleiche Funktion. Da er (Abb. 24) unter der Trochlea peronaealis (6) verläuft, hebt er zusätzlich den Calcaneus vorne an, ähnlich wie es der M. flexor hallucis longus auf der medialen Seite tut.
– Der M. abductor digiti minimi (Ab. 5) verspannt den gesamten fibularen Bogen (Abb. 25). Er hat die gleiche Wirkung wie der M. abductor hallucis auf der medialen Seite.
Die an der konvexen Seite des Bogens ansetzenden Mm. peronaeus tertius (PT) und extensor digitorum longus (EDL) können, ähnlich wie der M. triceps surae (TS), unter bestimmten Umständen den Bogen abflachen (Abb. 26).

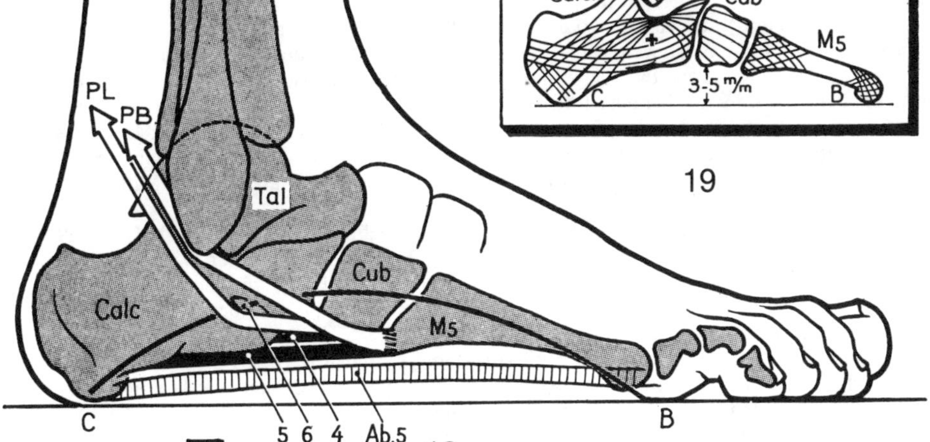

18

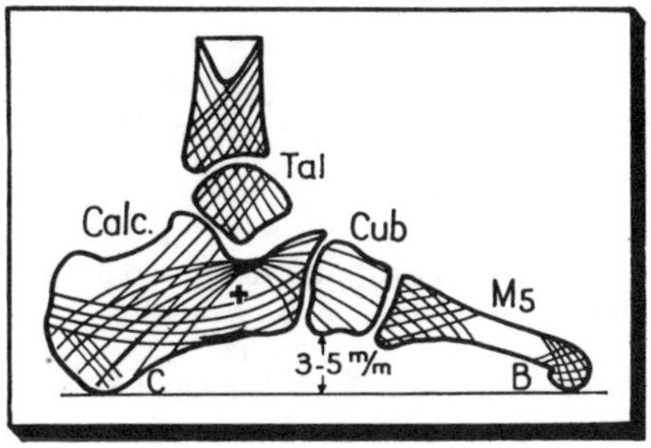

19

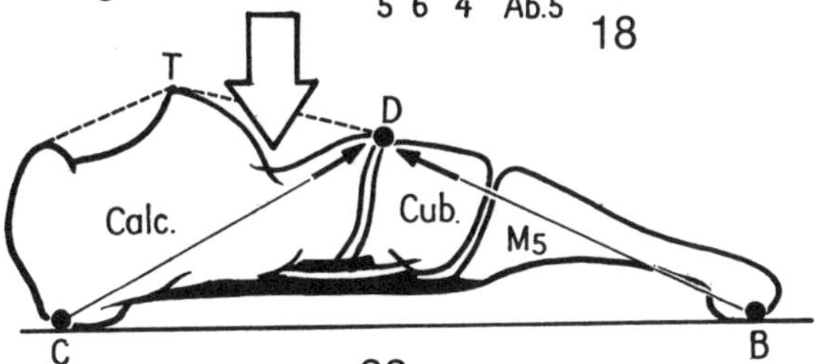

20

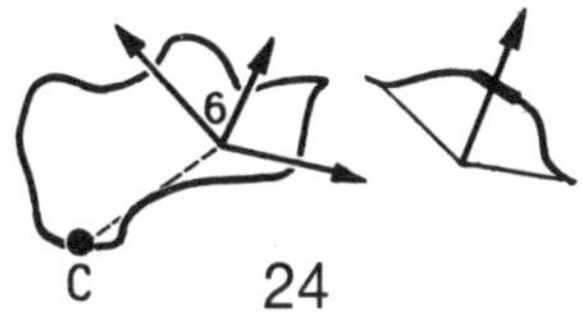

24

22

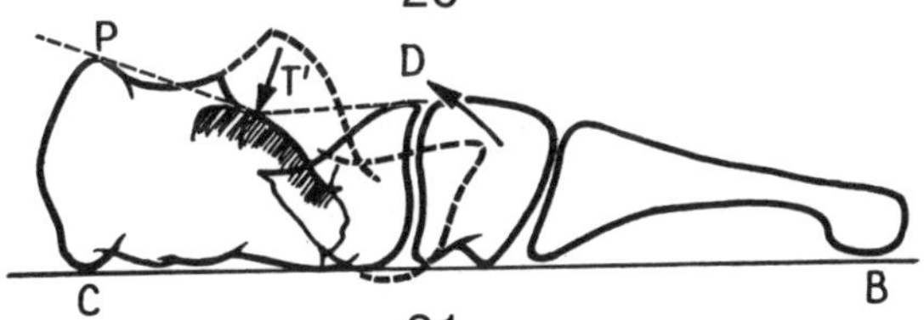

21

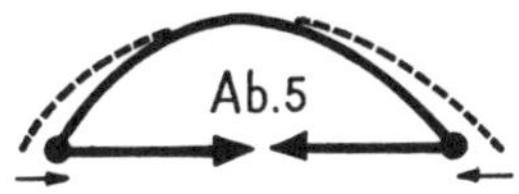

25

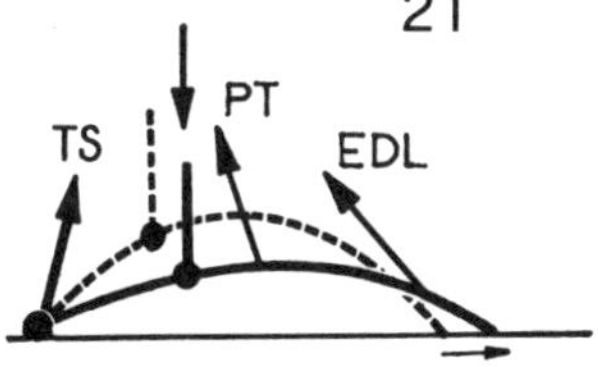

26

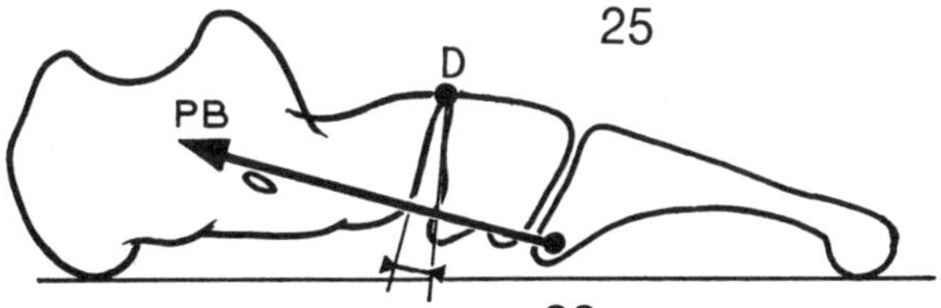

23

Vorderer Bogen – quere Fußwölbung

Der anteriore Bogen (Abb. 27, Schnitt I) erstreckt sich vom Kopf des Os metatarsale I (A) zum Kopf des fünften Metatarsale (B). Der Kopf des ersten Mittelfußknochens ruht auf zwei Sesambeinen, der Abstand zum Untergrund ist medial und lateral jeweils 6 mm. Der Bogen läuft durch alle übrigen Metatarsalköpfe; der des zweiten Strahls liegt mit 9 mm am höchsten, er stellt den Scheitelpunkt des Bogens. Dritter (8,5 mm) und vierter Kopf (7 mm) nehmen eine mittlere Höhe ein.
Die Konkavität des Bogens ist wenig ausgeprägt, über Weichteile berührt er den Untergrund. Der Bogen wird geringfügig durch die Ligg. metatarsea stabilisiert. Als Muskel verspannt das Caput transversum des M. adductor hallucis (Ad.H) den Bogen. Der Muskelkopf bildet eine Reihe von Zugverspannungen zwischen dem Kopf des ersten und den vier übrigen Metatarsalia. Der Muskelkopf ist nicht sonderlich kräftig, er gibt schnell nach. Der Bogen ist häufig abgeflacht, es ergibt sich ein platter Vorfuß, und es kommt zur deutlichen Schwielenbildung unterhalb der abgesetzten Mittelfußköpfe (s. S. 240).
Der vordere Bogen wird von den fünf metatarsalen Strahlen gebildet. Der erste Strahl (Abb. 29) ist der höchste, er bildet mit dem Untergrund einen Winkel von 18–25° (Fick). Dieser Winkel nimmt mit den folgenden Strahlen beständig ab. Für den zweiten beträgt er 15° (Abb. 30), für den dritten 10° (Abb. 31), für den vierten 8° (Abb. 32). Der fünfte Strahl bildet einen Winkel von nur noch 5° (Abb. 33), er ist fast parallel mit dem Untergrund.
Die quere Wölbung des Fußes setzt sich nach vorne und hinten fort. In Höhe der Ossa cuneiformia (Abb. 27, Schnitt II) wird der Bogen aus vier Elementen gebildet, er hat nur lateral durch das Os cuboideum (Cub) mit dem Untergrund Kontakt. Das mediale Cuneiforme (C_1) berührt den Untergrund nicht; das Cuneiforme intermedium (C_2) bildet den Schlußstein (gestreift) und stellt mit dem zweiten Metatarsale die Fußachse, den First der Wölbung. Die quere Wölbung des Fußes wird durch den Querzug gesichert, den die Sehne des M. peronaeus longus (PL) bildet.
In Höhe der Ossa naviculare und cuboideum (Abb. 27, Schnitt III) stützt sich die quere Wölbung nur lateral auf das Cuboid (Cub). Das Naviculare (Nav) „schwebt“, ähnlich einem Kranausleger, über dem Boden; es stützt sich seitlich auf das Cuboid. Die quere Wölbung wird muskulär durch die plantaren Ansätze des M. tibialis posterior (TP) gesichert.
Die Ansicht auf die Planta eines linken Fußes (Abb. 28) zeigt, wie die quere Wölbung des Fußes durch drei Muskeln gesichert wird (von vorn nach hinten).
– Das Caput transversum des M. adductor hallucis (Ad.H) ist transversal orientiert.
– Der M. peronaeus longus (PL) als wichtigster Muskel verläuft mit seiner Sehne schräg nach vorn-medial. Er unterstützt alle drei Bögen.
– Die plantaren Insertionen des M. tibialis posterior (TP) ziehen schräg nach vorn-lateral.
Die Längswölbung des Fußes wird medial durch den M. abductor hallucis (Ab.H) und den langen Zehenbeuger (nicht dargestellt) gesichert. Lateral ist es der M. abductor digiti minimi (Ab. 5).
Zwischen diesen beiden randständigen Zugverspannungen liegen der M. flexor digitorum longus, der M. quadratus plantae (beide nicht dargestellt) und der M. flexor digitorum brevis (FDB). Sie unterstützen die Längswölbung der drei mittleren Strahlen sowie die des lateralen.

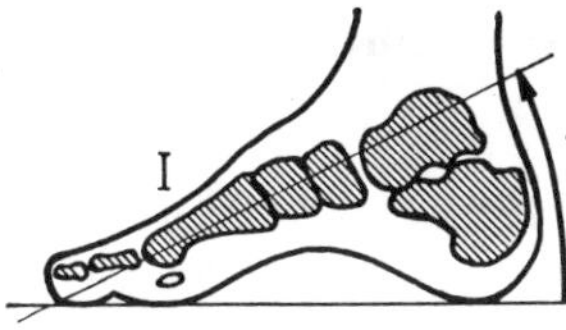

29

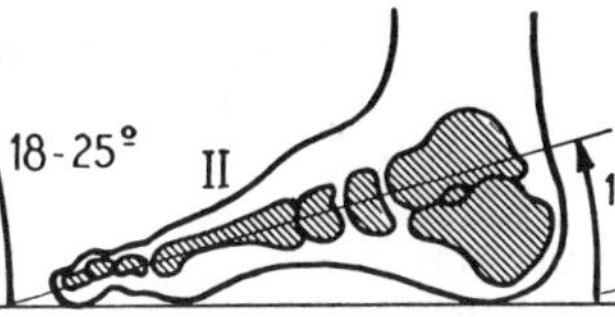

30

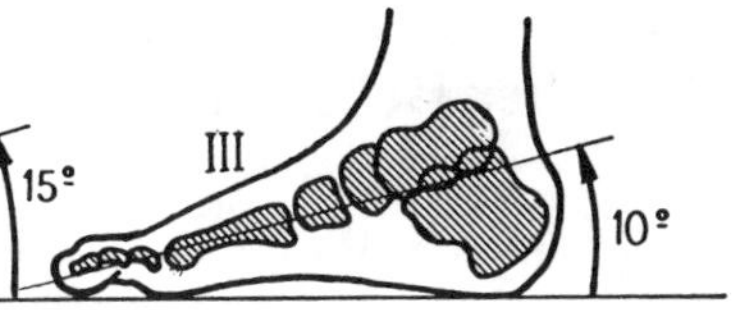

31

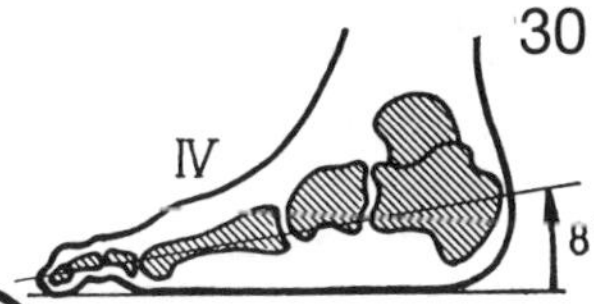

32

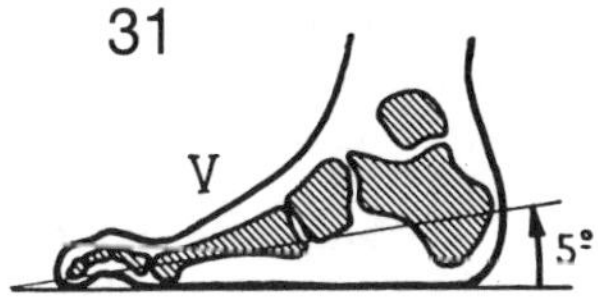

33

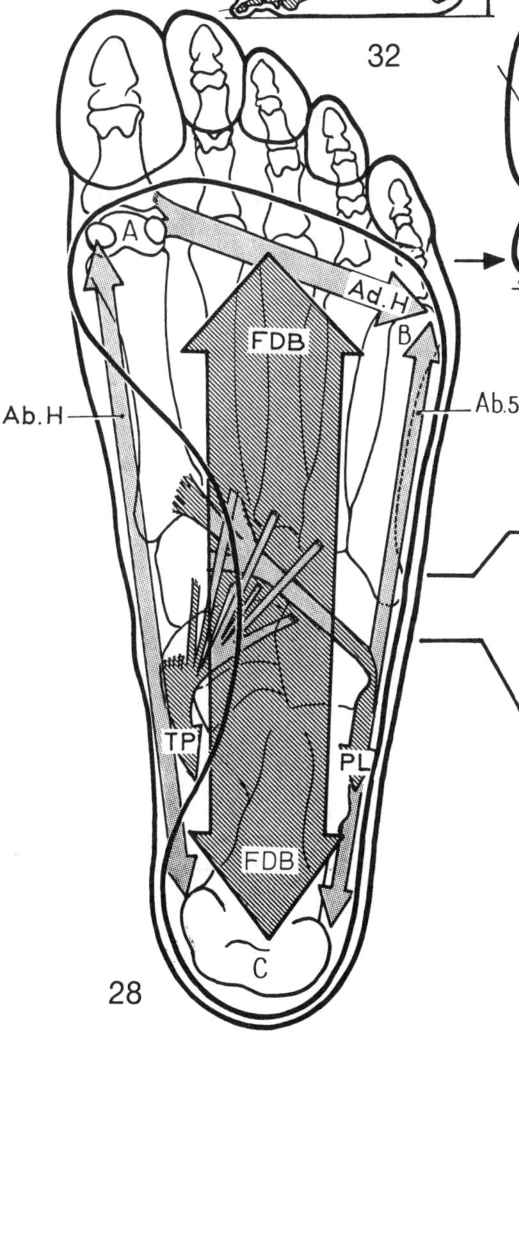

28

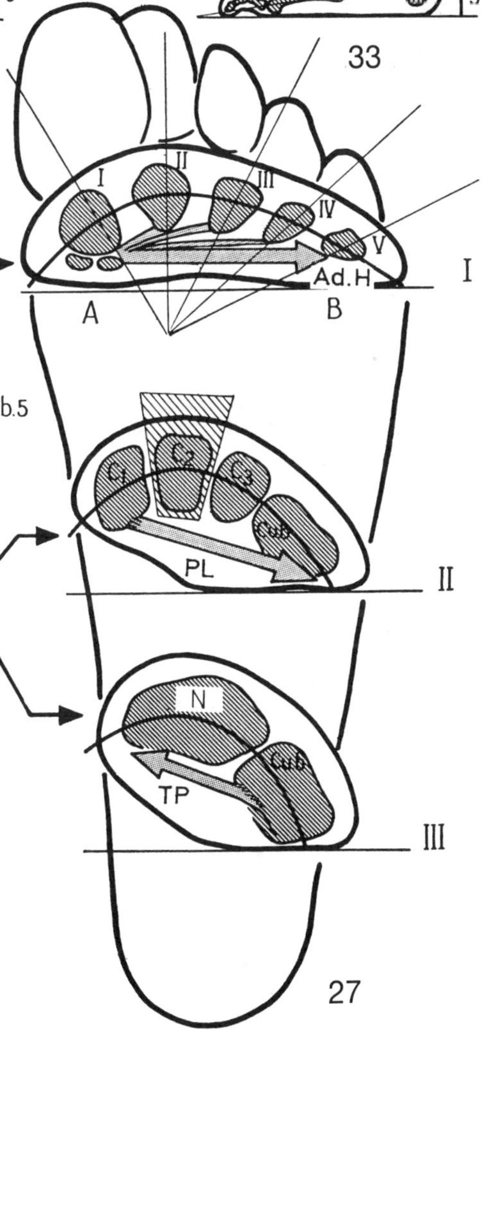

27

Verteilung der Körperlast und Veränderung der Fußwölbungen bei statischer Belastung

Die zu tragende Körperlast wird vom Unterschenkel über das obere Sprunggelenk auf den Rückfuß übertragen (Abb. 34). Vom Talus ausgehend verteilt sich die Last in drei Richtungen auf die drei Eckpunkte der Unterstützungsfläche (Seitz, 1901).

1. Über Talushals und vorderen Stützpfeiler des medialen Bogens wird der vordere, mediale Auflagepunkt (A) belastet.
2. Über Talushals und Sustentaculum tali erfolgt die Belastung des vorderen Stützpunktes (B) des lateralen Bogens.
3. Der hintere Stützpunkt (C) wird über Corpus tali, Articulatio subtalaris und Corpus calcanei belastet.

Lateraler und medialer Bogen bilden einen gemeinsamen, hinteren Stützpfeiler.

In Richtung auf die Punkte A und B divergieren die beiden belasteten Streben, sie bilden einen nach vorne offenen, spitzen Winkel von 35–40°. Dieser Winkel entspricht genau dem Winkel, der von den Achsen des Talushalses und des Taluskörpers eingeschlossen wird.

Die Lastverteilung auf die drei Unterstützungspunkte des Fußgewölbes (Abb. 35) ist leicht zu merken: Wird der Talus mit insgesamt 6 kg belastet, so entfallen 1 kg auf den anterolateralen (B), 2 kg auf den anteromedialen (A) und 3 kg auf den posterioren (C) Punkt (Morton, 1935). Beim aufrechten, ruhigen Stand übernimmt die Ferse die Hauptlast, d. h., die Hälfte des zu tragenden Körpergewichtes. Verständlich wird es von daher, daß dünne Pfennigabsätze Eindrücke in Kunststoffböden hinterlassen. Bei Belastung (keine muskuläre Sicherung) weiten sich die drei Bögen und flachen sich ab.

– Medialer Längsbogen (Abb. 36)

Die Processus medialis et lateralis tuberis calcanei, ursprünglich um 7–10 mm vom Fußboden entfernt, sinken um 1,5 mm; das Sustentaculum tali senkt sich um 4 mm. Der Talus gleitet auf dem Calcaneus etwas nach hinten. Das Naviculare gleitet auf dem Taluskopf nach oben, während es selbst abgesenkt wird. Die Gelenkspalten zwischen Os naviculare und den Ossa cuneiformia sowie die zwischen den Metatarsalia und den Cuneiformia klaffen plantar ein wenig. Der Winkel zwischen erstem Strahl und Untergrund verkleinert sich. Die Ferse bewegt sich geringgradig nach hinten, die Sesambeine nach vorne.

– Lateraler Bogen (Abb. 37)

Der Calcaneus führt die gleichen Vertikalbewegungen aus. Das Cuboid sinkt um 4 mm, die Tuberositas ossis metatarsalis V um 3,5 mm. Die Gelenkspalten zwischen Calcaneus und Cuboid sowie zwischen Cuboid und Ossa metatarsalia werden plantar weiter. Die Ferse wandert nach hinten, der Kopf des fünften Metatarsale nach vorn.

– Vorderer, querer Bogen (Abb. 38)

Der Bogen weitet sich lateral und medial des zweiten Metatarsale und flacht sich ab. Die Spreitung zwischen MI und MII beträgt 5 mm, zwischen MII und MIII 2 mm, zwischen MIII und MIV 4 mm und zwischen MIV und MV 1,5 mm. Insgesamt verbreitert sich der belastete Vorfuß um 12,5 mm. In der Abstoßphase verschwindet die Krümmung des vorderen Bogens ganz; die Köpfe aller Metatarsalia drücken sich vom Untergrund deutlich ab. Auch in Höhe der Ossa cuneiformia und des Os naviculare vermindert sich die transversale Wölbung (Abb. 39 und 40); gleichzeitig kommt es zu einer Kippung um den Betrag x. Dieser entspricht dem Maß der Abflachung des medialen Längsbogens.

Zusätzlich (Abb. 41) verlagert sich der Taluskopf um 2–6 mm, das Sustentaculum tali um 2–4 mm nach medial. Dies führt zu einer Abknickung im queren Fußwurzelgelenk. Die Rückfußachse läuft schräg nach vorn-medial, die Vorfußachse nach vorn-lateral; es entsteht ein Winkel y. Der Rückfuß ist adduziert und proniert (Pfeil 1), während der Vorfuß eine Abduktions- Supinationsstellung einnimmt (Pfeil 2). Diese Konstellation ist besonders augenfällig und markant beim Pes planovalgus (s. S. 238).

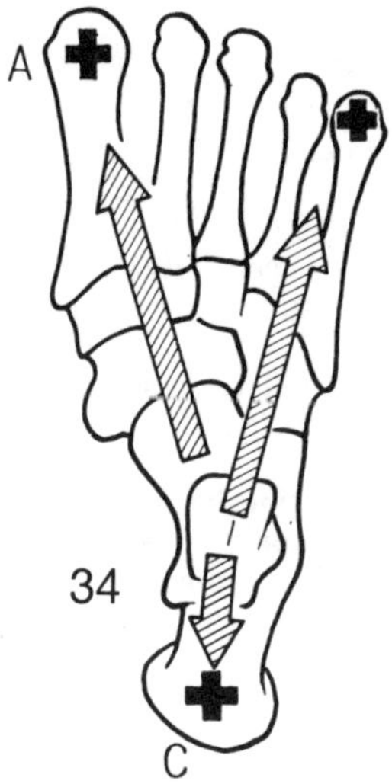

34

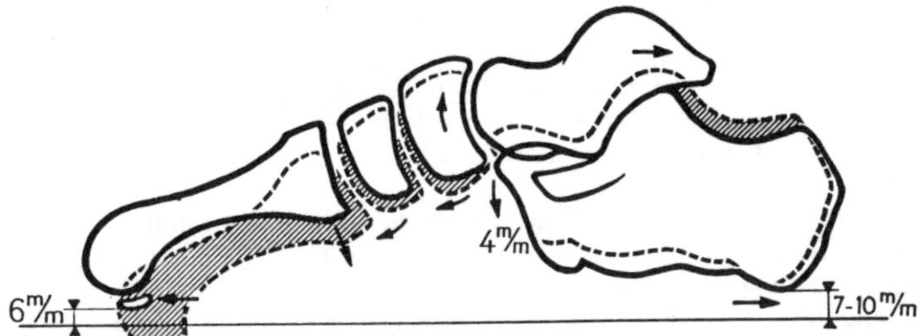

36

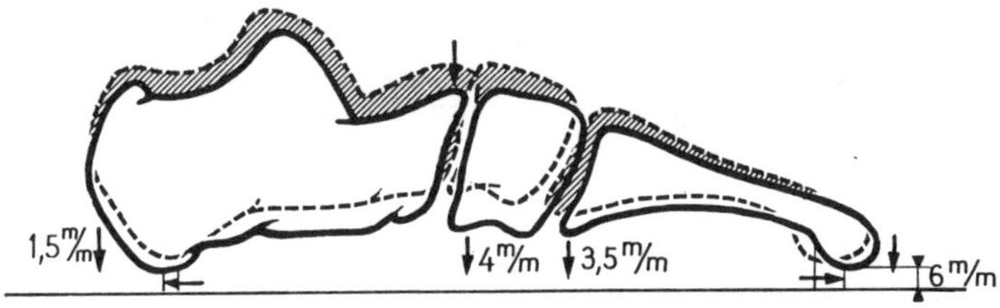

37

35

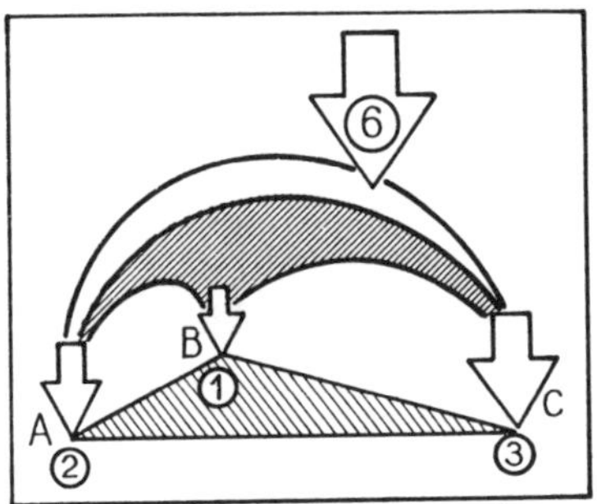

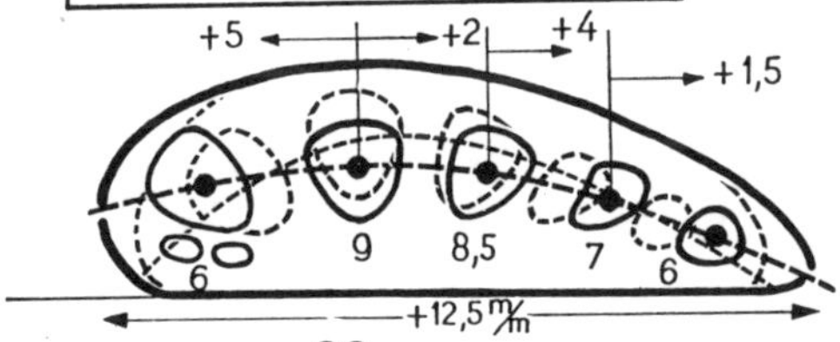

38

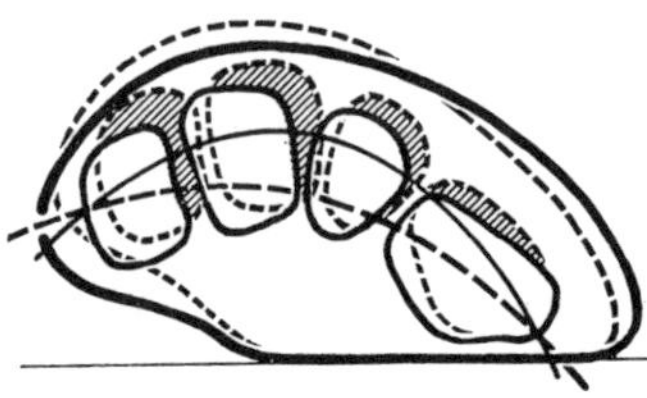

39

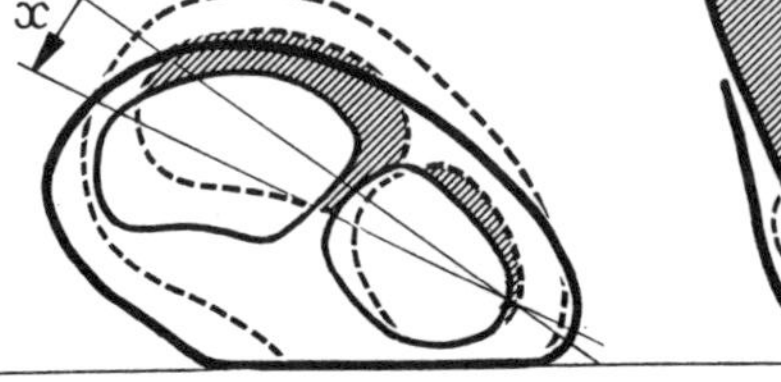

40

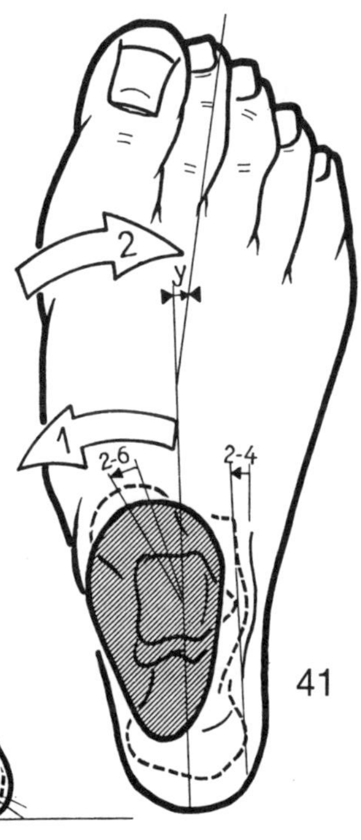

41

Gleichgewichtsverhältnisse am Fuß

Der Fuß kann als Dreieck betrachtet werden (Abb. 42).
- Die Unterseite (A) als Basis oder Gewölbe wird durch die plantaren Muskeln und Bänder verspannt.
- Die nach oben-vorn schauende Seite (B) wird von den Dorsalflexoren des Fußes und den Extensoren der Zehen besetzt.
- Die rückwärtige Seite (C) beherbergt die Plantarflexoren des Fußes und die Beuger der Zehen.

Eine normale Form der Planta pedis, die eine korrekte Anpassung an den Untergrund ermöglicht, ist gegeben, wenn die an den drei Seiten wirkenden Kräfte im Gleichgewicht sind (Abb. 43).
- Eine Verstärkung der plantaren Wölbung, die zu einem Hohlfuß führt, kann sowohl das Resultat einer plantaren Bandschrumpfung oder plantaren Muskelkontraktur als auch einer Insuffizienz der Dorsalflexoren des Fußes sein.
- Eine Abflachung der plantaren Wölbung in Form des Plattfußes kann durch eine Insuffizienz der plantaren Bänder und Muskeln oder durch einen erhöhten Tonus der anterioren und posterioren Muskeln bedingt sein. Diese Analyse der Kräfteverhältnisse und Gleichgewichtsbedingungen an einem Dreieck (Abb. 44) entspricht den am Bild des Surfbretts verdeutlichten Kräfteverhältnissen am Kniegelenk.

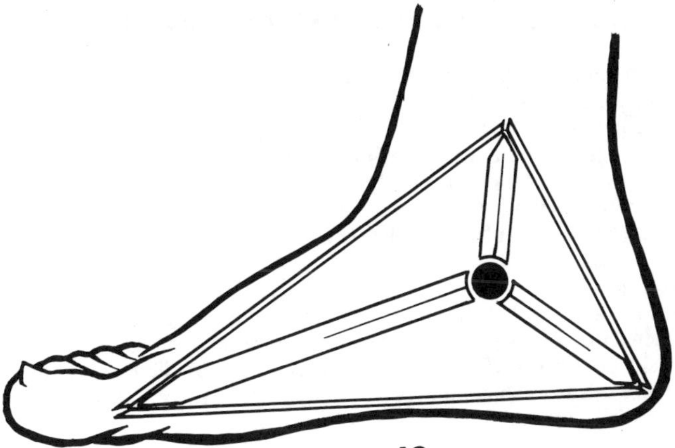

43

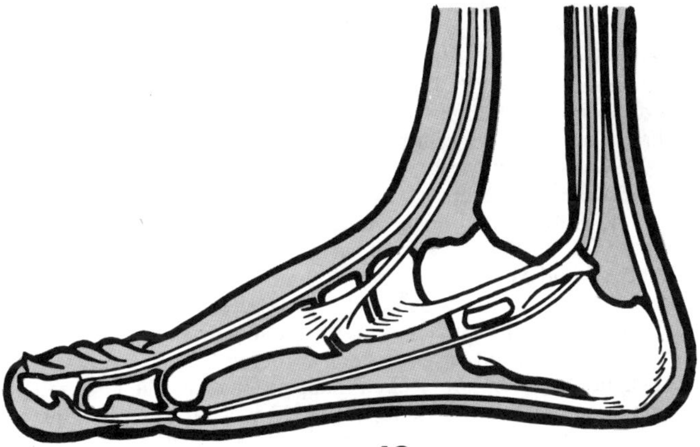

42

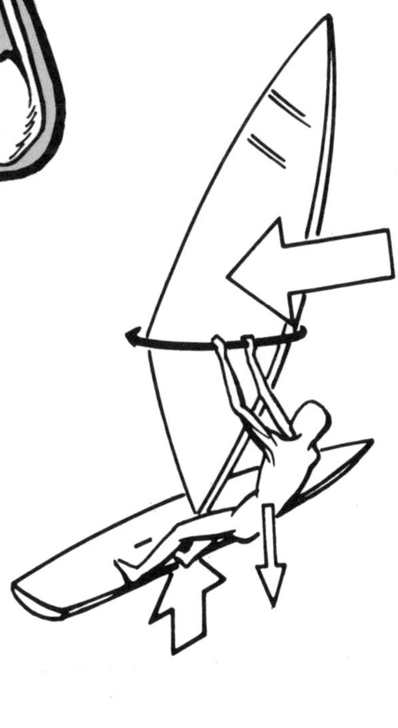

44

Gestaltveränderung der Fußwölbungen bei dynamischer Belastung

Wenn beim Gehen der Fuß abgerollt wird, dann werden die Fußwölbungen Belastungen ausgesetzt, die deren Funktion als „Stoßdämpfer“ widerspiegeln. Das Abrollen des Fußes erfolgt in vier Teilschritten.
Phase I: Fersenkontakt mit dem Untergrund (Abb. 45)
Kurz bevor das Spielbein aufgesetzt wird, befindet sich das obere Sprunggelenk in Neutralstellung oder es ist leicht dorsalextendiert (Abb. 45) durch Kontraktion der Extensoren (E). Der Fuß bekommt Fersenkontakt, d. h. der hintere Unterstützungspunkt (C) wird aufgesetzt. Gleich darauf drückt der Unterschenkel (weißer Pfeil) die gesamte Fußsohle auf den Boden (Pfeil 1); im oberen Sprunggelenk erfolgt eine Plantarflexion.
Phase II: Fußsohlenbodenkontakt (Abb. 46)
Die ganze Unterstützungsfläche der Planta pedis hat Kontakt mit dem Untergrund (Abb. 46), es resultiert gegebenenfalls der Fußsohlenabdruck. Der Körper wird unterdessen vom anderen Fuß vorwärts geschoben, das Schwerelot fällt erst in die Unterstützungsfläche, dann vor diese (einseitige Standbeinphase). Das obere Sprunggelenk wird zunehmend „dorsalflektiert“ (Pfeil 2). Während dieser Phase lastet das Körpergewicht (weißer Pfeil) auf dem Fußgewölbe, das sich abflacht. Die Abflachung wird durch die plantaren Verspannungen (P) aktiv gebremst („Stoßdämpferwirkung“). Mit der Abflachung spreitet sich die Längswölbung gering. Primär wird der Unterstützungspunkt A ein wenig nach vorne verlagert, sekundär verschiebt sich die Ferse mit dem Punkt C nach rückwärts. Die plantare Unterstützungsfläche ist am ausgedehntesten, wenn der Unterschenkel senkrecht zum Fuß steht.
Phase III: Fersenablösung des Standbeines (erste Vorschubphase, Abb. 47)
Das Schwerelot fällt nun vor die Unterstützungsfläche, durch Kontraktion der Plantarflexoren (T) (im besonderen durch den M. triceps surae) wird die Ferse angehoben (Pfeil 3). Das obere Sprunggelenk wird plantarflektiert, die Planta pedis wird, allein noch auf dem vorderen Stützpunkt (A) ruhend, angehoben. Der Körper wird angehoben und vorgeschoben. Diese erste Vorschubphase ist besonders wichtig, da die kräftigen Plantarflexoren ins Spiel kommen. Auf das Fußgewölbe, nur nach vorne in Bodenkontakt, wirken die Muskelkräfte und die Körperlast. Es würde sich abflachen, wenn nicht die plantaren Zugverspannungen (P) aktiviert würden. Sie bewirken einen zweiten „Stoßdämpfereffekt“, der es ermöglicht, einen Teil der Kraft des M. triceps surae für den Abschluß des Vorschubs zur Verfügung zu haben. Hat der Fuß nur noch Kontakt mit dem vorderen Unterstützungspunkt (A), dann flacht sich der vordere, quere Bogen ab (Abb. 48); der Vorfuß verbreitert sich (Abb. 49).
Phase IV: zweite Vorschubphase (Abb. 50 und 51)
Auf das vom M. triceps surae bewirkte vorschiebende Moment folgt ein zweites (Pfeil 4), hervorgerufen durch die Zehenbeuger (f), insbesondere durch die kurzen Halluxmuskeln sowie durch den M. flexor hallucis longus. Der Fuß wird noch weiter angehoben, er gibt seinen vorderen Unterstützungspunkt auf (Abb. 51). Er stützt sich jetzt nur noch auf die ersten drei Zehen (hauptsächlich auf die Großzehe, A'). Eine Abflachung der Längswölbung in dieser zweiten Vorschubphase wird auch jetzt durch die plantaren Zugverspannungen inklusive der langen Zehenstrecker verhindert. Sie wirken jetzt maximal. Der Fuß hebt sich vom Boden ab, das Bein schwingt nach vorne, der kontralaterale Fuß setzt auf. Für eine kurze Zeit haben beide Füße mit dem Untergrund Kontakt, das Körpergewicht verteilt sich auf beide Beine. Sobald das Spielbein nach vorne schwingt, nimmt das Fußgewölbe wieder die ursprüngliche Form an.

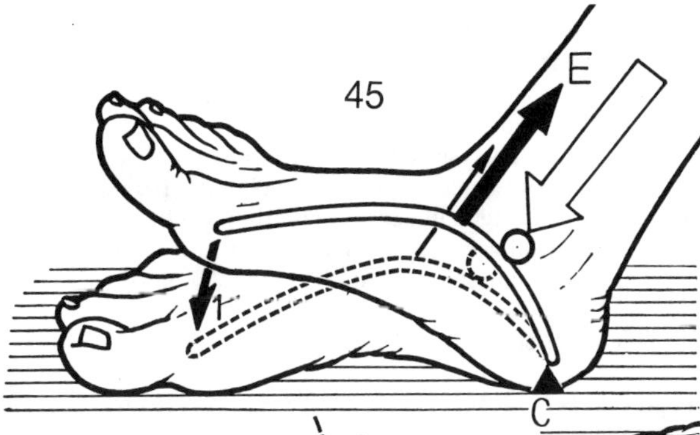

45

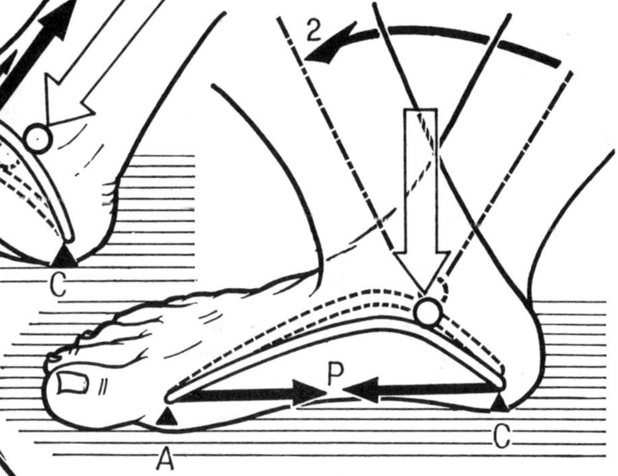

46

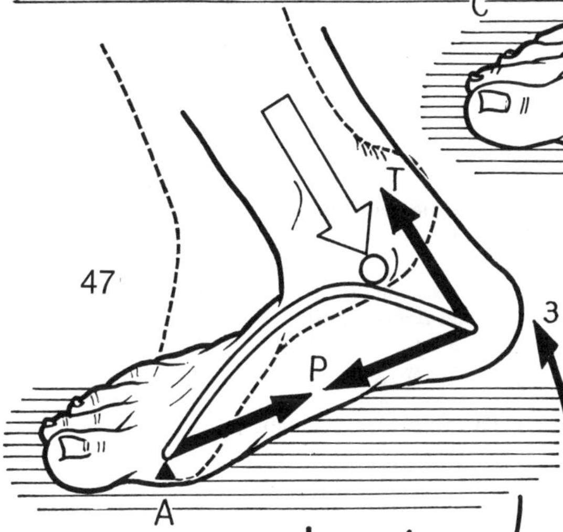

47

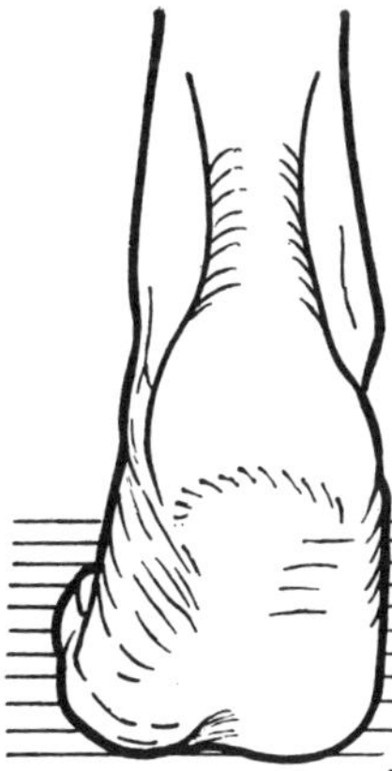
48

49

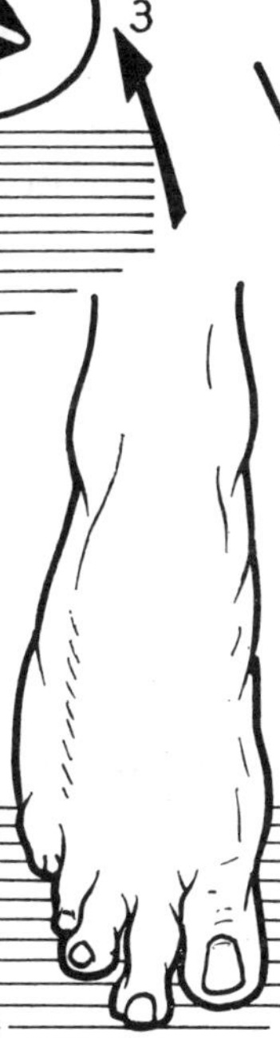

50

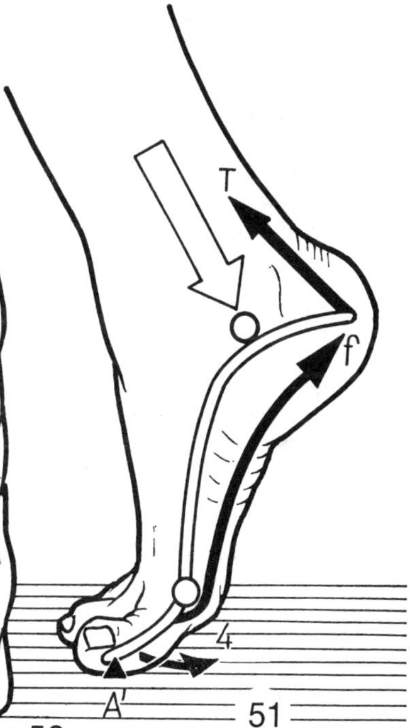

51

Formveränderungen der Fußwölbungen bei Seitbewegungen des Unterschenkels gegenüber dem Fuß

Bis jetzt sind nur Gestaltveränderungen der Fußwölbungen während des Gehens, d. h., während Bewegungen des Unterschenkels in der sagittalen Ebene analysiert worden. Beim Gehen auf unebenem Grund oder Laufen in der Kurve neigt sich notwendigerweise der Unterschenkel in der frontalen Ebene entweder nach lateral oder medial. Diese Bewegungen erfolgen in den Articulationes subtalaris und tarsi transversa, sie bewirken eine Modifikation der Gewölbegestalt. Das obere Sprunggelenk ist nicht involiert, da der Talus von der Malleolengabel fest umschlossen und gegen die übrigen tarsalen Elemente bewegt wird.

Eine Neigung des Unterschenkels gegenüber dem feststehenden Fuß nach medial (Abb. 52) hat vier Konsequenzen.

1. Der Unterschenkel rotiert, wenn der Fuß fest aufgesetzt ist, nach außen (Pfeil 1). Die Drehung wird durch den lateralen Malleolus angezeigt, der nach hinten wandert. Man sieht dies deutlich, wenn man zum Vergleich die Stellung des Fußes betrachtet, bei der er nur mit seiner Innenkante Bodenkontakt hat (Abb. 53). Die Drehung der Malleolengabel nach außen führt zwangsläufig zu einer Lateralbewegung des Talus, insbesondere des Taluskopfes gegenüber dem Naviculare.

2. Der Rückfuß steht in Abduktion-Supination (Abb. 54).

Die Abduktion ergibt sich durch die nicht ganz kompensierbare Außenrotation, die Supination durch eine Bewegung des Calcaneus nach medial. Diese ist gut von hinten erkennbar (Winkel x); auch der Vergleich mit einem nicht aufgesetzten Fuß (Abb. 55) läßt sie deutlich hervortreten. Die Varusstellung des Fersenbeines ist an der Abknickung der Achillessehne ablesbar.

3. Der Vorfuß steht in Adduktion und Pronation (Abb. 52).

Der vordere Bogen hat Bodenkontakt, der Vorfuß ist nach medial gerichtet. Die durch das zweite Metatarsale ziehende Vorfußachse, in der Ebene P gelegen, zeigt eine Abwinkelung nach medial um den Betrag m (P' gibt die End-, P die Initialstellung an). Desweiteren ist der Vorfuß proniert; hervorzuheben ist, daß die kombinierte Adduktion-Pronation eine Relativbewegung zum Rückfuß ist. Bewegungszentrum ist das quere Fußwurzelgelenk.

4. Der mediale Bogen wird akzentuiert (Abb. 52). Die verstärkte Krümmung des medialen Bogens (Pfeil 2) ist das Ergebnis der Relativbewegungen von Vor- und Rückfuß. Das Os naviculare wird angehoben, teils passiv durch Gleiten des Taluskopfes nach lateral, teils aktiv durch Kontraktion des M. tibialis posterior. Die Formveränderung des Fußgewölbes zeigt sich im Fußabdruck, der dem eines Pes planovarus gleicht.

Eine Neigung des Unterschenkels gegenüber dem feststehenden Fuß nach lateral führt zu genau umgekehrten Verhältnissen (Abb. 56).

1. Der Unterschenkel dreht sich gegenüber dem Fuß nach innen (Pfeil 3), der Malleolus internus wandert nach hinten (vgl. mit Abb. 57, Fuß nur mit der lateralen Kante aufgesetzt). Der Talus gleitet nach medial, das Caput tali wölbt sich medial vor.

2. Der Rückfuß wird adduziert und proniert (Abb. 58).

Die Adduktion ist durch nicht vollständig kompensierte Innenrotation bedingt, die Pronation durch Valgusstellung (Winkel y) des Calcaneus (vgl. mit Abb. 59).

3. Der Vorfuß ist abduziert und supiniert (Abb. 56).

Das Maß der Abduktion entspricht dem Winkel n zwischen den Ebenen P und P".

4. Abflachung des medialen Bogens (Pfeil 4), Vergrößerung des Fußabdruckes wie bei einem Pes planovalgus.

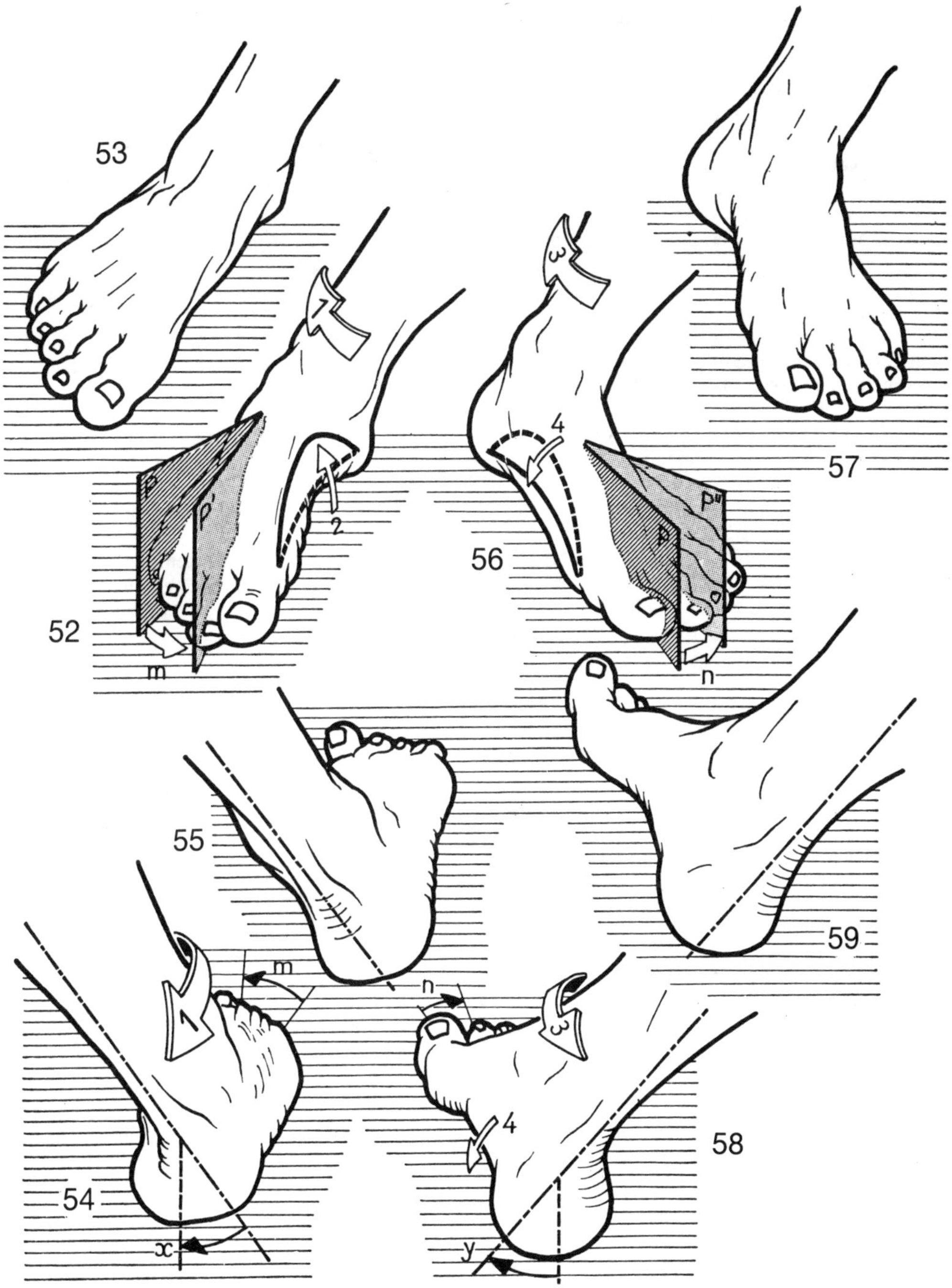
53
52
m
2
P
P'
56
57
4
P''
P
n
55
59
54
m
x
n
58
4
y

Anpassung des Fußgewölbes an den Untergrund

Der Großstadtmensch bewegt sich ausschließlich auf planem und festem Untergrund, die Füße sind durch Schuhe geschützt. Die Fußwölbungen brauchen sich nicht nennenswert anzupassen, die unterstützenden Muskeln laufen Gefahr zu hypotrophieren. Der Plattfuß ist der Tribut, der dem Fortschritt gezollt wird. Nicht wenige Anthropologen sagen voraus, daß sich der Mensch eines Tages auf stumpfartig zurückgebildeten Füßen fortbewegen wird. Diese Behauptung stützt sich auf die Beobachtung, daß im Vergleich zu den Affen die Zehen bereits Rückbildungen aufweisen und der Großzeh seine Oppositionsfähigkeit verloren hat.
Es sei dahingestellt, inwieweit derartige Überlegungen zutreffen mögen. Auch der „zivilisierte" Mensch vermag noch barfuß über einen Strand oder felsiges Terrain zu gehen. Diese Art der ursprünglichen, natürlichen Fortbewegung ist für das Fußgewölbe am besten geeignet, da es in seiner Anpassungsfähigkeit trainiert wird.
Der Fuß paßt sich an einen vorbuckelnden Stein an, indem er diesen sozusagen „ergreift" (Abb. 60).
Fällt der Untergrund schräg nach lateral ab, dann ist die tragende Vorfußfläche größer, da die Länge der Ossa metatarsalia von medial nach lateral abnimmt (Abb. 61).
Steht man auf abschüssigem Grund (Abb. 62), dann ist der „untere" Fuß supiniert, der „obere" evertiert. Beim Klettern (Abb. 63) wird der „untere" Fuß quer und damit sichernd aufgesetzt (in Art eines Pes planovarus), während der „obere" Fuß gerade und in maximaler Dorsalextension („Dorsalflexion") aufgesetzt wird.
Geht man einen Hang hinunter (Abb. 64), dann werden die Füße, um größeren Flächenkontakt zu gewinnen, häufig invertiert aufgesetzt.
So wie die Handinnenfläche durch Änderung ihrer Form und Orientierung im Raum das Greifen von Gegenständen ermöglicht (Band I), so vermag sich auch die Fußsohle in zwar geringerem Maße, aber doch immer ausreichend an Unebenheiten des Untergrundes anzupassen und sichernden Kontakt zu gewinnen.

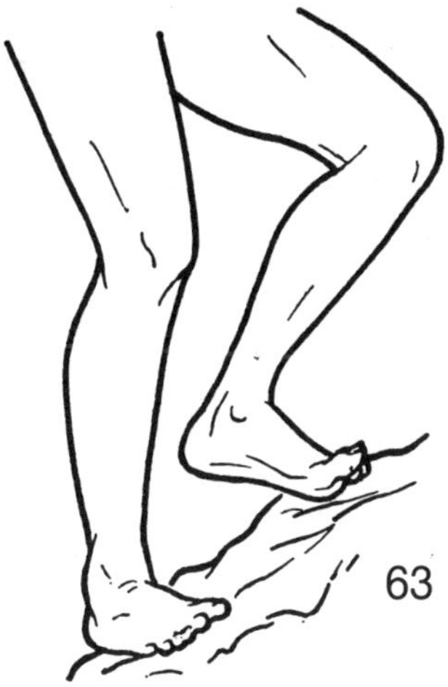

63

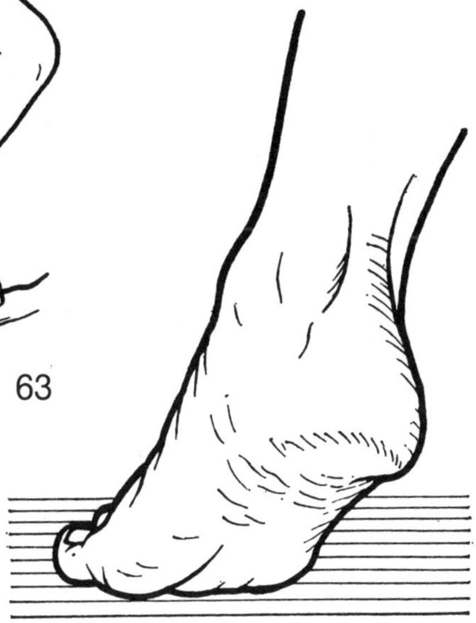

61

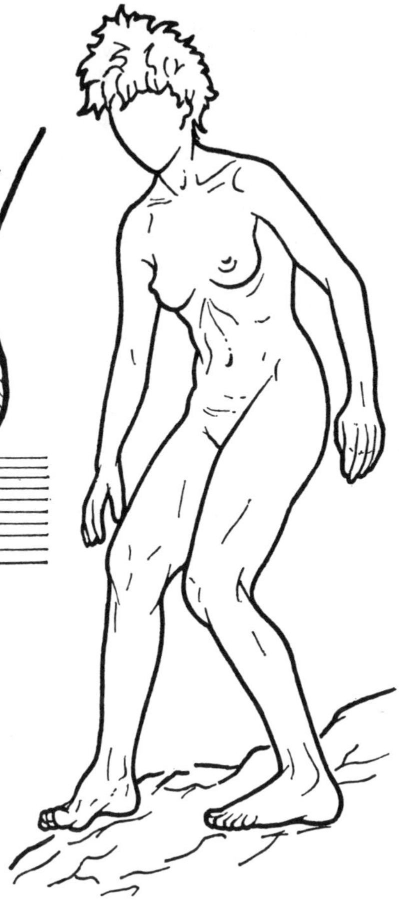

64

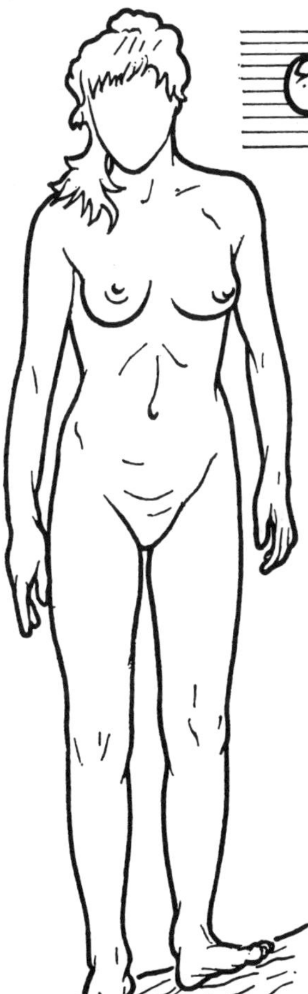

62

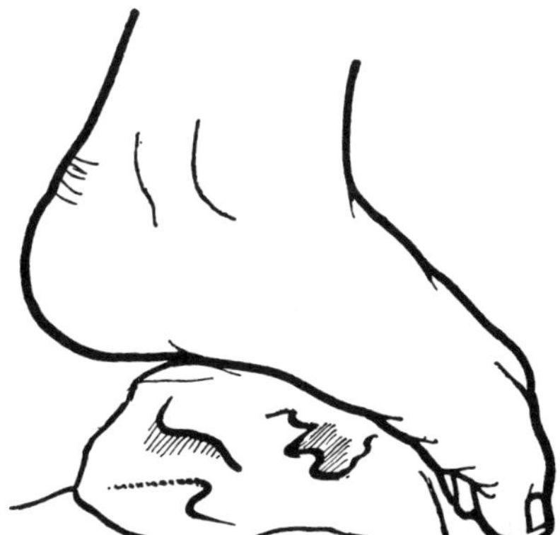

60

Hohlfuß (Pes excavatus)

Krümmungsgrad und Ausrichtung der Bögen des Fußgewölbes werden von den fein koordinierten Muskelaktionen bestimmt, wie anhand des Modells von d'OMBRÉDANNE (Abb. 65) nachvollziehbar ist.
– Das Gewölbe wird durch die Körperlast (weißer Pfeil) und die an der konvexen Seite inserierenden Muskeln abgeflacht. Es handelt sich um die Mm. triceps surae (1), tibialis anterior und peronaeus tertius (2) und die Mm. extensores digitorum longus und hallucis longus (3). Die letzten beiden Muskeln wirken nur abflachend, wenn die proximalen Phalangen durch die Mm. interossei (7) stabilisiert werden.
– Das Gewölbe wird akzentuiert durch Muskeln, die an der konkaven Seite inserieren. Es sind die Mm. tibialis posterior (4), peronaei (5), die plantaren Fußmuskeln (6) und die Zehenbeuger (8). Auch die Entspannung der an der Konvexität ansetzenden Muskeln bewirkt eine verstärkte Wölbung; entspannen sich jedoch die an der Unterseite inserierenden Muskeln, dann flacht sich das Gewölbe ab. Insuffizienz oder Kontraktur nur einer dieser Muskeln zerstört das Gleichgewicht und führt zur Deformation. DUCHENNE DE BOULOGNE ist diesbezüglich der Ansicht, daß es besser sei, wenn nicht nur einer, sondern alle Muskeln gelähmt wären, denn dann könnte der Fuß eine noch fast normale Gestalt behalten.
Man kann drei Formen des Hohlfußes unterscheiden.
1. Bei der „posterioren" Form (Abb. 66) konzentriert sich die Deformität auf den Bereich des hinteren Stützpfeilers. Ursache kann eine Insuffizienz des M. triceps surae (1) sein. Die plantaren Muskeln überwiegen in ihrer Wirkung (6), die Fußsohle wird „ausgehöhlt".
Die Streckmuskeln (2) extendieren den Fuß nach dorsal. Dies führt zu einem „Talipes equinus" (Abb. 67), der häufig mit einer durch Kontraktur der Fußabduktoren (Mm. extensor digitorum longus und peronaei) bedingten Valgusdeformität kombiniert ist (Abb. 68).
2. Die „mittlere" Form (Abb. 69) tritt seltener auf, so als Folge einer Kontraktur der plantaren Muskeln. Eine Kontraktur der Muskeln kann durch zu starre Schuhsohlen oder durch narbige Schrumpfung der Plantaraponeurose (Morbus LEDDERHOSE) verursacht sein.
3. Die „anteriore" Form kann in verschiedene Typen untergliedert werden, wobei alle eine pferdefußähnliche Deformation zeigen (Abb. 70).
– Durch Absenkung der vorderen Stützpunkte gerät der Vorfuß in Equinus-Position (e).
– Der Höhenunterschied (d) zwischen Ferse und Fußballen wird bei Einwirken der Körperlast teilweise ausgeglichen. Folgende Variationen der „anterioren" Form des Hohlfußes werden unter Berücksichtigung verschiedener Pathomechanismen unterschieden.
– Kontraktur der Mm. tibialis posterior (4) und peronaei (5) bedingt die Absenkung des Vorfußes (Abb. 71).
Kontrakte Mm. peronaei allein lassen einen valgisch deformierten Hohlfuß entstehen (Abb. 72).
– Eine Störung des Gleichgewichtes in den Grundgelenken (Abb. 73) ist häufig Ursache eines Hohlfußes. Insuffiziente Mm. interossei (7) lassen die Zehenstrecker (3) dominieren, so daß diese die Grundphalanx überstrecken. Der Kopf des Metatarsale wird abgesenkt, was wiederum eine Senkung des Vorfußes bedeutet.
– Die Senkung der metatarsalen Köpfe kann auch (Abb. 74) durch einen insuffizienten M. tibialis anterior (2) verursacht sein. Der M. extensor digitorum longus (3) versucht die Schwäche zu kompensieren, hyperextendiert aber die Grundphalangen. Die übergewichtigen plantaren Muskeln (6) akzentuieren die Längswölbung, der M. triceps surae induziert eine leichte Spitzfußstellung. Eine valgische Kippung (Abb. 75) erfolgt durch den M. extensor digitorum longus.
– Eine häufige Ursache für einen Hohlfuß ist der zu kleine Schuh oder der hohe Absatz (Abb. 76). Die Zehen stoßen im Schuh vorne an, sie werden in Hyperextensionsstellung gedrängt (a), die metatarsalen Köpfe sinken (b). Unter der Last des Körpergewichts (Abb. 77) rutscht der Fuß nach vorn, die Ferse nähert sich den Zehen (c), was wiederum zu einer verstärkten Wölbung führt.
Ein Hohlfuß kann am Fußabdruck erkannt werden (Abb. 78). Verglichen mit einem normalen Abdruck (I), zeigt der leichte Hohlfuß (II) eine Ausbuchtung des Abdrucks lateral (m) und eine verstärkte Konkavität medial (n). Der ausgeprägtere Hohlfuß zeigt einen unterbrochenen (p) Abdruck (III). Der etablierte Hohlfuß (IV) erzeugt einen Abdruck, der neben den bereits erwähnten Charakteristika die Zehen nicht mehr erkennen läßt (q), da diese eine Krallendeformität aufweisen.
Bedacht werden muß jedoch, daß ein für einen Hohlfuß typischer Abdruck mit einer lateralen Ausbuchtung auch bei einem kindlichen oder Adoleszentenknickplattfuß beobachtet werden kann. Die Valgusstellung des Calcaneus und die Absenkung des medialen Bogens lassen den lateralen Fußrand ansteigen. Dieser verliert mit seinem Mittelteil den Bodenkontakt, was zu Mißdeutungen Anlaß geben kann.
Anhand einiger Merkmale ist die eigentliche Ursache dieses Hohlfußabdruckes jedoch klar zu erkennen:
– Die Zehen liegen alle dem Untergrund auf.
– Hebt man den medialen Bogen, oder dreht man den Unterschenkel in Außenrotation während der Fuß aufgesetzt bleibt, dann wird der Abdruck lateral vollständig; der mediale Bogen wird akzentuiert.

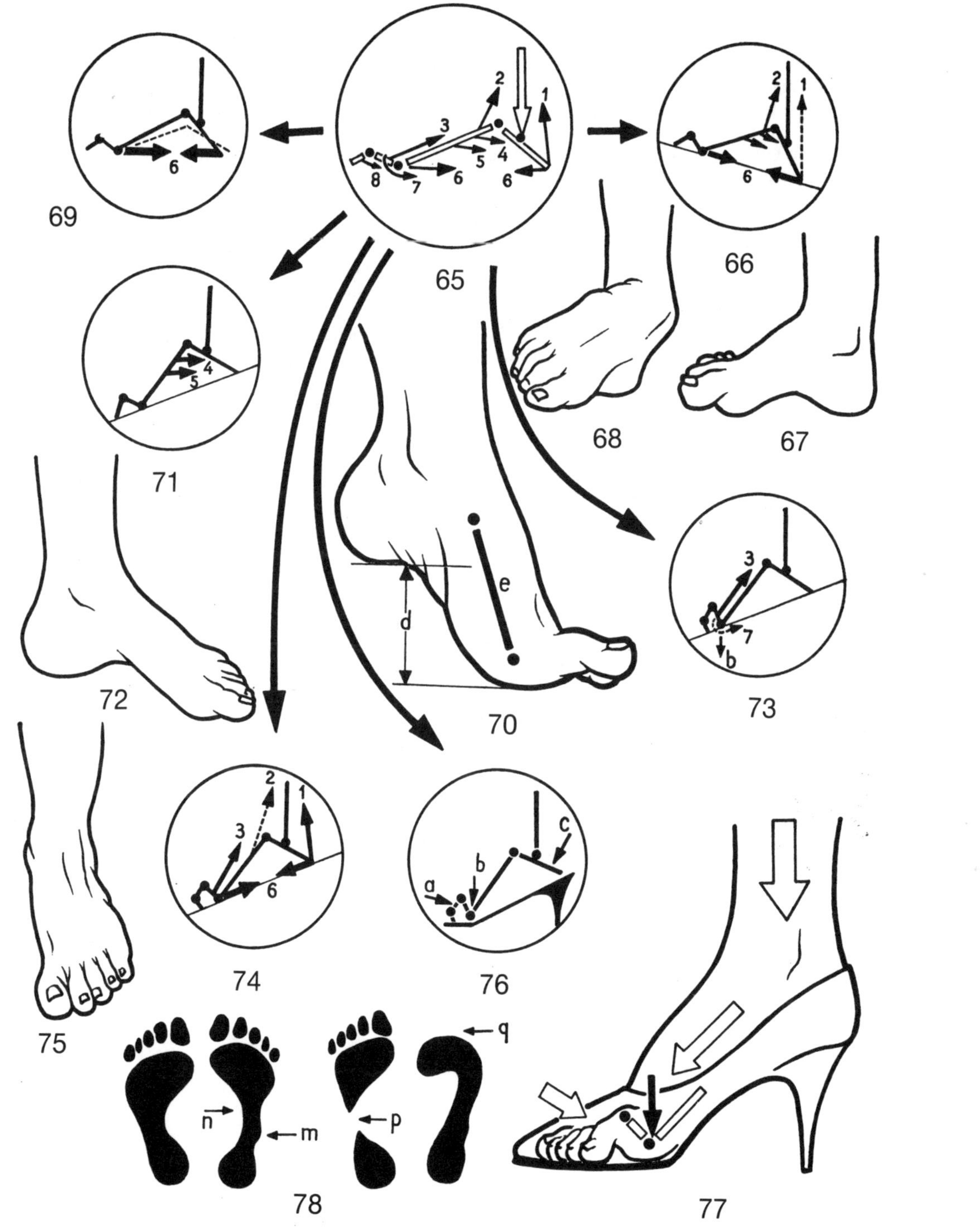

65
66
67
68
69
70
71
72
73
74
75
76
77
78
1
2
3
4
5
6
7
8
a
b
c
d
e
m
n
p
q

Plattfuß (Pes planus)

Der Zusammenbruch des Fußgewölbes ist auf eine Schwäche seiner natürlichen Unterstützungen, d. h., seiner Bänder und Muskeln, zurückzuführen. Die Bandverspannungen allein sind in der Lage, das Fußgewölbe für eine kurze Zeit aufrecht zu erhalten (der Abdruck eines amputierten Fußes ist, wenn man nicht die Bänder durchtrennt, ein normaler). Ansonsten aber kommt es bei einer mangelnden muskulären Unterstützung zu einer Überdehnung der Bänder, das Gewölbe bricht ein. Der Plattfuß ist demnach vornehmlich auf eine muskuläre Insuffizienz zurückzuführen (Abb. 79), so z. B. auf eine Insuffizienz des M. tibialis posterior (4), oder häufiger noch auf eine des M. peronaeus longus (5). Der unbelastete Fuß nimmt eine Varusstellung ein (Abb. 80), da der M. peronaeus longus ein Abduktor ist. Sobald aber das Körpergewicht auf dem Fuß lastet, senkt sich der mediale Bogen (Abb. 81), und der Fuß steht valgisch. Die Valgusstellung wird durch zwei Faktoren hervorgerufen.

1. Die quere Fußwölbung, die normalerweise durch die Sehne des M. peronaeus longus unterstützt wird (Abb. 82), flacht sich ab (Abb. 83). Gleichzeitig senkt sich der mediale Bogen. Der Vorfuß dreht sich um seine Längsachse (e); somit gewinnt die Planta pedis größtmöglichen Kontakt mit dem Untergrund. Mit der Drehung bewegt sich der Vorfuß gleichzeitig nach lateral (d).
2. Das Fersenbein dreht sich pronatorisch (Abb. 84) um seine Längsachse, und legt sich somit mehr und mehr auf seine Innenseite. Die Valgusstellung des Calcaneus, die sicht- und meßbar ist anhand des Winkels, der von der Fersenachse und der Achillessehne gebildet wird, überschreitet die physiologische Norm (5°) und kann in manchen Fällen 20° erreichen. Nach Ansicht einiger Autoren ist die valgische Fehlstellung des Calcaneus von fehlgebildeten subtalaren Gelenkflächen abzuleiten, zu denen eine abnorme Laxität des Ligamentum interosseum hinzutritt. Andere Autoren meinen allerdings, daß es sich hierbei um sekundäre Erscheinungen handele. Wie dem auch sei, die Valgusstellung verlagert den hinteren Stützpfeiler nach medial, der Taluskopf rutscht nach unten und innen. Die mediale Fußkante läßt drei Vorwölbungen erkennen (Abb. 83).

- Der Innenknöchel (a) ist ungewöhnlich prominent.
- Der mediale Teil des Taluskopfes tritt hervor (b).
- Die Tuberositas ossis navicularis (c) drängt nach medial.

Die Tuberositas ossis navicularis stellt die Spitze des nach lateral offenen Winkels dar, der von Vor- und Rückfuß gebildet wird. Die Adduktions-Pronationsstellung des Rückfußes wird durch eine Abduktion-Supination des Vorfußes kompensiert. Die Wölbungen des Fußes verschwinden (Hohmann, Boehler, Delchef, Soeur).

Die komplexe Fehlstellung wurde beiläufig im Zusammenhang mit der Formänderung des statisch belasteten Fußgewölbes (S. 227, Abb. 41) beschrieben. Es handelt sich um den Pes planovalgus (Adoleszentenknickplattfuß).

Die Erkennung des Plattfußes wird durch den Fußabdruck (Abb. 85) erleichtert. Gegenüber dem normalen Abdruck (I) kommt es zu einer zunehmenden „Auffüllung“ der medialen Konkavität (II, III); bei einem ausgeprägten Plattfuß (IV) wird der Innenrand des Abdrucks sogar konvex.

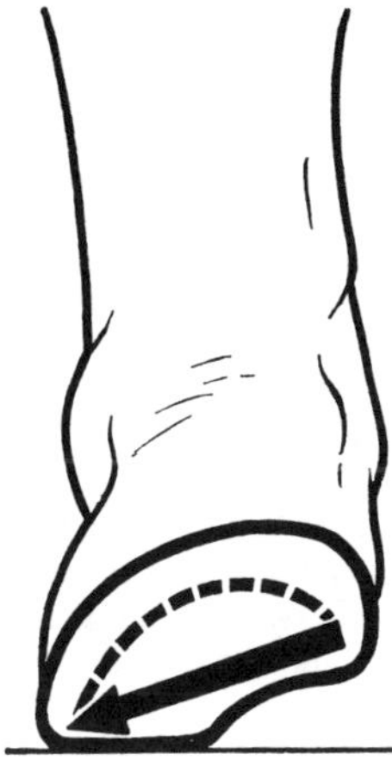

82

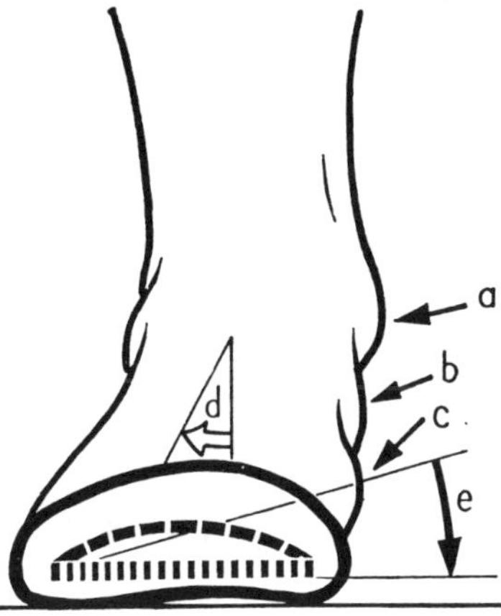

83

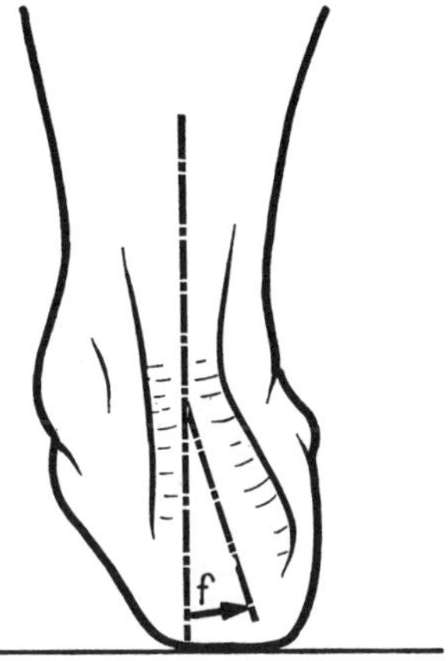

84

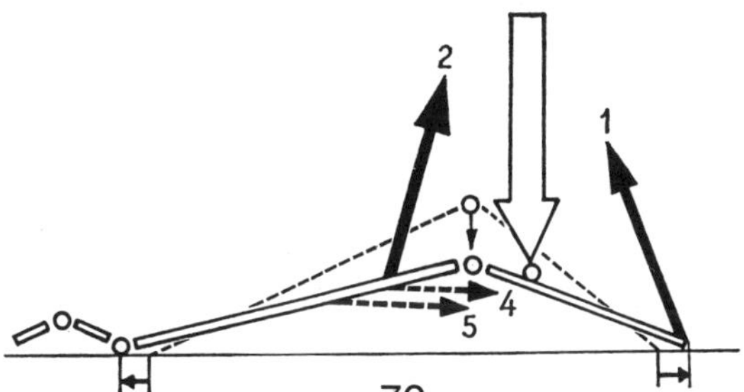

79

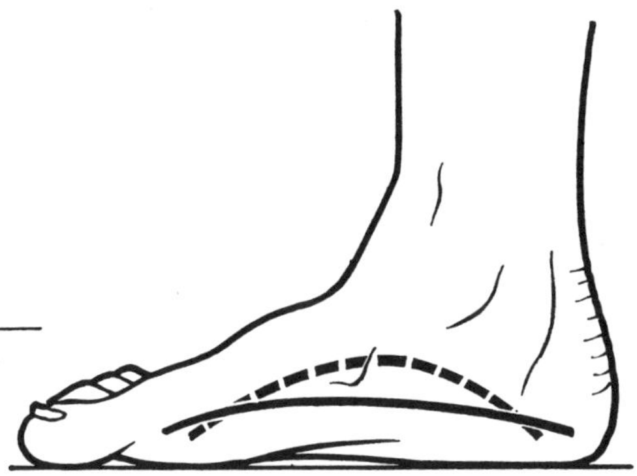

81

80

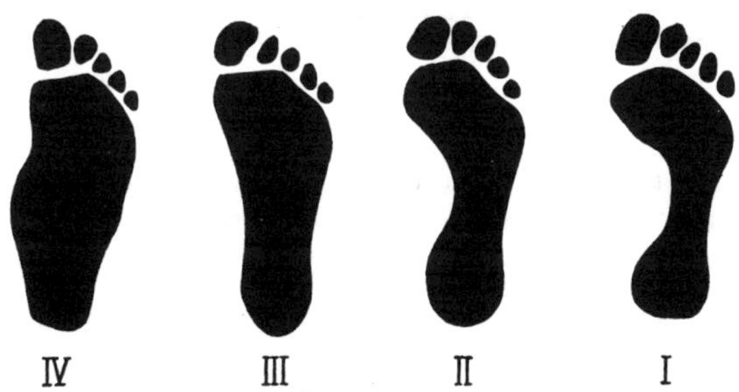

85

Gefügestörungen des vorderen Bogens

Im Verlauf von Gewölbeveränderungen kann der vordere, quere Bogen an seinen Stützpunkten betroffen sein; möglich ist auch eine Veränderung des gesamten Bogens.
Grundsätzlich folgt eine Störung sekundär auf einen Hohlfuß „anterioren“ Typs. Die Equinus-Stellung des Vorfußes erhöht auf dreierlei Weise die Belastung des vorderen Bogens.
1. Es liegt eine symmetrische Equinus-Deformation des Vorfußes (Abb. 86) ohne Pro- oder Supination vor. Die Krümmung des Bogens bleibt erhalten, unter den beiden stark belasteten Stützpunkten (Kopf des Metatarsale I, Kopf des Metatarsale V) bilden sich Schwielen.
2. Die Spitzfußstellung des Vorfußes ist von einer Pronation begleitet (Abb. 87), die durch eine Absenkung des medialen Strahls (Kontraktur des M. tibialis posterior oder des M. peronaeus longus) verursacht wird. Die Bogenkrümmung bleibt erhalten, die vertikale Belastung des medialen, vorderen Stützpunktes führt zu schmerzhafter Schwielenbildung unter dem Kopf des ersten Metatarsale.
3. Eine Equinus-Stellung des Vorfußes mit gleichzeitiger Supination (Abb. 88) bedingt umgekehrt eine gezielte Überlastung des lateralen, vorderen Stützpunktes (Schwielenbildung unter dem Kopf des fünften Metatarsale).
In manchen Fällen von Ballenhohlfuß (= anteriorer Typ) kann der vordere, quere Bogen deformiert sein.
– Er ist abgeflacht (Abb. 89) oder aufgehoben, es besteht ein Spreizfuß. Alle metatarsalen Köpfe werden vermehrt belastet (Schwielenbildung unter allen Köpfen).
– Der Bogen ist invertiert (Abb. 90), man spricht von einem runden oder konvexen Vorfuß. Es bilden sich Schwielen unter den vermehrt belasteten Köpfen der mittleren Metatarsalia. Die Umkehrung des vorderen Bogens resultiert aus einer Krallen- oder Hammerzehenfehlstellung. Wie bereits erwähnt, kann eine solche Deformität durch Störung des Gleichgewichts zwischen den Interossei und den Streckern entstehen. Sehr häufig wird sie durch zu kleine Schuhe hervorgerufen oder durch besonders hohe Absätze (die wiederum den Effekt von zu kleinen Schuhen hervorrufen). Die Zehen stoßen vorn an (Abb. 91) und werden geknickt. Der Kopf der proximalen Phalanx wird heruntergedrückt, es entsteht eine Schwiele; auch der metatarsale Kopf wird nach unten gedrängt (Schwielenbildung), der quere Bogen kollabiert. Eine bestimmte Fußform (Pes anticus) ist bezüglich der beschriebenen Deformität besonders anfällig, wenn spitze Schuhe getragen werden. Der Pes anticus zeigt als besonderes, ursprüngliches Merkmal eine überdurchschnittliche Abspreizbarkeit der Großzehe (Abb. 92).
– Das Metatarsale I ist kurz, sehr gut beweglich, und weit vom zweiten Mittelfußknochen abgespreizt (Metatarsus varus). Der Großzeh ist schräg nach vorne-medial ausgerichtet.
– Das zweite Metatarsale überragt die übrigen deutlich, so daß es in der letzten Phase des Fußabrollens vermehrt belastet wird. Es kann zu Schmerzen an seiner Basis kommen, möglich ist sogar eine Ermüdungsfraktur (Marschfraktur).
– Das fünfte Metatarsale ist akzentuiert nach lateral ausgerichtet (Valgusstellung).
Wird ein solch breiter Vorfuß in einen engen und spitz zulaufenden Schuh gezwängt (Abb. 93), dann knickt der Großzeh nach lateral ab (a). Sehr schnell wird diese Fehlstellung durch Kapselschrumpfung fixiert. Die Sesambeine luxieren mit den Sehnen nach lateral (c), eine Exostose (b) am Kopf des ersten Metatarsale bildet sich aus, hinzu kommt eine Schwielenbildung. Insgesamt ergibt sich das Bild des Hallux valgus. Der schräg stehende Großzeh hebt die mittlere Zehe an (Abb. 94), deren Hammerstellung wird so verstärkt. Der Kleinzeh zeigt eine spiegelbildliche Fehlstellung (d); als Digitus quintus varus akzentuiert auch er die Hammerstellung der mittleren Zehen. Der quere Bogen ist nun konvex.
Die morphologischen Typen des Fußes spielen bei den angesprochenen Deformationen eine Rolle. Man unterscheidet, wie auch in der darstellenden Kunst, drei Varianten. Beim griechischen Fuß ist die zweite Zehe die längste. Es folgen mit etwa gleicher Länge Großzeh und dritte Zehe, dann die vierte und schließlich die fünfte Zehe. Bei diesem Fußtyp verteilt sich die Last gleichmäßig auf den Vorfuß.
– Der polynesische Fuß ist „eckig“; man sieht ihn auf Bildern von Gauguin. Alle Zehen sind fast immer gleich lang, in jedem Fall die ersten drei.
– Beim ägyptischen Fuß (man schaue sich die Statuen der Pharaonen an) ist die Großzehe die längste. Die nachfolgenden Zehen nehmen kontinuierlich an Länge ab. Bei diesem Fußtyp soll es, bedingt durch die relativ lange Großzehe, gehäuft zur Hallux valgus – Deformität kommen. Durch die in der Abstoßphase des Fußes sich ergebende hohe Belastung der Großzehe erklärt sich die Arthrose des Grundgelenks (Hallux rigidus).

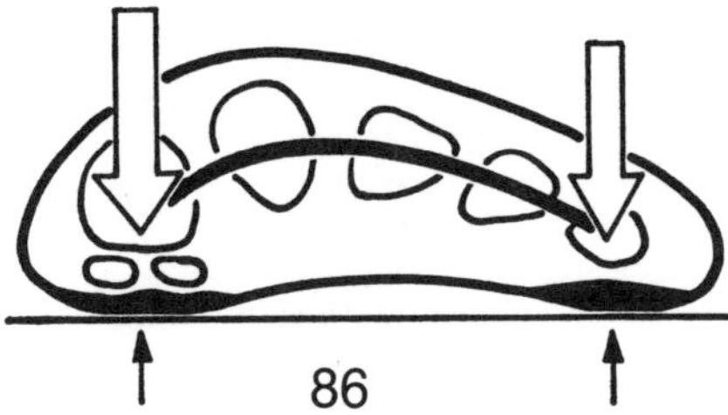
86

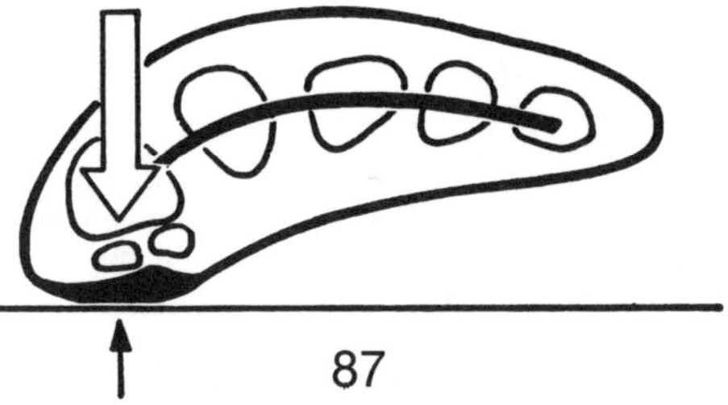
87

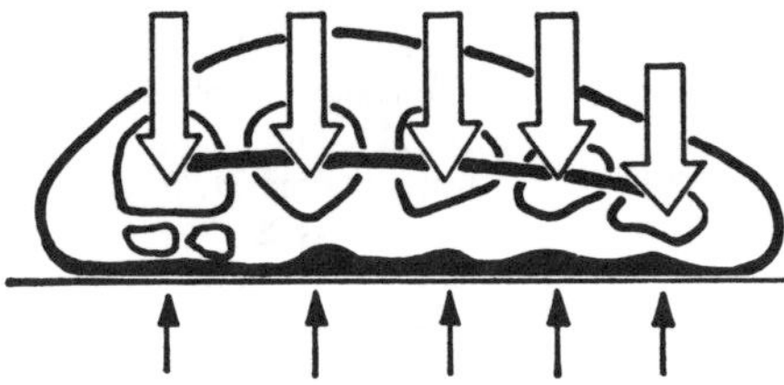
89

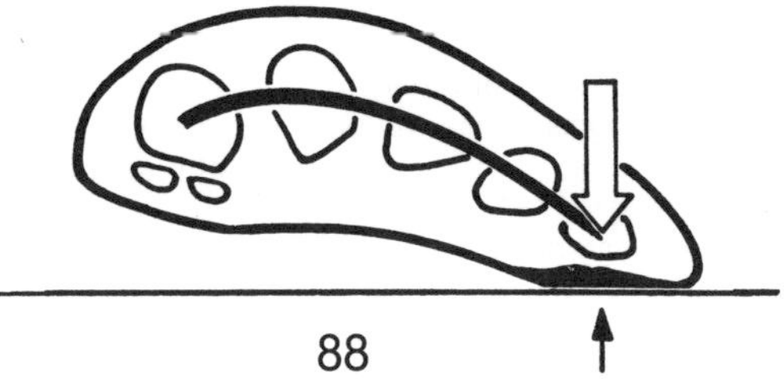
88

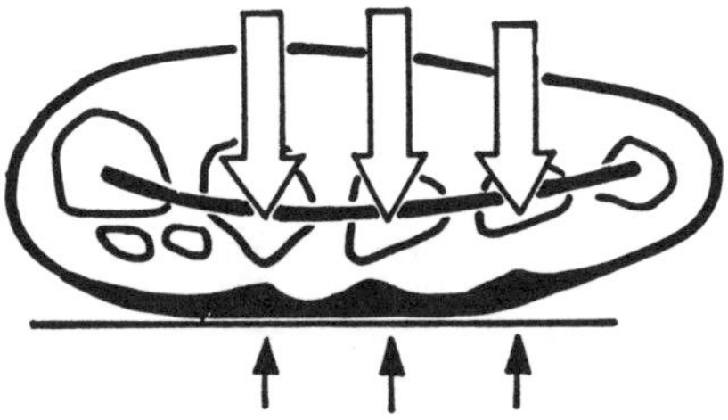
90

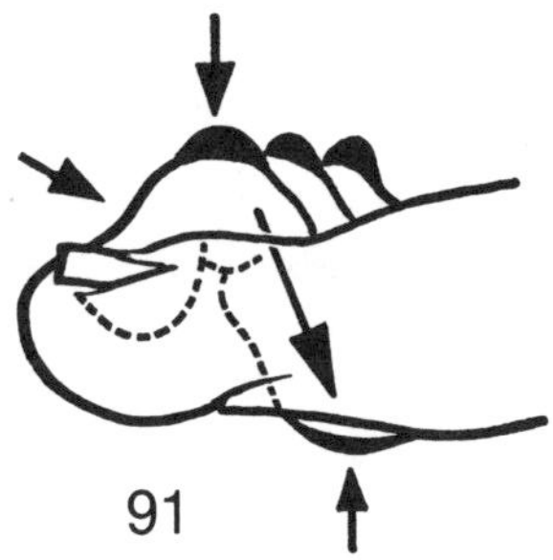
91

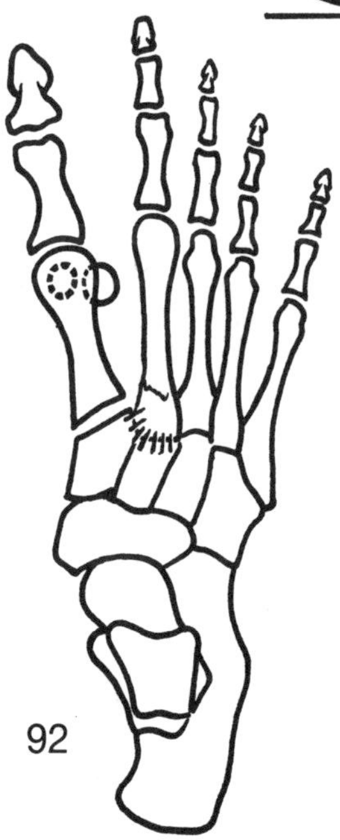
92

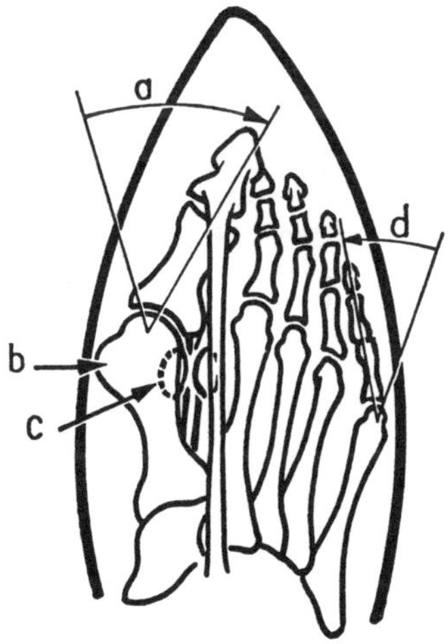

93

94

Register